科学出版社"十四五"普通高等教育本科规划教材

U0203947

环境工程原理

（第二版）

刘燕　李亮　主编

科　学　出　版　社
北　京

内 容 简 介

本书在整合水力学、流体力学、化工原理、化学反应工程学、生物工程等课程中和环境工程相关的内容,摒弃了关系不密切的内容以及其他基础课程已经学习的内容的基础上,结合环境工程的专业特点编写而成。主要内容包括流体在管道和明渠中的流动和输送、热量传递、吸收、反应动力学及反应器等内容的基本概念、理论、方法和相关的设备,以及它们在环境工程中的应用。让读者熟悉并掌握工程技术常用的基本观点和方法,如衡算的方法、合理简化、量纲分析法、边界层理论、最优化、数学模型的方法等。本书是学习水污染控制、大气污染控制、固体废弃物处理处置、生态修复工程等环境工程专业课的基础,同时又避免了与这些专业课程内容的重复。

本书可作为高等院校(特别是少学时的高等院校)环境工程、环境科学、环境管理、给水排水专业及其相关专业的本科生教材,也可作为相关专业的研究生以及其他从事环境保护工作的专业技术人员和科研人员的参考用书。

图书在版编目(CIP)数据

环境工程原理 / 刘燕,李亮主编. —2 版. —北京:
科学出版社,2021.12
ISBN 978-7-03-069711-0

Ⅰ. ①环… Ⅱ. ①刘… ②李… Ⅲ. ①环境工程
Ⅳ. ①X5

中国版本图书馆 CIP 数据核字(2021)第 180520 号

责任编辑:许 健 / 责任校对:谭宏宇
责任印制:黄晓鸣 / 封面设计:殷 靓

科学出版社 出版

北京东黄城根北街 16 号
邮政编码:100717
http://www.sciencep.com

南京展望文化发展有限公司排版
广东虎彩云印刷有限公司印刷
科学出版社发行 各地新华书店经销

*

2018 年 10 月第 一 版 开本:787×1092 1/16
2021 年 12 月第 二 版 印张:21 1/4
2024 年 3 月第九次印刷 字数:500 000

定价:90.00 元
(如有印装质量问题,我社负责调换)

作 者 名 单

主编：刘　燕　李　亮

参编：黄光团　代瑞华　安　东　李晨曦

第二版前言

《环境工程原理》(第一版)由科学出版社于 2018 年 10 月出版,并在 2019 年 7 月和 10 月进行了第二次和第三次印刷。2020 年 10 月科学出版社与 Springer Nature Singapore Pte Ltd. 签订合同,该书的英文版将由 Springer Nature Singapore Pte Ltd. 出版并在全球发行。在该书翻译成英文的过程中,编者发现了一些第一版中不够完善之处,进行了修正,并补充了一些新的内容。该书第二版的修订工作主要由刘燕、李亮、李晨曦完成。

复旦大学环境科学与工程系 2017、2018、2019 级的本科生在使用该书第一版的时候提出了一些具有建设性的意见和建议,编者也进行了相应的修改,在此表示感谢! 复旦大学环境科学与工程系对该书第一版和第二版的出版给予了极大的支持和帮助,在此表示诚挚的谢意! 感谢科学出版社将《环境工程原理》(第二版)选为"十四五"普通高等教育本科规划教材! 感谢科学出版社对该书的英文版的出版和全球发行给予的支持和帮助!

本书编写过程中参考并引用了大量文献,编者已经尽量列出,但难免有疏漏之处,敬请这些知识产权所有者谅解并表示衷心地感谢。

由于编者的知识水平和写作能力有限,错误和缺点难免,欢迎读者批评指正,敬请同行专家不吝指教。

编 者

2021 年 6 月

第一版前言

"环境工程基础"作为复旦大学环境科学与工程系环境工程、环境科学、环境管理三个专业的本科生的专业基础必修课,从2000年开设至今已有18年。环境工程基础的主要教授内容整合了水力学、流体力学、化工原理、化学反应工程学、生物工程等课程中和环境工程相关的内容,摒弃了关系不密切的内容和其他基础课程中已经学习过的内容,是为了配合复旦大学少学时、宽基础的教学理念,同时又避免与将要学习的水污染控制、大气污染控制、固体废弃物处理处置、生态修复工程等专业课程的重复。长期使用的"环境工程基础"讲义内容与高等学校环境工程专业的核心课程"环境工程原理"相近,将原讲义修订出版时,编辑建议书名修改为"环境工程原理"。该书适合作为高等院校(特别是少学时的高等院校)环境工程、环境科学、环境管理、给水排水专业及其相关专业本科生教材;也可以用作相关专业的研究生以及其他从事环境保护工作的专业技术人员和科研人员的参考用书。其内容适合48~64学时的教学需要。全书共五章,主要内容包括流体在管道和明渠中的流动和输送设备、热量传递、吸收、反应动力学及反应器,以及它们在环境工程中的应用。让读者熟悉并掌握工程技术常用的基本观点和方法,如物料衡算、合理简化、量纲分析、边界层理论、最优化、数学模型等。该书涉及的符号众多,全书进行了统一,并列于附录中,便于查找;基本术语和概念也列于附录中。

本书由刘燕和李亮主编,黄光团、代瑞华、安东参编。在使用该讲义的十几年和此次出版的过程中,复旦大学环境科学与工程系的研究生和本科生参与了该讲义和书的编写、修改、画图以及文字和公式的录入等工作,他们是陈云路、李晨曦、李淑雅、林琳、张云、严杨蔚、查晓松、吴瑾、李佳、宋安安、黄元龙、李春林、陆灏文、汉京超、荆毓航等,在此表示诚挚的谢意!

非常感谢复旦大学环境科学与工程系在本书出版过程中给予的大力支持

和帮助。

本书编写过程中参考并引用了大量文献，我们已尽量列出，但难免有疏漏之处，敬请这些知识产权所有者谅解并表示衷心的感谢。

由于编者的知识水平和写作能力有限，缺点难免，欢迎读者批评指正，敬请同行专家不吝指教。

编　者

2018 年 6 月

目 录

第一章
绪 论

1.1 概述

工业、农业和服务业的发展以及人口、经济、城镇化的快速增长导致大量污染物的产生。目前整个地球环境已经不可能仅仅依靠自净能力实现污染的控制和环境保护的平衡,因此需要环境工程师通过建立污水、污染气体、废物等的收集、处理、排放等环境工程设施来控制污染,保护环境。而这些环境工程设施的设计、建造、运行过程中涉及大量的其他学科的基础知识,如流体力学、化工原理、反应动力学及反应器等。这构成了环境工程基础和原理的主要内容,是进一步学习环境工程,掌握水污染控制工程、大气污染控制工程、固体废弃物治理工程和生态修复工程的基础。

1.2 质量衡算与热力学第一定律

依据物质不灭定律建立的质量衡算和根据热力学第一定律建立的能量守恒计算,是环境工程原理课程中分析、解决问题的基本原则、方法和基础。

1) 质量衡算

质量衡算首先需要确定衡算的范围。根据情况,既可以选整体,也可以是其中的一部分作为一个界定的质量衡算系统。根据质量衡算的依据——质量守恒定律,单位时间内输入系统的物料总量等于单位时间内系统输出的物料总量、系统中积累的物料总量以及系统中反应的物料总量三者之和。其数学表达式为

$$\sum q_{m进} = \sum q_{m出} + \sum q_{m积累} + \sum q_{m反应} \tag{1-1}$$

式中,$\sum q_{m进}$——单位时间内输入系统物料总量,kg/s;

$\sum q_{m出}$——单位时间内输出系统物料总量,kg/s;

$\sum q_{m积累}$——单位时间内系统中积累的物料总量,kg/s;

$\sum q_{m反应}$——单位时间内系统反应的物料总量,kg/s。

式中衡算的物料,既可以是某物质的量(如质量、体积、摩尔、化学需氧量、生化需氧量等),也可以是元素的量(如硫、氧、碳等)。

【例 1-1】 某大型城市污水处理厂采用混凝沉淀-离心脱水工艺处理合流制污水中的

悬浮物(SS)等,图1-1为其处理流程示意图。处理污水流量为2.10×10^6 m³/d,混凝沉淀池进出水中的 SS 浓度分别为 240 mg/L 和 15 mg/L。经混凝沉淀后的污泥(含水率为95%)进入污泥离心单元后通过高速离心机脱水,脱水后污泥含水率为 65%,分离液含固率为 0.8%,分离液回到混凝沉淀池前进行处理。假设系统处于稳定状态,过程中没有生物作用,混凝剂的加入量可以忽略。求整个系统的排水量和污泥体积,以及混凝沉淀池的排泥体积和离心机分离液的回流体积。假设污水和污泥的密度均为 1 000 kg/m³。

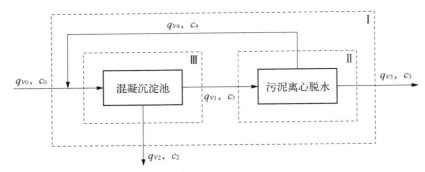

图 1-1　混凝沉淀—离心脱水工艺示意图

已知:$q_{V0} = 2.10 \times 10^6$ m³/d,$c_0 = 240$ mg/L $= 0.24$ kg/m³,$c_2 = 15$ mg/L $= 0.015$ kg/m³,污泥含水率为污泥中水和污泥总量的质量比,因此污泥中悬浮物含量为

$$c_1 = (100 - 95)/(100/1\,000) = 50 \text{ g/L} = 50 \text{ kg/m}^3$$

$$c_3 = 350 \text{ kg/m}^3$$

污水含固率为污水中污泥和污水的质量比,因此污水中悬浮物含量为

$$c_4 = 0.8/(100/1\,000) = 8 \text{ g/L} = 8 \text{ kg/m}^3$$

$$\rho = 1\,000 \text{ kg/m}^3,\quad \sum q_{m\text{积累}} = 0,\quad \sum q_{m\text{反应}} = 0$$

求:q_{V3},q_{V2},q_{V1},q_{V4}。

解:

(1) 以系统 I(包括混凝沉淀池和污泥离心脱水单元)为衡算对象

$$\sum q_{m\text{进}} = \sum q_{m\text{出}} + \sum q_{m\text{积累}} + \sum q_{m\text{反应}}$$

$$\sum q_{m\text{进}} = \sum q_{m\text{出}}$$

输入速率 $q_{m\text{入}} = c_0 q_{V0}$

输出速率 $q_{m\text{出}} = c_2 q_{V2} + c_3 q_{V3}$

可得以下衡算方程

$$\begin{cases} c_0 q_{V0} = c_2 q_{V2} + c_3 q_{V3} \\ q_{V0} = q_{V2} + q_{V3} \end{cases}$$

代入数据得

$$\begin{cases} 0.24 \times 2.10 \times 10^6 = 0.015 \times q_{V2} + 350 \times q_{V3} \\ 2.10 \times 10^6 = q_{V2} + q_{V3} \end{cases}$$

解得：$q_{V3} = 1.35 \times 10^3 \ \mathrm{m^3/d}$，$q_{V2} = 2.10 \times 10^6 \ \mathrm{m^3/d}$

（2）以系统Ⅱ（污泥离心脱水单元）为衡算对象，同理可得

输入速率 $q_{m入} = c_1 q_{V1}$

输出速率 $q_{m出} = c_3 q_{V3} + c_4 q_{V4}$

同理，可得

$$\begin{cases} c_1 q_{V1} = c_3 q_{V3} + c_4 q_{V4} \\ q_{V1} = q_{V3} + q_{V4} \end{cases}$$

代入数据得

$$\begin{cases} 50 \times q_{V1} = 350 \times 1.35 \times 10^3 + 8 \times q_{V4} \\ q_{V1} = 1.35 \times 10^3 + q_{V4} \end{cases}$$

解得：$q_{V1} = 1.10 \times 10^4 \ \mathrm{m^3/d}$，$q_{V4} = 9.64 \times 10^3 \ \mathrm{m^3/d}$

答：整个系统的排水量和污泥体积分别为 $2.10 \times 10^6 \ \mathrm{m^3/d}$、$1.35 \times 10^3 \ \mathrm{m^3/d}$；混凝沉淀池的排泥体积为 $1.10 \times 10^4 \ \mathrm{m^3/d}$，离心机分离液的回流体积为 $9.64 \times 10^3 \ \mathrm{m^3/d}$。

2）能量守恒定律与热力学第一定律

能量可以多种形式存在，且可相互转换，但遵循能量守恒定律。即一个系统的所有能量的总和是不变的，能量只能从一种形式变化为另一种形式，或从系统内一个物体传给另一个物体。根据热力学第一定律，对任何一个系统，外界对它传递的热量为 Q，系统从内能为 E_{n1} 的初始状态改变到内能为 E_{n2} 的最终状态，同时系统对外做功为 W，那么，不论过程如何，总有

$$Q = E_{n2} - E_{n1} + W \tag{1-2}$$

其中，Q——系统从外界吸收的热量总和，反之为负，J；

E_{n1}——系统初始状态的总内能，J；

E_{n2}——系统最终状态的总内能，J；

W——系统对外做功，反之为负，J。

对微小的状态变化过程，式（1-2）可写成：

$$\mathrm{d}Q = \mathrm{d}E_n + \mathrm{d}W$$

应用热力学第一定律，同样需要界定系统范围及选择基准。

【例1-2】 如图1-2所示，该连续反应池内有 120 m³ 的混合污泥，温度为 10 ℃，进行中温厌氧消化，需将其加热到 33 ℃。采用外循环加热，使污泥以 8 m³/h 的流量通过换热器，换热器用水蒸气加热。其出口温度恒定为 100 ℃。假设罐内污泥混合均匀，污泥的密度为 1 100 kg/m³，不考虑池的散热以及污泥循环过程中的能量损失等，问污泥加热到所需温度需要多少时间？

已知：$V = 120 \text{ m}^3$，$q_V = 8 \text{ m}^3/\text{h}$，$T_1 = 10 \text{ ℃}$，$T_2 = 33 \text{ ℃}$，$T_3 = 100 \text{ ℃}$。由于池中污泥混合均匀，则任意时刻从池中排出的污泥温度与池中相同，设为 T。

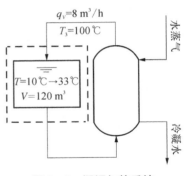

图 1-2 污泥加热系统

求：污泥加热到所需温度需要的时间。

解：以污泥池为衡算系统，以 0 ℃的污泥为温度物态基准。

在 $d\tau$ 时间内：

输入系统的焓　　$d\mathscr{H}_F = C_p T_3 q_V \rho d\tau$

输出系统的焓　　$d\mathscr{H}_p = C_p T q_V \rho d\tau$

系统内积累的焓　　$dE_q = C_p V \rho dT$

由 $d\mathscr{H}_p - d\mathscr{H}_F + dE_q = 0$ 可得 $d\mathscr{H}_F - d\mathscr{H}_p = dE_q$，所以

$$C_p T_3 q_V \rho d\tau - C_p T q_V \rho d\tau = C_p V \rho dT$$

$$d\tau = \frac{V dT}{q_V (T_3 - T)}$$

边界条件：$\tau_1 = 0$　　$T_1 = 10 \text{ ℃}$；$\tau_2 = \tau$　　$T_2 = 33 \text{ ℃}$

$$\int_0^\tau d\tau = \frac{120}{8} \int_{10}^{33} \frac{dT}{100 - T} \qquad \tau = 15 \ln \frac{100 - 10}{100 - 33} = 4.43 \text{ h}$$

答：污泥加热到所需温度需要 4.43 h。

1.3　平衡与速率

平衡与速率是分析任何单元操作过程的两个基本方面。

平衡是说明过程进行的方向和所能达到的极限。如过程已达到平衡，则过程不再进行。环境工程反应设备中通常进行的是从一远离平衡的不平衡状态到达另一个靠近平衡的不平衡状态。例如，一个容器中倒入温度不相同的液体，只要空间上任何两处温度不同，即温度不平衡，热量就会从高温处向低温处传递，直到各处温度相同为止，此时过程达到平衡。又如测定化学需氧量(COD)装置中的冷凝管，气相中的温度高于液相，即温度不平衡，热量就会从高温的气相向低温的液相转移，出口处气液两相的温差一定小于入口处，即从一个远离平衡的不平衡状态(入口处，温差大)到另一个靠近平衡(温差为零)的不平衡状态(出口处，温差小)。

过程的速率是指过程进行的快慢，是判断一个过程由不平衡向平衡移动的快慢依据。如果一个过程以非常慢的速率进行，那么过程所需的设备将极为庞大，在实际工程中难以应用。

一个过程的速率与过程的推动力成正比，而与过程的阻力成反比，表达式为

$$过程的速率 = \frac{过程的推动力}{过程阻力} = 过程系数 \times 过程推动力 \qquad (1-3)$$

推动力的性质决定于过程的内容，如传热过程的推动力是温度差；气体吸收过程的推动力是浓度差或压力差。阻力是各种因素对过程速率影响总的体现。过程系数为过程阻力的倒数。

1.4 物理量的单位和单位制

物理量单位分为基本单位和导出单位。基本单位是几个独立基本的物理量单位。国际单位制(SI)中常用的基本物理量及对应的基本单位有七种(详见表1-1),它们是长度(米)、质量(千克)、时间(秒)、电流(安)、热力学温度(开)、发光强度(坎)和物质的量(摩尔)。基本物理量以外的其他物理量,均可以根据物理量的定义和物理量之间的规律,从基本物理量导出,称为导出物理量,它们的单位称为导出单位。如物体的长度单位是 m,物质的体积单位是 m^3。此外,还有一些具有专有名称的导出单位,如功率单位为 W,它与基本单位的关系:$1\,W=1\,kg\cdot m^2/s^3$。再如力单位为 N,$1\,N=1\,kg\cdot m/s^2$。表1-2中为环境工程中常用的一些国际单位制导出单位。

表1-1 SI 物理量基本单位

物理量名称	符 号	单 位 名 称	单 位 符 号
长度	l	米	m
质量	m	千克(公斤)	kg
时间	τ	秒	s
物质的量	n	摩尔	mol
电流	I	安[培]	A
热力学温度	T	开[尔文]	K
发光强度	Iv	坎[德拉]	cd

表1-2 环境工程中常用的一些国际单位制(SI)物理导出单位

物理量名称	单 位 名 称	单 位 符 号	其他单位符号
面积	平方米	m^2	—
体积	立方米	m^3	—
速度	米/秒	m/s	—
密度	千克/立方米	kg/m^3	—
浓度	摩尔/立方米	mol/m^3	—
体积流量	立方米/秒	m^3/s	—
质量流量	千克/秒	kg/s	—
物质的量流量	摩尔/秒	mol/s	—
比容	立方米/千克	m^3/kg	—
力	千克·米/秒^2	$kg\cdot m/s^2$	N
压强	千克/(米·秒^2)	$kg/(m\cdot s^2)$	$Pa,N/m^2$
能量、功、热	千克·米^2/秒^2	$kg\cdot m^2/s^2$	$J,N\cdot m$
功率	千克·米^2/秒^3	$kg\cdot m^2/s^3$	$W,J/s$
动力黏度	千克/(米·秒)	$kg/(m\cdot s)$	$Pa\cdot s,N\cdot s/m^2$
运动黏度	米^2/秒	m^2/s	St
比热容	米^2/(秒^2·开)	$m^2/(s^2\cdot K)$	$J/(kg\cdot K)$
扩散系数	米^2/秒	m^2/s	—
导热系数	千克·米/(秒^3·开)	$kg\cdot m/(s^3\cdot K)$	$W/(m\cdot K)$
传热系数	千克/(秒^3·开)	$kg/(s^3\cdot K)$	$W/(m^2\cdot K)$

除目前广泛采用的国际单位制以外,由于历史、地域、学科等原因形成了不同的单位制,主要有两类:绝对单位制和工程单位制。这两类单位制又有英制和公制之分。绝对单位制和工程单位制的主要区别在于绝对单位制以质量为基本物理量,其单位(kg)为基本单位,力的单位(kg•m/s²)为导出单位;而工程单位制以力为基本物理量,其单位(kgf)为基本单位,质量的单位(kgf•s²/m)为导出单位。力和质量的关系为

$$F_y = ma_j \tag{1-4}$$

式中,F_y——作用于物体上的力;

m——物体的质量;

a_j——物体在作用力方向上的加速度。

表1-3表示了公制的绝对单位制、工程单位制、国际单位制(SI)它们物理量关系。同一物理量在不同单位制中的数值可以不同,却"等效"。"换算因子"即为同一物理量用不同单位制度量的数值比值。如国际单位SI制中1J(或1 kg•m²/s²)的能量为工程单位制的0.102 kgf•m,其换算因子即为0.102。环境工程中各种单位制的单位间的换算因子可以在本书附录1中查得。

表1-3　不同单位制下相同物理量关系

单位制 物理量	SI 制		绝对单位制(公制)		工程单位制 (公制)
	符　号	名　称	CGS	MKS	
长度	m	米	cm	m	m
质量	kg	千克(公斤)	g	kg	kgf•s²/m
时间	s	秒	s	s	s
温度	K	开[尔文]	—	—	—
物质的量	mol	摩[尔]	—	—	%
电流	A	安[培]	—	—	
光强	Cd	坎[德拉]	—	—	
力	1 kg•m/s²=1 N	牛[顿]	g•cm/s²=dyn	kg•m/s²=N	kgf
功率	kg•m²/s³=W	瓦[特]			
压强	kg/(m•s²)=Pa	帕[斯卡]			atm mmHg mH₂O
能量、功、热	kg•m²/s²=J	焦[耳]			

【例1-3】 已知1.000 atm等于760.000 mmHg,1.033 kgf/cm²,求1.000 atm等于多少Pa、N/m²、kg/(m•s²)、mH₂O。

解:查附录2可知1 kgf=9.807 N,可得

$$1.000 \text{ atm} = 1.033 \text{ kgf/cm}^2 = 1.033 \times 9.807/(1/10\ 000) = 1.013 \times 10^5 \text{ N/m}^2$$

因为$p = F/A$,其中F表示力,单位是N;A表示面积,单位是m²。则有1 N/m²=1 Pa,故

$$1.000 \text{ atm} = 1.013 \times 10^5 \text{ Pa}$$

又由表1-3可知,1 Pa=1 kg/(m•s²),所以1.000 atm=1.013×10⁵ kg/(m•s²)

由于 $\rho_{Hg} = 13.600 \text{ g/cm}^3$，$\rho_{H_2O} = 1.000 \text{ g/cm}^3$，所以

$$1.000 \text{ atm} = 760.000 \text{ mmHg} = 760.000 \times (13.600/1.000) \text{ mmH}_2\text{O}$$
$$= 10\ 336.000 \text{ mmH}_2\text{O} = 10.336 \text{ mH}_2\text{O}$$

课 后 习 题

1. 将下列物理量转换成指定的单位：

密度：3 600.000 kg/m³＝_____ g/cm³

压强：8.900 atm＝_____ Pa；900.000 mmHg＝_____ Pa；5.800 Pa＝_____ kgf/cm²

比热容：11.300 kcal/(kg·℃)＝_____ J/(kg·K)

表面张力：10.000 N/m＝_____ dyn/cm；8.000 kgf/m＝_____ N/m

质量：4.400 kgf·s²/m＝_____ kg

功率：20.000 马力＝_____ kW

流量：300.000 m³/h＝_____ L/s

2. 如图 1－3 所示，浓度为 20.0%（质量分数，下同）的 PAC（聚合氯化铝）水溶液以 1 000.0 kg/h 流量送入蒸发器，在某温度下蒸出一部分水而得到浓度为 50.0% 的 PAC 水溶液，再送入结晶器冷却析出含有 4.0% 水分的 PAC 固体并不断取走。浓度为 37.5% 的 PAC 饱和母液则返回蒸发器循环处理，该过程为连续稳定过程，试求：① 固体 PAC 产品量 P，水分蒸发量 W；② 循环母液量 R，浓缩量 S。

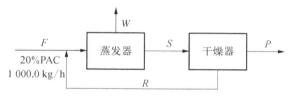

图 1－3　PAC 的干燥过程（题目 2 示意图）

（答案：$P = 208.3$ kg/h；$W = 791.7$ kg/h；$S = 975.0$ kg/h；$R = 766.7$ kg/h。）

3. 如图 1－4 所示，一罐内存有 30 t 的油，温度为 30 ℃。用外循环加热法进行加热，油的循环量为 8 m³/h。循环的油在换热器中用水蒸气加热，其在换热器出口温度恒为 100 ℃，罐内油均匀混合。假设罐与外界绝热，问罐内油从 30 ℃ 加热到 75 ℃ 需要多少时间，油密度设为 990 kg/m³。

（答案：3.90 h。）

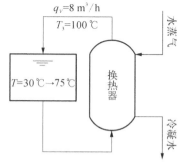

图 1－4　重油加热系统
（题目 3 示意图）

第二章

流体流动和输送设备

2.1　概述

流体流动是本门课程的基础,这是因为:

（1）在研究受污染的水或气体等的输送时,需要研究它们的流动规律,以便进行管路的设计、输送机械的选择及所需功率的计算;

（2）为提高去除污染物的效果,常需要提供适宜或最佳的流动条件,以提高设备或反应器的效率;

（3）在热量传递和气体吸收过程中,考察对象也多处于流动状态;

（4）为了解和控制流体中污染物去除过程,需要对管路或设备内的压强、流量及流速等一系列的参数进行测量,部分测量这些参数的仪器仪表的操作原理是以流体的静止或流动规律为依据的。

综上所述,研究流体流动对提高污染物去除效率,降低成本具有重要的意义。

流体是气体和液体的总称,流体具有以下三个特点:

（1）流动性,即抗剪抗张能力都很小;

（2）无固定形状,随容器的形状而变化;

（3）在外力作用下流体内部发生相对运动。

为了研究流体的运动规律,必须有一个考察流体运动的科学方法。流体连续性假设就是假设流体是由大量质点组成的彼此间没有空隙、完全充满所占空间的连续介质。连续性假设的目的是摆脱复杂的分子运动,而从宏观的角度来研究流体的流动规律,这时,流体的物理性质及运动参数在空间作连续分布,从而可用连续函数的数学工具加以描述。考察流体流动就是研究流体质点随空间位置和时间变化时的情况。

2.1.1　流体流动的考察方法

对于流体的流动,有两种不同的考察方法:

（1）拉格朗日(Lagrange)法以研究个别流体质点的运动为基础,跟踪质点,描述其运动参数(位移、速度等)随时间的变化规律,通过对每个流体质点运动规律的研究来获得整个流体的运动规律。这种方法又称为质点系法。

$$\begin{cases} u_x = \dfrac{\partial x}{\partial \tau} = \dfrac{\partial x(a,b,c,\tau)}{\partial \tau} \\[3mm] u_y = \dfrac{\partial y}{\partial \tau} = \dfrac{\partial y(a,b,c,\tau)}{\partial \tau} \\[3mm] u_z = \dfrac{\partial z}{\partial \tau} = \dfrac{\partial z(a,b,c,\tau)}{\partial \tau} \end{cases}$$

拉格朗日法的基本特点是追踪单个质点的运动。在考察单个固体质点的运动以及研究流体质点运动的轨线(质点的运动轨迹)时,采用此法。

(2) 欧拉(Euler)法是以考察不同流体质点通过固定的空间点的运动情况来了解整个流动空间内的流动情况(如空间各点的速度、压强、密度等),即着眼于研究各种运动要素的分布场。这种方法又叫作流场法。欧拉法中,流场中任何一个运动要素可以表示为空间坐标和时间的函数。

欧拉法是流体力学中常用的方法。流体的流线(流场中的一条瞬时曲线,曲线上每一点的切线方向为该点的流速方向)是采用此法考察的结果。对于流体在直管内的稳态流动,轨线与流线重合,采用欧拉法描述流体的流动状态就显得非常方便。研究环境工程工艺某一设备中(控制体)流体的流动情况,就是采用欧拉法。在空间直角坐标系中

$$\begin{cases} u_x = u_x(x,y,z,\tau) \\ u_y = u_y(x,y,z,\tau) \\ u_z = u_z(x,y,z,\tau) \end{cases} \tag{2-1}$$

若固定空间点,即式(2-1)中 x、y、z 为常数,τ 为变数,即可求得在某一固定空间点上,在不同时刻流速的变化情况。若令 τ 为常数,x、y、z 为变数,则可得到同一时刻,通过不同空间点上的液体质点的流速的分布情况(即瞬时流速场)。

根据复合函数求导数的方法,将式(2-1)对时间求导,可以得到流体质点通过流场中任意点的加速度在 x、y、z 轴方向的分量为

$$\begin{cases} a_{jx} = \dfrac{\mathrm{d}u_x}{\mathrm{d}\tau} = \dfrac{\partial u_x}{\partial \tau} + \dfrac{\partial u_x}{\partial x}\dfrac{\mathrm{d}x}{\mathrm{d}\tau} + \dfrac{\partial u_x}{\partial y}\dfrac{\mathrm{d}y}{\mathrm{d}\tau} + \dfrac{\partial u_x}{\partial z}\dfrac{\mathrm{d}z}{\mathrm{d}\tau} \\[3mm] a_{jy} = \dfrac{\mathrm{d}u_y}{\mathrm{d}\tau} = \dfrac{\partial u_y}{\partial \tau} + \dfrac{\partial u_y}{\partial x}\dfrac{\mathrm{d}x}{\mathrm{d}\tau} + \dfrac{\partial u_y}{\partial y}\dfrac{\mathrm{d}y}{\mathrm{d}\tau} + \dfrac{\partial u_y}{\partial z}\dfrac{\mathrm{d}z}{\mathrm{d}\tau} \\[3mm] a_{jz} = \dfrac{\mathrm{d}u_z}{\mathrm{d}\tau} = \dfrac{\partial u_z}{\partial \tau} + \dfrac{\partial u_z}{\partial x}\dfrac{\mathrm{d}x}{\mathrm{d}\tau} + \dfrac{\partial u_z}{\partial y}\dfrac{\mathrm{d}y}{\mathrm{d}\tau} + \dfrac{\partial u_z}{\partial z}\dfrac{\mathrm{d}z}{\mathrm{d}\tau} \end{cases}$$

因 $\dfrac{\mathrm{d}x}{\mathrm{d}\tau} = u_x$,$\dfrac{\mathrm{d}y}{\mathrm{d}\tau} = u_y$,$\dfrac{\mathrm{d}z}{\mathrm{d}\tau} = u_z$,代入上式得

$$\begin{cases} a_{jx} = \dfrac{\mathrm{d}u_x}{\mathrm{d}\tau} = \dfrac{\partial u_x}{\partial \tau} + u_x\dfrac{\partial u_x}{\partial x} + u_y\dfrac{\partial u_x}{\partial y} + u_z\dfrac{\partial u_x}{\partial z} \\[2mm] a_{jy} = \dfrac{\mathrm{d}u_y}{\mathrm{d}\tau} = \dfrac{\partial u_y}{\partial \tau} + u_x\dfrac{\partial u_y}{\partial x} + u_y\dfrac{\partial u_y}{\partial y} + u_z\dfrac{\partial u_y}{\partial z} \\[2mm] a_{jz} = \dfrac{\mathrm{d}u_z}{\mathrm{d}\tau} = \dfrac{\partial u_z}{\partial \tau} + u_x\dfrac{\partial u_z}{\partial x} + u_y\dfrac{\partial u_z}{\partial y} + u_z\dfrac{\partial u_z}{\partial z} \end{cases}$$

上式等号右侧的第一项 $\dfrac{\partial u_x}{\partial \tau}$、$\dfrac{\partial u_y}{\partial \tau}$、$\dfrac{\partial u_z}{\partial \tau}$ 表示在固定空间点上,由于时间变化流体质点分别在三个坐标方向产生的速度变化率,称当地加速度,即由于时间的变化使同一空间点的流速改变的加速度;等号右侧后三项之和表示由于流体质点位置的变化而引起的加速度,称为迁移加速度,即流体质点在流动过程中,因占据的空间位置变化而引起速度变化的加速度。用欧拉法描述流体运动时,流体质点的加速度是当地加速度和迁移加速度之和。

用欧拉法描述流体运动时,可以将流体分为稳态流(又称稳定流、恒定流、定常流)和非稳态流(又称非稳定流、非恒定流、非定常流)两类。若流场中任何空间点上的一切运动要素都不随时间而改变,这种流体称为稳态流。在该情况下,对于流场中任一固定空间点,无论哪个流体质点通过,其运动要素都是一样的,也就是说,运动要素仅仅是空间坐标的函数,与时间无关。

根据稳态流的定义,流体的速度 u_x、u_y、u_z,压强 p,密度 ρ 应满足以下条件

$$\begin{cases} \dfrac{\partial u_x}{\partial \tau} = \dfrac{\partial u_y}{\partial \tau} = \dfrac{\partial u_z}{\partial \tau} = 0 \\[2mm] \dfrac{\partial p}{\partial \tau} = 0 \\[2mm] \dfrac{\partial \rho}{\partial \tau} = 0 \end{cases}$$

由于运动要素与时间无关,式(2-1)变为

$$\begin{cases} u_x = u_x(x,\ y,\ z) \\ u_y = u_y(x,\ y,\ z) \\ u_z = u_z(x,\ y,\ z) \end{cases}$$

若流场中任何空间点上有任何一个运动要素是随时间变化时,此流体就为非稳态流。

简言之,拉格朗日法是同一流体质点在不同时刻状态的描述;欧拉法则是描述流动空间质点的状态及其与时间的关系。流体流动中,由于涉及无数个流体质点,故一般情况下采用欧拉法对流体流动加以描述,尤其在稳态流动时采用欧拉法描述更为方便。

2.1.2 流体流动的基本概念

1) 流体的密度、比容和比重

流体的密度(ρ):某种物质单位体积流体所具有的质量,$\rho = m/V$,kg/m^3。

比容(Λ)：单位质量的体积称为流体的比容，是密度的倒数，m^3/kg。

比重：物料的密度（或重度）与 277 K（4 ℃）时纯水的密度（或重度）之比。

2）压力和压强

压力(F)：垂直作用于任意流体微元表面的力称为压力，$kg \cdot m/s^2$，N。

压强(p)：流体单位表面积上所受的压力称压强，$kg/(m \cdot s^2)$，Pa，N/m^2。

$$1\ atm = 1.013\ 3 \times 10^5\ Pa = 1.013\ 3\ bar = 760\ mmHg = 10.33\ mH_2O = 1.033\ kgf/cm^2$$

$$1\ kgf = 1\ kg \times 9.807\ m/s^2 = 9.807\ N$$

图 2-1 表示了绝对压强、表压强和真空度的关系。

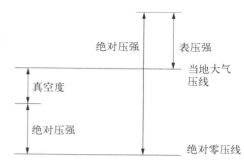

$$表压强 = 绝对压强 - 大气压强$$
$$真空度 = 大气压强 - 绝对压强$$

3）迹线与流线

在流场中，迹线是由一个流体质点在连续时间内在空间所留下的轨迹线。迹线是与拉格朗日法对应。

图 2-1　绝对压强、表压强和真空度的关系

在流场中，流线是一条瞬时曲线，是和一系列质点流速矢量相切的曲线。流线是和欧拉法相对应的。

迹线是由一个质点构成的，流线是由无穷多个质点组成的，在一般情况下，流线与迹线是不重合的。只有当稳态流的情况下，由于流体的流速与时间无关，流场中的流线恒定不变，流体质点将沿着流线运动，此时流体质点的运动轨迹与流线重合。

图 2-2 和图 2-3 分别表示了某城市污水处理厂平流式沉淀池流速矢量分布和流线分布。

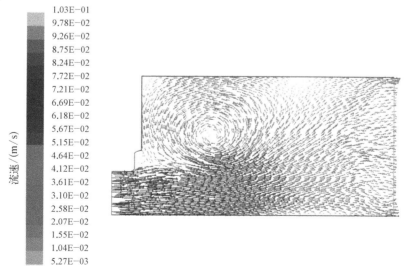

图 2-2　某城市污水处理厂平流式沉淀池流速矢量分布

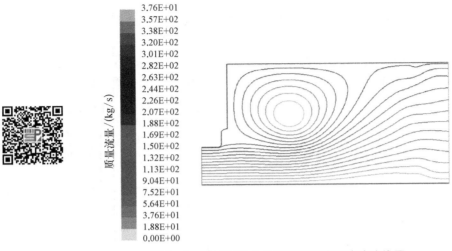

图 2 - 3　某城市污水处理厂平流式沉淀池流线图

4）过流断面

流场中与流线正交的横截面为过流断面。过流断面一般不是平面,仅在流线相平行时,过流断面才是平面,如图 2 - 4 所示。

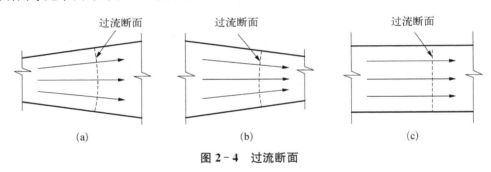

图 2 - 4　过流断面

5）流量和流速

单位时间通过任一过流断面的流体量为流量。具体又分为体积流量(q_V,m^3/s)和质量流量(q_m,kg/s)。它们之间的关系为

$$q_m = \rho q_V$$

式中,q_m——质量流量,kg/s;

ρ——流体密度,kg/m^3;

q_V——体积流量,m^3/s。

单位时间内流体在流动方向上流过的距离为流速(m/s)。通常过流断面上各点的流速不相同。如在管流中,在管壁处为零,管中心轴线上的流速最大。工程上为便于分析和计算,常采用平均流速(u,m/s),即过流断面速度的平均值,其定义如下:

$$u = q_V / A$$

式中，q_V——体积流量，m^3/s；

$\quad\quad$ u——平均流速，m/s；

$\quad\quad$ A——过流面积，m^2。

通常环境工程设施的管道中，液体的经济流速为 1 m/s，气体为 10 m/s。

6）稳态流和非稳态流

在流场中，任意空间位置上的运动参数都不随时间而改变，即对时间的偏导数等于零。如 $\dfrac{\partial u}{\partial \tau}=0$，$\dfrac{\partial p}{\partial \tau}=0$ 等，这种流动称为稳态流。在稳态流中，流速等运动参数仅是位置坐标的函数，如加速度就不存在当地加速度。

在流场中，任意空间位置上只要存在某一运动参数是时间的函数，即对时间的偏导数不等于零，这种流动称为非稳态流。

7）均匀流与非均匀流

在流场中，流体质点的流速沿流动方向在任何时刻都不随空间位置的变化而改变，此流动状态为均匀流。否则为非均匀流。均匀流一定是稳态流，而非均匀流既可以是稳态流，也可以是非稳态流。

8）管流和明渠流，有压流和无压流

没有自由表面的流体为管流，属有压流；有自由表面的流体称为明渠流，属无压流。

2.1.3　流体流动的内摩擦力

流体在圆管内流动由于流体对圆管壁面的附着力作用，在壁面上会黏附一层静止的流体膜层，同时又由于流体内部分子间的吸引力和分子热运动，壁面上静止的流体膜对相邻流体层的流动产生阻滞作用，使它的流速变慢，这种作用力随着离壁面距离的增加而逐渐减弱，也就是说，离壁面越远流体的流速越快。管中心处流速为最大。由于流体内部这种作用力的关系，液体在圆管内流动时，实际上是被分割成了无数的同心圆筒层，一层套着一层，各层以不同的速度向前运动，如图 2-5(a)所示。

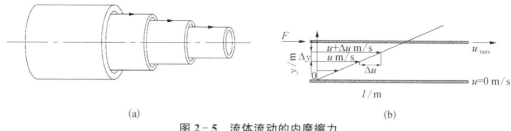

$\quad\quad\quad\quad\quad\quad$ (a) $\quad\quad\quad\quad\quad\quad\quad\quad\quad\quad\quad\quad\quad\quad\quad$ (b)

图 2-5　流体流动的内摩擦力

由于各层速度不同，层与层之间发生了相对运动，速度快的流体层对与之相邻的速度较慢的流体层产生了一个拖动其向运动方向前进的力，而同时运动较慢的流体层对相邻的速度快的流体层也作用着一个大小相等、方向相反的力，从而阻碍较快的流体层向前运动。这种运动着的流体内部相邻两流体层间的相互作用力，称为流体的内摩擦力，是流体黏性的表现，所以又称为黏滞力或黏性摩擦力。流体流动时由于要克服摩擦力，而将一部分机械能转为热能而损失。

实验证明,对于一定的液体,如图 2-5(b),内摩擦力 F_n 与两流体层的速度差 Δu 成正比,与两层之间的垂直距离 Δy 成反比,与两层间的接触面积 A_j 成正比,即

$$F_n \propto \frac{\Delta u}{\Delta y} A_j$$

把上式写成等式,引入比例系数 μ: $F_n = \mu \dfrac{\Delta u}{\Delta y} A_j$

单位面积上的内摩擦力称剪应力,以 τ' 表示;当流体在管内流动,径向速度变化不是直线关系时,则

$$\tau' = \frac{F_n}{A_j} = \mu \frac{\mathrm{d}u}{\mathrm{d}y} \tag{2-2}$$

式中,τ'——剪应力,Pa;

$\dfrac{\mathrm{d}u}{\mathrm{d}y}$——法向速度梯度,即在流动方向相垂直的 y 方向上流体速度的变化率,s^{-1};

μ——比例系数,称黏性系数或动力黏度,简称黏度,Pa·s;

A_j——两层间的接触面积,m^2;

F_n——内摩擦力,N 或者 kg·m/s²。

式(2-2)所显示的关系,称牛顿黏性定律。流体的剪应力与法向速度梯度成正比,与压力或压强无关。

黏度系数或黏度是流体的一种物性。流体的黏度大,则相同剪应力之下只能造成较小的法向速度梯度。从式(2-2)中可以看出,流体的黏度表示单位接触表面积上法向速度梯度为 1 时,由于流体黏性所引起的内摩擦力或剪应力的大小。

流体的黏性是影响流体流动的重要物性,许多流体的黏度均由实验测定可参见于有关手册中(参见表 2-1)。

表 2-1 某些流体的黏度

流 体	$t/{}^\circ\mathrm{C}$	$\mu/(\mathrm{Pa \cdot s})$	流 体	$t/{}^\circ\mathrm{C}$	$\mu/(\mathrm{Pa \cdot s})$
水	0	1.8×10^{-3}	氢	-1	8.3×10^{-6}
	100	0.3×10^{-3}		250	13×10^{-6}
汞	0	1.7×10^{-3}	二氧化碳	0	14×10^{-6}
	100	1.0×10^{-3}		302	27×10^{-6}
蓖麻油	17.5	$2\,300 \times 10^{-3}$	空气	0	18×10^{-6}
	50	$1\,225 \times 10^{-3}$		671	42×10^{-6}

此外,流体黏性的大小还可以用黏度 μ 和密度 ρ 的比值来表示,称作运动黏度,以符号 ν 来表示:

$$\nu = \frac{\mu}{\rho}$$

运动黏度的法定计量单位为 m^2/s,非法定单位为 St,称为[斯托克斯],简称沲。

$$1 \,\mathrm{St} = 10^{-4} \,\mathrm{m^2/s}$$

气体的黏度比液体的黏度约小两个数量级,而且气体黏度随温度升高而升高,液体的黏

度随温度升高而降低。

　　压强对于液体黏度的影响可忽略不计。对于气体,则只有在相当高或极低的压强条件下才考虑这一影响。

　　工程上常常需要知道混合液体、混合气体的黏度,如果没有实验数据,可选用其相应的公式,由纯物质黏度估算。对分子不缔合的混合液体,可用下式计算:

$$\log \mu_{\mathrm{mix}} = \sum_{i=1}^{n} x_i \log \mu_i$$

式中,μ_{mix}——混合液体黏度,Pa·s;

　　　　x_i——混合液体中 i 组分的摩尔分数;

　　　　μ_i——混合液体中 i 组分的黏度,Pa·s。

　　对于低压下的混合气体:

$$\mu_{\mathrm{mix}} = \frac{\sum\limits_{i=1}^{n} y_i \mu_i M_i^{1/2}}{\sum\limits_{i=1}^{n} y_i M_i^{1/2}}$$

式中,μ_{mix}——混合气体黏度,Pa·s;

　　　　y_i——混合气体中 i 组分的摩尔分数;

　　　　μ_i——混合气体中 i 组分的黏度,Pa·s;

　　　　M_i——混合气体中 i 组分的摩尔质量,g/mol。

2.1.4　流体流动的类型及其判断

1) 流体流动的类型

　　为了直接观察流体流动时内部质点的运动情况及各种因素对流动状况的影响,可安排如图 2-6 所示的实验,即雷诺实验。它揭示出流动的两种截然不同的形态。在一个水箱内,水面下安装一个带喇叭形进口的玻璃管。管下游装有一个阀门,利用阀门的开度调节流量。在喇叭形进口处中心有一根针形小管,自此小管流出一丝有色水流,其密度与水几乎相同。

　　如图 2-6 所示,在水箱内装有溢流装置,以保持水位恒定。水箱下部装有水平玻璃管,用阀门调节流量。玻管入口处插入一根细管,细管上方与装有色液体的容器相连。

　　实验时,在有溢流的情况下,微微打开阀 9,使玻管中的水低速流动,然后打开阀 6,把有色液体引入玻管中。此时可以观察到,有色液体成一直线平稳地流过整根玻管,与管内的水不相混合,如图 2-7(a)所示。这说明管内流体质点是有规则的平行流动,质点之间互不干扰混杂,这种流动形态称为滞流或层流。

　　在有色液体流动不变的情况下,调节阀增大水流速度,当流速增大到一定数值时,有色液体的流线出现不规则的波浪形,如图 2-7(b)所示。若继续增大流速至某一临界值时,有色流线即会消失,此时整个下管内的水呈现均匀的颜色,如图 2-7(c)所示。这说明流体质点除了沿管道向前运动外,还存在不规则的径向运动,质点间相互碰撞相互混杂,这种流动形态称为湍流或紊流。介于上述两种情况之间的流动状态称为过渡流。

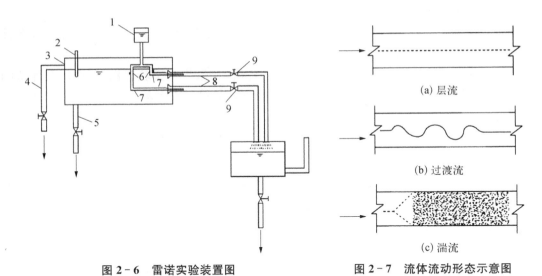

图 2-6　雷诺实验装置图　　　　　图 2-7　流体流动形态示意图
1-有色溶液;2-温度计;3-水箱;4-溢流管;5-排空管;
6-阀门;7-针形小管;8-玻璃管;9-阀门

2) 流动形态的判据——雷诺数 Re

不同的流动类型对流体中的质量、热量传递将产生不同的影响。为此,环境工程设计上需事先判定流动类型。对管内流动而言,实验表明流动的几何尺寸(管径 d)、流动的平均速度 u 及流体性质(密度 ρ 和黏度 μ)对流型的转变有影响。英国物理学家雷诺发现,可以将这些影响因素综合成一个无量纲数群 $\dfrac{du\rho}{\mu}$ 作为流型的判据,此数群被称为雷诺准数或雷诺数,以符号 Re 表示惯性力与黏性力之比,反映流体的流动状态和湍动程度。

$$Re = \frac{du\rho}{\mu} \qquad\qquad (2-3)$$

式中,d——管内径,m;

　　　u——主体流速或平均流速,m/s;

　　　ρ——流体密度,kg/m³;

　　　μ——流体的动力黏度,kg/(m•s), Pa•s, N•s/m²。

$$Re = \frac{(m) \cdot (m/s) \cdot (kg/m^3)}{kg/(m \cdot s)}$$

雷诺准数——判断流体流动形态的准则:

(1) 当 Re≤2 000 时,一般出现层流,此为层流区;

(2) 当 2 000<Re<4 000 时,有时出现层流,有时出现湍流,依赖于环境,此为过渡区;

(3) 当 Re≥4 000 时,一般都出现湍流,此为湍流区。

当 Re≤2 000 时,一般都出现层流,任何扰动只能暂时地使之偏离层流,一旦扰动消失,层流状态必将恢复。

16

当 Re 数超过 2 000 且小于 4 000 时,层流不再是稳定的,但是否出现湍流,决定于外界的扰动。如果扰动很小,不足以使流型转变,则层流仍然能够存在,为过渡区。

$Re \geqslant 4\,000$ 时,一般情况下总是出现湍流,为湍流区。

根据 Re 的数值将流体流动划为三个区:层流区、过渡区及湍流区,但只有两种流型。过渡区不是一种过渡的流型,它只表示在此区内可能出现层流也可能出现湍流,需视外界扰动而定。

雷诺数 Re 的大小,除了作为判别流体流动形态的依据,它还反映了流动中液体质点湍动的程度。Re 值越大,表示流体内部质点湍动得越厉害,质点在流动时的碰撞与混合越剧烈。在实际生产中,为了提高流体的输送量或传热传质速率,流体的流动形态一般都要求处在湍流的情况。

【注意】

(1) d——管内径。如果流体在非圆形管(如方形管)或非圆横截面的导管(如套管环隙)内流动,则 Re 中的 d 应当以当量直径 d_e 代替。

$$d_e = \frac{4 \times 流通截面积}{润湿周边长}$$

润湿周边长,简称湿周。水面不计入湿周。例如对矩形断面(图 2-8)的管道,当量直径为

$$d_e = \frac{4ab}{2(a+b)} = \frac{2ab}{(a+b)}$$

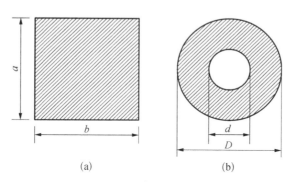

图 2-8　非圆形断面

对环形断面的管道(图 2-8),则

$$d_e = \frac{4 \times \frac{\pi}{4}(D^2 - d^2)}{\pi(D+d)} = D - d$$

(2) u——平均流速。无论层流或湍流,在管道横截面上流体的质点流速是按一定规律分布的(图 2-9)。在管壁处,流速为零,在管子中心处流速最大。层流时流体在直管内的流速沿直管直径依抛物线规律分布,平均流速为管中心流速的 1/2,湍流时的速度分布图顶端稍宽,这是由于流体骚动、混合产生漩涡所致。湍流程度越高,曲线顶端越平坦。湍流时的平均流速约为管中心流速的 0.8 倍。

项目	物理图像	速度分布	平均流速
层流	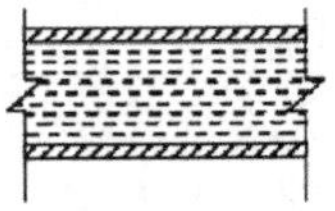	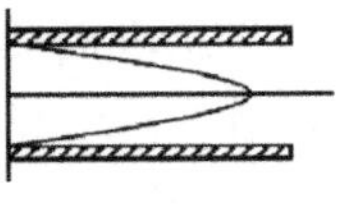	$u = 0.5\,u_{max}$
湍流	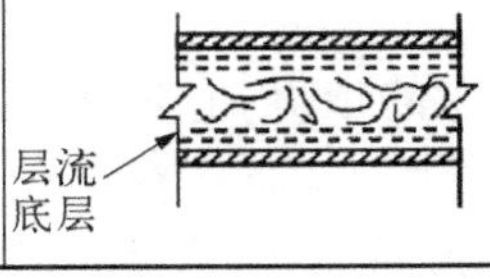 层流底层	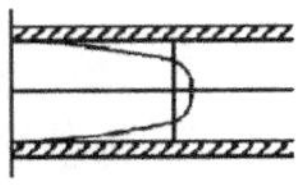	$u = 0.8\,u_{max}$

图 2-9　速度分布与平均流速

(3) ρ——对于气体,当压力变化不大时,用平均密度代替。

【例 2-1】　在实验室研究电厂烟气脱硝工艺某一流程的能量损失。已知实际操作中烟气为常压,温度为 400 ℃,流速为 2 m/s,电厂烟气管道直径为 1.5 m;实验室中拟采用常压、90 ℃的模拟烟气进行实验,其流速为 10 m/s。已知 90 ℃、400 ℃的烟气黏度分别为 19.94×10^{-6} Pa·s 和 31.70×10^{-6} Pa·s,求:

(1) 实验室模拟设备的直径;

(2) 电厂设备与实验设备中的烟气流量。

设电厂设备的条件用下标 1 表示,实验设备的条件用下标 2 表示。

已知:$T_1 = 400\ ℃ = 400 + 273 = 673$ K,$u_1 = 2$ m/s,$\mu_1 = 31.70 \times 10^{-6}$ Pa·s,$d_1 = 1.5$ m

$\qquad\ \ T_2 = 90\ ℃ = 363$ K,$u_2 = 10$ m/s,$\mu_2 = 19.94 \times 10^{-6}$ Pa·s

$\qquad\ \ p_1 = p_2 =$ 常压

求:d_2,q_{V1},q_{V2}。

解:

(1) 为了保持实验设备与电厂设备的流体动力相似,实验设备与电厂设备中的 Re 值必须相等,即:

$$\frac{d_1 u_1 \rho_1}{\mu_1} = \frac{d_2 u_2 \rho_2}{\mu_2}$$

$$d_2 = d_1 \left(\frac{u_1}{u_2}\right)\left(\frac{\rho_1}{\rho_2}\right)\left(\frac{\mu_2}{\mu_1}\right)$$

$$pV = nRT$$

$$\frac{n}{V} = \frac{p}{RT}$$

$$\rho = \frac{m}{V} = \frac{nM}{V} = \frac{p}{RT}M$$

又　　　　　　　　　$\because\ p_1 = p_2$,$M_1 = M_2$,R 为常数。$\therefore\ \dfrac{\rho_1}{\rho_2} = \dfrac{T_2}{T_1}$

$$d_2 = d_1 \left(\frac{u_1}{u_2}\right)\left(\frac{T_2}{T_1}\right)\left(\frac{\mu_2}{\mu_1}\right) = 1.5 \times \frac{2}{10} \times \frac{363}{673} \times \frac{19.94 \times 10^{-6}}{31.70 \times 10^{-6}} = 0.10 \text{ m} = 10 \text{ cm}$$

（2）电厂设备的烟气流量：

$$q_{V1} = \frac{\pi d_1^2}{4} \cdot u_1 = \frac{3.14 \times 1.5^2 \times 2}{4} = 3.53 \text{ m}^3/\text{s}$$

实验设备的烟气流量：

$$q_{V2} = \frac{\pi d_2^2}{4} \cdot u_2 = \frac{3.14 \times 0.10^2 \times 10}{4} = 0.078\,5 \text{ m}^3/\text{s}$$

答：实验设备的直径为 10 cm，电厂设备的烟气流量为 3.53 m³/s，实验设备的烟气流量为 0.078 5 m³/s。

2.1.5　流动边界层

虽然可以通过计算雷诺数 Re 来判断流体整体的流动状态为层流或是湍流，但实验发现，即使是湍流流动的流体，在靠近管壁或平板等的固体界面区域流动时，其流动状态仍然为层流，且在这个区域内阻力大，法向速度衰减快，该区域称为层流底层、黏性底层或者流动内层。普兰德(Prandtl)提出了边界层理论，即实际流体沿固体壁面流动时，在流体中出现两个区域：存在显著速度梯度的边界层区和几乎没有速度梯度的主流区。在边界层区内，靠近壁面流体流速为零，且由于存在显著的速度梯度 $\mathrm{d}u/\mathrm{d}y$，即使黏度 μ 很小，也有较大的内摩擦应力 τ'，故流动时摩擦阻力很大。在主流区内，$\mathrm{d}u/\mathrm{d}y \approx 0$，故 $\tau' \approx 0$，因此，主流区内流体流动时摩擦阻力也趋近于零，可看成理想流体。该理论将流体黏性的影响限制在边界层内，可使实际流体的流动问题大为简化。

如图 2-10 所示，当流体以 u_0 匀速流过平面壁时，壁面上将黏附一层静止的流体层，这层流体层又与相邻的流体层之间产生内摩擦，降低其流速，这种内摩擦和速度降低再逐层向远离壁面的流体法向传递并逐渐减弱，在离壁面一定距离处，速度受到的影响可以忽略不计，通常规定此处的速度为 $0.99\,u_0$，此处到壁面之间的距离为边界层，边界层以外的区域称

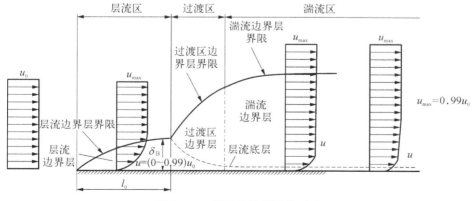

图 2-10　平壁上边界层的形成

为主流区。

边界层根据边界层内流体的流动状态可分为层流边界层和湍流边界层。在平板的前缘处边界层较薄,流体的速度较小,整个边界层内的流体流动状态为层流,称为层流边界层。随着距离平板前缘的距离 l 的增大,边界层逐渐增厚,当该距离增加到临界值 l_0 时,边界层内流体的流动有时候由层流转变为湍流。湍流发生时,边界层突然加厚,称为湍流边界层。但是,湍流有时候在 l_0 后就发生,有时候需要沿流动方向再流过一段距离才发生,该距离大小不确定,有时候在此处出现,有时候在他处出现,这段不稳定区域称为过渡区。在过渡区之后的边界层称为湍流边界层。在湍流边界层里,靠近壁面处仍有一薄层流体呈层流流动,这就是层流底层,摩擦阻力和速度梯度均大。

流体在平板上方流动形成的边界层的情况与流体的物理性质、流速、离壁面前沿的距离以及壁面前沿的形状和壁面的粗糙度等多种因素相关。通常使用边界雷诺数 Re_l 来描述一种流体的边界层的情况。

$$Re_l = \frac{\rho u_0 l}{\mu} \tag{2-4}$$

式中,Re_l——边界雷诺数,无量纲;

　　　u_0——来流流速,m/s;

　　　ρ——流体密度,kg/m^3;

　　　μ——流体的动力黏度,kg/(m•s),Pa•s,N•s/m^2;

　　　l——离开平板前缘的距离,m。

对于光滑平板,$Re_l < 2 \times 10^5$ 时边界层为层流边界层;$Re_l \geqslant 3 \times 10^6$ 时为湍流边界层。通常取 $Re_l = 5 \times 10^5$ 为边界层流态由层流转变成湍流的转折点(l_0 处)。

当流体在平板上流动时,边界层厚度 δ_B 可根据以下公式进行计算:

对于层流边界层($Re_l < 2 \times 10^5$)

$$\frac{\delta_B}{l} = \frac{4.64}{Re_l^{0.5}} \tag{2-5}$$

对于湍流边界层($5 \times 10^5 < Re_l < 10^7$)

$$\frac{\delta_B}{l} = \frac{0.376}{Re_l^{0.2}} \tag{2-6}$$

当流体在圆形直管内流动时,边界层也有类似的变化情况:流体进入管口时,边界层很薄,边界层的厚度随着流体的流动逐渐增厚,形成一个沿管内壁的环形边界层。如圆管内流体呈现层流的状态,$Re \leqslant 2\,000$,边界层的厚度增大至管道的半径处时,边界层在管道中心汇合,此后边界层占满整个管道,边界层的厚度等于圆管的半径,且不再改变,其流动状态和速度分布如图 2-11(a)、(b)所示。如管道流体呈现湍流状态,$Re \geqslant 4\,000$,从入口处,流体将经历层流区,然后到湍流区,中间仍然存在一段不稳定的过渡区。在湍流区里,靠近管内壁,也仍然存在一个环形的层流底层,摩擦阻力和流速变化集中在此,如图 2-11(c)、(d)所示。湍流时,环形层流底层的厚度 δ_{Bh} 可以用经验公式估算。当管内的平均流速为最大流速

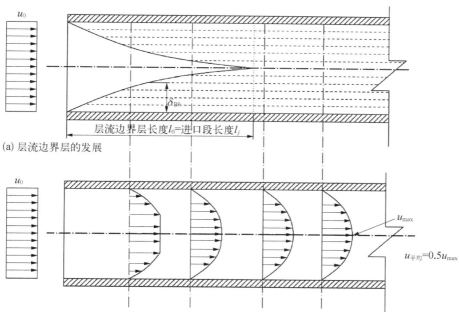

(a) 层流边界层的发展

(b) 层流边界层各截面的速度分布

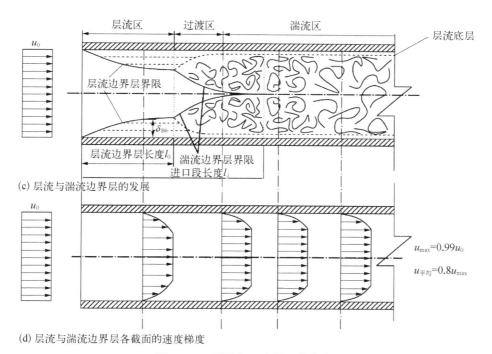

(c) 层流与湍流边界层的发展

(d) 层流与湍流边界层各截面的速度梯度

图 2-11 圆管入口边界层的分布

的 0.8 倍时，可采用下式计算。

$$\delta_{\mathrm{B}h} = 61.5 \frac{d}{Re^{0.875}} \qquad (2-7)$$

式中，δ_{Bh}——湍流状态下，圆管内环形层流底层的厚度，m；

d——圆管内径，m；

Re——圆管主流体中的雷诺数。

从管道进口至边界层增长到整个断面的截面之间的距离称为进口段长度 l_j，对于湍流时约为$(40\sim50)d$，层流可以用如下公式计算：

$$\frac{l_j}{d}=0.057\,5Re \qquad (2-8)$$

式中，l_j——进口段长度，m；

d——圆管内径，m；

Re——圆管主流体中的雷诺数，无量纲。

流体在管道内稳定流动时，边界层是紧贴在管道壁面上的。当流体流过球体、圆柱体等其他形状的固体表面，或管道突然改变管径，边界层将出现另一个显著特征，即边界层脱离固体壁面流动的现象，称为边界层的分离。边界层一旦发生分离现象后，壁面上会出现流体的空白区，下游的流体在压力梯度的作用下会倒流回来，形成漩涡。流体质点在漩涡中由于强烈的碰撞与混合，造成机械能的损失。与此能量损失相应的阻力称为漩涡阻力。此阻力是由于固体壁面表面形状造成边界层分离而引起的，故称为形体阻力。

图 2-12 是流体的流动在突然扩大管、突然缩小管、直角弯管、流过球体等几种常见情况下的边界层分离现象和自然界中水体流经障碍物产生的边界层分离现象。虽然边界层的分离损失了能量，但在某些情况下，如为了加速热量传递和物质的混合，却希望造成这种现象以加大流体的湍动程度。

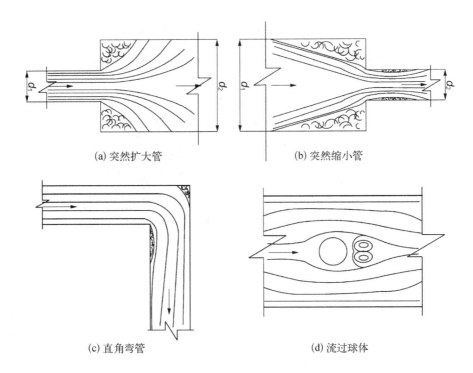

(a) 突然扩大管　　　　　　(b) 突然缩小管

(c) 直角弯管　　　　　　(d) 流过球体

(e) 流过岩石　　　　　　　　　　　(f) 流过岩石

图 2-12　边界层分离的几种示例

2.2　流体流动时的阻力损失

流体在管路中流动时的阻力损失可分为沿程阻力损失和局部阻力损失。沿程阻力损失又称为直管阻力损失,是流体在直管中流动时,由于流体的内摩擦而产生的能量损失。局部阻力损失是流体通过管路中的管件、阀门、管截面的突然扩大或缩小等局部障碍,引起边界层的分离,产生漩涡而造成的能量损失。流体的流动阻力损失 $\sum h_{tf}$(或称总阻力损失)为所有沿程阻力损失 $\sum h_f$ 与所有局部阻力损失 $\sum h'_f$ 之和,即

$$\sum h_{tf} = \sum h_f + \sum h'_f \tag{2-9}$$

在上式中,$\sum h_f$ 为全部沿程阻力损失之和,$\sum h'_f$ 为全部局部阻力损失之和。

在环境工程原理的学习过程中,流体流动时的阻力损失是重要的知识点。首先,阻力损失与流体输送所需要的动力有关;其次,经常要用流体流动时阻力损失的变化来判断反应器中流体流动的状况;再次,流体流动的阻力损失还可以用来分析颗粒在连续流体中的运动情况。

2.2.1　影响阻力损失的因素

流体阻力损失的大小与流体本身的物理性质、流动状况、流体流过的距离及壁面的形状等因素有关。主要表现在:

(1)由于流体具有黏性,所以流体在流动时流体质点间存在着剪切应力,该剪切应力是流体分子在流体层之间做随机运动进行动量交换所产生的内摩擦的宏观表现,分子的这种摩擦与碰撞将消耗流体的能量。在湍流情况下,除了分子随机运动要消耗能量外,流体质点的高频脉动与宏观混合,还要产生比前者大得多的湍流应力,消耗更多的流体能量。这两者便是摩擦阻力产生的根源。

(2)流体在流动时因流动方向或流道截面的改变而致使边界层分离,由于逆压作用的结果,流体将发生倒流形成尾涡,在尾涡区,流体质点强烈碰撞与混合而消耗能量。这种由

于倒流和尾涡以及压力分布不均而造成的能量损失即形体阻力损失。

（3）雷诺数的大小：雷诺数决定流体的流动状态，在不同的流动状态下阻力损失大小是不同的。

（4）流体在流动时与管壁的摩擦，粗糙表面的摩擦阻力损失较大。

2.2.2 沿程阻力损失及量纲分析法

1）圆形直管内层流流动时的沿程阻力损失

层流是流体作一层滑过一层的流动，流动阻力主要是流体的内部摩擦力。流动时的阻力服从牛顿黏性定律式（2-2），$F_n = -A_j \mu \dfrac{\mathrm{d}u}{\mathrm{d}y}$。

如图 2-13 所示，流体在水平圆管中流动时，在管中心至管壁的任一 r 处，取微分距离 $\mathrm{d}r$，管长度为 l，则两层流体间滑动的接触面积 A_j 为 $2\pi r l$。

$$F_n = -A_j \mu \frac{\mathrm{d}u}{\mathrm{d}y} = -2\pi r l \cdot \mu \cdot \frac{\mathrm{d}u}{\mathrm{d}r}$$

式中，r——圆管中心至管壁之间任意一处的半径，m；

l——圆管管长，m；

A_j——两层流体间滑动的接触面积，$A_j = 2\pi r l$，m^2；

F_n——内摩擦阻力，与所受的外力大小相等，而方向相反，N 或 $kg \cdot m/s^2$；

$\dfrac{\mathrm{d}u}{\mathrm{d}y}$——法向速度梯度，即在流动方向垂直的 y 方向上流体速度的变化率，s^{-1}。

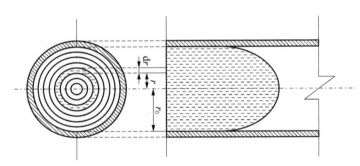

图 2-13　层流时的摩擦阻力损失

为克服内摩擦阻力，管中流体流动两端必须存在一定的压强差 Δp，流体两端所受的压力差为

$$F_n' = \Delta p \cdot A = \Delta p \cdot \pi r^2$$

式中，A——受力面积，等于当时管中流体层的横截面积，即为 $A = \pi r^2$，m^2；

Δp——流体两端的压强差，Pa；

F_n'——流体两端所受的压力差，N 或 $kg \cdot m/s^2$。

$F_n = F_n'$，所以

$$\Delta p \cdot \pi r^2 = -2\pi r l \cdot \mu \cdot \frac{\mathrm{d}u}{\mathrm{d}r}$$

整理并积分,当 $r=0$(管中心)时, $u=u_{max}$;当 $r=r_0$(圆管中心至管壁的半径)时, $u=0$,得

$$\int_0^{r_0} -\Delta p r \, dr = \int_{u_{max}}^0 2\mu l \, du$$

$$\Delta p \cdot \frac{{r_0}^2}{2} = 2\mu l u_{max}$$

因为 $d=2r_0$,层流时 $u_{max}=2u$,代入上式并整理,得

$$\Delta p = 32\mu u l / d^2$$

恒等变形为

$$\Delta p = \frac{64}{\dfrac{du\rho}{\mu}} \cdot \frac{l}{d} \cdot \frac{u^2 \rho}{2}$$

也可写成:

$$\Delta p_f = \frac{64}{Re} \cdot \frac{l}{d} \cdot \frac{u^2 \rho}{2} \text{ (Pa)} \qquad (2-10)$$

式(2-10)除以 ρ:

$$h_f = \frac{64}{Re} \cdot \frac{l}{d} \cdot \frac{u^2}{2} \text{ (J/kg)} \qquad (2-11)$$

式(2-11)除以 g:

$$H_f = \frac{64}{Re} \cdot \frac{l}{d} \cdot \frac{u^2}{2g} \text{ (m 液柱)} \qquad (2-12)$$

式(2-10)、(2-11)、(2-12)是计算直管层流时流体阻力损失的公式。

令 $\lambda = 64/Re$,

则式(2-10)为

$$\Delta p_f = \lambda \cdot \frac{l}{d} \cdot \frac{u^2 \rho}{2} \text{ (Pa)} \qquad (2-13a)$$

式(2-11)为

$$h_f = \lambda \cdot \frac{l}{d} \cdot \frac{u^2}{2} \text{ (J/kg)} \qquad (2-13b)$$

式(2-12)为

$$H_f = \lambda \cdot \frac{l}{d} \cdot \frac{u^2}{2g} \text{ (m 液柱)} \qquad (2-13c)$$

式(2-13a)、(2-13b)、(2-13c)是计算直管流体流动阻力损失的一般式。

式中,l——管长,m;

  d——管内径,m;

  u——流速,m/s;

  Δp_f——阻力损失,流体流动克服阻力消耗的机械能,Pa;

  h_f——阻力损失,流体流动克服阻力消耗的机械能,J/kg;

  H_f——阻力损失,流体流动克服阻力消耗的机械能,m 液柱;

  λ——摩擦系数,无量纲。

λ 的物理意义:它表示单位质量流体在管道中流经一段与管道直径相等的距离的沿程损失与其所具有的动能之比。

2) 湍流流动时的沿程阻力损失和量纲分析法

湍流流动是十分复杂的现象，影响阻力损失的因素很多，难以从理论分析出发导出湍流流动条件下沿程阻力损失的关系式。解决这种工程问题经常采用实验的方法，同时辅以一套理论来指导实验的进行、数据的整理和结果的使用。这就是量纲分析法。

量纲分析法的主要依据是量纲一致性原则和 π 定理。

量纲一致性原则是指：凡是根据基本的物理规律导出的物理量方程式，其中各项的量纲必然相同，即物理量方程式左边的量纲与右边的量纲相同。

π 定理(Buckinham 提出)是指：任何量纲一致的物理方程式都可以表示为一组无量纲数群的零函数 $f(\pi_1, \pi_2, \cdots, \pi_n) = 0$，该无量纲数群的数目等于影响该过程的物理量的数目 n 减去用以表示这些物理量的基本量纲的数目 m。如下面分析流动阻力损失时，影响该过程的物理量总数是 7，表示这些物理量的基本量纲为 3 个，则组成的无量纲数群的数目 N：

$$N = n - m = 7 - 3 = 4$$

任何物理方程都由物理量组成，任何物理量都有一定的量纲。量纲有两类：一类是基本量纲，它们是彼此独立的，不能相互导出，必须人为设置。另一类是导出量纲，由基本量纲导出。例如 SI 制中以质量、长度、时间为基本量纲，速度的量纲按定义可以由长度和时间组成，其量纲为长度/时间，以 L/τ 表示，重量以 $ML\tau^{-2}$ 表示。

接下来用量纲分析法找出影响湍流沿程阻力损失的无量纲数群。

根据近来对湍流流动时流体阻力损失的分析和所进行实验的系统分析，可以得出，在湍流流动中，影响其沿程阻力损失的主要因素是流体流道的管径 d、管长 l、平均流速 u、流体密度 ρ、黏度 μ、管壁绝对粗糙度 ε，即

$$\Delta p_f = F(d, l, u, \rho, \mu, \varepsilon)$$

式中的 ε 称为绝对粗糙度，它代表壁表面凸出部分的平均高度，单位为 m。

如果采用幂函数形式表达这一关系，可以写成：

$$\Delta p_f = K d^a l^b u^c \rho^e \mu^f \varepsilon^g \tag{2-14}$$

式中的常数 K 和指数 a、b、c、e、f、g 均为待定值。将上式中的各物理量的量纲以基本量纲：质量(M)、长度(L)、时间(τ)表示

$$[p] = ML^{-1}\tau^{-2}$$
$$[d] = [l] = L$$
$$[u] = L\tau^{-1}$$
$$[\rho] = ML^{-3}$$
$$[\mu] = ML^{-1}\tau^{-1}$$
$$[\varepsilon] = L$$

把各物理量的量纲代入式(2-14)得

$$ML^{-1}\tau^{-2}=K[L]^{a}[L]^{b}[L\tau^{-1}]^{c}[ML^{-3}]^{e}[ML^{-1}\tau^{-1}]^{f}[L]^{g}$$

即

$$ML^{-1}\tau^{-2}=K[M]^{e+f}[L]^{a+b+c-3e-f+g}[\tau]^{-c-f}$$

根据量纲一致性原则,等式两边的各基本量纲的指数应该对应相等,故

$$\begin{cases}e+f=1 & \text{对}M(\text{质量})\\a+b+c-3e-f+g=-1 & \text{对}L(\text{长度})\\-c-f=-2 & \text{对}\tau(\text{时间})\end{cases}$$

这一方程组中有 6 个未知数,而只有 3 个方程,故不能联立解出各未知数的数值。但其中 3 个量可以由其他 3 个量来表示:

$$\begin{cases}a=-b-f-g\\c=2-f\\e=1-f\end{cases}$$

将此关系式代入式(2-14)得

$$\Delta p_f=Kd^{-b-f-g}l^bu^{2-f}\rho^{1-f}\mu^f\varepsilon^g$$

将指数相同的各物理量归并在一起

$$\frac{\Delta p_f}{\rho u^2}=K\left(\frac{l}{d}\right)^b\left(\frac{du\rho}{\mu}\right)^{-f}\left(\frac{\varepsilon}{d}\right)^g \tag{2-15}$$

把式(2-15)写成一般形式:

$$\frac{\Delta p_f}{\rho u^2}=f\left(\frac{l}{d},\frac{du\rho}{\mu},\frac{\varepsilon}{d}\right) \tag{2-15a}$$

式(2-15a)中包括 4 个无量纲数群,而式(2-14)则涉及 7 个物理量。很明显,通过量纲分析可以使变量数减少,按式(2-15)来进行试验比按式(2-14)要简便得多。

另外,按照 π 定理检验,过程涉及的物理量总数为 7,基本量纲个数为 3 个(长度、质量和时间),因此有 4 个无量纲数群。

上述推导中所获得的数群,l/d 反映了管子的长径比,即其几何尺寸的特性;$du\rho/\mu$ 即 Re,代表惯性力与黏滞力之比,反映流动特性;ε/d 为绝对粗糙度与管径之比,成为相对粗糙度;$\Delta p_f/\rho u^2$ 代表沿程损失引起的压降与惯性力之比,称为欧拉(Euler)数,记作 Eu。

值得指出的是,无量纲数群的获得与求解联立方程的方式有关,如前述运算中,若不是用 b、f、g 来表示 a、c、e,则将获得另外 3 个无量纲数群。因此,选择所获数群需要注意使其应具有一定的物理意义。

量纲分析法只是从物理量的量纲上考虑问题,没有涉及过程的实质,它不能确定究竟哪些因素对过程有影响。如果多选了影响因素或者遗漏了必要的因素,都得不到期望的结果。经过量纲分析得到无量纲数群的函数后,其具体函数关系仍需通过实验才能确定。

3)圆形直管内湍流流动时的沿程阻力损失

湍流时,流体质点不规则地紊乱扰动并相互碰撞,既有黏性阻力,又有形体阻力,情况十

分复杂,至今不能用理论推导的方法得到其计算阻力损失的公式,根据前面量纲分析法找出的影响湍流沿程阻力损失的无量纲数群的关系式(2-15),可得

$$\Delta p_f = K\left(\frac{l}{d}\right)^b (Re)^{-f}\left(\frac{\varepsilon}{d}\right)^g u^2 \rho \qquad (2-15\text{b})$$

$$\Delta p_f = 2K(Re)^{-f}\left(\frac{\varepsilon}{d}\right)^g\left(\frac{l}{d}\right)^b \frac{u^2\rho}{2} \qquad (2-15\text{c})$$

令 $\lambda = 2K(Re)^{-f}\left(\dfrac{\varepsilon}{d}\right)^g$

则
$$\Delta p_f = \lambda\left(\frac{l}{d}\right)^b \cdot \frac{u^2\rho}{2} \qquad (2-15\text{d})$$

根据多方实验并进行适当数据处理后证明 $b=1$,则式(2-15d)可以得到如下与式(2-13a)相似的结果:

$$\Delta p_f = \lambda \cdot \frac{l}{d} \cdot \frac{u^2\rho}{2} \ (\text{Pa}) \qquad (2-16)$$

$$h_f = \lambda \cdot \frac{l}{d} \cdot \frac{u^2}{2} \ (\text{J/kg}) \qquad (2-17)$$

$$H_f = \lambda \cdot \frac{l}{d} \cdot \frac{u^2}{2g} \ (\text{m 液柱}) \qquad (2-18)$$

式中的 λ 也称为摩擦系数,与 Re 及管壁相对粗糙度(ε/d)有关,其数值可由穆迪(Moody)摩擦系数图根据 Re 和 ε/d 求出,如图2-14所示。

根据 Re 不同,图2-14可分为四个区域:

(1) 层流区 ($Re \leqslant 2\,000$),λ 与 ε/d 无关,与 $\dfrac{64}{Re}$ 呈直线关系,即 $\lambda = \dfrac{64}{Re}$,此时 $h_f \propto u$,即 h_f 与 u 的一次方成正比。

(2) 过渡区($2\,000 < Re < 4\,000$),在此区域内层流或湍流的 $\lambda \sim Re$ 曲线均可应用,对于阻力损失计算,宁可估计大一些,一般将湍流时的曲线延伸,以查取 λ 值。

(3) 湍流区($Re \geqslant 4\,000$ 以及虚线以下的区域),此时 λ 与 Re、ε/d 都有关,当 ε/d 一定时,λ 随 Re 的增大而减小,Re 增大至某一数值后,λ 下降缓慢;当 Re 一定时,λ 随 ε/d 的增加而增大。

(4) 完全湍流区 (虚线以上的区域),此区域内各曲线都趋近于水平线,即 λ 与 Re 无关,只与 ε/d 有关。对于特定管路 ε/d 一定,λ 为常数,根据直管阻力损失通式可知,$h_f \propto u^2$,所以此区域又称为阻力损失平方区。从图中也可以看出,相对粗糙度 ε/d 愈大,达到阻力损失平方区的 Re 值愈低。

对于湍流时的摩擦系数 λ,除了用穆迪摩擦系数图查取外,还可以利用一些经验公式计算。对于光滑管(铜管、铅管、塑料管、玻管,其内表面很光滑,管壁粗糙度影响可忽略),当 $Re = 3\times10^3 \sim 1\times10^5$ 时,λ 的关系式为

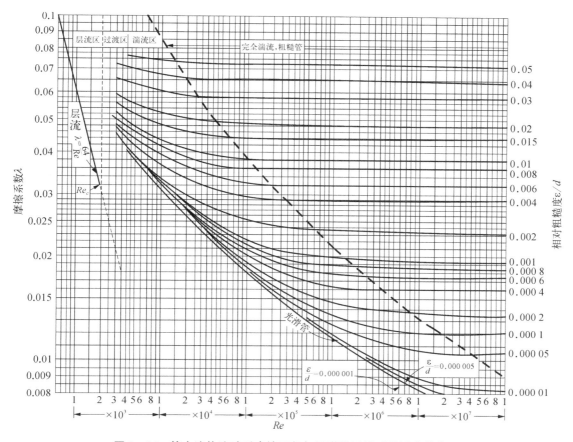

图 2 - 14 管内流体流动时摩擦系数与雷诺数及相对粗糙度的关系

穆迪(Moody)摩擦系数图

$$\lambda = 0.316\,4/Re^{0.25} \qquad (2-19)$$

此式称为伯拉修斯(Blasius)公式。

【例 2 - 2】 20 ℃的水在规格为 $\Phi105\ \text{mm}\times2.5\ \text{mm}$ 的管中以 $0.4\ \text{m/s}$ 的流速流动。已知 20 ℃时水的黏度为 $1.005\,0\times10^{-3}\ \text{Pa·s}$，绝对粗糙度 $\varepsilon=0.02\ \text{mm}$，求流过每米管长时的摩擦阻力损失。

已知：$T=20\ ℃$，$u=0.4\ \text{m/s}$，$\mu=1.005\,0\times10^{-3}\ \text{Pa·s}$，$d=105-2\times2.5=100\ \text{mm}=0.1\ \text{m}$。

求：h_f，H_f，Δp_f。

解：当流速为 $0.4\ \text{m/s}$ 时，解得

$$Re = \frac{du\rho}{\mu} = \frac{0.1\times0.4\times1\,000}{1.005\,0\times10^{-3}} = 39\,801 = 3.98\times10^4 \geqslant 4\,000$$

流动型态为湍流，$\dfrac{\varepsilon}{d}=\dfrac{0.02}{100}=0.000\,2$，查穆迪摩擦系数图得到 $\lambda=0.023$

流过每米管长时的阻力损失为

$$h_f = \lambda \cdot \frac{l}{d} \cdot \frac{u^2}{2}$$

$$\Delta p_f = \lambda \cdot \frac{l}{d} \cdot \frac{u^2 \rho}{2}$$

$$H_f = \lambda \cdot \frac{l}{d} \cdot \frac{u^2}{2g}$$

则

$$h_f = \lambda \cdot \frac{l}{d} \cdot \frac{u^2}{2} = 0.023 \times \frac{1}{0.1} \times \frac{0.4^2}{2} = 0.018\ 4\ \text{J/kg}$$

$$\Delta p_f = 0.023 \times \frac{1}{0.1} \times \frac{0.4^2 \times 1\ 000}{2} = 18.4\ \text{Pa}$$

$$H_f = \lambda \cdot \frac{l}{d} \cdot \frac{u^2}{2g} = 0.023 \times \frac{1}{0.1} \times \frac{0.4^2}{2 \times 9.81} = 1.88 \times 10^{-3}\ \text{mH}_2\text{O 柱} = 1.88\ \text{mmH}_2\text{O 柱}$$

答：流过每米管长的摩擦力损失为 0.018 4 J/kg，或 18.4 Pa，或 1.88 mmH$_2$O 柱。

2.2.3 局部阻力损失

局部阻力损失的计算是一个十分复杂的问题。由于管件阀件种类繁多，规格各一，难以准确计算，通常采用下述几种近似方法。

1）阻力系数法

近似地认为局部阻力损失服从平方定律，即

$$h'_f = \zeta \cdot \frac{u^2}{2} \quad \text{(J/kg)} \tag{2-20a}$$

$$\Delta p'_f = \zeta \cdot \frac{u^2 \rho}{2} \quad \text{(Pa)} \tag{2-20b}$$

$$H'_f = \zeta \cdot \frac{u^2}{2g} \quad \text{(m 液柱)} \tag{2-20c}$$

式中，ζ——局部阻力系数，无量纲，由实验测定，见表 2-2。

2）当量长度法

近似地认为局部阻力损失相当于某个长度的直管沿程阻力损失，即

$$h'_f = \lambda \cdot \frac{l_e}{d} \cdot \frac{u^2}{2} \quad \text{(J/kg)} \tag{2-21a}$$

$$\Delta p'_f = \lambda \cdot \frac{l_e}{d} \cdot \frac{u^2 \rho}{2} \quad \text{(Pa)} \tag{2-21b}$$

$$H'_f = \lambda \cdot \frac{l_e}{d} \cdot \frac{u^2}{2g} \quad \text{(m 液柱)} \tag{2-21c}$$

式中，l_e——管件或阀件的当量长度，m。其值由实验测定，通常以其与管径的比值表示，见表 2-3。

表 2 - 2　局部阻力系数 ζ

名　称	ζ	名　称	ζ
45°标准弯头	0.35	90°角阀	5
90°标准弯头	0.75	闸阀全开	0.17
180°回弯头	1.5	隔膜阀全开	2.3
活接头	0.4	旋塞20°	1.56
水表（盘形）	7	截止阀全开	6.4
底阀	2	截止阀 1/2 开	9.5
滤水器	2	单向阀（摇板式）	2

标准三通管

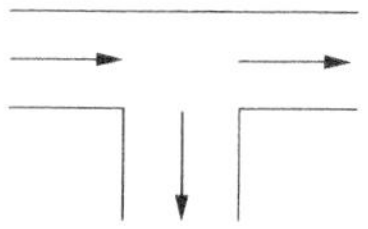

	ζ		ζ
	0.4	突然扩大	1
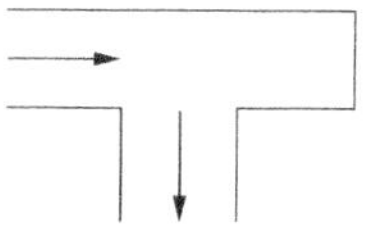	1.3		
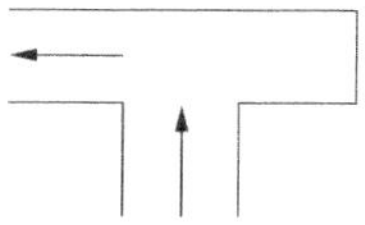	1.5	突然缩小 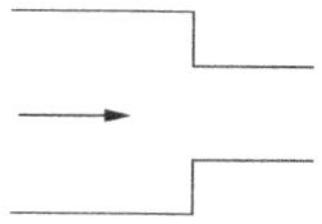	0.5
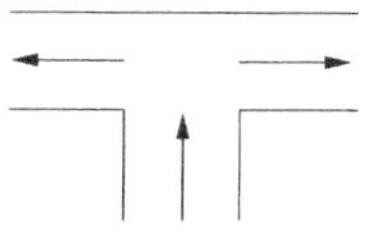	1.0		

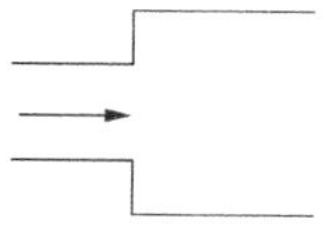

表 2 - 3　各种管件、阀门、流量计的当量长度与管径之比

名　称	l_e/d	名　称	l_e/d
45°标准弯头	15	截止阀（球心阀）全开	300
90°标准弯头	30~40	角阀全开	145
90°方形弯头	60	闸阀全开	7
180°回弯头	50~75	单向阀（摇板式）全开	135

三通管，流向为（标准）

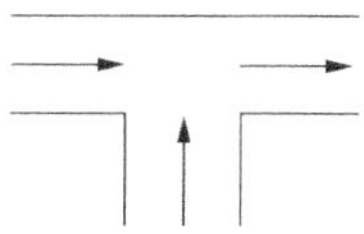

	l_e/d	名　称	l_e/d
	40	带滤水器的底阀全开	420
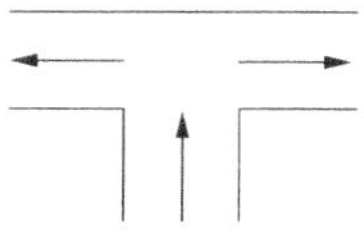	60	盘式流量计（水表）	400
		文氏流量计	12
		转子流量计	200~300

采用当量长度法的优点是便于将直管沿程阻力损失与局部阻力损失合计起来计算总阻力损失。当 d 不变时,其公式为

$$\sum h_{tf} = \lambda \cdot \frac{l + \sum l_e}{d} \cdot \frac{u^2}{2} \quad \text{(J/kg)} \tag{2-22}$$

$$\sum \Delta p_{tf} = \lambda \cdot \frac{l + \sum l_e}{d} \cdot \frac{u^2 \rho}{2} \quad \text{(Pa)} \tag{2-23}$$

$$\sum H_{tf} = \lambda \cdot \frac{l + \sum l_e}{d} \cdot \frac{u^2}{2g} \quad \text{(m 液柱)} \tag{2-24}$$

【例 2-3】 用 $\Phi 108\,\text{mm} \times 4\,\text{mm}$ 的钢管输送污水,输送量 15 T/h,$\mu = 7.2 \times 10^{-2}$ Pa·s 污水从起点站泵出口压强为 610 kgf/m²(表压),终到处压强为 10 kgf/m²(表压),若管子是水平安装的,途中有 90°标准弯头 5 个,45°标准弯头 3 个,水表(盘型)1 个,闸阀(全开)2 个。试求泵出口至终点输水管长度是多少?

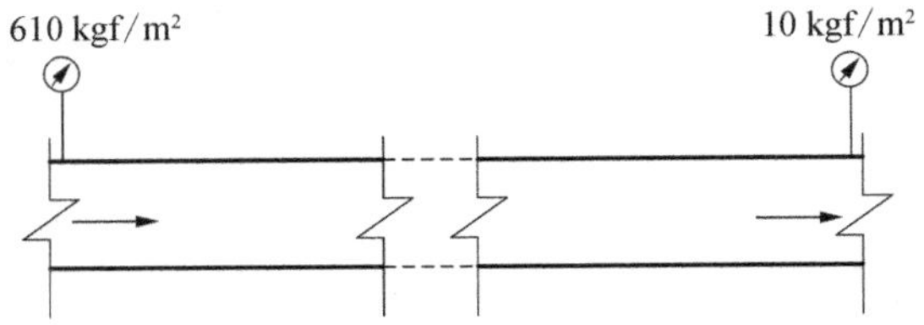

已知:$d = 108 - 2 \times 4 = 100\,\text{mm} = 0.1\,\text{m}$

$\rho = 1\,000\,\text{kg/m}^3$

$p_1 = 610\,\text{kgf/m}^2 = 5\,978\,\text{Pa}$

$p_2 = 10\,\text{kgf/m}^2 = 98\,\text{Pa}$

$q_V = 15\,\text{T/h} = 15\,\text{m}^3/\text{h} = 4.17 \times 10^{-3}\,\text{m}^3/\text{s}$

$\mu = 7.2 \times 10^{-2}\,\text{Pa·s}$

$\zeta_{总} = 5\zeta_{90°弯} + 3\zeta_{45°弯} + \zeta_{水表} + 2\zeta_{闸阀} = 5 \times 0.75 + 3 \times 0.35 + 7 + 2 \times 0.17 = 12.14$

图 2-15 例 2-3 示意图

求:l。

解:

$$u = \frac{q_V}{\frac{\pi}{4} d^2} = \frac{4.17 \times 10^{-3}}{\frac{3.14}{4} \times 0.1^2} = 0.53\,\text{m/s}$$

$$Re = \frac{d u \rho}{\mu} = \frac{0.1 \times 0.53 \times 1\,000}{7.2 \times 10^{-2}} = 736 < 2\,000$$

所以此管内污水呈层流流动。

因为输水管水平放置,其总阻力损失即为起点至终点的压强差,则

$$\Delta p_f + \Delta p'_f = p_1 - p_2$$

$$\frac{64}{Re} \times \frac{l}{d} \times \frac{u^2 \rho}{2} + \zeta_{总} \times \frac{u^2 \rho}{2} = p_1 - p_2$$

$$\frac{64}{736} \times \frac{l}{0.1} \times \frac{0.53^2 \times 1\,000}{2} + 12.14 \times \frac{0.53^2 \times 1\,000}{2} = 5\,978 - 98$$

$$122.1 l + 1\,705 = 5\,880$$

解得：$l = 34.2$ m。

答：泵出口至终点输水管长度是 34.2 m。

2.3　流体稳态流动时系统的衡算方程及应用

流体稳态流动时系统的衡算方法就是通过质量守恒、能量守恒(热力学第一定律)、动量守恒(牛顿第二定律)原理对过程进行质量、能量及动量衡算,从而获得物理量之间的内在联系和变化规律。

在进行衡算时,需要预先指定衡算的空间范围即"控制体",将包围此控制体的封闭边界称为"控制面"。控制体可根据实际需要选定,既可以选择一个具有宏观尺度的范围,进行总衡算或宏观衡算;也可以选择一个运动流体的质点或微团,进行微分衡算。总衡算是由宏观尺度的控制体的外部(进、出口及环境)各有关物理量的变化来考察控制体内部物理量的平均变化。总衡算可以解决环境工程中的物料衡算、能量转换与消耗及设备受力情况等许多有实际意义的问题。微分衡算是从研究流体质点上各物理量随时间和空间的变化关系着手,建立过程变化的微分方程,通过积分获取整个流场的运动规律。

2.3.1　质量衡算方程

质量衡算通常称为物料衡算,它反应生产过程中各种物料,如原料、产物和副产物等之间的关系,也可以用质量衡算的原理来跟踪环境中的污染物质的迁移转化规律。

在环境领域的实际工程中,多数情况下常采用连续稳态操作,也就是流体的流动基本上以稳态流动为多。所以本节中仅讨论在稳态流系统中的质量衡算方程。

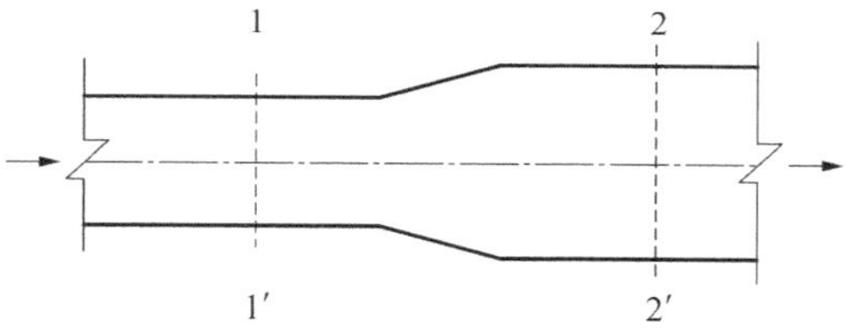

如图 2-16 所示是直径不同的管路,对管截面 1-1' 与 2-2' 之间进行质量衡算。由于把流体视为连续介质,即流体充满管道,并连续不断地从截面 1-1' 流入、从截面 2-2' 流出。

图 2-16　直径不同的管路质量衡算

对于稳态流动系统,质量衡算的基本关系即为输入量等于输出量,质量衡算式为 $q_{m1} = q_{m2}$, $q_m = uA\rho$, 所以上式可写为

$$u_1 A_1 \rho_1 = u_2 A_2 \rho_2 \qquad (2-25)$$

将上式推广到任何一个截面,即

$$q_m = u_1 A_1 \rho_1 = u_2 A_2 \rho_2 = u_3 A_3 \rho_3 = \cdots = uA\rho = 常数 \qquad (2-25a)$$

式(2-25a)表示在稳态流动系统中,流体流经各截面的质量流量不变,而流速 u 随管道截面积 A 及流体的密度 ρ 而变化。若流体可视为不可压缩的流体,即 $\rho = $ 常数,则式(2-25a)可改写为

$$q_V = u_1 A_1 = u_2 A_2 = u_3 A_3 = \cdots = uA = 常数 \qquad (2-25b)$$

式(2-25)至(2-25b)都称为管内稳态流动的连续性方程式。它反映了在稳态流动系统中,流量一定时管路各截面上流速的变化规律,此规律与管路的形状及管路上是否装有管

件、阀门或输送设备等无关。

式(2-25)至(2-25b)是针对两断面间没有流量的汇入或分出的同一总流建立的,若流量在两断面间有流入或流出,则连续性方程应做相应的变化。如图 2-17 所示有流量汇入时,其连续性方程为

$$q_{m1} + q_{m2} = q_{m3} \tag{2-26}$$

当 ρ 不变,则 $q_{V1} + q_{V2} = q_{V3}$。

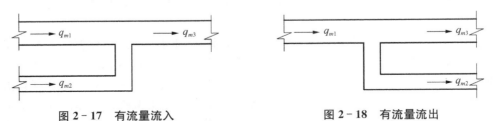

图 2-17 有流量流入   图 2-18 有流量流出

图 2-18 所示有流量流出时,其连续性方程为

$$q_{m1} = q_{m2} + q_{m3} \tag{2-27}$$

当 ρ 不变,则 $q_{V1} = q_{V2} + q_{V3}$。

【例 2-4】 生物滤池工艺在污水处理中得到广泛应用。现有一直径为 10 m 的圆形生物滤池,中央设一旋转布水器,布水管长 4.5 m,管底开有直径为 3 mm 的小孔若干个。水以 108 m³/h 的流量进入布水管,水流速度为 0.3 m/s。设所有通过小孔的水都具有相同流速 5 m/s,求:

(1) 布水管管底小孔的数量;

(2) 布水管的直径。

已知:$q_{V1} = 108$ m³/h,$u_1 = 0.3$ m/s,$u_2 = 5$ m/s,$d_2 = 3$ mm。

求:小孔数量 n,d_1。

解:设布水管和小孔的截面积分别为 A_1,A_2,根据不可压缩流体的连续性方程,有

$$u_1 A_1 = n u_2 A_2$$

$$n = \frac{u_1 A_1}{u_2 A_2} = \frac{q_{V1}}{u_2 A_2} = \frac{108/3\,600}{5 \times \pi \times 0.003^2/4} = 849.3 \approx 849$$

$$u_1 \cdot \frac{\pi d_1^2}{4} = q_{V1}$$

$$d_1 = \sqrt{\frac{4 q_{V1}}{\pi u_1}} = \sqrt{\frac{4 \times 108/3\,600}{\pi \times 0.3}} = 0.36 \text{ m} = 360 \text{ mm}$$

答:小孔数量为 849 个,布水管直径为 360 mm。

2.3.2 能量衡算和伯努利方程

环境工程领域中有很多涉及系统能量变化的过程,如烟气冷却、设备管道散热、流体输送

34

过程中能量相互转化、机械对流体做功等,通过能量衡算,可以确定加热系统需要的加热量、流体输送机械的功率、管路直径、流体流量等,也可以对江河湖泊水体的能量变化进行分析。

流体得以流动的必要条件是系统两端有压强差,如利用压缩空气,部分静压能变成动能;利用高位槽,位能变成动能的等。在重力、压力等作用下的平衡条件下,流体静力学方程为

$$gz_h + \frac{p}{\rho} = 常数$$

现在讨论流体流动时的能量转换规律和阻力以及运用这些规律来解决实际问题。如图 2-19 所示的稳态流动体系,设流体由 1-1′ 流入,经不同管径的管道与设备由 2-2′ 流出,管路中串联着对流体做功的泵及流体发生热交换的换热器。现以截面 1-1′ 和截面 2-2′ 之间的管路和设备为划定体系。假设在稳态流动条件下,单位时间有质量为 m(kg)的流体从截面 1-1′ 进入划定体系,必然有 m(kg)的流体从截面 2-2′ 流出。由于流体本身具有一定的能量,所以在此过程中同时携带能量输入划定体系或从划定体系输出。流体进出划定体系后,输入或输出的能量包括以下几项:

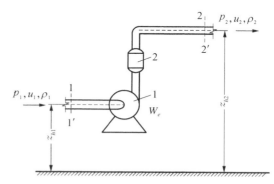

图 2-19　能量衡算和伯努利方程的推导示意图
1-泵;2-热交换器

1) 位能

流体因受重力的作用,在不同高度处具有不同的位能。位能为相对值,与所选取的基准面有关,其数值可正,可负,可为零。设流体与基准面的垂直距离为 z_h(m),截面 1-1′ 和 2-2′ 处的位能分别为 mgz_{h1} 和 mgz_{h2},单位为 J。

2) 动能

流体以一定的流速(u, m/s)流动时,便有一定的动能。截面 1-1′ 和 2-2′ 处的动能分别为 $\frac{1}{2}mu_1^2$ 和 $\frac{1}{2}mu_2^2$,单位为 J。

3) 静压能(压强能)

与静止流体一样,在流动着的流体内部任何位置也都一定的静压力。在流体体积不变的情况下,把流体引入压力系统所做的功,称为流动功。质量为 m(kg)的流体,其体积为 V,某截面处的静压强为 p,截面积为 A,则将质量为 m(kg)的流体压入某截面需要克服的阻力为 pA,流过距离为 $\frac{V}{A}$,则需做的功为

$$(pA)\frac{V}{A} = pV$$

所以,截面 1-1′ 和 2-2′ 处的静压能分别为 p_1V_1 和 p_2V_2,单位为 J。

4) 内能

又称热力学能,是流体内部大量分子运动所具有的内动能和分子间相互作用力而形成的

内位能的总和。其数值的大小随流体的温度和比容的变化而变化。截面 $1-1'$ 和 $2-2'$ 处的流体内能分别表示成 mU_1 和 mU_2，单位为 J。

5) 功

管路中划定体系内的泵等流体输送设备向流体做功，把外界的能量输入划定体系，或流体通过水力机械向外界做功，输出能量。若单位质量流体在通过划定体系的过程中接受的功为 W_e（流体接受外功为正值，流体对外做功为负值），则质量为 m(kg)的流体所接受的外界的功为 mW_e，单位为 J。

6) 热

流体通过换热器吸热或放热，若单位质量流体在划定体系进出时所交换的热为 Q_e（吸热为正值，放热为负值），则质量为 m(kg)的流体吸热为 mQ_e，单位为 J。

根据热力学第一定律，对任何一个系统，外界对它传递的热量为 Q，系统从内能为 E_{n1} 的初始状态改变到内能为 E_{n2} 的最终状态，同时系统对外做功为 W，那么，不论过程如何，总有

$$Q = E_{n2} - E_{n1} + W$$

其中，Q——系统从外界吸收的热量总和，反之为负，J；

$\quad E_{n1}$——系统初始状态的总内能，J；

$\quad E_{n2}$——系统最终状态的总内能，J；

$\quad W$——系统对外做功，反之为负，$W = -mW_e$，W_e 为单位质量流体在通过体系的过程中接受的功，J/kg。

对图 2-19 所示的体系的热力学第一定律的具体表达式为

$$mgz_{h1} + \frac{1}{2}mu_1^2 + mU_1 + p_1V_1 + mQ_e + mW_e = mgz_{h2} + \frac{1}{2}mu_2^2 + mU_2 + p_2V_2$$

$$(2-28)$$

将式(2-28)各项除以 m，并将比容 $\Lambda = V/m$ 代入，则得

$$g\Delta z_h + \frac{\Delta(u^2)}{2} + \Delta U + \Delta(p\Lambda) = Q_e + W_e \qquad (2-29)$$

由于热和内能不能直接转变为机械能而用于流体输送，因此考虑流体输送所需能量及输送过程中能量的转变和消耗时，要将热和内能做适当处理而从式(2-29)中消失，从而得到使用与计算流体输送系统的机械能衡算关系式。

根据热力学第一定律

$$\Delta U = Q'_e - \int_{\Lambda_1}^{\Lambda_2} p \, d\Lambda \qquad (2-30)$$

式中，Q'_e——1 kg 流体在截面 $1-1'$ 和截面 $2-2'$ 之间所获得的能量，J/kg；

$\quad \Lambda$——比体积，比容，单位质量物质所占有的体积，m^3/kg；

$\quad \int_{\Lambda_1}^{\Lambda_2} p \, d\Lambda$——1 kg 流体从截面 $1-1'$ 流到截面 $2-2'$ 的过程中，因被加热而引起的体积膨胀所做的功，J/kg。

Q'_e 由两部分组成：一部分是流体通过环境直接获得的热，如图所示通过热交换器获得

的热量 Q_e;另一部分则是流体在管内由截面 $1-1'$ 流到截面 $2-2'$ 时克服的阻力做功,因而消耗机械能转化为热。若按流体等温流动考虑,这部分热可以视为散失在流动体系之外。这部分能量通常成为流动阻力引起的能量损失,简称阻力损失。设 1 kg 流体在划定体系内流动,因克服流动阻力而损失的能量为 $\sum h_{tf}$,其单位为 J/kg,那么,

$$Q'_e = Q_e + \sum h_{tf} \qquad (2-31)$$

将式(2-30)、式(2-31)代入式(2-29)得

$$g\Delta z_h + \frac{\Delta(u^2)}{2} + \Delta(p\Lambda) - \int_{\Lambda 1}^{\Lambda 2} p\,\mathrm{d}\Lambda = W_e - \sum h_{tf} \qquad (2-32)$$

由于

$$\Delta(p\Lambda) = \int_{\Lambda 1}^{\Lambda 2} p\,\mathrm{d}\Lambda + \int_{p1}^{p2} \Lambda\,\mathrm{d}p$$

整理式(2-32)得

$$g\Delta z_h + \frac{\Delta(u^2)}{2} + \int_{p1}^{p2} \Lambda\,\mathrm{d}p = W_e - \sum h_{tf} \qquad (2-33)$$

式(2-33)就是流体稳态流动过程的机械能衡算关系式,这一关系对不可压缩流体和可压缩流体均适用。对可压缩流体,$\int_{p1}^{p2} \Lambda\,\mathrm{d}p$ 应根据过程的不同(等温过程,绝热过程或多变过程)得出 Λ 和 p 的关系进行计算。

对于不可压缩流体,比体积(比容)Λ 或密度 ρ 为常数,式(2-33)的积分项可进一步简化,从而得到

$$g\Delta z_h + \frac{\Delta(u^2)}{2} + \Lambda\Delta p = W_e - \sum h_{tf}$$

$$gz_{h1} + \frac{u_1^2}{2} + \frac{p_1}{\rho} + W_e = gz_{h2} + \frac{u_2^2}{2} + \frac{p_2}{\rho} + \sum h_{tf} \quad (\text{J/kg}) \qquad (2-34\text{a})$$

若流体为理想流体,流动时不产生流动阻力,流体流动的能量损失 $\sum h_{tf} = 0$,在没有功加入或者输出($W_e = 0$)的情况下,式(2-34a)可以简化为

$$gz_{h1} + \frac{u_1^2}{2} + \frac{p_1}{\rho} = gz_{h2} + \frac{u_2^2}{2} + \frac{p_2}{\rho} \quad (\text{J/kg}) \qquad (2-34)$$

式中,z_h——流体与基准面的垂直距离,m;

u——流速,单位时间内流体在流动方向上经过的距离,m/s;

p——压强,流体单位表面积上所受的压力,kg/(m·s²) 或 Pa;

W_e——单位质量流体在通过划定体系的过程中接受的功,J/kg;

$\sum h_{tf}$——单位质量流体在划定体系内流动,因克服流动阻力而损失的能量或总阻力损失,J/kg;

g——重力加速度,9.81 m/s²;

ρ——密度,kg/m³。

式(2-34)称为伯努利方程,式(2-34a)是伯努利方程的引申,也可称作扩展了的伯努

利方程,也简称伯努利方程。

伯努利方程(2-34)只适用于不可压缩的理想流体做稳态流动而无功输入或输出的情况。它表明,单位质量流体在任一截面上所具有的位能、动能和静压能之和是一个常数,这一总和称作总机械能,单位是 J/kg。在任意截面上 1 kg 理想流体的总机械能相同,而各种形式的机械能不一定相等,可以相互转换。

当流体静止,即 u 取 0 时,伯努利方程就变为流体静力学方程。

伯努利方程式基于流动体系的机械能衡算关系式导出的,若衡算采用不同基准,则可得到伯努利方程的几种不同形式。

式(2-34)是以单位质量流体为衡算基准得到的关系式,式中各项的单位为 J/kg。

若以单位体积为衡算基准,则得

$$\rho g z_{h1} + \frac{\rho u_1^2}{2} + p_1 + W_{e-pa} = \rho g z_{h2} + \frac{\rho u_2^2}{2} + p_2 + \sum \Delta p_{tf} \quad \text{(Pa)} \quad (2-34b)$$

此时式中各项单位为 Pa。

若以单位重量流体为衡算基准,则得

$$z_{h1} + \frac{u_1^2}{2g} + \frac{p_1}{\rho g} + H_e = z_{h2} + \frac{u_2^2}{2g} + \frac{p_2}{\rho g} + \sum H_{tf} \quad \text{(m 液柱)} \quad (2-34c)$$

此时式中,$H_e = W_e/g$,$\sum H_{tf} = \sum h_{tf}/g$,各项单位为 m 液柱。$z_h$、$\frac{u^2}{2g}$、$\frac{p}{g\rho}$ 分别称为位压头、动压头、静压头,H_e 为扬程,$\sum H_{tf}$ 为压头损失。

应用伯努利方程式应注意以下几点。

(1) 作图与确定衡算范围。根据题意画出流动系统的示意图,并指明流体的流动方向。定出上、下游截面,以明确流动系统的衡算范围。

(2) 截面的选取两截面均应与流动方向相垂直,并且在两截面间的流体必须是连续的。所选截面处不允许有急流变动,但所选取的两截面之间允许有。所求的未知量应在截面上或在两截面之间,且截面上的 z_h、u、p 等有关物理量,除所需求取的未知量外,都应该是已知的或能通过其它关系计算出来。两截面上的 u、p、z_h 与两截面间的总阻力损失都应相互对应一致。若容器面很大,容器内的流速相对于管内流速一般很小,可以忽略不计,则 $u_{面} \approx 0$。

(3) 选取基准水平面的目的是确定流体位能的大小,实际上在伯努利方程式中所反映的是位能差 ($\Delta z = z_{h2} - z_{h1}$) 的数值。所以,基准水平面可以任意选取,但必须与地面平行。z_h 值是指截面中心点与基准水平面间的垂直距离。为了计算方便,通常取基准水平面通过衡算范围的两个截面中的任一个截面。如该截面与地面平行,则基准水平面与该截面重合,$z_h = 0$;如衡算系统为水平管道,则基准水平面通过管道的中心线,$z_h = 0$。

(4) 单位必须一致。在用伯努利方程式之前,应把有关物理量换算成一致的单位(J/kg,Pa,m 液柱)然后进行计算。两截面的压强除要求单位一致外,还要求表示方法一致。从伯努利方程式的推导过程得知,式中两截面的压强为绝对压强,但由于式中所反映的是压强差 ($\Delta p = p_2 - p_1$) 的数值,且绝对压强=大气压+表压,因此两截面的压强也可以同时用表压强来表示。

外部功 W_e 和能量 $\sum h_{tf}$ 是流体流动过程中所获得的或消耗的能量。W_e 是输送设备对单

位质量流体所做的功,输送设备对流体所做功的有效功率用 P_e 表示:

$$P_e = W_e q_m = W_e q_V \rho = H_e q_V \rho g \qquad (2-35)$$

$$P_a = P_e / \eta \qquad (2-35\text{a})$$

$$P_d = P_a / \eta' \qquad (2-35\text{b})$$

式中,P_e——输送设备(如泵)对流体所做功的有效功率,W 或 $\text{kg} \cdot \text{m}^2/\text{s}^3$;

$\qquad P_a$——输送设备(如泵)的功率,W 或 $\text{kg} \cdot \text{m}^2/\text{s}^3$;

$\qquad \eta$——输送设备(如泵)的效率,%;

$\qquad P_d$——输送设备(如泵)的配套电机功率,W 或 $\text{kg} \cdot \text{m}^2/\text{s}^3$;

$\qquad \eta'$——电机传功效率,%;

$\qquad W_e$——单位质量流体在通过划定体系的过程中接受的功,J/kg 或 m^2/s^2;

$\qquad q_m$——质量流量,kg/s;

$\qquad q_V$——体积流量,m^3/s;

$\qquad \rho$——流体密度,kg/m^3;

$\qquad H_e$——扬程,m 液柱;

$\qquad g$——重力加速度,9.81 m/s^2。

【例 2-5】 用离心泵把 20 ℃ 的清水(密度为 1 000 kg/m^3)从开口贮槽送至表压强为
1.5×10⁵ Pa 的密闭容器,贮槽和容器的水位恒定,各部
分相对位置如图 2-20 所示。管道均为 $\Phi108$ mm ×
4 mm 的无缝钢管,泵前吸入管长为 30 m,泵后排出
管长为 80 m(各段管长均包括所有沿程阻力和局部
阻力的当量长度)。当阀门为 3/4 开度时,泵入口真
空表读数为 4.25×10⁴ Pa,泵前后两侧压口的垂直距离
为 1 m,忽略两侧压口之间的阻力,摩擦系数为 0.02,
当地大气压为 8.5×10⁴ Pa。试求:

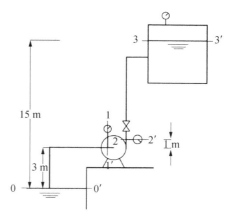

(1)阀门 3/4 开度时管路的流量(m^3/h);

(2)泵出口压强表读数(Pa)。

解:

(1)在贮槽液面 0-0′ 及真空表所在截面 1-1′ 间
列伯努利式,并以 0-0′ 面为基准面。

图 2-20 例 2-5 示意图

已知:$z_{h0} = 0$ m, $p_0 = 8.5 \times 10^4$ Pa, $u_0 \approx 0$ m/s, $z_{h1} = 3$ m, $p_1 = p_0 - 4.25 \times 10^4$ Pa $=$
$8.5 \times 10^4 - 4.25 \times 10^4 = 4.25 \times 10^4$ Pa, $\rho = 1\,000$ kg/m^3, $d_i = 108 - 2 \times 4 = 100$ mm $= 0.1$ m,
$l_{0-1} + \sum l_{e, 0-1} = 30$ m, $\lambda = 0.02$, $W_{e, 0-1} = 0$

求:阀门 3/4 开度时管路的流量。

解:列出伯努利方程,有

$$gz_{h0} + \frac{u_0^2}{2} + \frac{p_0}{\rho} + W_{e, 0\text{-}1} = gz_{h1} + \frac{u_1^2}{2} + \frac{p_1}{\rho} + \sum h_{tf, 0\text{-}1}$$

$$\sum h_{tf,0-1} = \lambda \cdot \frac{l_{0-1} + \sum l_{e,0-1}}{d_i} \cdot \frac{u_1^2}{2} = 0.02 \times \frac{30}{0.1} \times \frac{u_1^2}{2} = 3u_1^2 \text{ J/kg}$$

代入数据得

$$0 + 0 + \frac{8.5 \times 10^4}{\rho} + 0 = 9.81 \times 3 + \frac{u_1^2}{2} + \frac{4.25 \times 10^4}{\rho} + 3u_1^2$$

$$0 = 9.81 \times 3 + \frac{u_1^2}{2} - \frac{4.25 \times 10^4}{1\,000} + 3u_1^2$$

解得：$u_1 = 1.93 \text{ m/s}$

所以

$$q_V = \frac{\pi}{4} d^2 u_1 = 0.785 \times 0.1^2 \times 1.93 \times 3\,600 = 54.57 \text{ m}^3/\text{h}$$

（2）在泵出口压强表测压口中心 $2-2'$ 截面与容器内液面 $3-3'$ 间列伯努利式，仍以 $0-0'$ 面为基准面。

已知：$\rho = 1\,000 \text{ kg/m}^3$，$d_i = 108 - 2 \times 4 = 100 \text{ mm} = 0.1 \text{ m}$，$l_{2-3} + \sum l_{e,2-3} = 80 \text{ m}$，$\lambda = 0.02$，$z_{h2} = 4 \text{ m}$，$z_{h3} = 15 \text{ m}$，$u_1 = u_2 = 1.93 \text{ m/s}$，$u_3 = 0 \text{ m/s}$，$p_3 = 1.5 \times 10^5 \text{ Pa}$，$W_{e,2-3} = 0$

求：泵出口压强读数 p_2。

解：列出伯努利方程得

$$gz_{h2} + \frac{u_2^2}{2} + \frac{p_2}{\rho} + W_{e,2-3} = gz_{h3} + \frac{u_3^2}{2} + \frac{p_3}{\rho} + \sum h_{tf,2-3}$$

$$\sum h_{tf,2-3} = \lambda \cdot \frac{l_{2-3} + \sum l_{e,2-3}}{d_i} \cdot \frac{u_2^2}{2} = 0.02 \times \frac{80}{0.1} \times \frac{1.93^2}{2} = 29.8 \text{ J/kg}$$

$$9.81 \times 4 + \frac{1.93^2}{2} + \frac{p_2}{1\,000} + 0 = 9.81 \times 15 + \frac{1.5 \times 10^5}{1\,000} + \frac{0}{2} + 29.8$$

解得：$p_2 = 2.86 \times 10^5 \text{ Pa}$

答：阀门 3/4 开度时管路的流量为 54.57 m³/h，泵出口表压强读数为 2.86×10^5 Pa。

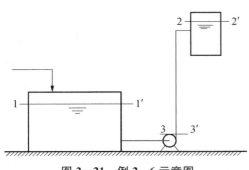

图 2-21　例 2-6 示意图

【例 2-6】　如图所示，一污水处理厂中，在集水井中取水需要经过泵提升后进入曝气沉砂池。已知水温恒定为 20 ℃，泵前集水井中水位为 -5 m，曝气沉砂池水位为 3 m，泵的进出水口高度均为 -7 m。管道均为 $\Phi106 \text{ mm} \times 3 \text{ mm}$，摩擦系数 λ 为 0.018 2。其吸入管长度为 5 m，为直管；出水管长度为 45 m，共有 2 个 90 度弯头，2 个闸阀（全开），一个止回阀。泵出口处表压为 149 kPa，泵的效率为 75%。

问：

(1) 管内水流流速；

(2) 泵的输出功率。

已知：

设泵前集水井水面为截面 $1-1'$，曝气沉砂池水面为截面 $2-2'$，泵后出水口为截面 $3-3'$，设泵出口相对标高为 0 m，则 $z_{h3}=0$ m，$z_{h1}=2$ m，$z_{h2}=10$ m；$p_1=p_2=0$ kPa，$p_3=149$ kPa $=149\times10^3$ Pa；$u_1=u_2=0$ m/s；$d=106-2\times3=100$ mm $=0.1$ m；$\lambda=0.018\,2$；$l_{1-3}=5$ m，$l_{3-2}=45$ m，$\zeta_{缩小}=0.5$，$\zeta_{90°}=0.75$，$\zeta_{止回}=2$，$\zeta_{扩大}=1.0$，$\zeta_{闸阀}=0.17$；水温为 20 ℃，查表得：$\rho=998.2$ kg/m^3，$\mu=1.005\times10^{-3}$ Pa·s。

求：

(1) 管内水流流速 u_3；

(2) 泵的功率 P_a。

解：

(1) 以泵出口面 $3-3'$ 与曝气沉沙池水面 $2-2'$ 建立伯努利方程

$$gz_{h3}+\frac{u_3^2}{2}+\frac{p_3}{\rho}+W_{e.\,3-2}=gz_{h2}+\frac{u_2^2}{2}+\frac{p_2}{\rho}+\sum h_{tf.\,3-2}$$

其中，

$$\sum h_{tf.\,3-2}=\left(\lambda\frac{l_{3-2}}{d}+2\times\zeta_{90°}+2\times\zeta_{闸阀}+\zeta_{止回}+\zeta_{扩大}\right)\times\frac{u_3^2}{2}$$

$$=\left(\lambda\frac{45}{0.1}+2\times0.75+2\times0.17+2+1\right)\frac{u_3^2}{2}=(450\lambda+4.84)\frac{u_3^2}{2}$$

代入数据可得：$9.81\times0+\dfrac{u_3^2}{2}+\dfrac{149\times10^3}{998.2}=9.81\times10+\dfrac{0^2}{2}+\dfrac{0}{\rho}+(450\lambda+4.84)\dfrac{u_3^2}{2}$

$$(450\lambda+3.84)u_3^2=102$$

$\lambda=0.018\,2$ 代入可得

$$(450\times0.018\,2+3.84)u_3^2=102$$

$$u_3=2.91 \text{ m/s}$$

(2) 在泵前集水井水面(截面 $1-1'$)和曝气沉砂池水面(截面 $2-2'$)建立伯努利方程：

$$gz_{h1}+\frac{u_1^2}{2}+\frac{p_1}{\rho}+W_{e.\,1-2}=gz_{h2}+\frac{u_2^2}{2}+\frac{p_2}{\rho}+\sum h_{tf.\,1-2}$$

其中，$\sum h_{tf.\,1-2}=\left(\lambda\dfrac{l_{1-3}+l_{3-2}}{d}+\zeta_{缩小}+2\times\zeta_{90°}+2\times\zeta_{闸阀}+\zeta_{止回}+\zeta_{扩大}\right)\times\dfrac{u_3^2}{2}$

$$= \left(0.018\,2 \times \frac{5+45}{0.1} + 0.5 + 2 \times 0.75 + 2 \times 0.17 + 2 + 1\right) \times \frac{2.91^2}{2}$$

$$= (9.1 + 5.34) \times \frac{2.91^2}{2} = 61.14 \text{ J/kg}$$

代入上式

$$9.81 \times 2 + \frac{0^2}{2} + \frac{0}{\rho} + W_{e,1-2} = 9.81 \times 10 + \frac{0^2}{2} + \frac{0}{\rho} + 61.14$$

$$W_{e,1-2} = 9.81 \times 8 + 61.14 = 139.62 \text{ J/kg}$$

泵的有效功率 $P_e = q_m \times W_{e,1-2} = \frac{1}{4}\pi d^2 u_3 \rho \times W_e$

$$= \frac{1}{4} \times 3.14 \times 0.1^2 \times 2.91 \times 998.2 \times 139.62 = 3\,183 \text{ W} = 3.18 \text{ kW}$$

泵的输出功率 $P_a = P_e/\eta = 3.18/0.75 = 4.24 \text{ kW}$

答：管道内流速为 2.91 m/s，泵的输出功率为 4.24 kW。

【例 2-7】 一圆管水平放置如图所示。清水（$\rho = 1\,000$ kg/m³）以 10 m³/h 的流量从左流到右。进口处内径为 100 mm，压强为 0.03 MPa（表压），中间喉管处的管壁上开有小孔。问中间喉管内径为多少时，外部空气能够通过小孔进入管中（忽略中间的沿程和局部阻力损失）。

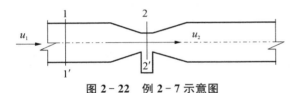

图 2-22 例 2-7 示意图

已知：进口处内径 $d_1 = 100$ mm $= 0.1$ m，流量 $q_V = 10$ m³/h $= 2.78 \times 10^{-3}$ m³/s，进口压强 $p_1 = 0.03$ MPa $= 3 \times 10^4$ Pa，$\rho = 1\,000$ kg/m³，$z_{h1} = z_{h2} = 0$，$W_{e,1-2} = 0$，$\sum h_{tf,1-2} = 0$

求：喉颈内径 d_2。

解：在进口处和喉颈处取截面 $1-1'$ 和截面 $2-2'$，在两截面间列伯努利方程：

$$gz_{h1} + \frac{u_1^2}{2} + \frac{p_1}{\rho} + W_{e,1-2} = gz_{h2} + \frac{u_2^2}{2} + \frac{p_2}{\rho} + \sum h_{tf,1-2}$$

忽略中间的沿程和局部阻力损失得

$$0 + \frac{u_1^2}{2} + \frac{p_1}{\rho} + 0 = 0 + \frac{u_2^2}{2} + \frac{p_2}{\rho} + 0$$

其中，

$$u_1 = \frac{q_V}{\frac{\pi d_1^2}{4}} = \frac{2.78 \times 10^{-3}}{\frac{\pi}{4} \times 0.1^2} = 0.35 \text{ m/s}$$

若大气压强为 p_0，若空气能够进入管中，则 $p_2 < p_0$，临界条件为 $p_2 = p_0$，即

$$\frac{u_1^2}{2} + \frac{p_1}{\rho} = \frac{u_2^2}{2} + \frac{p_0}{\rho}$$

$$\frac{u_1^2}{2} + \frac{p_1}{\rho} = \frac{u_2^2}{2} + \frac{0}{\rho}$$

$$u_2 = \sqrt{u_1^2 + \frac{2 \times p_1}{\rho}} = \sqrt{0.35^2 + \frac{2 \times 3 \times 10^4}{1\,000}} = 7.75 \text{ m/s}$$

$$u_2 \cdot \frac{\pi d_2^2}{4} = q_V$$

$$d_2 = \sqrt{\frac{4q_V}{\pi u_2}} = \sqrt{\frac{4 \times 2.78 \times 10^{-3}}{3.14 \times 7.75}} = 0.021 \text{ m} = 21 \text{ mm}$$

当 $p_2 < p_0$ 时，$u_2 > 7.75$ m/s，$d_2 < 21$ mm

答：当喉颈内径 <21 mm 时，空气能够通过喉颈管壁上开的小孔进入管中。

2.3.3　管路计算

管路计算是连续性方程、伯努利方程及阻力损失计算式的具体应用。管路按其配置情况不同，可分为简单管路和复杂管路。下面分别进行介绍。

2.3.3.1　简单管路

简单管路通常是指流体从入口到出口是在一条管路中流动，无分支或汇合的情形，整个管路的直径可以相同，也可以由不同直径的管路串联组成。如图 2-23 所示。

简单管路的计算原理如下。

（1）连续性方程。流体通过各管段的质量流量不变，对于不可压缩流体，则体积流量也不变，即

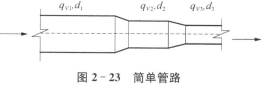

图 2-23　简单管路

$$q_{V1} = q_{V2} = q_{V3} \qquad (2-36)$$

（2）整个管路的总能量损失等于各段能量损失之和，即

$$\sum H_{tf} = H_{tf1} + H_{tf2} + H_{tf3} \qquad (2-37)$$

（3）伯努利方程。由于已知量与未知量情况不同，计算方法亦随之改变。常遇到的管路计算问题归纳起来有以下三种情况：

① 已知管径、管长、管件和阀门的设置及流体的输送量，求流体通过管路系统的能量损失，以便进一步确定输送设备所加入的外功、设备内的压强或设备间的相对位置等。这一类计算比较容易。

② 设计型计算，即管路尚未存在时给定输送任务并给定管长、管件和阀门的当量长度及允许的阻力损失，要求设计经济上合理的管路。

③ 操作型计算，即管路已定，管径、管长、管件和阀门的设置及允许的能量损失都已定，要求核算在某给定条件下的输送能力或某项技术指标。

对于设计型问题存在着选择和优化的问题，最经济合理的管径或流速的选择应使每年的操作费与按使用年限计的设备折旧费之和为最小。

对于操作型计算存在一个困难,即因流速未知,不能计算 Re 值,无法判断流体的流型,亦就不能确定摩擦系数 λ。在这种情况下,工程计算中常采用试差法和其他方法来求解。

【例 2-8】 如图 2-24 所示,污水处理中需要将高位槽中的水连续输送到低位槽中,输水量为 23 m³/h,管径为 $\Phi89$ mm×3.5 mm,管长为 130 m(包括所有沿程和局部阻力损失的当量长度),管壁的相对粗糙度为 0.0001,水的密度为 1000 kg/m³,黏度为 0.8 mPa·s,试求两水槽水面高度应相差多少米?

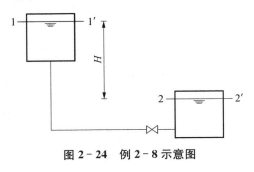

已知:$l_{1-2} + \sum l_{e,1-2} = 130$ m,$d = 89 - 2 \times 3.5 = 82$ mm $= 0.082$ m,$\varepsilon/d = 0.0001$,$q_V = 23$ m³/h,$\rho = 1000$ kg/m³,$\mu = 0.8$ mPa·s $= 0.8 \times 10^{-3}$ Pa·s,$W_e = 0$。

求:H。

图 2-24　例 2-8 示意图

解:分别取高位槽水面和低位槽水面为截面 1-1′ 和 2-2′,并以低位槽水面为基准面,在 1-1′ 和 2-2′ 两截面间列伯努利方程:

$$z_{h1}g + \frac{1}{2}u_1^2 + \frac{p_1}{\rho} + W_e = z_{h2}g + \frac{1}{2}u_2^2 + \frac{p_2}{\rho} + \sum h_{tf}$$

式中,$z_{h1} = H$,$z_{h2} = 0$,$p_1 = p_2 = 0$(表压),$u_1 \approx u_2 = 0$,故:

$$g(z_{h1} - z_{h2}) + \frac{0}{2} + \frac{0}{\rho} = \frac{0}{2} + \frac{0}{\rho} + \sum h_{tf}$$

得:
$$gH = \sum h_{tf}$$

$$\sum h_{tf} = \lambda \frac{l_{1-2} + \sum l_{e,1-2}}{d} \frac{u^2}{2}$$

流速
$$u = \frac{q_V}{\frac{\pi}{4}d^2} = \frac{23/3600}{\frac{3.14}{4} \times 0.082^2} = 1.21 \text{ m/s}$$

$$Re = \frac{du\rho}{\mu} = \frac{0.082 \times 1.21 \times 10^3}{0.8 \times 10^{-3}} = 1.24 \times 10^5 > 4000 \text{ 为湍流}$$

查图 2-14 摩擦系数图可得:$\lambda = 0.018$

两水槽的高位差为

$$H = \frac{\sum h_{tf}}{g} = \lambda \cdot \frac{l_{1-2} + \sum l_{e,1-2}}{d} \cdot \frac{u^2}{2g} = 0.018 \times \frac{130}{0.082} \times \frac{1.21^2}{2 \times 9.81} = 2.13 \text{ m}$$

答:两水槽水面高度应相差 2.13 m。

【例 2-9】 用试差法进行流量计算

用 $\Phi100$ mm×4 mm 的钢管将水从高处的水塔引出。钢管长 120 m(包括沿途管件等的当量长度,但不包括进、出口损失)。水塔内水面维持恒定,高于排水口 10 m,水的密度为 1000 kg/

m³,水温为 20 ℃时,求管路的流量。请用试差法计算,要求 λ 的误差值小于 0.000 3。

（1）若绝对粗糙度 $\varepsilon = 0.2$ mm,求流量 q_V;

（2）若绝对粗糙度 $\varepsilon = 0.002$ mm,求流量 q_V。

已知:$d = 100 - 2 \times 4 = 92$ mm $= 0.092$ m, $l + \sum l'_e = 120$ m, $z_{h2} = 0$, $z_{h1} = 10$ m, $T = 20$ ℃。

（1）$\varepsilon = 0.2$ mm $= 2 \times 10^{-4}$ m, $\varepsilon / d = 2.17 \times 10^{-3}$。

（2）$\varepsilon = 0.002$ mm $= 2 \times 10^{-6}$ m, $\varepsilon / d = 2.17 \times 10^{-5}$。

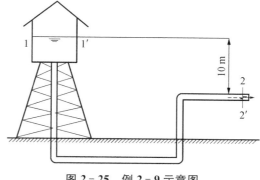

图 2-25　例 2-9 示意图

求:q_V。

解:以水塔水面 1-1′ 及管道出口内侧 2-2′ 截面列伯努利方程。排水管出口中心作基准水平面。则有

$$z_{h1}g + \frac{1}{2}u_1^2 + \frac{p_1}{\rho} = z_{h2}g + \frac{1}{2}u_2^2 + \frac{p_2}{\rho} + \sum h_{tf}$$

式中,$z_{h1} = 10$ m;$z_{h2} = 0$;$p_1 = p_2 = 0$;$u_1 \approx 0$;$u_2 = u$

$$\sum h_{tf} = \left(\lambda \frac{l + \sum l'_e}{d} + \zeta_c \right) \frac{u^2}{2} = \left(\lambda \frac{120}{0.092} + 0.5 \right) \frac{u^2}{2}$$

将以上各值代入伯努利方程,整理得

$$u = \sqrt{\frac{2 \times 9.81 \times 10}{\lambda \dfrac{120}{0.092} + 1.5}} = \sqrt{\frac{196.2}{1\,304\lambda + 1.5}} \tag{a}$$

其中

$$\lambda = f\left(Re, \frac{\varepsilon}{d} \right) = \varphi(u) \tag{b}$$

由于 u 未知,故不能计算 Re 值,也就不能求出 λ 值,从式(a)求不出 u,故可采用试差法求 u。试差计算过程如下:

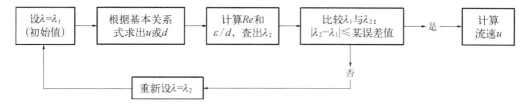

由于 λ 的变化范围不大,试差计算时,可将摩擦系数 λ 作试差变量。可先假设流体流动进入阻力平方区,此时 λ 只与 ε/d 值有关,便于计算。试差法的具体步骤如下:

① 任意取一个 $\lambda = \lambda_1$ 值代入(a)式算出 u 值,利用 u 值计算 Re 值;

② 根据算出的 Re 值与 ε/d 值从穆迪摩擦系数图(图 2-14)中查出 λ_2 值;

③ 若查得的 λ_2 值与假设值相符或接近,则假设值可接受。否则需另设一 λ_1 值,重复上面计算,直至所设 λ_1 值与查出 λ_2 值相符或接近为止。

这里设 $\lambda_1 = 0.020\,0$,代入式(a)得 $\quad u = \sqrt{\dfrac{196.2}{1\,304 \times 0.02 + 1.5}} = 2.67 \text{ m/s}$

从本附录查得 20 ℃时水的黏度为 1.005×10^{-3} Pa·s

$$Re = \frac{du\rho}{\mu} = \frac{0.092 \times 2.67 \times 1\,000}{1.005 \times 10^{-3}} = 2.44 \times 10^5$$

(1) $\varepsilon = 0.2$ mm,$\varepsilon/d = 0.2/92 = 2.17 \times 10^{-3}$。

根据 Re 及 ε/d 从查得 $\lambda_2 = 0.024\,0$。$|\lambda_2 - \lambda_1| = |0.024\,0\,0 - 0.020\,0\,0| = 0.004\,0 > 0.000\,3$,查出的 λ_2 值与假设的 λ_1 值相差大于规定的误差值 0.000 3,不符合要求,故应进行第二次试算。重设 $\lambda_1 = 0.024\,0$,代入式(a),解得 $u = 2.45$ m/s。由此 u 值计算 $Re = 2.24 \times 10^5$,在穆迪摩擦系数图中查得 $\lambda_2 = 0.024\,2$,$|\lambda_2 - \lambda_1| = |0.024\,2 - 0.024\,0| = 0.0002 < 0.0003$,符合要求,故 $u = 2.45$ m/s。

管路的输水量为

$$q_V = \frac{\pi}{4}d^2 u = \frac{\pi}{4} \times 0.092^2 \times 2.45 = 0.016 \text{ m}^3/\text{s}$$

(2) $\varepsilon = 0.002$ mm,$\varepsilon/d = 0.002/92 = 2.17 \times 10^{-5}$。

设 $\lambda_1 = 0.020\,0$,根据(1)中第一次试算得到的 Re 及 ε/d 值从穆迪摩擦系数图查得 $\lambda_2 = 0.015\,7$。$|\lambda_2 - \lambda_1| = |0.015\,7 - 0.020\,0| = 0.004\,3 > 0.000\,3$,不符合要求,故应进行第二次试算。重设 $\lambda_1 = 0.015\,7$,代入式(a),解得 $u = 2.99$ m/s。由此 u 值计算 $Re = 2.74 \times 10^5$,在图 2-14 中查得 $\lambda_2 = 0.015\,5$,$|\lambda_2 - \lambda_1| = |0.001\,57 - 0.015\,5| = 0.000\,2 < 0.000\,3$,符合要求,故 $u = 2.99$ m/s。

管路的输水量为

$$q_V = \frac{\pi}{4}d^2 u = \frac{\pi}{4} \times 0.092^2 \times 2.99 = 0.020 \text{ m}^3/\text{s}$$

答:若 $\varepsilon = 0.2$ mm,管路的输水量为 0.016 m³/s;若 $\varepsilon = 0.002$ mm,管路的输水量为 0.020 m³/s。

上面用试差法求流速时,也可先假设 u 值而由式(a)算出 λ 值,根据 Re 及 ε/d 从穆迪摩擦系数图查出 λ 值,与求出的 λ 值相比较,判断所设的 u 值是否合适。

【例 2-10】 通过一个不包含 u 的无量纲数群来解决管路操作型的计算问题

已知自来水厂一长 150 m(包括所有局部阻力损失)的输水管管径为 $\Phi 80 \times 3$ mm,管子相对粗糙度 $\varepsilon/d = 0.000\,4$,管路总阻力损失为 48 J/kg,求通过该管的水流量。已知水在题目条件下黏度为 0.8×10^{-3} Pa·s,水的密度为 1 000 kg/m³。

已知:$\Phi 80 \times 3$ mm,$d = 80 - 2 \times 3 = 74$ mm $= 0.074$ m,$l + \sum l_e = 150$ m,$\varepsilon/d = 0.000\,4$,$\sum h_{tf} = 48$ J/kg,$\rho = 1\,000$ kg/m³,$\mu = 0.8 \times 10^{-3}$ Pa·s。

求:q_V。

解:因为

$$\sum h_{tf} = \lambda \cdot \frac{u^2}{2} \cdot \frac{l + \sum l_e}{d}$$

$$\lambda = \frac{2d \sum h_{tf}}{u^2 (l + \sum l_e)}$$

又

$$Re^2 = \left(\frac{du\rho}{\mu}\right)^2$$

将上述表示 λ 和 Re^2 的两式相乘,可消去 u,得到与 u 无关的无量纲数群

$$\lambda Re^2 = \frac{2d^3 \rho^2 \sum h_{tf}}{(l + \sum l_e) \mu^2} \tag{2-38}$$

因 λ 是 Re 及 ε/d 的函数,故 λRe^2 也是 ε/d 及 Re 的函数。图 2-26 上的曲线即为不同相对粗糙度下 Re 与 λRe^2 的关系曲线。计算 u 时,可先将已知数据代入式(2-38),算出 λRe^2,再根据 λRe^2、ε/d 从图 2-26 中确定相应的 Re,再反算出 u 及 q_V。

将题中数据代入式(2-38),得

$$\lambda Re^2 = \frac{2d^3 \rho^2 \sum h_{tf}}{(l + \sum l_e) \mu^2} = \frac{2 \times 0.074^3 \times 1\,000^2 \times 48}{150 \times (0.8 \times 10^{-3})^2} = 4.05 \times 10^8$$

根据 λRe^2 及 ε/d 值,由图 2-26 查得 $Re = 1.33 \times 10^5$

$$u = \frac{Re\mu}{d\rho} = \frac{1.33 \times 10^5 \times 0.8 \times 10^{-3}}{0.074 \times 1\,000} = 1.44 \text{ m/s}$$

水的流量为

$$q_V = \frac{\pi}{4} d^2 u = \frac{\pi}{4} \times (0.074)^2 \times 1.44 = 6.19 \times 10^{-3} \text{ m}^3/\text{s} = 22.3 \text{ m}^3/\text{h}$$

答:水的流量为 22.3 m³/h。

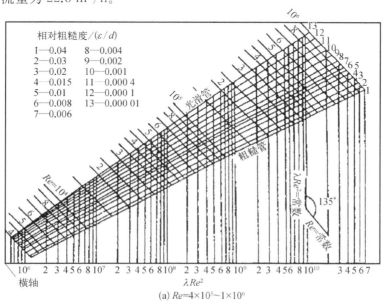

(a) $Re = 4 \times 10^3 \sim 1 \times 10^6$

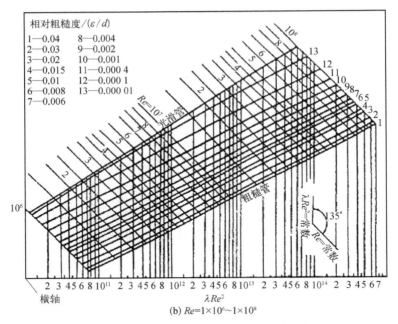

(b) $Re=1\times10^6\sim1\times10^8$

图 2-26　不同相对粗糙度下 Re 与 λRe^2 的曲线

2.3.3.2　复杂管路

1）并联管路

并联管路如图 2-27 所示,总管在 A 点分成几根分支管路流动,然后又在 B 点汇合成一根总管路。此类管路的特点是:

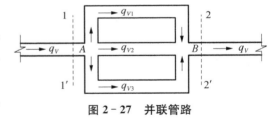

图 2-27　并联管路

(1)总管中的流量等于并联各支管流量之和,对不可压缩流体,则

$$q_V = q_{V1} + q_{V2} + q_{V3} \tag{2-39}$$

(2)图中 $1-1'$ 与 $2-2'$ 截面间的压强降低系由流体在各个分支管路中克服流动阻力而造成的。因此,在并联管路中,单位质量流体无论通过哪根支管,阻力损失都应该相等,即

$$\sum h_{tf1} = \sum h_{tf2} = \sum h_{tf3} = \sum h_{tf,\,1-2} \tag{2-40}$$

因而在计算并联管路的能量损失时,只需计算一根支管的能量损失,绝不能将并联的各管段的阻力损失全部加在一起作为并联管路的阻力损失。

若忽略 1、2 两处的局部阻力损失,各管的阻力损失可按下式计算:

$$h_{tfi} = \lambda_i \frac{l_{ti}}{d_i} \frac{u_i^2}{2} \tag{2-41}$$

式中,l_{ti}——支管总长,包括沿程和各局部阻力总的当量长度 $l + \sum l_e$,m。

$$\lambda_1 \frac{l_{t1}}{d_1} \frac{u_1^2}{2} = \lambda_2 \frac{l_{t2}}{d_2} \frac{u_2^2}{2} = \lambda_3 \frac{l_{t3}}{d_3} \frac{u_3^2}{2} \tag{2-41a}$$

在一般情况下,各支管的长度、直径、粗糙度均不相同,但各支管的流动推动力是相同的,故各支管的流速也不同。将 $u_i=4q_{Vi}/\pi d_i^2$ 代入式(2-41),整理后得

$$q_{Vi}=\frac{\pi\sqrt2}{4}\sqrt{\frac{d_i^5 h_{tfi}}{\lambda_i l_{ti}}} \tag{2-42}$$

由此式可求出各支管的流量分配。如只有三根支管,则

$$q_{V1}:q_{V2}:q_{V3}=\sqrt{\frac{d_1^5}{\lambda_1 l_{t1}}}:\sqrt{\frac{d_2^5}{\lambda_2 l_{t2}}}:\sqrt{\frac{d_3^5}{\lambda_3 l_{t3}}} \tag{2-43}$$

如总流量 q_V、各支管的 l_{ti}、d_i、λ_i 均已知,由式(2-39)和式(2-43)可联立求解得到 q_{V1}、q_{V2}、q_{V3} 三个未知数,任选一支管用式(2-41)算出 h_{tfi},即1、2两点间的阻力损失 $h_{tf,1-2}$。

【例2-11】 在图示的输水管路中,已知水的总流量为 $0.01~\mathrm{m^3/s}$,从截面 1-1′往截面 2-2′流动,水温为 20 ℃,各支管总长度(包括所有沿程阻力和局部阻力的当量长度)分别为 $l_{t1}=2\,000~\mathrm{m}$,$l_{t2}=1\,800~\mathrm{m}$,$l_{t3}=1\,700~\mathrm{m}$,$l_{t4}=1\,900~\mathrm{m}$;管径 $d_1=70~\mathrm{mm}$,$d_2=53~\mathrm{mm}$,$d_3=40~\mathrm{mm}$,$d_4=70~\mathrm{mm}$;摩擦系数 $\lambda_1=0.038$,$\lambda_2=0.044$,$\lambda_3=0.049$,$\lambda_4=0.038$。

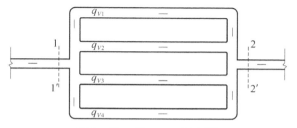

图2-28 例2-11示意图

求各管的流量和从截面 1-1′ 至截面 2-2′ 间的阻力损失。

已知:$q_V=0.01~\mathrm{m^3/s}$,$T=20$ ℃,$l_{t1}=2\,000~\mathrm{m}$,$l_{t2}=1\,800~\mathrm{m}$,$l_{t3}=1\,700~\mathrm{m}$,$l_{t4}=1\,900~\mathrm{m}$,$d_1=70~\mathrm{mm}=0.07~\mathrm{m}$,$d_2=53~\mathrm{mm}=0.053~\mathrm{m}$,$d_3=40~\mathrm{mm}=0.04~\mathrm{m}$,$d_4=70~\mathrm{mm}=0.07~\mathrm{m}$,$\lambda_1=0.038$,$\lambda_2=0.044$,$\lambda_3=0.049$,$\lambda_4=0.038$。

求:q_{V1},q_{V2},q_{V3},q_{V4},h_{tf1-2}。

解:$q_{V1}:q_{V2}:q_{V3}:q_{V4}=\sqrt{\dfrac{d_1^5}{\lambda_1 l_{t1}}}:\sqrt{\dfrac{d_2^5}{\lambda_2 l_{t2}}}:\sqrt{\dfrac{d_3^5}{\lambda_3 l_{t3}}}:\sqrt{\dfrac{d_4^5}{\lambda_4 l_{t4}}}$

$$=\sqrt{\frac{0.07^5}{0.038\times2\,000}}:\sqrt{\frac{0.053^5}{0.044\times1\,800}}:\sqrt{\frac{0.04^5}{0.049\times1\,700}}:\sqrt{\frac{0.07^5}{0.038\times1\,900}}$$

$$=1.487:0.727:0.351:1.525$$

$$=4.236:2.071:1:4.34$$

又因为 $q_V=q_{V1}+q_{V2}+q_{V3}+q_{V4}$

$$q_{V1}=\frac{4.236}{4.236+2.071+1+4.345}\times q_V=\frac{4.236}{4.236+2.071+1+4.345}\times0.01$$

$$=\frac{4.236}{11.652}\times0.01=3.63\times10^{-3}~\mathrm{m^3/s}$$

$$q_{V2} = \frac{2.071}{4.236 + 2.071 + 1 + 4.345} \times q_V = \frac{2.071}{11.652} \times 0.01 = 1.78 \times 10^{-3} \ \text{m}^3/\text{s}$$

$$q_{V3} = \frac{1}{4.236 + 2.071 + 1 + 4.345} \times q_V = \frac{1}{11.652} \times 0.01 = 0.86 \times 10^{-3} \ \text{m}^3/\text{s}$$

$$q_{V4} = \frac{4.345}{4.236 + 2.071 + 1 + 4.345} \times q_V = \frac{4.345}{11.652} \times 0.01 = 3.73 \times 10^{-3} \ \text{m}^3/\text{s}$$

$$u_1 = \frac{q_{V1}}{\frac{\pi}{4} d_1^2} = \frac{3.63 \times 10^{-3}}{\frac{\pi}{4} \times 0.07^2} = 0.943 \ \text{m/s}$$

$$h_{tf,1-2} = h_{tf1} = \lambda_1 \frac{l_{t1}}{d_1} \frac{u_1^2}{2} = 0.038 \times \frac{2\,000}{0.07} \times \frac{0.943^2}{2} = 483 \ \text{J/kg}$$

答：各管的流量分别为 $3.63 \times 10^{-3} \ \text{m}^3/\text{s}$、$1.78 \times 10^{-3} \ \text{m}^3/\text{s}$、$0.86 \times 10^{-3} \ \text{m}^3/\text{s}$ 和 $3.73 \times 10^{-3} \ \text{m}^3/\text{s}$；从截面 $1-1'$ 至截面 $2-2'$ 间的阻力损失为 483 J/kg。

2) 分支管路

自来水供水管路或者污水输送管路常设有分支管路，以便流体从一根总管分送到几处（图 2-29）。各支管内的流量彼此影响，相互制约。分支管路内的流动规律主要有两条：

(1) 总管流量等于各支管流量之和，即

$$q_{VA} = q_{VB} + q_{VC} \tag{2-44}$$

(2) 尽管各分支管路的长度、直径不同，但分支处（图 2-29 中 O 点）的总能量为一固定值，不论流体流向哪一支管，每千克流体所具有的总能量必相等，即

$$gz_B + \frac{u_B^2}{2} + \frac{p_B}{\rho} + \sum h_{tf1,O-B} = gz_C + \frac{u_C^2}{2} + \frac{p_C}{\rho} + \sum h_{tf1,O-C} = gz_O + \frac{u_O^2}{2} + \frac{p_O}{\rho} \tag{2-45}$$

汇合管路是指几根支路汇总于一根总管的情况，如图 2-30 所示，其特点与分支管路类似。

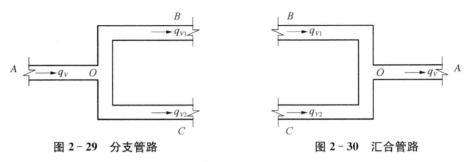

图 2-29　分支管路　　　　　　　图 2-30　汇合管路

【例 2-12】　如图所示，于自来水总管垂直接一段管 AB 向某居民楼供水。已知自来水总管流速为 1.0 m/s，表压 0.4 MPa。居民楼一楼和二楼由总管接出的 BC、BDE 段直接供水，三楼以上由楼顶水箱供水。已知居民楼层高 3 m，AB 段长 100 m，BC 段长 10 m，BDE 长 20 m，管内径均为 20 mm，认为各管内流动状态均进入阻力平方区，摩擦系数均为 0.02。

C、E 均为闸阀，B 与 D 处的能量损失忽略不计，自来水密度为 1 000 kg/m³。

(1) 阀 E 关闭，仅开 C 时，C 出口的流量为多少？

(2) 将阀门 C 调小，E 阀全开，则为使二楼住户获得与一楼住户相同的流量，C 处的流量需控制为原来的多少？

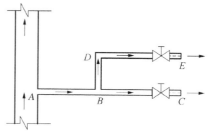

图 2-31　例 2-12 示意图

已知：$u_A = 1.0$ m/s，$u_{C,\text{外侧}} = 0$ m/s，$p_A = 0.4$ MPa（表压），$p_E = p_C = 0$，楼层高 $h = 3$ m，$l_{AB} = 100$ m，$l_{BC} = 10$ m，$l_{BDE} = 20$ m，$d = 20$ mm $= 0.02$ m，$\lambda = 0.02$，以 A-C 为基准面，$z_{hA} = 0$，$z_{hB} = 0$，$z_{hC} = 0$，$z_{hD} = z_{hE} = 3.0$ m，$\rho = 1\,000$ kg/m³。

求：(1) 阀 E 关闭，仅打开 C 时，C 出口的流量。

解：在截面 A 与 C（出口外侧）之间建立伯努利方程：

$$gz_{hA} + \frac{p_A}{\rho} + \frac{u_A^2}{2} = gz_{hC} + \frac{p_C}{\rho} + \frac{u_{C,\text{外侧}}^2}{2} + \sum h_{tf,A-C\text{外侧}}$$

$$\sum h_{tf,A-C\text{外侧}} = \left[\lambda \frac{l_{AB} + l_{BC}}{d} + \zeta_{\text{闸阀全开}} + \zeta_{\text{缩小}} + \zeta_{\text{放大}}\right]\frac{u_{C,\text{内侧}}^2}{2}$$

$$= \left[0.02 \times \frac{100 + 10}{0.02} + 0.17 + 0.5 + 1\right]\frac{u_{C,\text{内侧}}^2}{2}$$

$$= 55.84 u_{C,\text{内侧}}^2$$

代入数据：$0 + \dfrac{0.4 \times 10^6}{1\,000} + \dfrac{1.0^2}{2} = 0 + \dfrac{0}{1\,000} + \dfrac{0}{2} + 55.84 u_{C,\text{内侧}}^2$

$$400 + 0.5 = 55.84 u_{C,\text{内侧}}^2$$

可以解出：$u_{C,\text{内侧}} = 2.67$ m/s。

也可以在截面 A 与 C 之间（出口内侧）建立伯努利方程：

$$gz_{hA} + \frac{p_A}{\rho} + \frac{u_A^2}{2} = gz_{hC} + \frac{p_C}{\rho} + \frac{u_{C,\text{内侧}}^2}{2} + \sum h_{tf,A-C\text{内侧}}$$

$$\sum h_{tf,A-C\text{内侧}} = \left[\lambda \frac{l_{AB} + l_{BC}}{d} + \zeta_{\text{闸阀全开}} + \zeta_{\text{缩小}}\right]\frac{u_{C,\text{内侧}}^2}{2}$$

$$= \left[0.02 \times \frac{100 + 10}{0.02} + 0.17 + 0.5\right]\frac{u_{C,\text{内侧}}^2}{2}$$

$$= 55.34 u_{C,\text{内侧}}^2$$

代入数据：

$$0 + \frac{0.4 \times 10^6}{1\,000} + \frac{1.0^2}{2} = 0 + \frac{0}{1\,000} + \frac{u_{C,\text{内侧}}^2}{2} + 55.34 u_{C,\text{内侧}}^2$$

可以解出：$u_{C,\text{内侧}} = 2.67$ m/s，

$$q_{VC} = \frac{\pi d^2}{4} u_{C,\text{内侧}} = \frac{\pi}{4} \times 0.02^2 \times 2.67 = 8.415 \times 10^{-4} \text{ m}^3/\text{s} = 3.03 \text{ m}^3/\text{h}$$

（2）将 C 调小，E 阀全开，则为使二楼住户获得与一楼住户获得相同的流量，C 处的流量需控制为原来的多少。

解：在截面 A 与 E（出口外侧）之间建立伯努利方程：

$$gz_{hA} + \frac{p_A}{\rho} + \frac{u_A^2}{2} = gz_{hE} + \frac{p_E}{\rho} + \frac{u_{E,外侧}^2}{2} + \sum h_{tf,A-E}$$

$u_{AB} = 2u_{E,内侧} = 2u'_{C,内侧}$，$u_{E,外侧} = 0$，忽略 B、D 处的能量损失

$$\sum h_{tf,A-E} = \left(\lambda \frac{l_{AB}}{d} + \zeta_{缩小}\right)\frac{u_{AB}^2}{2} + \left(\lambda \frac{l_{BE}}{d} + \zeta_{闸阀全开} + \zeta_{放大}\right)\frac{u_{E,内侧}^2}{2}$$

$$= \left(0.02 \times \frac{100}{0.02} + 0.5\right)\frac{4u_{E,内侧}^2}{2} + \left(0.02 \times \frac{20}{0.02} + 0.17 + 1\right)\frac{u_{E,内侧}^2}{2}$$

$$= 211.585 u_{E,内侧}^2$$

代入数据：$0 + \dfrac{0.4 \times 10^6}{1\,000} + \dfrac{1.0^2}{2} = 9.81 \times 3 + \dfrac{0}{1\,000} + \dfrac{0}{2} + 211.585 u_{E,内侧}^2$

$$400 + 0.5 = 29.43 + 211.585 u_{E,内侧}^2$$

解出 $u_{E,内侧} = 1.324 \text{ m/s}$；$u'_{C,内侧} = u_{E,内侧} = 1.324 \text{ m/s}$

$$\frac{q'_C}{q_C} = \frac{u'_{C,内侧}}{u_{C,内侧}} = \frac{1.324}{2.67} = 49.6\%$$

答：阀门 E 关闭，仅打开 C 时，C 出口的流量为 $3.03 \text{ m}^3/\text{h}$；将阀门 C 调小，E 阀全开，则为使二楼住户获得与一楼住户获得相同流量，C 处的流量需控制为原来的 49.6%。

【例 2-13】 如图 2-32 所示为一输水系统，高位槽的水面维持恒定，水分别从 BC 与 BD 两支管排出，高位槽液面与两支管出口间的高度差为 11 m。AB 管段内径为 38 mm、长为 58 m；BC 支管的内径为 32 mm、长为 12.5 m；BD 支管的内径为 26 mm、长为 14 m。AB 段有一个 90°弯管和一个闸阀；BC 段有一个闸阀；BD 段有一个 90°弯管和一个闸阀。AB、BC 和 BD 管段的摩擦系数均为 0.03，水的密度为 $1\,000$ kg/m^3。试计算：

（1）当 BD 支管的阀门关闭时，BC 支管的最大排水量为多少 m^3/h？

（2）当所有的阀门全开时，两支管的排水量各为多少 m^3/h？

已知：管路输送系统如图所示。$\Delta z = 11$ m，$l_{AB} = 58$ m，$d_{AB} = 38$ mm $= 0.038$ m，$l_{BC} = 12.5$ m，$d_{BC} = 32$ mm $= 0.032$ m，$l_{BD} = 14$ m，$d_{BD} = 26$ mm $= 0.026$ m，$\lambda_{AB} = \lambda_{BC} = \lambda_{BD} = 0.03$，$\rho = 1\,000$ kg/m^3

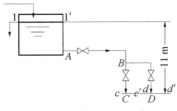

图 2-32 例 2-13 示意图

求：（1）BD 阀门关闭时，q_{VBC}；

（2）所有阀门开启，q_{VBC} 与 q_{VBD}。

解：（1）在高位槽液面 1-1' 和 BC 支管出口内侧截面 $c-c'$ 间建立伯努利方程，并以截面 $c-c'$ 为位能基准面，得

$$gz_{h1} + \frac{p_1}{\rho} + \frac{u_1^2}{2} = gz_{hC} + \frac{p_C}{\rho} + \frac{u_{BC}^2}{2} + \sum h_{tf,1-C} \qquad ①$$

其中，$p_1 = p_C = 0$（表压），$u_1 \approx 0 \text{ m/s}$，$z_{h1} = 11 \text{ m}$，$z_{hC} = 0$

查表 2-2 得：$\zeta_{缩小} = 0.5$，$\zeta_{闸阀} = 0.17$，$\zeta_{90°} = 0.75$，$\zeta_{三通} = 1.3$

$$\sum h_{tf,1-C} = \lambda_{AB}\frac{l_{AB}}{d_{AB}}\frac{u_{AB}^2}{2} + (\zeta_{缩小} + \zeta_{闸阀} + \zeta_{90°})\cdot\frac{u_{AB}^2}{2} + \lambda_{BC}\frac{l_{BC}}{d_{BC}}\frac{u_{BC}^2}{2} + (\zeta_{三通} + \zeta_{闸阀})\cdot\frac{u_{BC}^2}{2}$$

$$= 0.03\times\frac{58}{0.038}\cdot\frac{u_{AB}^2}{2} + (0.5+0.17+0.75)\cdot\frac{u_{AB}^2}{2}$$

$$+ 0.03\times\frac{12.5}{0.032}\cdot\frac{u_{BC}^2}{2} + (1.3+0.17)\cdot\frac{u_{BC}^2}{2}$$

$$= 47.21\cdot\frac{u_{AB}^2}{2} + 13.19\cdot\frac{u_{BC}^2}{2}$$

将以上数值代入式①

$$9.81\times11 + \frac{0}{\rho} + \frac{0^2}{2} = 9.81\times0 + \frac{0}{\rho} + \frac{u_{BC}^2}{2} + 47.21\cdot\frac{u_{AB}^2}{2} + 13.19\cdot\frac{u_{BC}^2}{2}$$

整理得

$$107.91 = 23.61u_{AB}^2 + 7.10u_{BC}^2 \qquad\qquad ②$$

根据连续性方程 $q_{VAB} = q_{VBC}$ 得

$$u_{AB}\times\frac{\pi}{4}d_{AB}^2 = u_{BC}\times\frac{\pi}{4}d_{BC}^2$$

$$u_{AB} = \frac{d_{BC}^2}{d_{AB}^2}\times u_{BC} = \frac{0.032^2}{0.038^2}u_{BC} = 0.709u_{BC}$$

代入式②得

$$107.91 = 23.61\times0.709^2 u_{BC}^2 + 7.10u_{BC}^2$$

解得：$u_{BC} = 2.385 \text{ m/s}$。

$$q_{VBC} = u_{BC}\times\frac{\pi}{4}d_{BC}^2 = 2.385\times\frac{\pi}{4}\times0.032^2 = 1.917\times10^{-3} \text{ m}^3/\text{s} = 6.902 \text{ m}^3/\text{h}$$

(2) 取 B 截面分别与 $c-c'$ 和 $d-d'$ 内侧截面列伯努利方程，根据分支管路的流动规律，有

$$gz_{hC} + \frac{p_C}{\rho} + \frac{u_{BC}^2}{2} + \sum h_{tf,B-C} = gz_{hD} + \frac{p_D}{\rho} + \frac{u_{BD}^2}{2} + \sum h_{tf,B-D} \qquad ③$$

$p_C = p_D = 0$（表压），$z_{hC} = z_{hD} = 0$。查表 2-2 得：$\zeta_{缩小} = 0.5$，$\zeta_{闸阀} = 0.17$，$\zeta_{90°} = 0.75$，$\zeta_{三通} = 0.4$。

$$\sum h_{tf,B-C} = \lambda\frac{l_{BC}}{d_{BC}}\cdot\frac{u_{BC}^2}{2} + \zeta_{三通}\cdot\frac{u_{AB}^2}{2} + \zeta_{闸阀}\cdot\frac{u_{BC}^2}{2}$$

$$= 0.03\times\frac{12.5}{0.032}\cdot\frac{u_{BC}^2}{2} + 0.17\cdot\frac{u_{BC}^2}{2} + \zeta_{三通}\cdot\frac{u_{AB}^2}{2}$$

$$= 11.89\times\frac{u_{BC}^2}{2} + \zeta_{三通}\cdot\frac{u_{AB}^2}{2}$$

$$\sum h_{tf,B-D} = \lambda \frac{l_{BD}}{d_{BD}} \cdot \frac{u_{BD}^2}{2} + \zeta_{三通} \cdot \frac{u_{AB}^2}{2} + (\zeta_{闸阀} + \zeta_{90°}) \cdot \frac{u_{BD}^2}{2}$$

$$= 0.03 \times \frac{14}{0.026} \cdot \frac{u_{BD}^2}{2} + (0.17 + 0.75) \cdot \frac{u_{BD}^2}{2} + \zeta_{三通} \cdot \frac{u_{AB}^2}{2}$$

$$= 17.07 \cdot \frac{u_{BD}^2}{2} + \zeta_{三通} \cdot \frac{u_{AB}^2}{2}$$

代入式③得

$$g \times 0 + \frac{0}{\rho} + \frac{u_{BC}^2}{2} + 11.89 \times \frac{u_{BC}^2}{2} + \zeta_{三通} \cdot \frac{u_{AB}^2}{2} = g \times 0 + \frac{0}{\rho} + \frac{u_{BD}^2}{2} + 17.07 \cdot \frac{u_{BD}^2}{2} + \zeta_{三通} \cdot \frac{u_{AB}^2}{2}$$

$$12.89 \cdot \frac{u_{BC}^2}{2} = 18.07 \cdot \frac{u_{BD}^2}{2}$$

$$u_{BC} = 1.18 u_{BD} \qquad u_{BD} = 0.847 u_{BC}$$

根据管路连续性方程可知

$$u_{AB} \times \frac{\pi}{4} d_{AB}^2 = u_{BC} \times \frac{\pi}{4} d_{BC}^2 + u_{BD} \times \frac{\pi}{4} d_{BD}^2$$

$$u_{AB} \times \frac{\pi}{4} \times 0.038^2 = u_{BC} \times \frac{\pi}{4} \times 0.032^2 + u_{BD} \times \frac{\pi}{4} \times 0.026^2$$

$$u_{AB} = 0.709 u_{BC} + 0.468 u_{BD}$$

$$u_{AB} = 0.709 u_{BC} + 0.468 \times 0.847 u_{BC} = 1.105 u_{BC}$$

在高位槽液面 $1-1'$ 和 BC 支管出口内侧截面 $c-c'$ 间列伯努利方程

$$gz_{h1} + \frac{p_1}{\rho} + \frac{u_1^2}{2} = gz_{hC} + \frac{p_C}{\rho} + \frac{u_{BC}^2}{2} + \sum h_{tf,1-C} \qquad ④$$

其中，$p_1 = p_C = p_0$（表压），$u_1 \approx 0 \text{ m/s}$，$z_{h1} = 11 \text{ m}$，$z_{hC} = 0 \text{ m}$

查表 2-2 得：$\zeta_{缩小} = 0.5$，$\zeta_{闸阀} = 0.17$，$\zeta_{90°} = 0.75$，$\zeta_{三通} = 0.4$

$$\sum h_{tf,1-C} = \lambda_{AB} \frac{l_{AB}}{d_{AB}} \frac{u_{AB}^2}{2} + (\zeta_{缩小} + \zeta_{闸阀} + \zeta_{90°} + \zeta_{三通}) \frac{u_{AB}^2}{2} + \lambda_{BC} \frac{l_{BC}}{d_{BC}} \frac{u_{BC}^2}{2} + \zeta_{闸阀} \cdot \frac{u_{BC}^2}{2}$$

$$= 0.03 \times \frac{58}{0.038} \times \frac{u_{AB}^2}{2} + (0.5 + 0.17 + 0.75 + 0.4) \frac{u_{AB}^2}{2} + 0.03 \times \frac{12.5}{0.032} \frac{u_{BC}^2}{2} + 0.17 \cdot \frac{u_{BC}^2}{2}$$

$$= 47.71 \cdot \frac{u_{AB}^2}{2} + 11.89 \cdot \frac{u_{BC}^2}{2}$$

代入式④中得

$$9.81\times11+\frac{0}{\rho}+\frac{0^2}{2}=9.81\times0+\frac{0}{\rho}+\frac{u_{BC}^2}{2}+47.61\cdot\frac{u_{AB}^2}{2}+11.89\cdot\frac{u_{BC}^2}{2}$$

整理得

$$107.91=47.61\cdot\frac{u_{AB}^2}{2}+12.89\cdot\frac{u_{BC}^2}{2}$$

$$107.91=23.805\times(1.105u_{BC})^2+6.445u_{BC}^2$$

$$u_{BC}=1.74\ \mathrm{m/s}$$

$$u_{BD}=0.847u_{BC}=0.847\times1.74=1.47\ \mathrm{m/s}$$

$$u_{AB}=1.105u_{BC}=1.105\times1.74=1.92\ \mathrm{m/s}$$

$$q_{VBC}=u_{BC}\times\frac{\pi}{4}d_{BC}^2=1.74\times\frac{\pi}{4}\times0.032^2=1.40\times10^{-3}\ \mathrm{m^3/s}=5.04\ \mathrm{m^3/h}$$

$$q_{VBD}=u_{BD}\times\frac{\pi}{4}d_{BD}^2=1.47\times\frac{\pi}{4}\times0.026^2=7.8\times10^{-4}\ \mathrm{m^3/s}=2.87\ \mathrm{m^3/h}$$

答：(1) BD 阀门关闭时，q_{VBC} 为 6.90 $\mathrm{m^3/h}$；(2) 所有阀门开启时，q_{VBC} 为 5.04 $\mathrm{m^3/h}$，q_{VBD} 为 2.87 $\mathrm{m^3/h}$。

2.4 明渠均匀流和薄壁堰

明渠是具有自由水面的人工渠道、天然河道及未充满水流的管道的统称。流动在明渠中的水流称为明渠流。明渠流又称为无压流或重力流，它是具有自由表面、依靠液体自身重力作用流动的液流。

明渠流一般都处于紊流粗糙区，可分为稳态流与非稳态流。由于自由表面的存在，明渠非稳态流的流线不可能是相互平行的直线，所以明渠非稳态流不可能是均匀流，而只能是非均匀流。明渠稳态流则可根据其流线是否为相互平行的直线分为均匀流与非均匀流。因此，明渠均匀流指的就是明渠恒定均匀流。

由于明渠边界条件的多样性，明渠流一般都处于非均匀流动状态。明渠流的自由表面会随着不同的水流条件和渠身条件而变动，形成各种流动状态和水面形态，在实际情况中，很难形成明渠均匀流。但是，在实际应用中，如在环境生态河流给排水和水利工程的沟渠中，其排水或输水能力的计算，常按明渠均匀流处理。明渠均匀流是明渠流中最简单、最基本的水流形式，其有关基本概念和计算原理也是明渠非均匀流的理论基础。本章讨论明渠均匀流规律。如图 2-33 所示，水面线也称测压管水头线，它是由沿水流方向截面位能和静压能之和所组成的线；而总水头线，也称总能量线，它是由沿水流方向各截面动能、位能、静压能三者之和所组成的线。

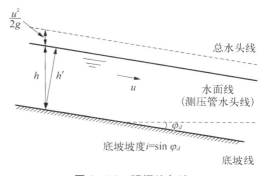

图 2-33 明渠均匀流

2.4.1 明渠均匀流形成条件和特点

明渠均匀流是水深、断面平均流速沿程不变的流动,它只能在一定的条件下才能出现。这些条件是: ① 明渠中水流必须是恒定的,流量沿程不变,无支流流入和流出。② 明渠必须是棱柱形渠或圆形直管,在产生各种局部阻力处如弯道、阀门等处会使力产生不均衡,因而会导致非均匀流。③ 明渠的粗糙系数必须保持沿程不变,因为粗糙系数决定了阻力的大小,若其发生变化,势必会造成阻力变化,会变成非均匀流。④ 明渠的底坡必须是顺坡。只有在这样长的顺直段上而又同时具有上述三条件时才能发生均匀流。

在实际工程中,由于种种条件的限制,明渠均匀流往往难以完全实现,在明渠中大量存在的是非均匀流动。然而,对于顺直的正坡明渠,只要有足够的长度,总有形成均匀流的趋势。这一点在非均匀流水面曲线分析时往往被采用。一般来说,人工渠道都尽量使渠线顺直,底坡在较长距离内不变,并且采用同一材料衬砌成规则一致的断面,这样就基本保证了均匀流的产生条件。因此,按明渠均匀流理论来设计渠道是符合实际情况的。天然河道一般为非均匀流,个别较为顺直整齐的粗糙系数基本一致的断面,河床稳定的河段,也可视为均匀流段,这样的河段保持着水位和流量的稳定关系。

明渠均匀流应该同时具有均匀流和重力流的特征。均匀流的流线是相互平行的直线,所有液体质点都沿着相同的方向做匀速直线运动,所受到的合外力为零;而重力流又是以液体自身的重力在流动方向上的分力为动力流动的。因此,明渠均匀流就是重力在流动方向上的分力与液流阻力相平衡的流动。由此可推知明渠均匀流应具有以下特征: ① 过水断面的形状、尺寸及水深沿流程不变。② 过水断面上的流速分布、断面平均流速沿流程不变,因而流速水头,即动能也沿流程不变。③ 由于水深沿程不变,故水面线与渠底线相互平行。④ 由于断面平均流速及流速水头动能沿程不变,故测压管水头线与总水头线相互平行。⑤ 由于明渠均匀流的水面线即测压管水头线,故明渠均匀流的底坡线、水面线、总水头线三者相互平行,这样一来,渠底坡度、水面坡度、水力坡度三者相等。这是明渠均匀流的一个重要的特性,它表明在明渠均匀流中,水流的动能沿程不变,位能沿程减小,在一定距离上因渠底高程降落而引起的位能减小值恰好用于克服水头损失(阻力损失),从而保证了动能的沿程不变。⑥ 从力学角度分析,均匀流为等速直线运动,没有加速度,则作用在水体的力必然是平衡的,即表明均匀流动是重力沿流动方向的分力和阻力相平衡时产生的流动,这是均匀流的力学本质。

2.4.2 明渠均匀流计算

实际工程中的明渠水流,一般情况下都处于紊流阻力损失平方区。

2.4.2.1 基本公式

明渠恒定均匀流水力计算中的流速公式经常采用谢才公式(2-46)计算

$$u = C_c \sqrt{R_h J_s} \qquad (2-46)$$

式中,u——断面平均流速,m/s;

C_c——谢才系数,$m^{1/2}/s$;

R_h——水力半径,m;

J_s——水力坡降,$J_s = H_f / l_f$,J_s表示单位流程上的水头损失,无量纲;

H_f——水头损失，m；

l_f——水流过的长度，m。

对于明渠恒定均匀流，由于水力坡降 J，等于底坡坡度 i，所以明渠均匀流的流量公式可写为

$$u = C_c \sqrt{R_h i} \qquad (2-47)$$

或

$$q_V = Au = AC_c \sqrt{R_h i} = K_i \sqrt{i} \qquad (2-48)$$

式中，K_i——流量模数，m^3/s，它反映了明渠断面形状、尺寸和粗糙程度对渠道过流能力的影响；

i——底坡坡度或底坡，$i = \dfrac{\Delta Z_h}{l_f} = \sin\varphi_d$，无量纲，其中，$\Delta Z_h$ 为明渠底的高差，l_f 为对

应 ΔZ_h 的相应明渠底的坡长，φ_d 为明渠底与水平线的夹角。

式(2-46)、式(2-47)、式(2-48)中谢才系数 C_c 可以用曼宁公式(2-49)计算：

$$C_c = \theta \frac{1}{n_r} R_h^{\frac{1}{6}} \qquad (2-49)$$

式中，n_r——粗糙系数（或糙率），无量纲，它的大小综合反映了河、渠壁面对水流阻力的大小，是明渠水力计算的主要因素之一。它对谢才系数 C_c 的影响比水力半径 R_h 大。

θ——是量纲换算因子，用 SI 单位制时，$\theta = 1.0$，$m^{1/3}/s$。本节公式均用 SI 单位制，θ 不在显示在公式中。

将曼宁公式代入谢才公式中便可得到

$$u = \frac{1}{n_r} R_h^{\frac{2}{3}} \sqrt{i} \qquad (2-50)$$

或

$$q_V = A \frac{1}{n_r} R_h^{\frac{2}{3}} \sqrt{i} \qquad (2-51)$$

2.4.2.2　过水断面的水力要素

明渠均匀流基本公式中 q_V、A、K_i、C_c、R_h 都与明渠均匀流过水断面的形状、尺寸和水深有关。明渠均匀流水深，通称正常水深，今后多以 h 表示。人工渠道的断面形状，根据渠道的用途、渠道的大小、施工建造方法和渠道的材料等选定。在水利和生态河道工程中，梯形断面最适用于天然土质渠道，是最常用的断面形状。在排水管道中，最常用的是圆形。其它断面形状，如矩形、抛物线形，在有些场合，也被采用。下面研究梯形和圆形过水断面的水力要素。

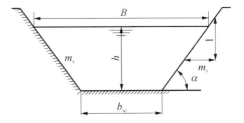

图 2-34　梯形过水断面

如图 2-34，梯形的过水断面面积 A

$$A = (b_w + m_s h)h \qquad (2-52)$$

式中，b_w——渠底宽，m；

h——水深，m；

$m_s = \cot\alpha$，称为边坡系数，无量纲。

水面宽 B(m)：
$$B = b_w + 2m_s h \qquad (2-53)$$

湿周 χ(m)：
$$\chi = b_w + 2h\sqrt{1+m_s^2} \qquad (2-54)$$

水力半径 R_h(m)：
$$R_h = \frac{A}{\chi} \qquad (2-55)$$

显然，在上述四个公式中，对于矩形过水断面，边坡系数 $m_s = 0$；对于三角形过水断面，底宽 $b_w = 0$。

如果梯形断面是不对称的，两边的边坡系数 $m_{s1} \neq m_{s2}$，则

$$A = \left(b_w + \frac{m_{s1}+m_{s2}}{2}h\right)h \qquad (2-56)$$

$$B = b_w + m_{s1}h + m_{s2}h \qquad (2-57)$$

$$\chi = b_w + (\sqrt{1+m_{s1}^2} + \sqrt{1+m_{s2}^2})h \qquad (2-58)$$

排水明渠和盖板渠的底宽 b_w 不宜小于 0.3 m。边坡系数 m_s 可以按照表 2-4 的规定取值。

表 2-4 明渠边坡系数

地　　质	边坡系数 / m_s
砖石或混凝土块铺砌	1:0.75~1:1
粉　砂	1:3~1:3.5
松散的细砂、中砂和粗砂	1:2~1:2.5
密实的细砂、中砂、粗砂或黏质粉土	1:1.5~1:2
粉质黏土或黏土砾石或卵石	1:1.25~1:1.5
半岩性土	1:0.5~1:1
风化岩石	1:0.25~1:0.5
岩　石	1:0.1~1:0.25

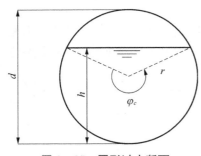

图 2-35 圆形过水断面

排水管道和水工隧洞，因为不是土料建造，所以常采用圆形管道。在管径 d、过水断面充水深度 h 和中心角 φ_c（图 2-35）已知时，明渠圆管断面的各项水力要素，很容易由几何关系推求。

过水断面面积：
$$A = \frac{d^2}{8}(\varphi_c - \sin\varphi_c) \qquad (2-59)$$

湿周：
$$\chi = \frac{1}{2}\varphi_c d$$

水面宽度：
$$B = d\sin\frac{\varphi_c}{2}$$

水力半径：
$$R_h = \frac{d}{4}\left(1 - \frac{\sin\varphi_c}{\varphi_c}\right) \qquad (2-60)$$

流速，根据谢才公式：
$$u = \frac{C_c}{2}\sqrt{\left(1 - \frac{\sin\varphi_c}{\varphi_c}\right)di} \qquad (2-61)$$

流量：
$$q_V = \frac{C_c}{16} \frac{(\varphi_c - \sin \varphi_c)^{3/2}}{\sqrt{\varphi_c}} d^{5/2} \sqrt{i} \qquad (2-62)$$

充水深度 h 和中心角 φ_c 的关系：
$$h = \frac{d}{2}\left(1 - \cos\frac{\varphi_c}{2}\right) = d \sin^2 \frac{\varphi_c}{4} \qquad (2-63)$$

$$\alpha_f = \frac{h}{d} = \sin^2 \frac{\varphi_c}{4} \qquad (2-64)$$

以上式中，d——管径，m；

$\qquad h$——过水断面充水深度，m；

$\qquad \varphi_c$——中心角，以弧度表示，无量纲；

$\qquad \chi$——湿周（水面不计入湿周），m；

$\qquad C_c$——谢才系数，$m^{1/2}/s$；

$\qquad \alpha_f$——充满度，$\dfrac{h}{d}$，无量纲。

设 q_{V1} 和 u_1 为充水深度 $h=d$ 时的流量和流速，即满管的流量和流速，q_V 和 u 为充水深度 $h < d$ 时的流量和流速。根据不同的充满度 $\alpha_f = \dfrac{h}{d}$，可由上述各式的关系，算出流量比 $\dfrac{q_V}{q_{V1}}$ 和流速比 $\dfrac{u}{u_1}$。以 $\dfrac{h}{d}$ 为纵坐标，以 $\dfrac{q_V}{q_{V1}}$ 和 $\dfrac{u}{u_1}$ 为横坐标，画出曲线图 2-36，可借以进行明渠

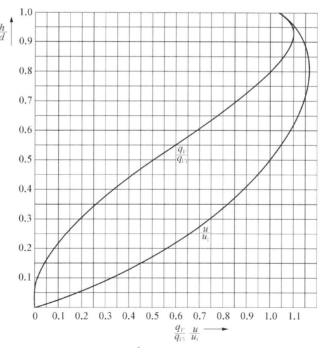

图 2-36 $\dfrac{h}{d}$ 与 $\dfrac{q_V}{q_{V1}}$ 及 $\dfrac{u}{u_1}$ 的关系

圆管的水力计算。从图 2-36 可知，在 $\dfrac{h}{d}=0.938$ 时，明渠圆管的流量为最大；在 $\dfrac{h}{d}=0.81$ 时，明渠圆管的流速为最大。

在进行无压管道水力计算时，还要参考国家建设部颁发的《室外排水设计规范》中的有关条款。其中污水管道应按不满流计算，其最大设计充满度按表 2-5 选用；雨水管道和合流管道应按满流计算。

表 2-5　最大设计充满度

管径(d)或暗渠深(H)/mm	最大设计充满度 $\left(\alpha_f=\dfrac{h}{d}\ \text{或}\ \dfrac{h}{H}\right)$
200～300	0.55
350～450	0.65
500～900	0.705
≥1 000	0.75

2.4.2.3　明渠水力计算中几个问题

1) 粗糙系数 n_r 的选定

由曼宁公式可知，粗糙系数 n_r 对谢才系数 C_c 影响很大，对同一水力半径，如果选定的 n_r 值偏大，谢才系数 C_c 较偏小，由明渠均匀流基本公式可知，为通过给定的设计流量，要求在设计时加大过水断面，或加大渠槽的底坡。这样，一方面加大了开挖工作量，另一方面因底坡大，水面降落快，管子埋深加大；此外，还由于渠道运行后实际流速偏大，又会引起渠道冲刷。反之，如果选定的 n_r 值比实际的偏小，对同一水力半径，C_c 值偏大，流速就偏大，为通过既定的设计流量，过水断面和渠槽的底坡就设计得较小，而渠道运行后实际的粗糙系数 n_r 值比设计的大，从而导致渠道通水后实际流速不能达到设计要求，引起流量不足和泥沙淤积。由此可见，设计渠道时粗糙系数 n_r 的选定十分重要。

表 2-6 列出了部分管道和渠道的粗糙系数 n_r 值，可供参考。

表 2-6　部分管道和渠道的粗糙系数 n_r 值

管渠类型及状况	最小值	正常值	最大值
一、管道			
1. UPVC 管、PE 管、玻璃钢管	0.009	—	0.011
2. 石棉水泥管、钢管	—	0.012	—
3. 陶土管、铸铁管	—	0.013	—
4. 混凝土管、钢筋混凝土管	0.013	—	0.014
二、衬砌渠道			
1. 净水泥表面	0.010	0.011	0.013
2. 水泥灰浆	0.011	0.013	0.015
3. 刮平的混凝土表面	0.013	0.015	0.016
4. 未刮平的混凝土表面	0.014	0.017	0.020
5. 表面良好的混凝土喷浆	0.016	0.019	0.023
6. 浆砌块石	0.017	0.025	0.030
7. 干砌块石	0.023	0.032	0.035
8. 光滑的沥青表面	0.013	0.013	—
9. 用木馏油处理的、表面刨光的木材	0.011	0.012	0.015
10. 油漆的光滑钢表面	0.012	0.013	0.017

（续表）

管渠类型及状况	最小值	正常值	最大值
三、无衬砌的渠道			
1. 清洁的顺直土渠	0.018	0.022	0.025
2. 有杂草的顺直土渠	0.022	0.027	0.033
3. 有一些杂草的弯曲、断面变化的土渠	0.025	0.030	0.033
4. 光滑而均匀的石渠	0.025	0.035	0.040
5. 参差不齐、不规则的石渠	0.035	0.040	0.050
6. 有与水深同高的浓密杂草的渠道	0.050	0.080	0.120
四、小河（汛期最大水面宽度约 30 m）			
1. 清洁、顺直的平原河流	0.025	0.030	0.033
2. 清洁、弯曲、稍许淤滩和潭坑的平原河流	0.033	0.040	0.045
3. 水深较浅、底坡多变的平原河流	0.040	0.048	0.055
4. 河底为砾石、卵石间有孤石的山区河流	0.030	0.040	0.050
5. 河底为卵石和大孤石的山区河流	0.040	0.050	0.070
五、大河，同等情况下 n_r 值比小河略小			
1. 断面比较规则、无孤石或丛木	0.025	—	0.060
2. 断面不规则、床面粗糙	0.035	—	0.100
六、汛期滩地漫流			
1. 短草	0.025	0.030	0.035
2. 长草	0.030	0.035	0.050
3. 已熟成行庄稼	0.025	0.035	0.045
4. 茂密矮树丛（夏季情况）	0.070	0.100	0.160
5. 密林，树下少植物，洪水位在枝下	0.080	0.100	0.120
6. 同上，洪水位及树枝	0.100	0.120	0.160

在设计渠道选择粗糙系数 n_r 值时，应注意以下几点：

（1）选定了 n_r 值，就意味着将渠槽粗糙情况对水流阻力的影响做出了综合估计。因此，必须对前述的水流阻力和水头损失的各种影响因素及一般规律有正确的理解。

（2）要尽量参考一些比较成熟的典型粗糙系数资料。

（3）应尽量参照本地和外地同类型的渠道实测资料和运用情况，使粗糙系数 n_r 的选择切合实际。

（4）为保证选定的 n_r 值达到设计要求，设计文件中应对渠槽的施工质量和运行维护提出有关要求。

2）水力最佳断面和实用经济断面

在明渠的底坡、粗糙系数和流量已定时，渠道断面的设计（形状、大小）可有多种选择方案，要从施工、运行和经济等各个方面进行方案比较。

从水力学的角度考虑，最感兴趣的一种情况是：在流量、底坡、粗糙系数已知时，设计的过水断面形式具有最小的面积；或者在过水断面面积、底坡、粗糙系数已知时，设计的过水断面形式能使渠道通过的流量为最大。这种过水断面称为水力最佳断面。

显然，水力最佳断面应该是在给定条件下水流阻力最小的过水断面。

由 $q_V = A R_h^{2/3} i^{1/2}/n_r$ 与 $R_h = \dfrac{A}{\chi}$ 得

$$q_V = \frac{A^{5/3}\sqrt{i}}{n_r \chi^{2/3}} \qquad (2-65)$$

式中,q_V——流量,$\mathrm{m^3/s}$;

    A——过水断面面积,$\mathrm{m^2}$;

    χ——湿周,m;

    i——底坡,无量纲;

    n_r——粗糙系数,无量纲。

由式(2-65)知,要在给定的过水断面面积上使通过的流量为最大,过水断面的湿周就必须为最小。从几何学知,在各种明渠断面形式中最好地满足这一条件的过水断面为半圆形断面(水面不计入湿周),因此有些人工渠道(如小型混凝土渡槽)的断面设计成半圆形或U形,但由于地质条件和施工技术、管理运用等方面的原因,渠道断面常常不得不设计成其它形状。下面对土质渠道常用的梯形断面讨论其水力最佳条件。

梯形断面的湿周 $\chi = b_w + 2h\sqrt{1+m_s^2}$,边坡系数 m_s 已知,由于面积 A 给定,b_w 和 h 相互关联,$b_w = A/h - m_s h$,所以

$$\chi = \frac{A}{h} - m_s h + 2h\sqrt{1+m_s^2}$$

在水力最佳条件下应有

$$\frac{\mathrm{d}\chi}{\mathrm{d}h} = -\frac{A}{h^2} - m_s + 2\sqrt{1+m_s^2} = -\frac{b_w}{h} - 2m_s + 2\sqrt{1+m_s^2} = 0$$

从而得到水力最佳的梯形断面的宽深比条件

$$\beta_m = \frac{b_w}{h} = 2\times(\sqrt{1+m_s^2} - m_s) \tag{2-66}$$

可以证明这种梯形的三个边与半径为 h、圆心在水面的半圆相切(图2-37)。这里要指出的是,由于正常水深随流量改变,在设计流量下具有水力最佳断面的明渠,当流量改变时,实际的过水断面宽深比就不再满足式(2-66)了。

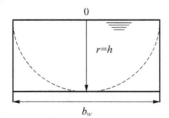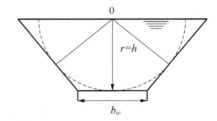

图2-37　水力最佳的矩形与梯形断面

作为梯形断面的特例的矩形断面,$m_s=0$,计算得 $\beta_m=2$,或 $b_w=2h$,所以水力最佳矩形断面的底宽为水深的两倍。$m_s>0$ 时,用式(2-66)计算出的 β_m 值随着 m_s 增大而减小(见表2-7中 $A/A_m=1.00$ 的一行)。当 $m_s>0.75$ 时 $\beta_m<1$,是一种底宽较小、水深较大的窄深型断面。

表 2-7　水力最佳断面($A/A_m=1.00$)和实用经济断面的宽深比

A/A_m	h/h_m	m_s	0.00	0.50	0.75	1.00	1.50	2.00	2.50	3.00
1.00	1.000		2.000	1.236	1.000	0.828	0.608	0.480	0.380	0.320
1.01	0.882	β	2.992	2.097	1.868	1.734	1.653	1.710	1.808	1.967
1.04	0.683		4.462	3.373	3.154	3.078	3.202	3.533	3.925	4.407

　　虽然水力最佳断面在相同流量下过水断面面积最小,但从经济、技术和管理等方面综合考虑,它有一定的局限性。应用于较大型的渠道时,由于深挖高填、施工开挖工程量及费用大,维持管理也不方便;流量改变时水深变化较大,给沿途污水、雨水收集以及航运等带来不便。其实,设计渠道断面时,在一定范围内取较宽的宽深比 β 值,仍然可以过水断面面积 A 十分接近水力最佳断面的面积 A_m。根据式(2-65),同样的流量、粗糙系数和底坡条件下,非水力最佳断面与水力最佳断面的断面变量之间有关系:

$$\left(\frac{A}{A_m}\right)^{5/2}=\frac{\chi}{\chi_m}=\frac{h(\beta+2\sqrt{1+m_s^2})}{h_m(\beta_m+2\sqrt{1+m_s^2})}$$

且

$$\frac{A}{A_m}=\frac{h^2(\beta+m_s)}{h_m^2(\beta_m+m_s)}$$

可得

$$\frac{h}{h_m}=\left(\frac{A}{A_m}\right)^{5/2}\left[1-\sqrt{1-\left(\frac{A_m}{A}\right)^4}\right] \qquad (2-67a)$$

$$\beta=\left(\frac{h_m}{h}\right)^2\frac{A}{A_m}(2\sqrt{1+m_s^2}-m_s)-m_s \qquad (2-67b)$$

其中有下标 m 的各变量为 $\beta=\beta_m$ 时的变量。从表 2-7 中 $A/A_m=1.01$ 和 1.04 两行看到,过水断面只需比水力最佳断面大 1%~4%,相应的宽深比就比 β_m 要大很多,水深比 h_m 小很多,给设计者提供了很大的回旋余地,这种断面称为实用经济断面。

　　3) 渠道(或管道)的允许流速

　　一条设计得合理的渠道(或管道),除了考虑上述水力最佳条件及经济因素外,还应使渠道(或管道)的设计流速不应大到使渠床(或管道壁)遭受冲刷,也不可小到使水中悬浮物发生淤积,而应当是不冲、不淤的流速。因此在设计中,要求渠道(或管道)流速 u 在不冲、不淤的允许流速(permissible velocity)范围内,即

$$u''<u<u'$$

式中,u'——免遭冲刷的最大允许流速,简称不冲允许流速或最大设计流速,m/s;

　　　　u''——免受淤积的最小允许流速,简称不淤允许流速或最小设计流速,m/s。

　　最大设计流速 u' 的大小决定于:① 土质情况,即土壤种类、颗粒大小和密实程度;② 衬砌材料(或内壁材料);③ 渠中(或管道)流量;④ 水流深度等因素。最小设计流速 u'':保证水流中挟带的悬浮物不致在渠道(或管道)淤积的允许流速下限。详见表 2-8 和表 2-9。

表 2-8　污水管道的最大或最小设计流速　　　　　　　　　（单位：m/s）

最大设计流速		最小设计流速	
金属管	非金属管	设计充满度下	满流时
10	5	0.6	0.75

表 2-9　排水明渠的最大或最小设计流速

明 渠 材 质	设计最大流速/(m/s)				最小设计流速/(m/s)
	0.4 m≤水深≤1 m	水深<0.4 m	1.0 m<水深<2.0 m	水深≥2 m	
粗砂或低塑性粉质黏土	0.80	0.68	1.00	1.12	0.4
粉质黏土	1.00	0.85	1.25	1.40	
黏土	1.20	1.02	1.50	1.68	
草皮护面	1.60	1.36	2.00	2.24	
干砌块石	2.00	1.70	2.50	2.80	
浆砌块石或浆砌砖	3.00	2.55	3.75	4.20	
石灰岩或中砂岩	4.00	3.40	5.00	5.60	
混凝土	4.00	3.40	5.00	5.60	

排水明渠设计水深一般为 0.4～1.0 m,当水深在 0.4～1.0 m 范围以外时,其最大设计流速为相应最大设计流速乘以下列系数：水深≤0.4 m,系数为 0.85；1.0 m<水深<2.0 m,系数为 1.25；水深≥2 m,系数为 1.40。最小设计流速与明渠水深和材质无关,均为 0.4 m/s。

4) 水力计算

在实际工程中,梯形断面渠道应用最广,现以梯形渠道为例,来说明经常遇到的几种水力计算方法。

由明渠均匀流计算的基本公式和梯形断面各水力要素的计算公式可得

$$q_V = AC_c\sqrt{R_h i} = A\frac{1}{n_r}R_h^{2/3}\sqrt{i} = \frac{\sqrt{i}}{n_r}\frac{[(b_w+m_s h)h]^{5/3}}{(b_w+2h\sqrt{1+m_s^2})^{2/3}} \tag{2-68}$$

式中,q_v——流量,m³/s;

　　　　A——过水断面面积,m²;

　　　　C_c——谢才系数,m$^{1/2}$/s;

　　　　R_h——水力半径,m;

　　　　i——底坡坡度,无量纲;

　　　　n_r——粗糙系数,无量纲;

　　　　b_w——渠底宽,m;

　　　　h——过水断面充水深度,m;

　　　　m_s——边坡系数,无量纲。

从式(2-68)中可看出 $q_V = f(b_w, h, m_s, n_r, i)$,共有 6 个变量。已知 5 个变量的值,用式(2-68)可求另一个未知变量的值,有时可从上式中直接求出,有时则要求解复杂的高次方程,相当困难。为此,将两类问题从计算方法角度加以统一研究。只要掌握这些方法,就能顺利进行明槽均匀流的各项水力计算。

A. 直接求解法

如果已知其他 5 个变量的值，要求流量 q_V，或要求粗糙系数 n_r，或要求底坡 i，只要应用基本公式(2-68)，进行简单的代数运算，就可直接求得解答。现用算例说明。

【例 2-14】　有一污水槽断面为矩形，底宽 $b_w=1.0$ m，底坡 $i=0.005$，均匀流水深 $h=0.5$ m，通过的流速为 2.0 m/s，求该污水槽的粗糙系数。

已知：$b_w=1.0$ m，$i=0.005$，$h=0.5$ m，$u=2.0$ m/s，$m_s=0$。

求：n_r。

解：

$$q_V=ub_wh=2.0\times1.0\times0.5=1.0 \text{ m}^3/\text{s}$$

矩形断面的边坡系数 $m_s=0$，则

$$q_V=\frac{\sqrt{i}}{n_r}\cdot\frac{(b_wh)^{\frac{5}{3}}}{(b_w+2h)^{\frac{2}{3}}}$$

$$n_r=\frac{\sqrt{i}}{q_V}\cdot\frac{(b_wh)^{\frac{5}{3}}}{(b_w+2h)^{\frac{2}{3}}}=\frac{\sqrt{0.005}}{1.0}\times\frac{(1.0\times0.5)^{\frac{5}{3}}}{(1.0+2\times0.5)^{\frac{2}{3}}}=0.014$$

答：污水槽的粗糙系数是 0.014。

【例 2-15】　有一直径为 800 mm，粗糙系数为 0.012 的圆形水泥污水管，管道底坡 $i=0.003$，求最大设计充满度时的流速及流量。

已知：$d=800$ mm $=0.8$ m，$n_r=0.012$，$i=0.003$。

求：最大设计充满度时的 u 及 q_V。

解：从表 2-5 查得，管径 800 mm 的污水管的最大设计充满度为 $\alpha_f=0.705$。

$\alpha_f=\sin^2(\varphi_c/4)$，解得 $\varphi_c=1.27\pi$。 由圆管过水断面水力要素计算公式得

$$A=\frac{d^2}{8}(\varphi_c-\sin\varphi_c)=\frac{0.8^2}{8}(1.27\pi-\sin1.27\pi)=0.38 \text{ m}^2$$

$$\chi=\frac{d}{2}\varphi_c=\frac{0.8}{2}\times1.27\pi=1.60 \text{ m}$$

$$R_h=\frac{A}{\chi}=\frac{0.38}{1.60}=0.24 \text{ m}$$

而 $C_c=\frac{1}{n_r}R_h^{1/6}=\frac{1}{0.012}\times0.24^{1/6}=65.69 \text{ m}^{1/2}/\text{s}$

$$u=C_c\sqrt{R_hi}=65.69\times\sqrt{0.3\times0.002\,4}=1.76 \text{ m}/\text{s}$$

$$q_V=uA=1.76\times0.38=0.67 \text{ m}^3/\text{s}$$

答：最大设计充满度时的流速是 $1.76\ \mathrm{m/s}$,流量为 $0.67\ \mathrm{m^3/s}$。

B. 试算法

a. 列表作图法

如果已知其它五个变量的值,要求水深 h,或要求底宽 b_w,则因为在基本公式(2 - 68)中表达 b_w 和 h 的关系式都是高次方程,不能采用直接求解法,而只能采用试算法。

试算法的一种为列表作图法,具体方法如下:假设若干个 h 值,代入基本公式,计算相应的 q_V 值;若所得的 q_V 值与已知的相等,相应的 h 值即为所求。实际上,试算第一、二次常不能得结果。为了减少试算工作,可假设 3 至 5 个 h 值,即 h_1, h_2, h_3, $\cdots$, h_5,求出相应的 q_{V1}, q_{V2}, q_{V3}, $\cdots$, q_{V5},画成 $q_V = f(h)$ 曲线。然后从曲线上由已知的 q_V 定出 h。若要求的是 b_w,则和求 h 的试算法一样。此时画的曲线是 $q_V = f(b_w)$。

b. 迭代法

试算法的另一种为迭代法,迭代法又可以分为计算器"Ans"法和"SOLVE"法。

1) 计算器"Ans"法。具体方法如下:将基本公式(2 - 68)写成适当的等价方程 $h = f(h)$ 或 $b_w = f(b_w)$ 进行迭代计算,即可求解 h 或 b_w 值。基本步骤如下:

① 首先将基本公式(2 - 68)化成 $h = f(h)$ 或 $b_w = f(b_w)$ 的形式:

$$q_V = \frac{\sqrt{i}}{n_r}\ \frac{\left[(b_w + m_s h)h\right]^{5/3}}{(b_w + 2h\sqrt{1 + m_s^2})^{2/3}}$$

化为 $h = f(h)$ 或 $b_w = f(b_w)$ 的形式:

$$h = \frac{q_V^{3/5}\left(\dfrac{n_r}{\sqrt{i}}\right)^{3/5}(b_w + 2h\sqrt{1 + m_s^2})^{2/5}}{b_w + hm_s}$$

$$b_w = \frac{q_V^{3/5}\left(\dfrac{n_r}{\sqrt{i}}\right)^{3/5}(b_w + 2h\sqrt{1 + m_s^2})^{2/5}}{h} - m_s h$$

② 代入另外 5 个已知变量的数值。

③ 用科学计算器输入方程 $h = f(h)$ 或 $b_w = f(b_w)$ 等式右边的部分,并用"Ans"键代替未知数 h 或 b_w,输入完成后反复按"="键直到出现的数值不再变化,即为所求的 h 或 b_w。

2) 计算器"SOLVE"法(又称牛顿迭代法)。用计算器直接输入基本公式(2 - 68),按"SOLVE"键也可求解 h、b_w 或 m_s。步骤如下:

① $q_V = \dfrac{\sqrt{i}}{n_r}\ \dfrac{\left[(b_w + m_s h)h\right]^{5/3}}{(b_w + 2h\sqrt{1 + m_s^2})^{2/3}}$

② 代入另外五个已知变量的数值。

③ 用科学计算器输入方程: $q_V = \dfrac{\sqrt{i}}{n_r}\ \dfrac{\left[(b_w + m_s h)h\right]^{5/3}}{(b_w + 2h\sqrt{1 + m_s^2})^{2/3}}$

并用"x"键代替未知数 h 或 b_w,输入完成后按"SOLVE"键,随便输入一个假设的"x"数值(如 1),按"=",所得"x"值即为所求的 h 或 b_w。

【例 2 - 16】　有一污水渠断面为梯形,边坡系数 $m_s = 1.5$,粗糙系数 $n_r = 0.02$,底宽 $b_w = 4.5$ m,底坡 $i = 0.000\,6$,求通过流量 10 m³/s 时均匀流水深 h。

已知:$m_s = 1.5$,$n_r = 0.02$,$b_w = 4.5$ m,$i = 0.000\,6$,$q_V = 10$ m³/s。

求:h。

a. 列表作图法

将各试算数据列出:

b_w	m_s	h	A	χ	R_h	$\sqrt{R_h}$	n_r	C_c	$\sqrt{i}$	q_V
4.5	1.5	0.8	4.56	7.38	0.62	0.79	0.02	46.17	0.0245	4.07
		1.0	6.00	8.11	0.74	0.86		47.55		6.01
		1.2	7.56	8.83	0.86	0.93		48.76		8.39
		1.4	9.24	9.55	0.97	0.98		49.83		11.05

将表中 q_V 和 h 的相应值绘成 $q_V = f(h)$ 曲线。

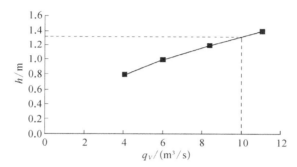

由 $q_V = 10$ m³/s 在曲线上查得相应水深 $h = 1.32$ m。

b. 迭代法

1) 计算器"Ans"法:

$$h = \frac{q_V^{3/5}\left(\dfrac{n_r}{\sqrt{i}}\right)^{3/5}(b_w + 2h\sqrt{1 + m_s^2})^{2/5}}{b_w + hm_s}$$

代入 $m_s = 1.5$,$n_r = 0.02$,$b_w = 4.5$ m,$i = 0.000\,6$,$q_V = 10$ m³/s 得:

$$h = \frac{10^{3/5}\left(\dfrac{0.02}{\sqrt{0.000\,6}}\right)^{3/5}(4.5 + 2h\sqrt{1 + 1.5^2})^{2/5}}{4.5 + 1.5h}$$

使用科学计算器,输入等式右边部分,并用"Ans"键替代 h:

$$h = \frac{10^{3/5}\left(\dfrac{0.02}{\sqrt{0.000\,6}}\right)^{3/5}(4.5 + 2\text{Ans}\sqrt{1 + 1.5^2})^{2/5}}{4.5 + 1.5\text{Ans}}$$

重复按"＝"键,该数值在 1.32 时,不再变化,即水深为 1.32 m。

2) 计算器"SOLVE"法：

$$q_V = \frac{\sqrt{i}}{n_r} \frac{[(b_w + m_s h)h]^{5/3}}{(b_w + 2h\sqrt{1 + m_s^2})^{2/3}}$$

代入数据 $m_s = 1.5$，$n_r = 0.02$，$b_w = 4.5$ m，$i = 0.0006$，$q_V = 10$ m³/s 得

$$10 = \frac{\sqrt{0.0006}}{0.02} \frac{[(4.5 + 1.5h)h]^{5/3}}{(4.5 + 2h\sqrt{1 + 1.5^2})^{2/3}}$$

用科学计算器输入方程：

$$10 - \frac{\sqrt{0.0006}}{0.02} \frac{[(4.5 + 1.5h)h]^{5/3}}{(4.5 + 2h\sqrt{1 + 1.5^2})^{2/3}}$$

并用"x"键代替未知数 h，输入完成后按"SOLVE"键，随便输入一个假设的"x"数值(如1)，按"="，所得"x"值即为所求的 h。

解得 $h = 1.32$ m

答：通过流量 10 m³/s 时均匀流水深为 1.32 m。

2.4.3 薄壁堰

堰前来流由于受堰壁阻挡，底部水流因惯性作用上弯。当水舌回落到堰顶高程时，距上游壁面约 $0.67H_w$(堰上水头)；当堰顶厚 $\delta \leqslant 0.67H_w$ 时(图 2-38)，水舌不受堰宽的影响，水舌下缘与堰顶只呈线的接触，堰和过堰水流只有一条边线接触，堰顶厚度对水流无影响，故称为薄壁堰。薄壁堰常将堰顶做成锐缘，故薄壁堰也称为锐缘堰。薄壁堰主要用作测量流量的设备，以及出水堰，如初沉池、二沉池、浓缩池的出水堰等。

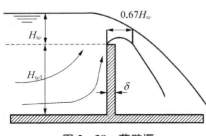

图 2-38 薄壁堰

薄壁堰流具有稳定的水头和流量关系，因此薄壁堰常用作实验室模型试验或野外量测流量的量水工具。工程实际中广泛采用的曲线型实用堰和隧洞进口曲线等也常根据薄壁堰流水舌下缘曲线来构制。按照出口形状来分，薄壁堰可以分为矩形堰、三角形堰和梯形堰，常用的有矩形堰、三角形堰。

1) 矩形薄壁堰

矩形薄壁堰溢流如图 2-39 所示，自由式溢流的基本公式为

$$q_V = K_w b_w \sqrt{2g} H_w^{\frac{3}{2}}$$

若将行近流速水头 $\frac{au_0^2}{2g}$ 的影响计入流量系数内，则基本公式改写为

$$q_V = K_w' b_w \sqrt{2g} H_w^{\frac{3}{2}} \qquad (2-69)$$

式中，H_w——堰上水头，m；

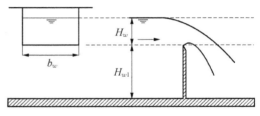

图 2-39 矩形薄壁堰

K_w——流量系数,无量纲;

K'_w——计入流速动能影响的流量系数,由巴赞公式确定,无量纲。

$$K'_w = \left(0.405 + \frac{0.002\,7}{H_w}\right)\left[1 + 0.55\left(\frac{H_w}{H_w + H_{w1}}\right)^2\right] \qquad (2-70)$$

式中,H_w、H_{w1}(上游堰高)均以 m 计,公式适用范围为 $H_w \leqslant 1.24$ m, $H_{w1} \leqslant 1.13$ m, $b_w \leqslant 2$ m。

2) 三角形薄壁堰

三角形薄壁堰的堰口形状为等腰三角形,简称为三角堰,如图 2−40,常用在明渠中测流量。将三角堰置于明渠中,当水流从堰顶溢流时,水流发生收缩,并在上游形成壅水现象。此时堰上水头与过堰流量之间具有一定关系,根据实测的堰顶水头、堰的溢流宽度、堰高等数值就可由堰流公式计算出过堰流量。

使用三角堰测小流量时,较小的流量变化会使堰上水头产生较大的变化,从而提高量测精度。所以常用三角堰量测较小的流量。

如图 2−40 所示三角形堰的夹角为 θ,堰上水头为 H_w,将微小宽度$\mathrm{d}b_w$看成薄壁堰流。则微小流量的表达式为

$$\mathrm{d}q_V = K'_w \sqrt{2g}\,h^{3/2}\,\mathrm{d}b_w \qquad (2-71)$$

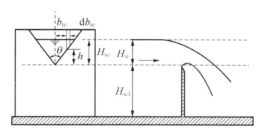

图 2−40　三角形薄壁堰

式中,h 为 $\mathrm{d}b_w$ 处的水头,由几何关系:

$$b_w = (H_w - h)\tan\frac{\theta}{2}, 则: \mathrm{d}b_w = -\tan\frac{\theta}{2}\mathrm{d}h$$

代入上式:
$$\mathrm{d}q_V = -K'_w\tan\frac{\theta}{2}\sqrt{2g}\,h^{\frac{3}{2}}\mathrm{d}h$$

堰的溢流量 $q_V = -2K'_w\tan\dfrac{\theta}{2}\sqrt{2g}\displaystyle\int_{H_w}^{0} h^{3/2}\mathrm{d}h = \dfrac{4}{5}K'_w\tan\dfrac{\theta}{2}\sqrt{2g}\,H_w^{5/2}$

当 $\theta = 90°$,上述公式即

$$q_V = \frac{4}{5}K'_w\sqrt{2g}\,H_w^{5/2} = K''_w H_w^{5/2} \qquad (2-72)$$

式中,K''_w——三角形薄壁堰的流量系数,$\mathrm{m}^{1/2}/\mathrm{s}$;

H_w——堰上水头,m。

三角形薄壁堰的开口一般做成 90°,叫直角三角形薄壁堰。对于直角三角形薄壁堰,流量系数 K''_w可按下式计算。

$$K''_w = 1.354 + \frac{0.004}{H_w} + \left(0.14 \frac{0.2}{\sqrt{H_{w1}}}\right)\left(\frac{H_w}{B} - 0.09\right)^2 \tag{2-73}$$

式中,H_w——堰上水头,m;

$\qquad H_{w1}$——上游堰高,m;

$\qquad B$——堰上游引水渠宽,m。

当 $0.5\ \text{m} \leqslant B \leqslant 1.2\ \text{m}$;$0.1\ \text{m} \leqslant H_{w1} \leqslant 0.75\ \text{m}$;$0.07\ \text{m} \leqslant H_w \leqslant 0.26\ \text{m}$;且 $H_w \leqslant B/3$ 时,流量测量误差小于 $\pm 1.4\%$。

汤姆森试验给出 $K''_w = 1.4$,过去常常被近似采用。则流量公式为

$$q_V = 1.4 H_w^{5/2} \tag{2-74}$$

三角形薄壁堰是一种测流精度较高的堰,主要是利用竖直薄板上的 V 形缺口进行测流(图 2-40)。顶角 θ 的二等分线应铅垂,并与渠道两侧的边墙等距离。顶角 θ 为 $20° \sim 100°$,必须采用精确的方法加工。三角堰只适用在顺直、水平的矩形渠段中。如果缺口的面积与行近渠道的面积相比很小以致对行近流速的影响可以忽略时,则渠道形状无关紧要。行近渠道中的水流应均匀稳定。

薄壁堰安装使用时应注意:① 堰板必须平整、垂直,堰槛中心线应与进水渠道中心线重合;② 堰板用钢板或木板制作,堰口应成 45° 的锐缘,其倾斜面向下游;③ 三角堰的堰槛高及堰肩宽应大于最大过堰水深,矩形堰的最大过堰水深应小于堰槛高,否则会出现淹没流(下游水位高于堰口);④ 水尺可设在缺口两侧堰板上,尽量设在内边水位稳定处;⑤ 堰身周围应与土渠紧密掺和,不能漏水;⑥ 堰板制作要规格标准,安装要规范,安装段应作护底。

2.5　常见测量仪器

常用的测量仪器有很多,但在环境工程领域常用的测量仪器主要有文丘里流量计、三角堰及乌氏黏度计。

2.5.1　文丘里流量计

为了减少流体流经节流元件时的能量损失,可以用一段渐缩、渐扩管代替孔板,这样构成的流量计称为文丘里流量计或文氏流量计,如图 2-41。文丘里流量计上游的测压口(截面 $1-1'$ 处)距离管径开始收缩处的距离至少应为二分之一管径,下游测压口设在最小流通截面 $2-2'$ 处(称为文氏喉)。由于有渐缩段和渐扩段,流体在其内的流速改变平缓,涡流较少,所以能量损失就比孔板大大减少。

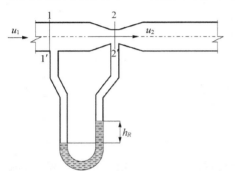

图 2-41　文丘里流量计

文丘里流量计的流量计算公式如下:

$$q_V = K_V A_0 \sqrt{\frac{2\Delta p}{\rho}} = K_V A_0 \sqrt{\frac{2 h_R g (\rho_A - \rho)}{\rho}}$$

$$\tag{2-75}$$

式中，q_V——被测管段的体积流量，m^3/s；

    K_V——流量系数，无量纲，其值可由实验测定或从仪表手册中查得，一般取 $0.6\sim0.7$；

    Δp——截面 $1-1'$ 与截面 $2-2'$ 间的压强差，单位为 Pa，其值大小由压差计读数 h_R 来确定；

    A_0——喉管的截面积，m^2；

    h_R——指示液两边的高差，m；

    ρ_A——指示液的密度，kg/m；

    ρ——被测流体的密度，kg/m^3。

其优点为文丘里流量计能量损失小；缺点为各部分尺寸要求严格，需要精细加工，所以造价也就比较高。

2.5.2　乌氏黏度计

乌氏黏度计是测量液体黏度的一种常用仪器，如图 $2-42$ 所示。通过测量一定体积 V（图中 a、b 间的液体）的流体，流过一定长度 l 的毛细管，所需时间 τ 来计算流体的黏度。它的原理就是基于分析流体流过毛细管的阻力。毛细管左边的小管是使 c 点通大气的旁通管。右边的粗管是储存流体的容器管。

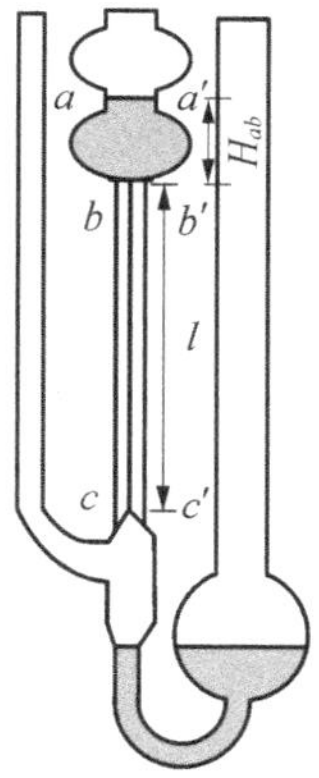

在毛细管 $b-b'$ 截面与 $c-c'$ 截面，列伯努利方程，$c-c'$ 截面为基准面，得

$$gz_{hb}+\frac{p_b}{\rho}+\frac{u_b^2}{2}=gz_{hc}+\frac{p_c}{\rho}+\frac{u_c^2}{2}+h_{tf}$$

$\because z_{hc}=0$，$z_{hb}=l$，$u_b=u_c$，$p_c=0$（表压），忽略 a，b 间位差，$H_{ab}\approx0$，$p_b=\rho g H_{ab}\approx0$（表压）

而假定流动为层流，$h_{tf}=\lambda\dfrac{l}{d}\dfrac{u^2}{2}=\dfrac{64}{\frac{du\rho}{\mu}}\cdot\dfrac{l}{d}\dfrac{u^2}{2}$，代入伯努利方程，得：

图 $2-42$　乌氏黏度计

$$gl+\frac{0}{\rho}+\frac{u_b^2}{2}=0+\frac{0}{\rho}+\frac{u_c^2}{2}+h_{tf}$$

$$gl=\frac{64}{\frac{du\rho}{\mu}}\cdot\frac{l}{d}\frac{u^2}{2}\Rightarrow\frac{32\mu u}{d^2\rho g}=1$$

$$\therefore\mu=\frac{d^2\rho g}{32u} \tag{2-76a}$$

$\because u=\dfrac{V}{\frac{\pi}{4}d^2\tau}$ 代入式$(2-76a)$得

$$\mu=\frac{d^2\rho g\times\pi d^2\tau}{32\times V\times4}=\frac{\pi\rho g d^4\tau}{128V} \tag{2-76b}$$

式中，d——毛细管直径，m；

    V——流体体积，m^3；

    τ——体积为 V 的流体流过毛细管所需时间，s。

由上式测得的黏度是 $\dfrac{(m^2) \cdot (kg/m^3) \cdot (m/s^2)}{m/s} \Rightarrow kg/(m \cdot s) \Rightarrow$ SI 单位

式(2-76a)与式(2-76b)是乌氏黏度计计算黏度的公式。可以看出,由液体在毛细管中的平均速度 u、毛细管直径 d 及液体的密度 ρ 可以直接计算出液体的黏度。另外,在同一支乌氏黏度计中,不同液体通过毛细管所需的时间与液体的黏度成正比,与液体的密度成反比。

$$\mu_1 = \frac{d^2 \rho_1 g}{32 u_1} = \frac{\pi \rho_1 g d^4 \tau_1}{128 V}$$

所以可得

$$\frac{\mu_1 / \rho_1}{\mu_2 / \rho_2} = \frac{u_2}{u_1} = \frac{\tau_1}{\tau_2}$$

由此可以借助测量两种不同的液体通过同一支乌氏黏度计所需时间之比,由一种已知黏度的液体来求另一种液体的黏度。

【例 2-17】 测量某一甘油与水混合溶液的黏度,已知溶液密度为 $1\,230\,kg/m^3$,溶液体积为 $5\,cm^3$ 时,流过直径为 $2\,mm$ 的毛细管所需时间为 $140\,s$,则该溶液黏度为多少?

已知:$\rho = 1\,230\,kg/m^3$, $V = 5\,cm^3 = 5 \times 10^{-6}\,m^3$, $d = 2\,mm = 0.002\,m$, $\tau = 140\,s$。

求:μ。

解:

$$\mu = \frac{\pi \rho g d^4 \tau}{128 V} = \frac{3.14 \times 1\,230 \times 9.81 \times 0.002^4 \times 140}{128 \times (5 \times 10^{-6})} = 0.133\,Pa \cdot s$$

校验 Re 是否在层流范围,

$$Re = \frac{d u \rho}{\mu} = \frac{0.002 \times \dfrac{5 \times 10^{-6}}{\dfrac{\pi}{4} \times 0.002^2 \times 140} \times 1\,230}{0.133} = 0.21 \ll 2\,000$$

在层流范围内,计算结果成立。

答:该溶液的黏度为 $0.133\,Pa \cdot s$。

2.6　两相流动

前面几节主要阐述了流体流动的基本规律,讨论流体在管道中流动时压强的变化和能量的损失,着重研究固体边界对于流体流动的影响。在环境工程领域,有不少是与颗粒和流体间的相对运动有关,例如流体中颗粒污染物的沉降与过滤、污染物在固体颗粒物或颗粒层中的吸附、离子交换等。因此,了解流体和颗粒物之间的流动规律对于掌握环境工程中众多的污染控制技术具有重要的意义。

2.6.1　球形颗粒在流体中运动阻力与阻力系数

流体与固体颗粒之间有相对运动时,将发生动量传递。颗粒表面对流体有阻力,流体则对颗粒表面有曳力。阻力与曳力是一对作用力与反作用力。

流体与固体颗粒之间的相对运动可分为以下三种情况：

（1）颗粒静止，流体对其做绕流；

（2）流体静止，颗粒作沉降运动；

（3）颗粒与流体都运动，但保持一定的相对运动。

上述三种情况，只要颗粒与流体之间的相对运动速度相同，流体对颗粒的作用力——曳力（即阻力）在本质上无区别，都是由两者间相对运动造成的阻力。因此，可以以第（1）种情况（绕流）为例来分析颗粒相对于流体作运动时所受的阻力。

曳力 F_d 与流体和固体的相对速度 u、流体的密度 ρ、黏度 μ 以及固体颗粒的大小、形状和流动方向有关。它们之间的关系非常复杂，只有对于球体这种形状简单的固体颗粒，在流体流速很低时才能用解析的方法求得计算曳力的理论关系式，其他条件下的曳力及其与各种因素之间的关系需通过实验求得。

流体沿一定方位绕过形状一定的颗粒时，影响曳力的因素可表示为

$$F_d = f(L, u, \rho, \mu)$$

其中，L 为颗粒的特征尺寸，对于光滑球体 L 即为颗粒的直径 d_p。应用量纲分析可以得出与范宁公式和摩擦系数类似的关系式

$$\frac{F_d}{A_p \cdot \frac{1}{2}\rho u^2} = f\left(\frac{d_p u \rho}{\mu}\right)$$

令颗粒雷诺数 $Re_p = \dfrac{d_p u \rho}{\mu}$

所以
$$F_d = \xi A_p \frac{\rho u^2}{2}$$

式中，F_d——曳力，流体对颗粒表面的力，N 或 kg · m/s²；

μ——流体的黏度，kg/(m · s)；

ρ——流体的密度，kg/m³；

u——颗粒与流体的相对速度，m/s；

d_p——颗粒的直径，m；

A_p——球形颗粒在流动方向上的投影面积，等于 $\dfrac{\pi}{4}d_p^2$，m²。

ξ 称为曳力系数，无量纲，它与 Re_p 的函数关系随颗粒形状和它与流体流动的相对运动方式而异。一般需由实验测定。球形颗粒的 ξ 与 Re_p 的关系大致可分成如下几个区域。

（1）层流区（斯托克斯定律区）：$Re_p < 2$

$$\xi = \frac{24}{Re_p}$$

此关系与斯托克斯定律式相符合。理论上，在 Re_p 小于 1 很多时斯托克斯定律才正确。实际上，在 Re_p 小于 2 的情况下应用上述关系式所引起的误差很小。

需指出的是，此区域定为 $Re_p < 2$ 系认为的划定，在有的书上定为 $Re_p < 1$ 或 0.3，这类

根据实验所得曲线区域划分的差异,在实际应用时对计算结果不会造成显著影响。

(2) 过渡区:$2 < Re_p < 1\,000$

$$\xi = \frac{18.5}{Re_p^{0.6}}$$

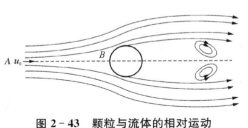

图 2-43　颗粒与流体的相对运动

当 Re_p 增加超出层流区后,在颗粒的半球线的稍前处发生边界层的分离(图 2-43),因此球粒的后面充满漩涡,漩涡造成较大的摩擦损失,同时漩涡中的流体具有很大的角速度和旋转功能,使其压强降低,因而产生较大的形体曳力,其结果是颗粒所受的总曳力增加。

(3) 湍流区:$1\,000 < Re_p < 2 \times 10^5$

$$\xi = 0.44$$

在此区域内,由于速度增大,漩涡加强,形体曳力所占的比例增加,表面曳力所占的比重下降,以致可以忽略。因此曳力与流速的平方成正比,与流体黏度无关,曳力系数为常数,平均为 0.44。

(4) 湍流边界层区:$Re_p > 2 \times 10^5$

$$\xi = 0.1$$

随着颗粒雷诺数的增大,边界层内流动由层流变为湍流,边界层内速度增大,使边界层的分离点向半球线的后侧移动因而球粒后面的漩涡区缩小,摩擦损失与曳力减小,所以在颗粒雷诺数高达 2×10^5 左右时,曳力系数从 0.44 降为 0.1,并几乎保持常数。

2.6.2　重力沉降

在环境工程领域中,相对而言颗粒污染物或者用于净化流体的固体颗粒物甚小,因而颗粒与流体间的接触表面相对甚大,故阻力速度增长很快,可在短暂时间内与颗粒所受到的净重力达到平衡,所以重力沉降过程中,加速度阶段常可忽略不计。

如图 2-44 所示,单个颗粒受到 3 个力的作用:

重力 F_g:$F_g = mg = \dfrac{1}{6}\pi d^3 \rho_s g$

浮力 F_b:$F_b = mg = \dfrac{1}{6}\pi d^3 \rho g$

曳力 F_d:$F_d = \xi A_p \dfrac{\rho u^2}{2} = \xi \dfrac{\pi}{4} d_p^2 \dfrac{\rho u^2}{2}$

$F_g - F_b - F_d = ma$

即

$$\frac{\pi}{6}d_p^3 \rho_s g - \frac{\pi}{6}d_p^3 \rho g - \xi \frac{\pi}{4}d_p^2 \frac{\rho u^2}{2} = \frac{\pi}{6}d_p^3 \rho_s a$$

式中,a——加速度,m/s^2。

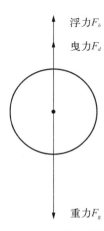

图 2-44　重力沉降
过程中颗粒受到的力

当颗粒开始沉降的瞬间：$u=0$，因此 $F_d=0$，此时 a 最大，

$$u\uparrow\quad F_d\uparrow\quad a\downarrow$$

当沉降距离足够长，则最终 $F_g-F_b-F_d=0$，此时 $a=0$，$u=u_\tau$，则

$$u_\tau=\sqrt{\frac{4gd_p(\rho_s-\rho)}{3\rho\xi}}\qquad(2-77)$$

式中，u_τ——球形颗粒的自由沉降速度（沉降终端不变沉降速度），m/s；

d_p——颗粒直径，m；

ρ_s——颗粒密度，kg/m³；

ρ——流体密度，kg/m³；

g——重力加速度，m/s²；

ξ——曳力系数，无量纲，$\xi=f(\varphi_s\cdot Re_p)$；

φ_s——球形度，无量纲；

a——加速度，m/s²。

上式为表面光滑的球形颗粒在流体中的自由沉降公式。ξ 是颗粒雷诺系数 Re_p 的函数，根据 Re_p 的不同，ξ 与 Re_p 的关系可分为几个不同区域，因此沉降速度的计算也需按照不同区域进行。

（1）层流区：$10^{-4}<Re_p<2$，ξ 与 Re_p 的关系为：$\xi=\dfrac{24}{Re_p}$，代入式（2-77）中可得：

$$u_\tau^2\times3\rho\xi=4gd_p(\rho_s-\rho)$$

$$u_\tau^2\times\frac{24\mu}{u_\tau\rho d_p}\times3\rho=4gd_p(\rho_s-\rho)$$

$$u_\tau=\frac{d_p^2(\rho_s-\rho)g}{18\mu}\qquad(2-78)$$

（2）过渡区：$2<Re_p<10^3$，ξ 与 Re_p 的关系为：$\xi=\dfrac{18.5}{Re_p^{0.6}}$，代入式（2-77）中可得：

$$u_\tau=0.27\sqrt{\frac{d_p(\rho_s-\rho)g}{\rho}Re_p^{0.6}}\qquad(2-79\text{a})$$

将式中 Re_p 以 $\dfrac{d_pu_\tau\rho}{\mu}$ 代入，可得直接计算 u_τ 的关系式：

$$u_\tau=0.78\frac{d_p^{1.143}(\rho_s-\rho)^{0.715}}{\rho^{0.286}\mu^{0.428}}\qquad(2-79\text{b})$$

（3）湍流区：$10^3<Re_p<2\times10^5$，$\xi=0.44$，代入式（2-77）中可得：

$$u_\tau=1.74\sqrt{\frac{d_p(\rho_s-\rho)g}{\rho}}\qquad(2-80)$$

应用式（2-78）到式（2-80）计算 u_τ 时首先要知道沉降属于哪一区域，即用哪一个关系

式计算 ξ。但在没有求出 u_τ 以前还不知道沉降属于哪一区域。因此用上式计算沉降速度 u_τ 时,需用试差法,其计算步骤如下:先假设沉降属于哪一区域,按此区域的公式计算 u_τ,然后按计算所得的 u_τ 求颗粒雷诺系数 Re_p 以校验最初的假设是否正确,如果正确,则计算所得的 u_τ 即为正确的结果,否则,需重新计算,直至得到正确的结果。

式(2-78)到式(2-80)计算公式有两个条件:

1) 容器的尺寸要远远大于颗粒尺寸(譬如 100 倍以上)否则器壁会对颗粒的沉降有显著的阻滞作用。自由沉降是指任一颗粒的沉降不因流体中存在其他颗粒而受到干扰。自由沉降发生在流体中颗粒稀松的情况下,否则颗粒之间便会发生相互影响,使沉降的速度不同于自由沉降速度,这时的沉降称为干扰沉降。干扰沉降多发生在有高浓度悬浮固体的沉降过程,如活性污泥法中的二沉池中的沉淀过程。

2) 颗粒不可过分细微,否则由于流体分子的碰撞将使颗粒发生布朗运动。

【例 2-18】 用重力沉降法测量某流体的黏度。已知一直径 2 mm、密度 1.85 g/cm³ 的颗粒在流体中以 0.03 m/s 匀速沉降,流体密度为 1 g/cm³,求该流体的黏度。

已知:$d_p=2$ mm,$\rho_s=1.85$ g/cm³$=1\,850$ kg/m³,$\rho=1$ g/cm³$=1\,000$ kg/m³,$u_\tau=0.03$ m/s。

求:μ。

解:假设沉降属于层流区,由公式

$$u_\tau=\frac{d_p^2(\rho_s-\rho)g}{18\mu}\text{ 得}$$

$$\mu=\frac{d_p^2(\rho_s-\rho)g}{18u_\tau}=\frac{0.002^2\times(1\,850-1\,000)\times9.81}{18\times0.03}=0.062\text{ Pa·s}$$

$$Re_p=\frac{d_pu\rho}{\mu}=\frac{0.002\times0.03\times1\,000}{0.062}=0.97<2,\text{属于层流,符合假设。}$$

答:该流体的黏度为 0.062 Pa·s。

【例 2-19】 使用直径 0.5 mm 的固体颗粒 A 和颗粒 B 在高 2 m 的沉降柱中进行沉降实验。已知沉降柱内液面高 1.8 m,颗粒 A 的密度为 1.5 g/cm³,颗粒 B 的密度为 1.8 g/cm³,液体的黏度为 0.017 Pa·s。颗粒由初始状态至匀速下落的过程可忽略不计,问两种颗粒到达沉降柱底部分别需要多长时间?

已知:

$d_{pA}=d_{pB}=d_p=0.5$ mm$=5\times10^{-4}$ m,$h=1.8$ m,$\delta_{sA}=1.5$ g/cm³$=1\,500$ kg/m³,$\delta_{sB}=1.8$ g/cm³$=1\,800$ kg/m³,$\mu=0.017$ Pa·s。

求:颗粒到达沉降柱底部需要的时间 τ_A 和 τ_B。

解:假设两颗粒沉降均处于层流区,由公式

$$u_\tau=\frac{d_p^2(\rho_s-\rho)g}{18\mu}\text{ 得,}$$

$$u_{\tau A}=\frac{d_p^2(\delta_{sA}-\rho)g}{18\mu}=\frac{0.000\,5^2\times(1\,500-1\,000)\times9.81}{18\times0.017}=4.00\times10^{-3}\text{ m/s}$$

$$u_{\tau B}=\frac{d_p^2(\delta_{sB}-\rho)g}{18\mu}=\frac{0.000\,5^2\times(1\,800-1\,000)\times9.81}{18\times0.017}=6.41\times10^{-3}\ \text{m/s}$$

$$Re_{pA}=\frac{d_p u_{\tau A}\rho}{\mu}=\frac{0.000\,5\times4.00\times10^{-3}\times1\,000}{0.017}=0.12<2,$$

$$Re_{pB}=\frac{d_p u_{\tau B}\rho}{\mu}=\frac{0.000\,5\times6.41\times10^{-3}\times1\,000}{0.017}=0.19<2,$$

均处于层流,符合假设,则

$$\tau_A=\frac{h}{u_{\tau A}}=\frac{1.8}{4.00\times10^{-3}}=450\ \text{s}$$

$$\tau_B=\frac{h}{u_{\tau B}}=\frac{1.8}{6.41\times10^{-3}}=281\ \text{s}$$

答:颗粒 A 到达沉降柱底部需要 450 s,颗粒 B 到达沉降柱底部需要 281 s。

重力沉降在环境工程领域的典型应用示例

降尘室:降尘室是利用重力沉降除去气流中颗粒的设备。

降尘室的示意图如图 2-45 所示。

l 为降尘室长度(m);H 为降尘室高度(m);b 为降尘室宽度(m);u_τ 为颗粒沉降速度(m/s);u 为气体在降尘室内水平通过的速度(m/s);颗粒沉降时间 $\tau_p=\dfrac{H}{u_\tau}$;气体通过时间 $\tau_g=\dfrac{l}{u}$

颗粒被分离出来的条件:$\tau_g\geqslant\tau_p$,即 $\dfrac{l}{u}\geqslant\dfrac{H}{u_\tau}$

设 q_V 为降尘室处理含尘气体体积流量(m³/s)。

气体水平流速:$u=\dfrac{q_V}{Hb}$,代入 $\dfrac{l}{u}\geqslant\dfrac{H}{u_\tau}$

则 $q_V\leqslant blu_\tau$ 或 $u_\tau\geqslant\dfrac{q_V}{bl}$。

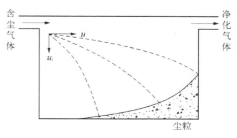

图 2-45　降尘室示意图

由此可见,q_V 只与沉降面积 bl 及 u_τ 有关,而与降尘室的高度无关。因此,降尘室应设计成扁平形状,往往在室内设置多层水平隔板的多层降尘室。隔板间距一般为 $40\sim100$ mm。多层降尘室能分离较细小的颗粒并节省地面,但出灰不便。

注意:① u_τ 按需要完全分离下来的最小颗粒计算;② u_τ 应保证气体流动雷诺系数处于层流区。

2.7　流体输送设备

流体输送设备是将流体由低能位到高能位进行输送的机械,输送对象为液体时一般称之为泵,有水泵、油泵、泥浆泵、耐腐蚀泵、高黏度泵、高温(低温)泵等。输送对象为气体时则根据用途和压力不同而分为通风机、鼓风机、压缩机和真空泵等,其区别在于压强不同:

通风机,出口压强小于 15 kPa;

鼓风机,出口压强在 15～35 kPa;

压缩机,出口压强大于 35 kPa;

真空泵,入口压强低于常压。

按工作原理可将流体输送设备分为:

(1) 动力式(叶轮式),包括离心式、轴流式输送机械,流体从输送机械高速旋转的叶轮中获得能量;

(2) 容积式(正位移式),包括往复式、旋转式输送机械,流体经过输送机械的活塞或转子挤压获得能量;

(3) 其他类型,指不属于上述两类的其它型式,如喷射式等。

本章主要介绍常用流体输送设备的基本结构、工作原理和特性,以恰当地选择和使用流体输送设备。

选用流体输送设备时需要解决的问题(以离心泵为例)如下:

(1) 定规格,通过计算确定流量和扬程;

(2) 选型,根据流体的性质和工况,选择合适型式的泵,如选耐腐蚀泵以输送强腐蚀性流体;

(3) 计算功率,通过计算确定电机的功率;

(4) 确定安装高度;

(5) 选择合适的工作点,寻找方便操作和高效运行的工作点。

2.7.1　离心泵

离心泵是环境工程领域常用的一种流体输送设备,可用于废水、地表水、雨水、自来水、混凝剂、絮凝剂等一般液体的输送,亦可用于双氧水、酸、碱等腐蚀性流体和污泥等含固相悬浮物的液体的输送。

1) 离心泵的工作原理

离心泵的装置工作示意简图如图 2-46(a)所示。液体经底阀 5 后进入吸入管 4,经旋转的叶轮 1 进入蜗形泵壳内的流道,然后进入压出管。离心泵的主要工作部件是旋转叶轮和

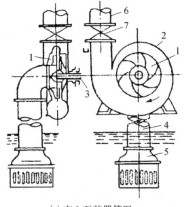
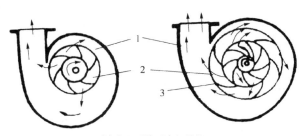

(a) 离心泵装置简图
1-叶轮; 2-泵壳; 3-泵轴; 4-吸入管;
5-底阀; 6-压出管; 7-出口阀

(b) 离心泵的泵壳与导轮
1-泵壳; 2-叶轮; 3-导轮

图 2-46

固定的泵壳,如图 2-46(b)所示,叶轮直接对液体做功,提升其能量。叶轮上一般有 4~8 片后弯叶片,工作时在电机驱动下以 1 000~3 000 r/min 转速做旋转运动,带动其间的液体随之转动。同时液体在惯性离心力的作用下,由叶轮中心向外缘作径向运动,液体在此过程中获得能量,并高速进入蜗形泵壳。在泵壳内,液体通过的截面不断扩大,流速逐渐降低,动能部分转化为静压能,压强增大,最终沿切向流入压出管,输送至目的地。在流体受惯性离心力作用作径向运动时,叶轮中心处压力减小,形成真空区域,此时外界液面处压力(通常为大气压)比泵内压力(通常为负压)高,外界液体持续在压差作用下经过泵的吸入管路进入泵内。随着离心泵叶轮的转动,液体不停地吸入和排出离心泵。在此过程中,液体的输送主要依靠叶轮高速旋转产生的离心力,因而称之为离心泵。

综上所述,若在启动前离心泵内为空气,由于其密度较小,所受离心力也很小,则在泵内难以形成足够大的真空度,压力差不足以将液体吸入泵壳内,此时离心泵空转,无法实现液体的有效输送,此现象称为"气缚"。因此在启动离心泵之前,必须向泵壳内灌满液体。且在吸入管底部安装一单向阀,以阻止灌入的液体流失。在液体中含有较多固体的情况下,吸入管末端还需要安装滤网,以防止大的固体物质(如树枝等)进入泵壳内造成堵塞。通常,离心泵的压出管上安装有止回阀,然后是调节阀。止回阀是防止突然停电时,已经输送至高位的液体回流对管件和离心泵的叶片造成压力的冲击而损坏,即防止"水锤"作用。调节阀用于输出液体流量和扬程的调节。图 2-47 为离心泵的轴封装置,避免离心泵漏水。

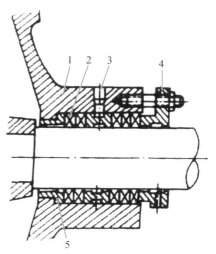

图 2-47　离心泵的轴封装置

1-填料函壳;2-软填料;3-液封圈;
4-填料压盖;5-内衬套

2) 离心泵的功率与效率

离心泵在实际运转过程中存在多种能量损失,即液体不能获电动机提供给泵轴的全部能量。有效功率可用式(2-81)计算:

$$P_e = q_V H_e \rho g \tag{2-81}$$

式中,H_e——泵的扬程,泵的有效压头,即单位质量液体从泵处获得的能量,m 液柱;

q_V——泵的实际体积流量,m^3/s;

ρ——液体密度,kg/m^3;

P_e——泵的有效功率,即单位时间内液体从泵处获得的机械能,W。

泵的轴功率一般指电机输入离心泵的功率,以 P_a 表示。泵的效率 η 定义为有效功率与轴功率之比,如式(2-82)所示:

$$\eta = \frac{P_e}{P_a} \tag{2-82}$$

$$\eta' = \frac{P_a}{P_d} \tag{2-82a}$$

式中,η——泵的效率,%;

$\quad\quad \eta'$——配套电机效率,%;

$\quad\quad P_a$——泵的轴功率,W;

$\quad\quad P_d$——电机的功率,W。

小型离心泵的效率一般为50%~70%,而大型泵可达90%左右。

离心泵内的损失一般可以分为容积损失、水力损失和机械损失三种类型。容积损失是指叶轮出口处高压液体因机械泄漏返回叶轮入口所造成的能量损失。如图2-48所示敞式、半蔽式和蔽式的三种叶轮中,敞式叶轮的容积损失较大,但在输送含固体颗粒的悬浮液体时,叶片通道不易堵塞。水力损失是指由于实际流体在泵内有限叶片作用下各种摩擦阻力损失,包括液体与叶片和壳体的冲击而形成旋涡,由此造成的能量损失。机械损失则包括旋转叶轮盘面与液体间的摩擦以及轴承机械摩擦所造成的能量损失。离心泵的效率可以反映上述三项能量损失的总和。

(a) 敞式　　　　　　　　　(b) 半蔽式　　　　　　　　　(c) 蔽式

图 2-48　叶轮的类型

3) 离心泵的主要性能参数和特性曲线

离心泵的主要性能参数包括泵的流量、扬程(或称压头、有效压头)、功率(或者轴功率)、效率、允许吸上真空度、转速、叶轮直径、重量等,如表2-10所示。其中离心泵的扬程H_e、轴功率P_a及效率η均与输液流量q_V有关。扬程即为以mH_2O为单位表示的静压强。由于难以定量计算离心泵的水力损失,因而上述众参数之间的关系只能由实验测定。出厂前离心泵的制造厂商分别测定H_e-q_V、$\eta-q_V$、P_a-q_V三条曲线,绘制于产品样本以供设计时参考。

图2-49为国产6PW型离心污水泵的特性曲线($n=1\,450$ r/min)。各种型号的泵各有其特性曲线,形状基本上相同,且它们都具有以下的共同点:

(1) H_e-q_V曲线:该曲线用于表示泵的扬程(静压强)与流量之间的关系。离心泵的扬程一般是随流量的增大而降低。

(2) P_a-q_V曲线:该曲线用于表示泵的轴功率与流量之间的关联性。离心泵的轴功率一般随流量增大而上升,当流量为零时轴功率最小。所以在启动离心泵之前,应关闭其出口阀门,以减少起动电流,避免电机烧坏。

(3) $\eta-q_V$曲线:该曲线用于表示泵的效率与流量之间的关联性。从图2-49可以看出,当$q_V=0$时,$\eta=0$;泵的效率随流量增加而上升,并逐渐达到最大值,此后效率随流量增加就下降。由此可知离心泵效率在一定转速下有一最高点,通常称之为设计点。在此流量及扬程下,离心泵工作最经济,此时称相应的q_V、H_e、P_a值为最佳工况参数。离心泵的铭牌

表 2-10　PW型离心污水泵性能表

型号	流量 q_V m³/h	L/s	扬程 H_e /m	转速 n /(r/min)	轴功率 P_a /kW	电动机 型号	功率 /kW	效率 η/%	允许吸上真空高度 H_s/m	叶轮直径 d/mm	重量 /kg	生产厂
$2\frac{1}{2}$PW	36	10	11.6		2.1	Y112 M-4	4	54	7.5	195	65	
	60	16.6	9.5	1 440	2.5			62	7.2			
	72	20	8.5		2.72			61.5	7			
$2\frac{1}{2}$PW	43	12	34		7.8	Y112 M₂-4	15	51	6	170	65	石家庄水泵厂、高邮水泵厂、自贡工业泵厂、兰州水泵厂、湖北石首水泵厂、龙岩水泵厂、浙江温岭水泵厂、上海水泵厂、四川三台水泵厂
	90	25	26	2 920	11			58	5			
	108	30	24		12.5			56	4.2			
$2\frac{1}{2}$PW	43	12	48.5		11.5	Y180 M-2	22	49	7	195	65	
	90	25	43	2 940	17			62	5.5			
	108	30	39		19.2			60	4.5			
4PW	72	20	12		4	Y160 M-6	7.5	59	7	300	125	
	100	27.8	11	960	4.7			64	6.5			
	120	33.2	10.5		5.5			62	5.5			
4PW	108	30	27.5		13.5	Y200 L-4	30	60	7.8	300	125	
	160	44.4	25.5	1 460	18			62	7.5			
	180	50	24.5		19.5			61.5				
2PW	25.7	7.15	22.4		2.9	Y112 M-2	4	53.3		135	55	高邮水泵厂
	43	11.95	18.3	2 890	3.45			61.3				
	51.6	14.43	16.4		3.76			60.8				
6PW	200	56	16		13.5	Y225 M-6	30	65	7	335	417	石家庄水泵厂、高邮水泵厂、上海水泵厂
	300	83.3	14	980	17			67	6.8			
	400	111	12		20			65	6.5			
6PW	250	69	30		34	Y250 M-4	55	60	5	315	417	
	350	97	27	1 450	42			61	4.5			
	450	125	23		47			60	4			
8PW	350	97.2	15.5		23	Y280 M-8	45	64	7..5	465	750	石家庄水泵厂
	500	139	13	730	29			61	6.5			
	650	185	9.5		33			51				
8PW	400	111	27.5		50	Y315 S-6	75	60	5.8	465	750	
	550	153	25	980	59.5			63	5.6			
	700	190.4	21		69			58				
4PWB	72	20	18		6	Y160 M₁	10	60	6.5	250	95	高邮水泵厂
	100	27.8	17	1 450	7.2			64	6			
	120	33.2	15.8		8.4			61	5			

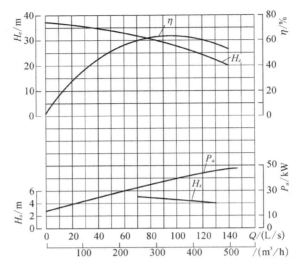

图 2 - 49　6PW 型离心污水泵的特性曲线($n=1\,450$ r/min)

上标出的性能参数就是指该泵在运行时效率最高点的状况参数。实际使用过程中,离心泵往往不可能正好在最佳工况点运转,因此一般只能规定一个工作范围,称为泵的高效率区,通常取该泵最高效率点(如图 2 - 49 所示,$\eta_{max}\approx62\%$)。选用离心泵时,应尽可能使泵在此范围内工作。

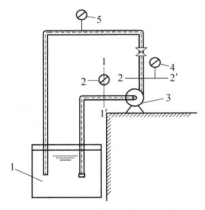

图 2 - 50　例 2 - 20 示意图

1-水槽;2-真空表;3-离心泵;
4-压强表;5-流量计

【例 2 - 20】　图为测定离心泵特性曲线的实验装置。已知吸入管直径 $d_1=75$ mm,压出管直径 $d_2=50$ mm,泵进口处真空表读数 $p_1=1.89\times10^4$ Pa(真空度),出口处压强表读数 $p_2=2.10\times10^5$ Pa(表压),两表间垂直距离为 0.6 m。泵由电机带动运行,电机消耗功率为 6.8 kW,效率为 90%。离心泵输送 20 ℃清水,流量为 $q_V=15.0\times10^{-3}$ m³/s,试计算上述条件下泵的扬程 H_e、轴功率 P_a 和效率 η。泵进口至出口的阻力忽略不计。

已知:$d_1=75$ mm $=0.075$ m,$d_2=50$ mm $=0.05$ m,$p_1=1.89\times10^4$ Pa(真空度)$=-1.89\times10^4$ Pa(表压),$p_2=2.10\times10^5$ Pa(表压),$z_{h1}-z_{h2}=0.6$ m,$P_d=6.8$ kW,$\eta'=90\%$,$T=20$ ℃,$q_V=15.0\times10^{-3}$ m³/s,$\sum H_{tf,1-2}=0$。

求:H_e,P_a,η。

解:(1)泵的扬程 H_e 的计算

在真空表及压强表所在截面 1 - 1′与 2 - 2′列伯努利方程:

$$z_{h1}+\frac{p_1}{\rho g}+\frac{u_1^2}{2g}+H_e=z_{h2}+\frac{p_2}{\rho g}+\frac{u_2^2}{2g}+\sum H_{tf,1-2}$$

$$z_{h2}-z_{h1}=0.6\ \text{m}$$

$$p_1=-1.89\times10^4\ \text{Pa(表压)}$$

82

$$p_2 = 2.10 \times 10^5 \text{ Pa(表压)}$$

$$u_1 = \frac{4q_V}{\pi d_1^2} = \frac{4 \times 15 \times 10^{-3}}{3.14 \times 0.075^2} = 3.40 \text{ m/s}$$

$$u_2 = \frac{4q_V}{\pi d_2^2} = \frac{4 \times 15 \times 10^{-3}}{3.14 \times 0.05^2} = 7.64 \text{ m/s}$$

阻力损失 $\sum H_{tf,1-2}$ 忽略不计,则

$$H_e = 0.6 + \frac{2.10 \times 10^5 + 1.89 \times 10^4}{1\,000 \times 9.81} + \frac{7.64^2 - 3.40^2}{2 \times 9.81} = 26.32 \text{ mH}_2\text{O}$$

(2)泵的轴功率:功率表测得功率为电机的输入功率,电动机本身消耗一部分功率,其效率为 0.9,则泵的输出功率(轴功率)为

$$P_a = P_d \eta' = 6.8 \times 0.9 = 6.12 \text{ kW}$$

(3)泵的效率

$$\eta = \frac{P_e}{P_a} \times 100\% = \frac{q_V H_e \rho g}{P_a} \times 100\% = \frac{15 \times 10^{-3} \times 26.32 \times 1\,000 \times 9.81}{6.12 \times 1\,000} \times 100\% = 63\%$$

答:此流量下泵的扬程 H_e 为 26.32 mH$_2$O,轴功率为 6.12 kW,效率为 63%。

在实验中,如果改变出口阀门的开度,测出不同流量下的有关数据,计算出相应的 H_e、P_a 和 η 值,并将这些数据绘于坐标纸上,即得该泵在固定转速下的特性曲线。

泵生产部门所提供的特性曲线是用 20 ℃时的清水做实验求得。当所输送的液体性质与水相差较大时,要考虑黏度及密度对特性曲线的影响。

(1)密度的影响:由离心泵的基本方程式看出,离心泵的扬程、流量均与液体的密度无关,所以泵的效率也不随液体的密度而改变,故 H_e-q_V 与 η-q_V 曲线保持不变。但泵的轴功率随液体密度而改变。因此,当被输送液体的密度与水不同时,该泵所提供的 P_a-q_V 曲线不再适用,泵的轴功率需重新计算。

(2)黏度的影响:所输送的液体黏度越大,泵内能量损失越多,泵的扬程、流量都要减小,效率下降,而轴功率则要增大,所以特性曲线发生改变。

离心泵的特性曲线是在一定转速下测定的,当转速由 n_1 改变为 n_2 时,与流量、扬程及功率的近似关系为

$$\frac{q_{V2}}{q_{V1}} = \frac{n_2}{n_1}, \quad \frac{H_{e2}}{H_{e1}} = \left(\frac{n_2}{n_1}\right)^2, \quad \frac{P_{a2}}{P_{a1}} = \left(\frac{n_2}{n_1}\right)^3 \tag{2-83}$$

式(2-83)称为离心泵的比例定律。当转速变化小于 20% 时,可认为效率不变,用上式计算误差不大。

当叶轮直径变化不大,转速不变时,叶轮直径 d_1' 或 d_2' 与流量、扬程及功率之间的近似关系为

$$\frac{q_{V2}}{q_{V1}} = \frac{d_2'}{d_1'}, \quad \frac{H_{e2}}{H_{e1}} = \left(\frac{d_2'}{d_1'}\right)^2, \quad \frac{P_{a2}}{P_{a1}} = \left(\frac{d_2'}{d_1'}\right)^3 \tag{2-84}$$

式(2-84)称为离心泵的切割定律。

4) 离心泵的工作点与流量调节

在特定的管路系统中,离心泵的实际工作扬程和流量不仅与其本身的性能有关,还与管路特性有关,即在输送液体时,泵和管路是互相制约的。所以,在讨论泵的工作情况之前,应先了解与之直接相连的管路情况。

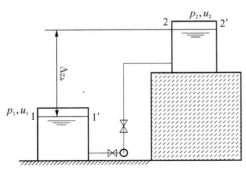

图 2-51 输送系统简图

在如图 2-51 所示的系统中,采用离心泵将液体从低能位 1 处向高能位 2 处输送,假设单位重量液体所需要的能量为 H_{eg},则由伯努利方程可得:

$$H_{eg} = \Delta z_h + \frac{\Delta p}{\rho g} + \frac{\Delta u^2}{2g} + \sum H_{tf,1-2}$$

(2-85)

一般情况下,动能差 $\Delta u^2/2g$ 项可以忽略,阻力损失

$$\sum H_{tf,1-2} = \sum \left[\left(\lambda \frac{l}{d} + \zeta \right) \frac{u^2}{2g} \right]$$

(2-86)

其中,

$$u = \frac{q_{Vg}}{\frac{\pi}{4}d^2}$$

式中,q_{Vg}——管路系统的输送量,m^3/h。

故

$$\sum H_{tf,1-2} = \sum \left[\frac{8\left(\lambda \frac{l}{d} + \zeta \right)}{\pi^2 d^4 g} \right] q_{Vg}^2$$

或

$$\sum H_{tf,1-2} = K q_{Vg}^2$$

(2-87)

式中,系数 $K = \sum \dfrac{8\left(\lambda \dfrac{l}{d} + \zeta \right)}{\pi^2 d^4 g}$。

其数值与管路特性直接相关。当管内流动进入阻力平方区,系数 K 与管内流量无关。将式(2-87)代入式(2-85),得

$$H_{eg} = \Delta z_h + \frac{\Delta p}{\rho g} + K q_{Vg}^2$$

(2-88)

在管路系统和操作条件一定时,Δz_h 与 $\Delta p/\rho g$ 均为定值,上式可写成

$$H_{eg} = 定值 + K q_{Vg}^2$$

(2-89)

由式(2-89)显示在特定管路中,输送液体所需压头 H_{eg} 与流量 q_{Vg} 的平方成正相关。将之作图可得管路特性曲线,如图 2-51 所示,其形状与管路布置及操作条件直接有关,而与泵的性能无关。

离心泵在特定管路中,离心泵的输液量 q_V 即管路的流量 q_{Vg},此时离心泵提供的静压强恰等于管路所要求的静压强。因此,泵的实际工作情况是由泵特性曲线和管路特性曲线共同决定的。

如图 2-52 所示,若将离心泵特性曲线 H_e-q_V 与其所在管路特性曲线 H_{eg}-q_{Vg} 绘于同一坐标系中,这两条曲线的交点 C 称为泵的工作点。对所选定的离心泵在此特定管路系统运转时,只能在这一点工作。选泵时,要求工作点所对应的流量和扬程既能满足管路系统的要求,又正好是离心泵所提供的,即 $q_V = q_{Vg}$,$H_e = H_{eg}$。

如果泵的工作点所对应的流量大于或小于实际的流体输送量,应设法调节流量,从而改变工作点的位置,具体方法有以下几种。

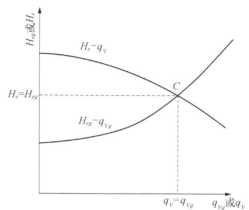

图 2-52　管路特性曲线与泵的工作点

(1) 调节阀门。调节离心泵出口管线上的阀门,其实质是改变管路的特性曲线。当阀门关小时,管路的局部阻力加大,其特性曲线变陡,如图 2-53 中曲线 1 所示,工作点由 C 移至 C_1,流量由 q_C 减小到 q_{C_1}。当阀门开大时,管路阻力减小,管路特性曲线变得平坦一些,如图中曲线 2 所示,工作点移至 C_2,流量加大到 q_{C_2}。

用调节阀门迅速方便,且流量可以连续变化,适合环境工程中相关处理工艺连续生产的特点,所以该方法应用十分广泛。其缺点是当阀门关小时,阻力损失加大,能量消耗增多,经济上不合算。

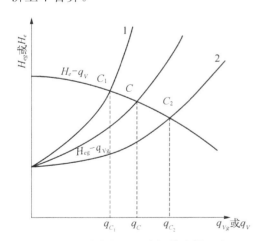

图 2-53　改变阀门开度调节流量示意图

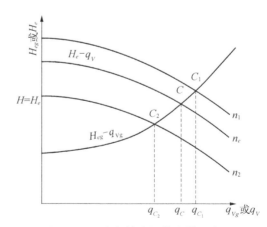

图 2-54　改变转速调节流量示意图

(2) 改变泵的转速。该方法实质上是改变泵的特性曲线。如图 2-54 所示,泵原来转数为 n,工作点为 C;若把泵的转速提高到 n_1,泵的特性曲线 H_e-q_V 往上移,工作点由 C 移至 C_1,流量由 q_C 加大到 q_{C_1}。若把泵的转速降至 n_2,工作点移至 C_2,流量降至 q_{C_2}。

该方法能保持管路特性曲线不变。当流量随转速下降而减小时,阻力损失也相应降低,比较经济合理。但该方法需要额外安装变速装置或价格昂贵的变速电动机,通常在高层建筑中使用。

此外,减小叶轮直径也可在一定程度上改变泵的特性曲线,使泵的流量减小,但叶轮直径的可调节的范围不大,且直径减小不当还会降低泵的效率,故实际操作过程中很少采用。

【例 2 - 21】 将 20 ℃的清水从贮水池运送至水塔,塔内水面与贮水池水面高度相差 15 m,塔与贮水池均与大气相通。现采用 $\Phi150 \text{ mm} \times 5 \text{ mm}$ 的钢管输水,钢管总长为 180 m (包括所有沿程和局部阻力)。现已知水泵在 3 000 r/min 时特性曲线如图 2 - 55 所示,试求泵在运转时的流量、轴功率及效率。摩擦系数 λ 按 0.02 计算。

已知:$\Delta z_h = 15 \text{ m}$,$d = 150 - 5 \times 2 = 140 \text{ mm} = 0.14 \text{ m}$,$l + \sum l_e = 180 \text{ m}$,$\lambda = 0.02$。

求:q_V、P_a、η。

解:求泵运转时的流量、轴功率及效率,实际上是求泵的工作点。即应先根据本题的管路特性在图上标绘出管路特性曲线。

(1) 管路特性曲线方程

在贮水池水面与水塔水面间列伯努利方程

$$H_{eg} = \Delta z_h + \frac{\Delta p}{\rho g} + \sum H_{tf}$$

式中,$\Delta z_h = 15 \text{ m}$, $\Delta p = 0$

输送管内流速

$$u = \frac{q_{Vg}}{\frac{\pi}{4}d^2 \times 1\ 000} = \frac{q_{Vg}}{\frac{\pi}{4} \times 0.14^2 \times 1\ 000} = 0.065q_{Vg}$$

$$\sum H_{tf} = \left(\lambda \frac{l + \sum l_e}{d}\right)\frac{u^2}{2g} = 0.02 \times \frac{180}{0.14} \times \frac{(0.065q_{Vg})^2}{2 \times 9.81} = 0.005\ 54q_{Vg}^2$$

则管路特性方程为

$$H_{eg} = 15 + 0.005\ 54q_{Vg}^2$$

(2) 标绘管路特性曲线

根据管路特性方程,可计算不同流量所需的扬程值,将计算结果列表可得:

$q_{Vg}/(\text{L/s})$	0	4	8	12	16	20	24	28	32
$H_{eg}/(\text{mH}_2\text{O})$	15	15.09	15.35	15.80	16.42	17.22	18.19	19.34	20.67

由表中数据,在泵的特性曲线图上标绘出管路特性曲线 H_{eg}-q_{Vg},见图 2 - 55。

(3) 流量、轴功率及效率

由图 2 - 55 中泵特性曲线与管路特性曲线的交点就是泵的工作点,由交点读得:

泵的流量　　$q_V = 22.8 \text{ L/s}$;

泵的轴功率　　$P_a = 7 \text{ kW}$;

泵的效率　$\eta = 75\%$。

答：泵在运转时的流量、轴功率及效率分别为 22.8 L/s、7 kW 和 75%。

5）并联与串联操作

在实际设计、施工和运营过程中，若单台离心泵难以达到输送任务的要求时，可将几台离心泵并联或串联使用。下面讨论两台性能相同的泵并联及串联的操作情况。

（1）并联操作。当一台泵的流量较小难以达到输送要求时，可以将两台泵并联，以增大流体输送量。

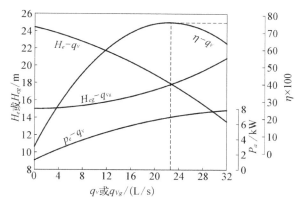

图 2-55　管路特性曲线 $H_{eg}-q_{vg}$ 和泵的特性曲线

一台泵的特性曲线如图 2-56 中曲线 S 所示，两台同样的泵并联时，在同样的扬程下，两台并联泵的流量为单台泵的两倍，因此将单台泵特性曲线 S 的横坐标加倍，纵坐标不变，便可求得两泵并联后的合成特性曲线 D。但需注意，对于同一管路，并联后流量增大，管路阻力也增大，因此泵的流量不会增大一倍。

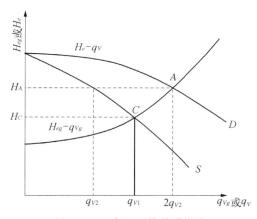

图 2-56　离心泵的并联操作

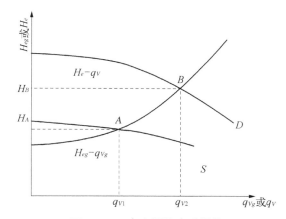

图 2-57　离心泵的串联操作

（2）串联操作。当原有泵的扬程无法达到要求时，可以考虑将泵串联使用。

将两台相同型号的泵串联使用时，每台泵的扬程和流量也是相同的。因此，在同样的流量下，串联泵的扬程为单台泵的两倍。此时可将单台泵的特性曲线 S 的纵坐标加倍，横坐标保持不变，即求得两台泵串联后的合成特性曲线 D（图 2-57）。由图中可知，单台泵的工作点为 A，串联后移至 B 点。显然 B 点的扬程并不是 H_B 点的扬程 H_A 的两倍。

（3）组合方式的选择。若管路两端势能差大于单泵所能提供的最大扬程，则必须采用串联操作。若实际使用过程中，单泵可以输液，仅仅是流量达不到要求。此时可针对管路的特性选择适当的组合方式，以增大流量。

如图 2-58 所示，对于低阻输送管路 A，并联组合输送的流量大于串联组合；而在高阻输送管路 B 中，则串联组合的流量大于并联组合。对于扬程也有类似的情况。因此，对于低阻输送管路，并联优于串联组合；对于高阻输送管路，则优先采用串联组合。

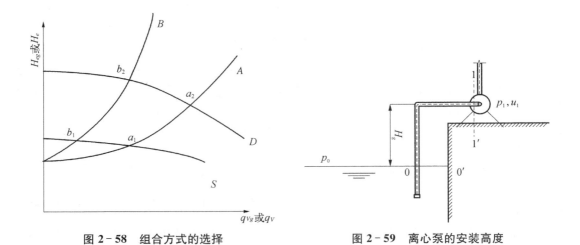

图 2-58　组合方式的选择　　　　　　图 2-59　离心泵的安装高度

6）离心泵的安装高度

从离心泵的工作原理可得，离心泵工作时，其叶轮中心附近形成低压区。如图 2-59 所示，叶片入口处压强随着离心泵的安装高度增加而降低。当泵的安装高度达到某临界位置时，叶片入口附近的压强可能降低至被输送液体的饱和蒸气压，引起液体的部分汽化并产生气泡。此时，含气泡的液体进入叶轮后，因流道扩大，速度减小，部分动能转化为静压能，压强升高，气泡立即凝聚，气泡的消失产生局部真空，周围液体以高速涌向气泡中心，对叶轮和泵壳产生冲击。尤其是当气泡的凝聚发生在叶片表面附近时，众多液体质点犹如细小的高频水锤撞击着叶片；另外气泡中还可能带有氧气等对金属材料发生化学腐蚀作用。泵在这种状态下长期运转，将导致叶片的过早损坏，这种现象称为"泵的气蚀"，气蚀后的泵叶片，如图 2-60 所示。

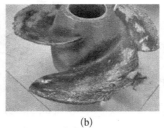
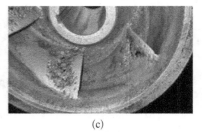

(a)　　　　　　　　(b)　　　　　　　　(c)

图 2-60　泵的气蚀

离心泵在产生气蚀条件下工作，泵体频繁振动并发生一定噪声，流量、扬程和效率都有明显下降，严重时甚至无法正常吸入和输送液体。为避免气蚀现象，泵的安装位置不能高于限值，以保证叶轮中各处的压强始终高于液体的饱和蒸气压。一般在离心泵的性能铭牌上都标有允许吸上真空度或气蚀余量，用以表示离心泵的吸上性能。

离心泵的允许安装高度又称为允许吸上高度，是指泵的入口与吸入贮槽液面间可允许达到的最大垂直距离，以 H_g 表示。

我国的离心泵规格中，采用两种指标对泵的允许安装高度加以限制，以免发生气蚀，现将这两种指标介绍如下。

（1）允许吸上真空高度。允许吸上真空高度 H_s 是指泵入口处压强 p_1 可允许达到的最高真空度，其表达式为

$$H_s = \frac{p_a - p_1}{\rho g} \qquad (2-90)$$

式中，H_s——离心泵的允许吸上真空高度，mH_2O；

　　　p_a——大气压强，Pa；

　　　ρ——被输送液体的密度，kg/m^3。

要确定允许吸上真空高度与允许安装高度 H_g 之间关系，可在图 2-59 所示的截面 0-$0'$ 与泵进口附近截面 1-$1'$ 间列伯努利方程，则

$$H_g = \frac{p_0'}{\rho g} - \frac{p_1}{\rho g} - \frac{u_1^2}{2g} - \sum H_{tf, 0-1} \qquad (2-91)$$

式中，H_g——泵的允许安装高度，m；

　　　$\sum H_{tf, 0-1}$——液体从截面 0-$0'$ 到 1-$1'$ 的阻力损失，m。

由于贮槽是敞口的，p_0 为大气压 p_a，上式可写为

$$H_g = \frac{p_a}{\rho g} - \frac{p_1}{\rho g} - \frac{u_1^2}{2g} - \sum H_{tf, 0-1} \qquad (2-92a)$$

将式（2-90）代入，得

$$H_g = H_s - \frac{u_1^2}{2g} - \sum H_{tf, 0-1} \qquad (2-92b)$$

由式（2-91）可知，为了增加泵的允许安装高度，应该尽量减小 $u_1^2/2g$ 和 $\sum H_{tf, 0-1}$。为了减小 $u_1^2/2g$，在同等流量下，应当选择直径较大的吸入管路；为了减小 $\sum H_{tf, 0-1}$，应当尽量减少阻力元件如弯头、截止阀等，且尽可能地缩短吸入管路。

由于每台泵实际使用条件不同，其吸入管路的布置情况也各有差异，故 $u_1^2/2g$ 和 $\sum H_{tf, 0-1}$ 值也不尽相同，离心泵制造厂商只能给出 H_s 值，而实际使用过程中需要根据管路的具体情况计算确定 H_g 值。

一般离心泵的产品样本中给出的 H_s 是指大气压为 9.807×10^4 Pa，水温为 20 ℃下的数值，如果泵的实际使用条件与该状态不同时，则应通过式（2-93）把样本上给出的 H_s 值换算成操作条件下的 H_s' 值。

$$H_s' = \left[H_s + (H_a - 10) - \left(\frac{p_V}{9.81 \times 10^3} - 0.24 \right) \right] \frac{1000}{\rho} \qquad (2-93)$$

式中，H_s'——操作条件下输送液体时的允许吸上真空高度，mH_2O；

　　　H_s——泵样本中给出的允许吸上真空高度，mH_2O；

　　　H_a——泵安装处的大气压强，mH_2O，其值随海拔高度不同而异。

　　　p_V——操作温度下被输送液体的饱和蒸气压，Pa；

　　　10——实验条件下的大气压，mH_2O；

　　　0.24——实验温度（20 ℃）下水的饱和蒸气压，mH_2O；

89

1 000——实验温度下水的密度,kg/m^3;

ρ——操作温度下液体的密度,kg/m^3。

将 H'_s 代入式(2-92b)代替 H_s,便可求出在操作条件下输送液体时泵的允许安装高度。表 2-11 显示了不同海拔高度的大气压,其中 $1\ mH_2O$ 相应为 $9.807×10^3\ Pa$。

表 2-11 不同海拔高度的大气压强

海拔高度/m	0	100	200	300	400	500	600	700	800	1 000	1 500	2 000	2 500
大气压强/mH_2O	10.33	10.20	10.09	9.95	9.85	9.74	9.6	9.5	9.36	9.16	8.64	8.15	7.62

(2) 临界气蚀余量:气蚀余量 ΔH_C 是指在离心泵入口处,液体的静压头 $p_1/\rho g$ 与动压头 $u_1^2/2g$ 之和减去液体在操作温度下的饱和蒸气压头 $p_V/\rho g$ 的某一最小指定值,即

$$\Delta H_C = \left(\frac{p_1}{\rho g} + \frac{u_1^2}{2g}\right) - \frac{p_V}{\rho g} \tag{2-94}$$

由式(2-91)与(2-94)可得,可得出气蚀余量与允许安装高度之间的关系为:

$$H_g = \frac{p_0}{\rho g} - \frac{p_V}{\rho g} - \Delta H_C - \sum H_{tf,\,0-1} \tag{2-95}$$

式中,p_0 为待输送液体液面上方的压强,若液位槽为敞口,则 $p_0 = p_a$。

应当注意,离心泵产品样本上的 ΔH_c 值也是按输送 20 ℃ 水而规定的。当输送其他液体时,由于液体密度和黏度等性质差异,也需进行校正。具体方法可参阅有关文献。

离心泵在实际工程应用过程中,为安全起见,其实际安装高度应比允许安装高度小 $0.5\sim 1.0\ m$。

【例 2-22】 将一离心泵安装在海拔高度 800 m 的某地用于输送 40 ℃ 的水,已知吸入管的阻力损失为 $0.8\ mH_2O$,泵入口处动压头为 $0.5\ mH_2O$,离心泵的允许吸上真空高度 $H_s = 7\ m$,问该泵安装在离水面 6 m 高处是否合适?

已知:$H_s = 7\ m$,$u_1^2/2g = 0.5\ mH_2O$,$\sum H_{tf,\,0-1} = 0.8\ mH_2O$。

求:H_g 是否大于 6 m。

解:使用时的水温及大气压强与标准状况不同,需矫正:

当水温为 40 ℃ 时 $p_V = 7\ 377\ Pa$,$\rho = 992.2\ kg/m^3$。

查表 2-11 得,在海拔 800 m 处大气压强为 $H_a = 9.36\ mH_2O$

$$H'_s = \left[H_s + (H_a - 10) - \left(\frac{p_V}{9.81×10^3} - 0.24\right)\right]\frac{1\ 000}{\rho}$$

$$= \left[7 + (9.36 - 10) - \left(\frac{7\ 377}{9.81×10^3} - 0.24\right)\right]\frac{1\ 000}{992.2}$$

$$= 5.89\ mH_2O$$

泵的允许安装高度为

$$H_g = H'_s - \frac{u_1^2}{2g} - \sum H_{tf,\,0-1} = 5.89 - 0.5 - 0.8 = 4.59\ m < 6\ m$$

所以泵安装在离水面6 m处不合适。

2.7.2 离心压缩机、罗茨鼓风机和射流曝气机

1) 离心压缩机

离心压缩机广泛用于环境工程的各种工艺流程中,其主要功能是输送空气、各种工艺气体或混合气体,并提高其压力。离心压缩机的工作原理与离心泵相同,都是利用高速旋转的叶轮使流体得到动能,而后在蜗形通道中使动能转变为静压能。主要由转子、定子和轴承等组成。叶轮等零件套在主轴上组成转子,转子支承在轴承上,由动力机驱动进行高速旋转;定子包括密封、机壳、隔板、进气室和蜗室等部件;隔板之间形成扩压器、弯道和回流器等固定元件,如图2-61所示。

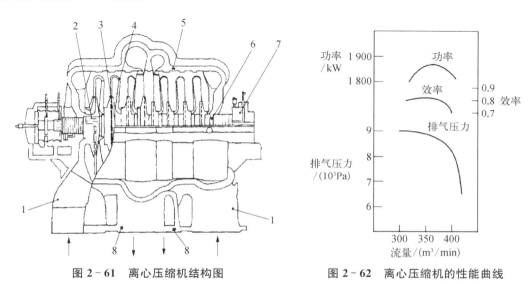

图 2-61 离心压缩机结构图
1-吸入室;2-轴;3-叶轮;4-固定部件;5-机壳;
6-轴端密封;7-轴承;8-排气蜗室

图 2-62 离心压缩机的性能曲线

单级离心压缩机只有一个叶轮,有两个以上叶轮的离心压缩机称为多级离心压缩机。单级离心压缩机不可能产生较高的风压,因此为了使气体出口压强达到一定值,都采用多级离心压缩机。

离心压缩机的主要性能参数包括流量、排气压力、转速、功率、效率等。反映同一转速下的排气压力、功率和效率以及流量之间关系的曲线称为性能曲线,如图2-62所示。离心式压缩机的性能可以采用改变转速、进口节流、出口节流和可调进口导叶等进行调节,以扩大运行时所适应的工况范围。

离心式压缩机的一些优点如下:

(1) 离心式压缩机的气量大,结构简单、构造紧凑,机组尺寸小,占地面积小;

(2) 操作可靠,摩擦件少,运行平稳,备件耗材需用量少,维护费用及所需工作量较少;

(3) 在环境工程应用中,离心式压缩机对化工介质可以做到绝对无油的压缩过程;

(4) 作为一种回转运动的机器,离心压缩机适宜于工业汽轮机或燃气轮机的直接拖动。

如在环境工程中作为应用,常用副产蒸汽驱动工业汽轮机作动力,保障了热能的综合利用。

离心式压缩机的一些缺点如下:

(1) 离心式压缩机目前还不适用于气量太小及压比过高的工作场合;

(2) 离心式压缩机的稳定工况区范围较窄,其气量调节虽较方便,但经济性较差;

(3) 离心式压缩机的工作效率较低。

2) 罗茨鼓风机

罗茨鼓风机属于容积式气体压缩机,其主要特点是:在最高设计压力范围内,管网阻力变化时流量变化很小,因此,在风量要求稳定而阻力变化幅度较大的工作场合,比较适合采用罗茨鼓风机。因此罗茨鼓风机在污水处理厂中被广泛使用,以压缩空气的形式为活性污泥法中的好氧微生物提供生长所需的氧气。以下为几种常见的罗茨鼓风机及其构造特点。

(1) R 系列标准型罗茨鼓风机。

① 适用范围:R 系列标准型罗茨鼓风机一般用于输送洁净空气。其进口流量范围在 $0.45 \sim 458.9 \ m^3/min$,出口升压可达 $9.8 \sim 98 \ kPa$。广泛用于在污水处理、水产养殖、电力、石油、化工、轻纺等领域。

② 结构及特点:采用摆线叶型和最新气动理论设计,高效节能;转子平衡精度高、振动小、噪声低;输送气体不受油污染;工作寿命长。其传动方式分直联和带联两种。

(2) SSR 型罗茨鼓风机。

① 适用范围:SSR 型罗茨鼓风机主要用于污水处理、水产养殖、气力输送和真空包装等行业,用以输送清洁不含油的空气。其进口风量在 $1.18 \sim 26.5 \ m^3/min$,出口升压可达 $9.8 \sim 58.8 \ kPa$。

② 结构及特点:叶轮采用三叶直线的线型,总绝热率和容积效率进一步提高。其机壳内部不须油类润滑,输出的空气清洁。运行平稳,体积小,流量大,噪声低,风量和压力特性优良。

③ 外形:SSR 系列罗茨鼓风机的外形构造见图 2-64 所示。

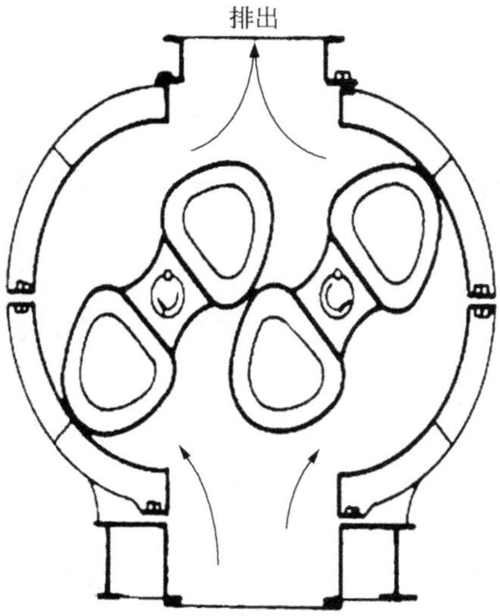

图 2-63 罗茨鼓风机工作原理

(3) L 系列罗茨鼓风机。

适用范围:广泛应用于水泥、化工、铸造、气力输送、水产养殖、食品加工、污水处理等行业,用以输送不含油的清洁空气、煤气、二氧化硫及其他气体。该机型流量分档密、工作覆盖面广。其进口流量 $0.8 \sim 711 \ m^3/min$,出口升压可达 $9.8 \sim 98 \ kPa$。

3) 射流曝气机

(1) 射流曝气机由潜水泵和射流器组成。由潜水泵喷出的水流通过射流器的喉管产生的真空,把空气通过进气管进入射流器,在扩散段与水混合,吸入的空气中的氧气进入水中,含有溶解氧的气、水混合液从射流器喷出时,在水中形成强烈的涡流,使大量氧溶解于水中。适用范围:在各种工业废水和城市生活污水的生化处理曝气池中对污水和污泥进行混合及充氧,提供好氧菌生长繁殖所需的溶解氧。适用于小型污水处

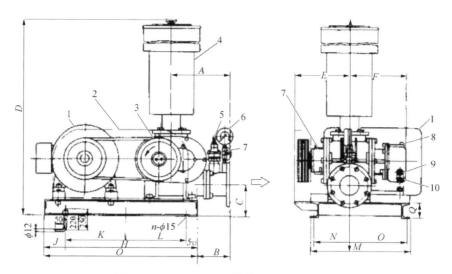

图 2-64 SSR 系列罗茨鼓风机结构示意图

1-电动机;2-皮带罩;3-风机;4-进口消音器;5-安全阀;6-压力表;
7-压力表开关;8-排气嘴;9-油标;10-放油塞

理厂。

(2)结构及特点:包括无滑轨和有滑轨两种型式。特点为充氧能力高,传氧耗能低,无须鼓风机房和输气管道,基建投资较低。

(3)外形:BER 型水下射流曝气器外形和应用示意见图 2-65。

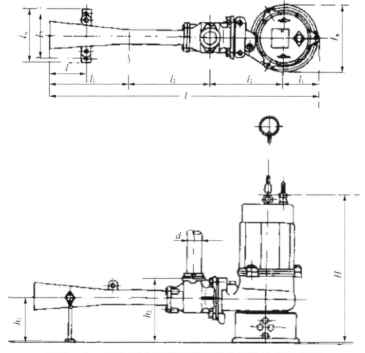

图 2-65 BER 型水下射流曝气器外形和应用示意图

2.7.3 往复压缩机和往复泵

往复式流体输送设备利用活塞的往复运动,将能量传递给流体,以完成流体输送的任务。往复式压缩机一般用来输送气体,而往复泵则用来输送液体,虽然二者在用途和机械结构上有很大的差别,但基本操作原理是相似的。

2.7.3.1 往复压缩机

图 2-66 为往复压缩机的工作过程。当活塞运动至气缸的最左端(图中 A 点)时压出行程结束。但因为机械结构上的原因,虽然活塞已到达行程的最左端,气缸左侧仍有一些容积,称为余隙容积。余隙的存在使得吸入行程的开始阶段为余隙内压强 p_2 的高压气体膨胀过程,直到气压降至吸入气压 p_1(图中 B 点)时,吸入活门才开启,这时压强为 p_1 的气体被吸入缸内。在整个吸气过程中,压强为 p_1 基本保持不变,直至活塞移至最右端(图中 C 点),吸入行程结束。压缩行程开始,吸入活门关闭,缸内气体被压缩。当缸内气体的压强增大到稍高于 p_2(图中 D 点)时,排出活门开启,气体从缸体排出,直至活塞移至气缸最左端,排出过程结束。

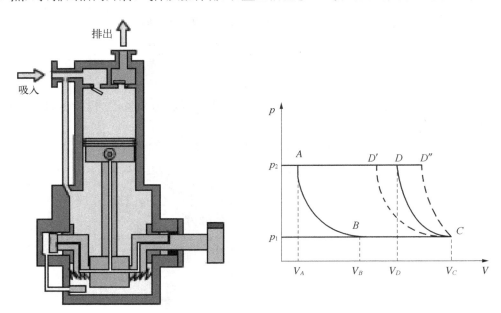

图 2-66 往复压缩机的工作过程

可见压缩机的一个工作循环由膨胀、吸入、压缩和排出四个阶段组成。图中四边形 $ABCD$ 所包围的面积即为活塞在一个工作循环中对气体所做的功。

2.7.3.2 往复泵

往复泵输送液体的流量与活塞的位移有关,而与管路情况无关,但往复泵的扬程只与管路情况有关。这种特性称为正位移特性,具有这种特性的泵称为正位移泵。

往复泵的装置构造如图 2-67 所示。其主要部件包括泵缸、活塞、活塞杆、吸入阀和排出阀。

往复泵的活塞由曲柄连杆机构带动,做往复运动,在活塞周期性的往复运动过程中,泵缸内的容积和压强发生周期性的变化,吸入阀和排出阀交替地打开和关闭,达到输送流体的目的。

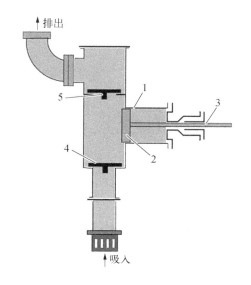

图 2-67 往复泵装置简图
1—泵缸；2—活塞；3—活塞杆；
4—吸入阀；5—排出阀

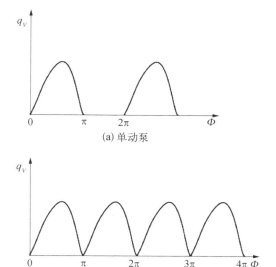

图 2-68 往复泵的流量曲线

活塞往复一次，只吸液和排液一次的往复泵称为单动泵。活塞的往复运动由等速旋转的曲柄驱动，其速度变化遵守正弦曲线特征，所以在一个周期内排液量也随之经历同样的变化，如图2-68(a)所示。为克服单动泵流量的不均匀性，可改用双动泵。其工作原理和构造如图2-69所示，在活塞两侧都装有吸入阀和排出阀，活塞往复一次，吸液和排液各两次，这样活塞的每个行程均伴随有吸液和排液，双动泵的流量曲线如图2-68(b)所示。

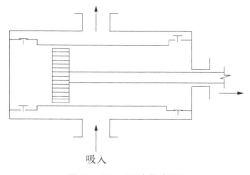

图 2-69 双动往复泵

往复泵的理论流量由活塞所扫过的体积决定，与管路特性无关。而往复泵提供的扬程则只决定于管路情况。往复泵的工作点是管路特性曲线和泵的特性曲线的交点，如图2-70所示。在实际工作中，往复泵的流量随扬程升高而略微减小，这是由容积损失造成的。

对于离心泵，可使用出口阀门来调节流体流量，但对往复泵此法却不能采用该方法，因为往复泵是正位移泵，其流量与管路特性无关，安装调节阀非但不能改变流量，而且可能会造成危险，一旦出口阀门完全关闭，泵缸内的压强将急剧上升，导致机件破损或电机烧毁。往复泵的流量调节方法如下。

（1）旁路调节：旁路调节如图2-71所示。因往复泵的流量一定，通过阀门调节旁路流量，使一部分压出流体返回吸入管路，便可以达到调节主管流量的目的。这种调节方法只适用于变化幅度较小的经常性调节。

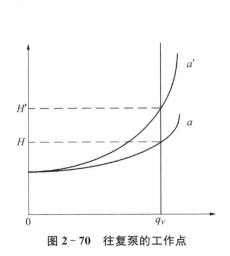

图 2-70 往复泵的工作点

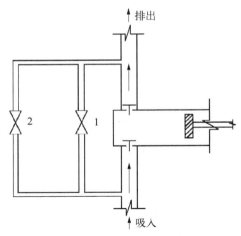

图 2-71 往复泵旁路调节流量示意图

1-旁路阀；2-安全阀

（2）改变曲柄转速和活塞行程：电动机通过减速装置与往复泵相连接,因此改变减速装置的传动比可以方便地改变曲柄转速,达到流量调节的目的。改变转速调节法是最常用的较经济的方法。对输送易燃、易爆液体,由蒸汽推动的往复泵,可改变蒸汽的进入量,使活塞往复频率改变,从而实现流量的调节。

2.7.4 其他常用流体输送设备

2.7.4.1 正位移泵

1）往复式

（1）计量泵：计量泵是往复泵的一种。其结构如图 2-72 所示,计量泵通过偏心轮把电机的旋转运动变成柱塞的往复运动。偏心轮的偏心距可以调整,柱塞的冲程随之改变。若单位时间内柱塞的往复次数不变,泵的流量与柱塞的冲程成正比,由此可通过调节冲程来较严格地控制和调节流量。

计量泵适用于要求输液量准确而又便于调整的场合,比如向化工厂的反应器输送液体。有时可通过用一台电机带动几台计量泵,使每股液体都有稳定的流量,同时各股液体流量的比例固定。

（2）隔膜泵：隔膜泵实际上也属于往复泵的一种,如图 2-73,泵体内有弹性薄膜,将活柱与被输送的液体隔开,当输送腐蚀性液体或悬浮液时,活柱和缸体可受到保护。隔膜一般采用耐腐蚀的橡皮或弹性金属薄片制成。隔膜左侧和液体接触的部分均由耐腐蚀材料制成；隔膜右侧则充满油或水。当活柱作往复运动时,迫使隔膜向两边交替弯曲,将所要输送的液体吸入和排出。

2）旋转式

（1）齿轮泵：齿轮泵的主要构件是椭圆形泵壳和两个齿轮,如图 2-74 所示。其中一个齿轮为主动轮,由传动机构带动；另一个为从动轮,与主动轮相啮合,随之作反向旋转。当齿轮转动时,两齿轮的齿相互分开而形成低压,将液体吸入,并沿壳壁推送至排出腔。在排出腔内,两

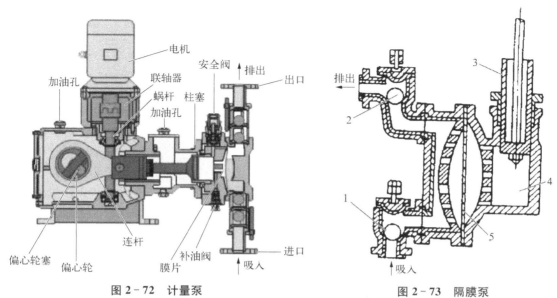

图 2 - 72　计量泵

图 2 - 73　隔膜泵

1-吸入活门;2-压出活门;3-活柱;
4-水(或油)缸;5-隔膜

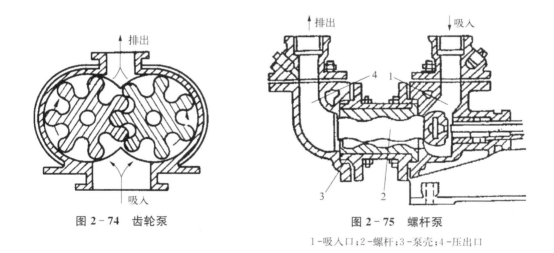

图 2 - 74　齿轮泵

图 2 - 75　螺杆泵

1-吸入口;2-螺杆;3-泵壳;4-压出口

　　齿轮的齿又互相合拢,从而形成高压,将液体排出。如此连续进行,以完成输送液体的任务。

　　齿轮泵流量较小,产生压头很高,非常适于输送黏度大的液体,如甘油、油脂等。

　　(2)螺杆泵:螺杆泵的主要构件为泵壳与一个或几个螺杆。按照所含的螺杆数目,可将其分为单螺杆泵、双螺杆泵、三螺杆泵和五螺杆泵。

　　单螺杆泵的结构如图 2-75 所示。当螺杆泵工作时,螺杆 2 在具有内螺纹的泵壳 3 中进行偏心转动,将液体沿轴向推进,从吸入口 1 吸入,在压出口 4 排出。多螺杆泵则依靠螺杆间相互啮合的容积变化来输送液体。

　　螺杆泵的工作效率较齿轮泵更高,运转时噪声和振动都很小、流量均匀稳定,适用于高黏度液体的输送。

2.7.4.2 非正位移泵

1) 旋涡泵

旋涡泵属于一种特殊类型的离心泵。泵壳为正圆形,吸入口和排出口均位于泵壳的顶部。如图2-76所示,泵体内的叶轮1为一个圆盘,四周铣有辐射状排列的凹槽,构成叶片2。叶轮和泵壳3之间有一定间隙,形成了流道4。吸入管接头与排出管接头之间用隔板5隔开。

当泵体内充满液体后,叶轮旋转时产生的离心力作用将叶片凹槽中的液体以一定的速度甩向流道,在截面积较宽的流道内,液体流速将减慢,一部分动能转化为静压能。与此同时,叶片凹槽内侧因液体被甩出而形成了低压,流道内压力较高的液体又可重新进入叶片凹槽,再度受到离心力的作用,继续增大压力。这样,液体由吸入口吸入后,通过叶片凹槽和流道间的多次反复旋涡形运动,在到达出口时就可获得较高的压头。

旋涡泵在开动前要灌满液体。旋涡泵在流量减小时扬程增加,功率也随之增加,因此旋涡在开动前不要将出口阀关闭,而应采用旁路回流调节流量。

旋涡泵的效率一般不超过40%,主要特点是流量小、扬程高、结构简单。它在化工生产中的应用十分广泛,适宜于压头高、黏度不高的液体。

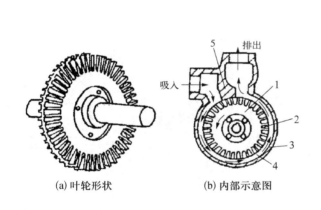

(a) 叶轮形状　　(b) 内部示意图

图 2-76　旋涡泵简图

1-叶轮;2-叶片;3-泵壳;4-流道;5-隔板

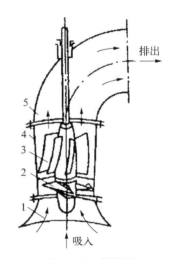

图 2-77　轴流泵

1-吸入室;2-叶片;3-导叶;
4-泵体;5-出水弯管

2) 轴流泵

轴流泵的构造如图2-77所示。其工作时,转轴带动轴头转动,轴头上装有叶片2。液体沿着箭头方向进入泵壳,经过叶片,然后又经过固定在泵壳上的导叶3流出管路。

轴流泵的叶片形状与离心泵叶片形状不同,轴流泵叶片的扭角是随半径增大而增大的,如图2-77所示,液体的角速度ω随半径增大而减小。适当选择叶片扭角,使ω在半径方向按某种规律变化,可使势能$\left(\dfrac{p}{\rho g}+z\right)$沿半径基本保持不变,从而消除液体的径向流动。轴流泵叶片通常是螺旋桨式,其目的就在于此。

叶片本身作等角速度旋转运动,而液体沿半径方向角速度不等,因此两者在圆周方向必存在相对运动。也即液体以相对速度逆旋转方向对叶片作绕流运动,这一绕流运动在叶轮两侧形成压差,从而产生了输送液体所需要的压头。

轴流泵的叶轮一般都浸没在液体中,提供的压力一般较小,但输液量却很大。轴流泵适用于大流量、低压力的流体输送。在雨水泵站、污水回流等场合得到了广泛应用。

轴流泵的特性曲线如图 2-78 所示,可以看出轴流泵的 $H-q_V$ 曲线陡峭,高效区很小。

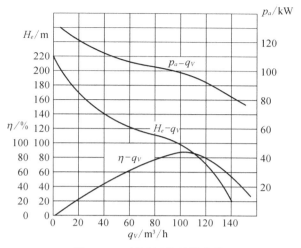

图 2-78　轴流泵的特性曲线

轴流泵一般不设置出口阀,而是通过改变泵的特性曲线来改变流量,较常用的方法为改变轴的转速或者调整叶片的安装角度。

- - - - - - - - - - - 课 后 习 题 - - - - - - - - - - -

一、选择题和填空题

1. 连续性方程表示( )守恒。
   A. 质量　　　　　B. 动量　　　　　C. 能量　　　　　D. 热量

2. 伯努利方程表示( )守恒。
   A. 质量　　　　　B. 动量　　　　　C. 能量　　　　　D. 热量

3. 真空表的读数是( ),压力表的读数是( )。
   A. 绝对压强　　　　　　　　　　　B. 绝对压强－大气压强
   C. 绝对压强＋当地压强　　　　　　D. 大气压强－绝对压强

4. 某设备上真空表读数为 100 mmHg,当地大气压强为 760 mmHg,则该设备内的绝对压强是( ),表压强是( )。
   A. −100 mmHg　　B. −760 mmHg　　C. 860 mmHg　　D. 660 mmHg

5. 通常流体黏度随温度的变化规律为( )。
   A. 温度升高,黏度减小　　　　　　B. 温度升高,黏度增大
   C. 对液体温度升高,黏度减小,对气体则相反
   D. 对液体温度升高,黏度增大,对气体则相反

6. 圆形直管管径增加 1 倍,流量、长度及摩擦系数均不变时,流体在管内流动的沿程阻力损失变为原来的多少倍( )。
   A. 2　　　　　　　B. 4　　　　　　　C. 1/16　　　　　　D. 1/32

7. 在完全湍流(阻力平方区)时,粗糙管的沿程阻力系数 λ 数值( )。
   A. 与光滑管一样　　　　　　　　　B. 只取决于 Re

C. 只取决于相对粗糙度　　　　　　　　D. 与粗糙度无关

8. 流体流动的内摩擦力与(　　)成正比。

A. 动能梯度　　　B. 流量梯度　　　C. 速度梯度　　　D. 压力梯度

9. 流体在圆形直管内作完全湍流时,阻力则与流速的(　　)成正比。

A. 一次方　　　B. 平方　　　C. 三次方　　　D. 五次方

10. 以下哪种方式不是减小流体阻力的途径(　　)。

A. 减少不必要的管件　　　　　　　　B. 适当缩小管径

C. 减小流体黏度　　　　　　　　　　D. 用光滑管替换粗糙管

11. 雷诺数 Re 反映了(　　)的对比关系。

A. 黏性力与重力　　　　　　　　　　B. 重力与惯性力

C. 惯性力与黏性力　　　　　　　　　D. 黏性力与动水压力

12. 流体在管道中呈湍流时,其平均流速是管中心流速的(　　)倍;呈层流时,其平均流速是管中心流速的(　　)倍。

A. 0.5　　　B. 0.8　　　C. 1　　　D. 2

13. 伯努利方程表明,没有外功加入的情况下,单位质量理想流体在任一截面上所具有的(　　)之和是一个常数。

A. 内能、位能和动能　　　　　　　　B. 内能、动能和静压能

C. 位能、动能和静压能　　　　　　　D. 内能、位能和静压能

14. 明渠流是_____自由表面的流体,属于_____(　　)。

A. 有,无压流　　　B. 有,有压流　　　C. 无,无压流　　　D. 无,有压流

15. 流体与固体颗粒之间的相对运动通常可以分为(　　)种情况。

A. 1　　　B. 2　　　C. 3　　　D. 4

16. 当固体颗粒在流体中的自由沉降属于层流区时,(　　)的大小对其沉降速度的影响最大。

A. 流体密度　　　B. 流体直径　　　C. 颗粒密度　　　D. 颗粒直径

17. 以下物理量不属于离心泵的性能参数的是(　　)。

A. 扬程　　　B. 效率　　　C. 轴功率　　　D. 有效功率

18. 离心泵的工作点是由(　　)决定的,可以通过改变(　　)和(　　)来改变工作点。

A. 管路曲线和离心泵特性曲线共同　　　B. 仅由离心泵特性曲线

C. 阀门　　　　　　　　　　　　　　D. 泵的转速

19. 离心泵的效率和流量的关系为(　　)。

A. 流量增大,效率增大　　　　　　　B. 流量增大,效率先增大后减小

C. 流量增大,效率减小　　　　　　　D. 流量增大,效率先减小后增大

20. 若流场中任一固定空间点流体质点的运动要素都不随时间变化,这种流动称为_____。在描述这种流动状态时较多使用的是流体流动两种基本考察方法中的_____。

21. 考察流体流动有两种不同的方法,跟踪质点描述其运动参数随时间变化规律的方法称为_____,而着眼于研究各种运动要素的分布场的方法称为_____。

22. 某设备的表压强为 100 kPa,则它的绝对压强为_____kPa;另一设备的真空度为

400 mmHg,则它的绝对压强为_____。（当地大气压为 101.33 kPa）

23. 通常液体的黏度随温度升高而_____,气体的黏度随温度升高而_____。

24. 流体在圆管内流动时的阻力可分为_____和_____两种。

25. 流体在圆形直管中作层流流动,如果流量等不变,只是将管径增大一倍,则阻力损失为原来的_____。

26. 流体在钢管内作湍流流动时,摩擦系数 λ 与_____和_____有关;若其作完全湍流(阻力平方区),则 λ 仅与_____有关。

27. 在管中,① 当_____时,必定出现层流,称为层流区;② 当_____时,称为过渡区;③ 当_____时,一般都出现湍流,称为湍流区。

28. 流动在明渠中的水流称为明渠流,一般都处于紊流粗糙区,可分为_____和_____。

29. 明渠恒定流可根据其流线是否为相互平行的直线分为_____和_____。

30. 离心泵的安装高度超过允许安装高度时,离心泵会发生_____现象。

31. 列举四种流体传输设备:

_____；_____；

_____；_____。

二、计算题

1. 某烟道气可简化为15%SO_2与空气混合,表压 1 750 kPa,温度 127 ℃,流量 8 400 m^3/h(标准状态),排放前要对气体净化,预处理通过 Φ114 mm×4 mm 冷却管,冷却至 27 ℃,维持压力恒定,仍由此管输出。试求此烟道气在管路进出口处的平均体积流速和质量流量。(稳态流:以质量流量稳态为基础,不是以体积流量为基础)

(答案:进口气体流速 21.2 m/s,出口气体流速 15.9 m/s,质量流量为 3.568 kg/s。)

2. 为了解某型号离心泵性能,采用图 2-79 所示的稳态流程,以 20 ℃水为工作介质,泵进口管直径 Φ85 mm×4 mm 出口管直径 Φ75 mm×4 mm,在泵出口管端压强表读数 800 mmHg,压强表距离地面0.4 m,水流经吸入管与排出管的所有能量损失按$\sum h_{f1}=2u_1^2$ 与 $\sum h_{f2}=8u_2^2$ 计算。低位槽液面高 $h=$0.5 m,高位槽液面高 $H=2$ m(可忽略泵体高度)。已知泵的轴功率 1.8 kW,试确定泵的效率。(该地区大气压为 760 mmHg)

(答案:泵的工作效率为 85.7%。)

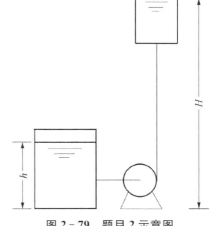

图 2-79　题目 2 示意图

3. 图 2-80 所示为雷诺实验装置,在 20 ℃此系统处于稳态流动,敞口水箱水位 $H=0.5$ m,水箱截面积 0.04 m²,水箱内喇叭形玻璃管全长 1 m,绝对粗糙度 $\varepsilon=0.01$ mm,内径 20 mm,玻璃管出口处水位为零且管端闸阀全开,喇叭形玻璃管内有色液体管极细。试判断玻璃管内液体流动状态及流速。若要维持管内水呈层流,单独调节水箱内水位是否可行?

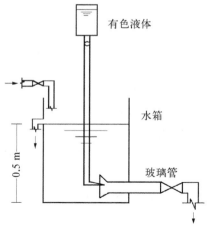

(答案:流速 1.634 m/s,管内为湍流;$h\leqslant2.215\times10^{-3}$ m,在现实操作中不可行。)

4. 图 2-81 为某工厂供水管局部,流量为 8×10^4 kg/h 的水在斜管内向上稳态流动。已知管内径由下向上分别为 100 mm、80 mm,图中 2-2′面比 1-1′面高 6 米,1-1′面流体压强比 2-2′面高 600 mmHg。求 1-1′与 2-2′面间的摩擦阻力。若知道供水管水平夹角 30°,管道绝对粗糙度 0.046 mm,水的黏度 1×10^{-3} Pa·s,忽略管路连接处长度,则此局部管路粗管与细管各多长?(局部阻力损失系数 $\zeta=0.06$)

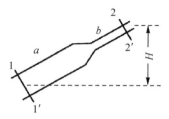

图 2-81 题目 4 示意图

(答案:摩擦阻力损失 $h_{摩擦}=14.92$ J/kg,$L_a=8.1$ m,$L_b=3.9$ m。)

5. 某地区分压供水,用泵将水输至 35 m 高处水箱,流量 25 m³/h,水箱与大气相通,而泵吸入管口处真空度为 41.8 kPa,吸入管内径 80 mm。已知吸水管与压水管水头损失 $h_w=6$ m,泵效率 $\eta=0.7$。若电机传动效率 $\eta'=0.9$,则需多大功率的电动机?设水泵每日运行 16 h,而小区日需水量 1 200 m³,电费 0.65 元/度,则小区每年供水电费为多少?该地区大气压为 98.8 kPa。

(答案:需要功率为 4.82 kW 的电机,每年供水电费 55 460 元。)

6. 如图 2-82 所示,实验室用泵将密度 1 100 kg/m³、黏度 0.9×10^{-3} Pa·s 的有机溶液输送至 A、B 高位槽,当 B 端管路闸阀关闭时,测得泵出口压强读数 4.4×10^5 Pa,此时流体稳态流动。泵出口到 A、B 槽管路长度均为 15 m,泵出口到三通处管长 10 m;结构如图 2-82 所示,管为铁管,内径 20 mm,管壁绝对粗糙度 $\varepsilon=0.15$ mm,该地区大气压 10.33 mH₂O。图中所示的几个高度分别为:1 m、6 m、13 m。

求:(1) B 端闸阀关闭时,求液体流量。

(2) 若 B 端闸阀全开,且 A 槽液面比 B 槽液

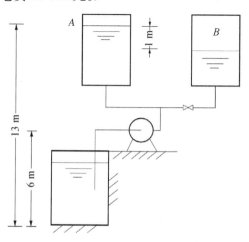

图 2-82 题目 6 示意图

面高 1 m,泵输出流量不变,则泵出口处压强变为多少?

（答案：B 端闸阀关闭时,液体流量为 1.49×10^{-3} m³/s;B 端闸阀全开时,泵出口处压强为 3.22×10^5 Pa。）

7. 常压 20 ℃,水处理沉降柱沉降试验中,固体颗粒 10 min 沉降 60 mm;已知固体颗粒真实密度 1.814×10^3 kg/m³,求固体颗粒的当量直径,污水物理参数以纯水为准。若此颗粒 1 h 沉降去除率为 70%,则当量直径 10 μm 固体颗粒 1 h 沉降去除率是多少?

（答案：$d_p = 15$ μm, 10 μm 固体颗粒沉降去除率为 31.1%。）

8. 某工厂混凝土排污水管,底坡坡度 $i = 0.025$,白天工期时管中污水充满度 α_f 为 0.75,夜晚停工污水充满度 α_f 变为 0.3,夜晚污水通过该管流量减少了多少?

（答案：流量减少 79%。）

9. 梯形断面砖砌渠道（$n_r = 0.015$）,流量 $q_V = 1.5$ m³/s,底坡坡度 $i = 0.008$,边坡 $m_s = 1.25$,规定最大允许不冲刷流速 2.5 m/s。请依据上述数据设计最佳过水断面。

（答案：$b_w = 0.766\,8$ m, $h = 0.451$ m。）

10. 刮平的筋混凝土梯形截面渠道,底宽 $b_w = 5.1$ m,边坡 $m_s = 0.5$,底坡坡度 $i = 0.003$。当取最优化设计时可满足的流量是多少? 若允许通航流速 $u_{max} = 5$ m/s时,最优化设计可否满足通航需求?

（答案：最优化设计满足流量 173.0 m³/s;不能满足通航需求。）

11. 需建造干砌块石梯形截面渠道,要求输水量 $q_V = 1$ m³/s,底边 $i = 0.000\,4$,边坡 $m_s = 1.0$,已知工程所需水深 $h = 0.85$ m,求渠道宽度 b_w。

（答案：$b_w = 1.96$ m。）

12. 直角顶角三角堰,堰上水头 H_w 0.15 m,求通过此堰的流量。若流量加倍,则堰上水头变为多少?

（答案：$q_V = 0.012\,2$ m³/s, $H_w = 0.198$ m。）

13. 如图 2 - 83 所示,直立隔板将无侧收缩矩形薄壁堰分成两部分,设各部分流量分别为 $q_{V1} = 20$ L/s,$q_{V2} = 35$ L/s;堰高 $H_{w1} = 0.6$ m,堰上水头 $H_w = 0.2$ m。试求各部分堰宽 b_{w1}, b_{w2}。若隔板宽度为 0.05 m,去掉隔板后假令流量恒定,则堰上水头高度变为多少?

（答案：堰宽 b_{w1} 为 0.116 6 m, b_{w2} 为 0.204 m;去掉隔板后,堰上水头 H_w 为 0.182 m。）

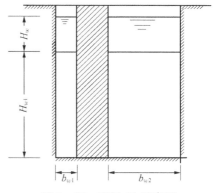

图 2 - 83　题目 13 示意图

14. 现拟用一台 3B57 型离心泵以 45 m³/h 流量输送 20 ℃清水,已查知此流量下允许吸上真空度 $H_s = 6.7$ m。 若吸入管内径为 60 mm,吸入管压头损失估计为 0.75 m。

求:(1) 若泵安装高度为 5.5 m,能否正常工作? 该地区大气压 9.81×10⁴ Pa;

(2) 若该泵在海拔 2 000 m 处输送 50 ℃清水,允许安装高度为多少? 当地大气压 7.996 8×10⁴ Pa。

(答案:常压 20 ℃工作条件下,安装 5.5 m 高度泵无法正常工作;在海拔 2 000 m,泵允许安装高度为 2.13 m。)

15. 用 3B57 型水泵由敞口水槽输送 75 ℃清水,泵所需气蚀余量 49 kPa,吸入管道阻力损失的压头为 0.5 m 水柱。确定泵的安装位置。若水槽密闭且最大允许真空度为 45 kPa,该泵又该如何安装? 该地区大气压 100 kPa。

(答案:$H_g = 0.301$ m, $H_g' = -4.408$ m。)

16. 如图 2-84,用离心泵向表压 1.5 bar 密闭水塔输送 20 ℃水,下方水槽联通大气且各水位可视为恒定,水槽水位高 2 m,管道均为 $\Phi106$ mm×3 mm 无缝钢管,绝对粗糙度为 0.05 mm,吸入管长 20 m,出水管长 100 m(出水管上包括一个闸阀,一个止回阀,三个 90°弯头)。当闸阀半开时,泵进水口处真空表处读数 43 000 Pa,泵的进出口垂直距离 0.5 m,忽略泵体阻力损失。闸阀半开时 $\zeta = 0.45$; 全开时 $\zeta = 0.17$。

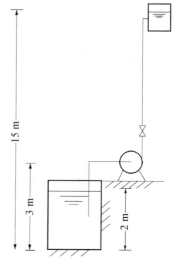

试求:(1) 闸阀半开时,管路流量及泵出口处表压强。

(2) 闸阀全开,使流量变为原来的 1.3 倍,由工具表查知此流量下允许吸上真空度为 5.6 m,当地大气压 9.81×10⁴ Pa。此时泵能否正常工作?

(答案:闸阀半开时,流量 94.45 m³/h,泵出口表压强 3.47×10⁵ Pa;当闸阀全开时,允许安装高度要在水面以下 0.043 9 m 泵无法正常工作。)

图 2-84 题目 16 示意图

第三章

热 量 传 递

3.1 概述

3.1.1 热量传递的基本方式

热量传递即传热是自然界和工程技术领域中普遍发生的能量传递过程。根据热力学第二定律,凡是存在温度差情况就必然发生热量自发地从高温向低温传递的现象,这一过程称为热量传递过程,简称传热过程。

传热主要有三种方式:热传导、对流传热和辐射传热。传热有时以其中一种方式进行,也有以两种或三种方式同时进行的情况。例如工业中常见的热交换设备——间壁换热器,换热过程中首先通过对流传热把热量从热流体传至管壁内侧,然后通过热传导将热量由管壁内侧传至外侧,最后又通过对流传热,由管壁外侧传至冷流体(图 3-1)。以上换热过程主要发生了对流传热和热传导两种传热方式,同时还伴随辐射传热。当温度不高时,辐射传热在总传热量中所占比例很小,可以忽略不计。

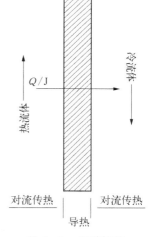

图 3-1　间壁换热

3.1.2 环境工程领域中的传热问题

热量传递过程的研究是保障工业生产正常运转以及解决能量高效利用问题的关键。在化工、能源、机械、电子、冶金、航空、航天等工业部门存在各种各样的传热问题,在环境工程领域中传热过程的应用也是十分广泛。

环境工程领域采用了与工业过程中相同的单元操作过程,往往需要加热或冷却以维持处理工艺所要求的温度,其中涉及很多热量传递步骤。高浓度有机废水的厌氧处理、污泥的厌氧消化通常需要对废水或污泥进行加热;水中高浓度氨的汽提回收、焦化废水中的多环芳烃汽提回收处理、农药废水中的蒸发处理、高浓度有机、有毒废水的湿式氧化、超临界氧化处理等均需对废水或反应器进行加热;垃圾焚烧的烟气可以加热锅炉水产生蒸汽发电;热电厂的烟气冷却、冷凝法去除废气中的有机蒸汽等操作则需要冷却移出热量。同时,为了减少系统与外界环境的热量交换,如减少冷、热流体在输送或反应过程中温度变化,需要对管道或反应器进行保温。因此,环境工程领域中为了保证各种处理工艺的正常进行主要涉及两种干预热量传递的过程:一是强化传热过程,如在各种热交换设备中的传热,通过采取措施提高热量的传递速率;二是削弱传热过程,如对设备和管道的保温,以减少热量的损失,即减少热量的传递速率。

3.2 热传导

热传导又称导热,是指通过物质的分子、原子和电子的振动、位移和相互碰撞发生的热量传递过程。当物质内部存在温度梯度时,所有的气体、液体或固体都一定程度上进行着热传导过程,但热量传递的机理不同。

气体分子处于不规则的热运动过程中,分子之间不断碰撞使热量从高温向低温传递。固体中的分子或原子的运动幅度较小,只是在晶格结构的平衡位置附近振动,而自由电子则在晶格之间作自由运动。对于非导电的固体,主要通过分子或原子的晶格振动传热;对于良好的导电体,自由电子的数目多,电子运动传递的热量多于晶格振动,因此良好的导电体一般都是良好的导热体。液体的结构介于固体与气体之间,分子或原子既可在一定幅度内运动,又可作振动,热量传递是分子或原子振动和相互碰撞共同的结果。

热传导过程的主要特征是物质各部分之间无宏观的运动,其传热基本上可以看作是分子传递现象,其热量传递规律可以用傅里叶定律描述。

3.2.1 傅里叶定律

热传导是依靠物体内部分子的振动以及自由电子的运动来进行的。物体较热部分的分子因振动而与相邻的分子碰撞,将其动能的一部分传给后者,导致了热能从温度较高部分向较低部分传递。图3-2为温度梯度和傅里叶定律示意图。

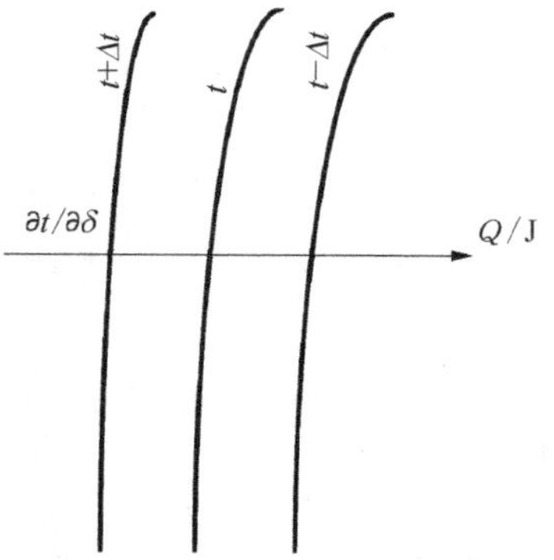

1822年,傅里叶在大量实验的基础上提出了热传导的基本定律,其数学表达式为

$$\frac{\mathrm{d}Q}{\mathrm{d}\tau} \propto -A_h \frac{\mathrm{d}t}{\mathrm{d}\delta} \tag{3-1}$$

或写成:

$$\frac{\mathrm{d}Q}{\mathrm{d}\tau} = -\sigma A_h \frac{\mathrm{d}t}{\mathrm{d}\delta} \tag{3-2}$$

在稳定热传导情况下,导热量不随时间而变化,即单位时间的导热量为定值,上式可写成

$$\Phi = \frac{Q}{\tau} = -\sigma A_h \frac{\mathrm{d}t}{\mathrm{d}\delta} \tag{3-3a}$$

图3-2 温度梯度和傅里叶定律

式中,Q——热量,J;

Φ——单位时间内传递的热量,也称热流量或传热速率,W 或 J/s;

A_h——导热面积,即垂直于热流方向的截面积,m^2;

t——温度,K;

τ——时间,s;

106

σ——导热系数,W/(m·K);

$\dfrac{\mathrm{d}t}{\mathrm{d}\delta}$——温度梯度,K/m。

傅里叶定律表明单位时间内的传热量与垂直于热流方向的导热截面积及温度梯度成正比。式中负号表示热流方向与温度梯度的方向相反,即热流方向是沿着温度降低的方向。

3.2.2　导热系数

式(3-3a)可以改写为

$$\sigma = -\frac{\Phi}{A_h \dfrac{\mathrm{d}t}{\mathrm{d}\delta}} = -\frac{q_T}{\dfrac{\mathrm{d}t}{\mathrm{d}\delta}} \qquad (3-3\mathrm{b})$$

$$q_T = \frac{\Phi}{A_h} = \frac{Q}{\tau A_h} \qquad (3-3\mathrm{c})$$

式中,Q——热量,J;

Φ——单位时间内传递的热量,也称热流量或传热速率,W 或 J/s;

A_h——导热面积,即垂直于热流方向的截面积,m²;

t——温度,K;

σ——导热系数,W/(m·K)或(kg·m)/(s³·K);

$\dfrac{\mathrm{d}t}{\mathrm{d}\delta}$——温度梯度,K/m;

τ——时间,s;

q_T——热流通量(热流密度),单位面积的热流量或传热速率,W/m² 或 J/(s·m²)。

导热系数表示物质在单位面积、单位温度梯度下的导热速率。导热系数是物质的物理性质,表征物质导热能力的大小,与物质的种类、温度和压力有关。

3.2.2.1　固体导热系数

在所有固体中,金属是最好的导热体。金属的导热系数一般随温度升高而降低,随金属纯度的提高而增大,故合金的导热系数一般比纯金属小。

非金属材料的导热系数与其组成、结构的致密程度及温度有关,通常随密度的增大或温度的升高而增加。

通常均质固体的 σ 与温度大致呈线性关系,可以表示为

$$\sigma = \sigma_0[1 + a_t(t - t_0)] \qquad (3-4)$$

式中,σ_0——固体在温度 t_0 时的导热系数,W/(m·K);

σ——固体在温度 t 时的导热系数,W/(m·K);

t_0——温度,K;

t——温度,K;

a_t——温度系数,对大多数金属材料为负值,而对大多数非金属材料为正值,K⁻¹。

虽然导热系数是温度的函数,但在工程计算中通常取平均温度下的数值。对于导热系

数随温度呈线性变化的大多数固体物质的热传导计算,将不会引起太大的误差。表 3-1 列出了一些常用固体材料的导热系数。

表 3-1 常用固体材料的导热系数

材　料	温度/℃	$\sigma/[W/(m·K)]$	材　料	温度/℃	$\sigma/[W/(m·K)]$
银	100	412	玻璃	30	1.09
铜	100	377	建筑砖	20	0.69
铝	300	230	石棉	200	0.21
熟铁	18	61	石棉	100	0.19
镍	100	57	石棉板	50	0.17
铸铁	53	48	硬橡胶	0	0.15
钢(1%C)	18	45	锯木屑	20	0.052
铅	100	33	棉毛	30	0.050
不锈钢	20	16	软木	30	0.043
石墨	0	151	玻璃纤维(粗)	—	0.041
高铝砖	430	3.1	玻璃纤维(细)	—	0.029

3.2.2.2 液体导热系数

液体的导热系数一般比固体小,表 3-2 列出了一些液体的导热系数。金属液体导热系数比非金属液体大,非金属液体中水的导热系数最大。除水和甘油外,绝大多数液体的导热系数随温度的升高而略有减小。液体混合物的导热系数低于纯液体的导热系数,其值可按式(3-5)估算:

$$\sigma_m = K_C \sum_{i=1}^{n} \sigma_i w_i \tag{3-5}$$

式中,σ_m、σ_i——液体混合物和组分 i 的导热系数,W/(m·K);

　　　w_i——液体混合物中组分 i 的质量分数;

　　　K_C——常数,对一般混合物或溶液,$K_C=1.0$,对有机物水溶液,$K_C=0.9$。

表 3-2 一些液体的导热系数

液　体	温度/℃	$\sigma/[W/(m·K)]$	液　体	温度/℃	$\sigma/[W/(m·K)]$
50%醋酸	20	0.35	40%甘油	20	0.45
丙酮	30	0.17	正庚烷	30	0.14
苯胺	0~20	0.17	水银	28	8.36
苯	30	0.16	90%硫酸	30	0.36
30%氯化钙盐水	30	0.55	60%硫酸	30	0.43
80%乙醇	20	0.24	水	30	0.62
60%甘油	20	0.38	水	60	0.66

3.2.2.3 气体导热系数

气体的导热系数最小,不利于导热,但有利于保温绝热。工业应用的保温材料,就是因其空隙中有空气,故可以起到保温隔热的效果。表 3-3 列出了一些气体的导热系数。

气体的导热系数随温度升高而增大。在通常的压力范围内,其导热系数随压力变化很小,只有在过高或过低的压力(高于 2×10^5 kPa 或低于 3 kPa)下,导热系数才随压力的增加而增大。

常压下气体混合物的导热系数可用下式计算:

$$\sigma_m = \frac{\sum_{i=1}^{n} y_i \sigma_i M_i^{1/3}}{\sum_{i=1}^{n} y_i M_i^{1/3}} \qquad (3-6)$$

式中，σ_m、σ_i——气体混合物和组分 i 的导热系数，$W/(m \cdot K)$；

　　　　y_i——气体混合物中组分 i 的摩尔分数；

　　　　M_i——气体混合物中组分 i 的摩尔质量，g/mol。

表 3-3　一些气体的导热系数

气　体	温度/℃	$\sigma/[W/(m \cdot K)]$	气　体	温度/℃	$\sigma/[W/(m \cdot K)]$
氢	0	0.17	水蒸气	100	0.024
二氧化碳	0	0.015	氮	0	0.024
空气	0	0.024	乙烯	0	0.017
空气	100	0.031	氧	0	0.024
甲烷	0	0.029	乙烷	0	0.018
一氧化碳	0	0.021	氩	0	0.022

3.2.3　平壁稳定热传导

3.2.3.1　单层平壁热传导

对于无限大平壁，即长和宽的尺寸远大于厚度的平壁，平壁边缘处的散热可以忽略，假设平壁内温度只沿垂直于壁面的 δ 方向变化，温度场为一维温度场。又假设平壁内的温度分布不随时间而改变，则该平壁的热传导为一维稳定热传导，如图 3-3 所示。

假设材料的导热系数不随温度而变化（或取平均导热系数），边界条件为

$$\delta = 0 \text{ 时}, t = t_1$$

$$\delta = \delta_p \text{ 时}, t = t_2$$

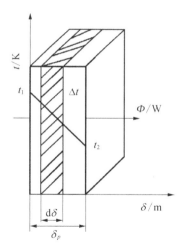

图 3-3　单层平壁热传导

则对稳定热传导的傅里叶定律式（3-3）积分得

$$\Phi = \frac{Q}{\tau} = -\sigma A_h \frac{dt}{d\delta}$$

$$\frac{Q}{\tau A_h} d\delta = -\sigma dt$$

$$\frac{Q}{\tau A_h} \int_0^{\delta_p} d\delta = -\sigma \int_{t_1}^{t_2} dt$$

$$\frac{Q}{\tau A_h} \delta_p = -\sigma(t_2 - t_1) = \sigma(t_1 - t_2) \qquad (3-7)$$

或

$$\Phi = \frac{Q}{\tau} = \frac{\sigma}{\delta_p} A_h (t_1 - t_2) \qquad (3-8a)$$

或

$$\Phi = \frac{t_1 - t_2}{\dfrac{\delta_p}{\sigma A_h}} = \frac{\Delta t}{\Omega} \tag{3-8b}$$

式中,δ_p——平壁厚度,m;

t_1、t_2——平壁两侧温度,K;

Δt——温差,导热推动力,K;

Ω——导热热阻,K/W;

Q——热量,J;

Φ——热流量,W 或 J/s。

q_T 表示单位时间、单位面积的导热量,称为热流密度,J/(s·m²)。q_T 可以表示为

$$q_T = \frac{\Phi}{A_h} = \frac{t_1 - t_2}{\delta_p/\sigma} = \frac{t_1 - t_2}{\Omega A_h} \tag{3-9}$$

【例 3-1】 A 垃圾焚烧厂的焚烧锅炉外侧设计有一平壁隔热墙。已知该隔热墙采用的隔热砖厚度为 600 mm,砖内侧壁温为 500 ℃,外侧壁温为 50 ℃,平均导热系数为 0.6 W/(m·K)。求:

(1)热流密度;

(2)距离内侧 300 mm 处的温度 t_δ。

已知:$\delta_p = 600$ mm $= 0.6$ m,$t_1 = 500$ ℃ $= 773$ K,$t_2 = 50$ ℃ $= 323$ K,$\sigma = 0.6$ W/(m·K),$x = 300$ mm $= 0.3$ m。

求:q_T,t_δ。

解:(1)由傅里叶热传导基本定律可知,热流密度 q_T:

$$q_T = \frac{\Phi}{A_h} = \frac{t_1 - t_2}{\delta_p/\sigma} = \frac{773 - 323}{\dfrac{0.6}{0.6}} = 450 \text{ W/m}^2$$

(2)设沿壁厚方向上距离内侧 x 处等温面上的温度为 t_δ,则

$$q_T = \frac{t_1 - t_\delta}{x/\sigma}$$

因此

$$t_\delta = t_1 - \frac{q_T}{\sigma}x = 773 - \frac{450}{0.6} \times 0.3 = 548 \text{ K} = 275 \text{ ℃}$$

答:单位时间、单位面积导出的热量 q_T 为 450 W/m²,距离内侧 300 mm 处的温度为 275 ℃。

3.2.3.2 多层平壁热传导

工程上常遇到由多层不同材料组成的平壁,称为多层平壁。如锅炉炉膛的墙壁是由耐火砖、绝热砖和普通砖组成。以三层平壁为例,如图 3-4 所示。平壁的面积为 A_h,各层壁的壁厚分别为 δ_{p1}、δ_{p2} 和 δ_{p3},导热系数分别为 σ_1、σ_2 和 σ_3。假设层与层之间接触良好,即接触的两表面温度相同。各表面温度分别为 t_1、t_2、t_3 和 t_4,且 $t_1 > t_2 > t_3 > t_4$,各层的温差分

别为 Δt_1、Δt_2 及 Δt_3。

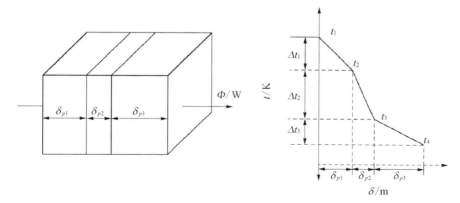

图 3 - 4 多层平壁热传导

在稳定热传导过程中,通过各层平壁的热流量相等。故

$$\Phi = \sigma_1 A_h \frac{(t_1 - t_2)}{\delta_{p1}} = \frac{\Delta t_1}{\dfrac{\delta_{p1}}{\sigma_1 A_h}} = \frac{\Delta t_1}{\Omega_1}$$

$$= \sigma_2 A_h \frac{(t_2 - t_3)}{\delta_{p2}} = \frac{\Delta t_2}{\dfrac{\delta_{p2}}{\sigma_2 A_h}} = \frac{\Delta t_2}{\Omega_2}$$

$$= \sigma_3 A_h \frac{(t_3 - t_4)}{\delta_{p3}} = \frac{\Delta t_3}{\dfrac{\delta_{p3}}{\sigma_3 A_h}} = \frac{\Delta t_3}{\Omega_3} \tag{3-10}$$

式中,Ω_1、Ω_2 和 Ω_3 分别为各层的导热热阻。由上式可得

$$\Delta t_1 = \Phi \Omega_1 , \quad \Delta t_2 = \Phi \Omega_2 , \quad \Delta t_3 = \Phi \Omega_3$$

将以上三式相加,整理得

$$\Phi = \frac{\Delta t_1 + \Delta t_2 + \Delta t_3}{\Omega_1 + \Omega_2 + \Omega_3} = \frac{t_1 - t_4}{\dfrac{\delta_{p1}}{\sigma_1 A_h} + \dfrac{\delta_{p2}}{\sigma_2 A_h} + \dfrac{\delta_{p3}}{\sigma_3 A_h}} \tag{3-11}$$

推广到 n 层平壁可以得

$$\Phi = \frac{t_1 - t_{n+1}}{\sum_{i=1}^{n} \Omega_i} = \frac{t_1 - t_{n+1}}{\sum_{i=1}^{n} \dfrac{\delta_{pi}}{\sigma_i A_h}} \tag{3-12}$$

由式(3-11)和(3-12)可以看出,多层平壁热传导实际上是一种串联传热过程。串联传热过程的推动力(总温差)为各分过程的温差之和;串联传热过程的总热阻为各分过程的热阻之和。在稳定的串联传热过程中,各分过程的温差和分热阻成正比。当总温差一定时,热流量取决于总热阻。

【例 3-2】　在 A 垃圾焚烧厂中,在实际操作过程中隔热墙由三层组成,由内到外分别为耐热层,保温层和建筑外层。已知在该隔热墙中耐热层所用的耐火砖厚度为 300 mm,导热系数为 1.5 W/(m·K),保温层所用的保温砖厚度为 200 mm,导热系数为 0.1 W/(m·K),建筑外层所用的建筑砖厚度为 300 mm,导热系数为 1 W/(m·K)。隔热墙内侧壁温为 500 ℃,外侧壁温为 50 ℃。

求:单位面积隔热墙的热损失以及各层内外侧的壁温。

已知:$\sigma_1 = 1.5$ W/(m·K),$\delta_{p1} = 300$ mm,$\sigma_2 = 0.1$ W/(m·K),$\delta_{p2} = 200$ mm,$\sigma_3 = 1$ W/(m·K),$\delta_{p3} = 300$ mm,$t_1 = 500$ ℃ $= 773$ K,$t_4 = 50$ ℃ $= 323$ K。

求:q_T,t_2,t_3。

解:设耐火砖和保温砖界面温度为 t_2,保温砖与建筑砖界面温度为 t_3。已知 $t_1 = 773$ K,$t_4 = 323$ K,则单位面积炉壁的热损失为

$$\frac{\Phi}{A_h} = q_T = \frac{t_1 - t_4}{\dfrac{\delta_{p1}}{\sigma_1} + \dfrac{\delta_{p2}}{\sigma_2} + \dfrac{\delta_{p3}}{\sigma_3}} = \frac{773 - 323}{\dfrac{0.3}{1.5} + \dfrac{0.2}{0.1} + \dfrac{0.3}{1}} = \frac{450}{0.2 + 2 + 0.3} = 180 \text{ W/m}^2$$

各层间界面上的温度计算如下:

$$\Delta t_1 = t_1 - t_2 = q_T \times \frac{\delta_{p1}}{\sigma_1} = 180 \times \frac{0.3}{1.5} = 36 \text{ K}$$

$$t_2 = t_1 - \Delta t_1 = 773 - 36 = 737 \text{ K} = 464 \text{ ℃}$$

$$\Delta t_2 = t_2 - t_3 = q_T \times \frac{\delta_{p2}}{\sigma_2} = 180 \times \frac{0.2}{0.1} = 360 \text{ K}$$

$$t_3 = t_2 - \Delta t_2 = 737 - 360 = 377 \text{ K} = 104 \text{ ℃}$$

答:单位面积炉壁的热损失是 180 W/m²,耐火砖和保温砖界面温度为 464 ℃,保温砖与建筑砖界面温度为 104 ℃。

3.2.4　圆筒壁热传导

工程上经常应用圆筒形容器、设备和管道,因此长圆筒壁的导热问题十分普遍。它与平壁热传导不同之处在于圆筒壁的传热面积不是常数,而是随半径而变化。图 3-5 为长圆筒壁热传导的示意图。圆筒壁的内、外壁半径分别为 r_1、r_2;内、外壁表面温度分别为 t_1、t_2,筒高为 l;圆筒壁半径为 r 处的导热面积 $A = 2\pi r l$。如果圆筒壁很长,沿轴向散热可忽略不计,温度仅沿半径方向变化,采用柱坐标,图 3-5 的传热问题就为一维稳定热传导。

在圆筒壁内半径为 r 处取一厚度为 dr 的薄壁,

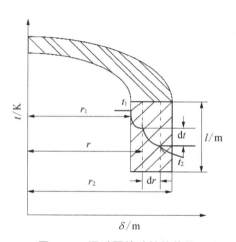

图 3-5　通过圆筒壁的热传导

则根据傅里叶公式可列出圆筒壁的热流量的微分方程式如下：

$$\Phi = -\sigma A_h \frac{\mathrm{d}t}{\mathrm{d}r} = -\sigma 2\pi rl \frac{\mathrm{d}t}{\mathrm{d}r} \qquad (3-13)$$

对于单层圆筒壁，在一定温度范围内，σ 为一常数，则上式分离变量后积分得

$$\Phi \int_{r_1}^{r_2} \frac{\mathrm{d}r}{r} = -\sigma 2\pi l \int_{t_1}^{t_2} \mathrm{d}t$$

$$\Phi = 2\pi l\sigma \frac{t_1 - t_2}{\ln(r_2/r_1)} = \frac{2\pi l(t_1 - t_2)}{\frac{1}{\sigma}\ln(r_2/r_1)} = \frac{t_1 - t_2}{\frac{\ln\left(\frac{r_2}{r_1}\right)}{2\pi l\sigma}} = \frac{t_1 - t_2}{\Omega} \qquad (3-14)$$

式中，Φ——热流量，W；

t_1、t_2——圆筒壁两侧温度，K；

r_1、r_2——圆筒壁内、外两侧半径，m；

l——圆筒壁管长，m；

σ——导热系数，W/(m·K)；

Ω——圆筒壁热阻，$\Omega = \dfrac{\ln\left(\dfrac{r_2}{r_1}\right)}{2\pi l\sigma}$，K/W。

令

$$q'_T = \frac{\Phi}{l} = \frac{2\pi(t_1 - t_2)}{\frac{1}{\sigma}\ln(r_2/r_1)} \qquad (3-15)$$

则 q'_T 表示单位管长的热流量，单位为 W/m。

若按平壁的热传导公式写出圆筒壁的热传导公式，用 $\delta_p = r_2 - r_1$，$A_h = A_m = 2\pi rl$，则

$$\Phi = \frac{t_1 - t_2}{\frac{\delta_p}{\sigma A_h}} = \frac{t_1 - t_2}{\frac{1}{\sigma A_m}(r_2 - r_1)} = \frac{t_1 - t_2}{\frac{1}{\sigma 2\pi r_m l}(r_2 - r_1)} = \frac{2\pi l(t_1 - t_2)}{\frac{1}{\sigma}\frac{(r_2 - r_1)}{r_m}} \qquad (3-16)$$

比较式(3-16)与式(3-14)得

$$r_m = \frac{r_2 - r_1}{\ln(r_2/r_1)} \qquad (3-17)$$

r_m 为圆筒壁的对数平均半径，$A_m = 2\pi r_m l$ 为圆筒壁的对数平均面积。

多层材料组成的圆筒壁在工程上也是常见的，如反应器、蒸汽管道保温、换热器管壁结垢等。现以图 3-6 所示的三层材料为例进行讨论。假设层与层之间接触良好，各层的导热系数分别为 σ_1、σ_2 和 σ_3；厚度分别为 $\delta_{p1} = r_2 - r_1$、$\delta_{p2} = r_3 - r_2$ 和 $\delta_{p3} = r_4 - r_3$。根据串联热阻叠加原则，和多层平壁类似的处理，可得三层圆筒壁热流量的方程式为

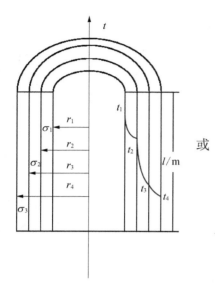

$$\Phi = \frac{\Delta t_1 + \Delta t_2 + \Delta t_3}{\Omega_1 + \Omega_2 + \Omega_3} \qquad (3-18a)$$

$$= \frac{t_1 - t_4}{\dfrac{\ln \dfrac{r_2}{r_1}}{2\pi l \sigma_1} + \dfrac{\ln \dfrac{r_3}{r_2}}{2\pi l \sigma_2} + \dfrac{\ln \dfrac{r_4}{r_3}}{2\pi l \sigma_3}} \qquad (3-18b)$$

或

$$\Phi = \frac{t_1 - t_4}{\dfrac{\delta_{p1}}{\sigma_1 A_{m1}} + \dfrac{\delta_{p2}}{\sigma_2 A_{m2}} + \dfrac{\delta_{p3}}{\sigma_3 A_{m3}}} \qquad (3-18c)$$

推广到 n 层圆筒壁，则热流量的方程式为

$$\Phi = \frac{t_1 - t_{n+1}}{\sum_{i=1}^{n} \dfrac{\ln \dfrac{r_{i+1}}{r_i}}{2\pi l \sigma_i}} \qquad (3-18d)$$

图 3-6　三层圆筒壁的热传导

或

$$\Phi = \frac{t_1 - t_{n+1}}{\sum_{i=1}^{n} \dfrac{\delta_i}{\sigma_i A_{mi}}} \qquad (3-18e)$$

式(3-18c)与多层平壁热流量方程式(3-11)形式上完全一样，圆筒壁热传导的总推动力也是总温差，总热阻也是各层热阻之和，只是计算各层热阻所用的传热面积不相等，为各自的平均面积。

另外，由于各层圆筒壁的内、外表面积均不相等，所以在稳定传热时，虽然通过各层的热流量相同，但通过各层的热流密度或热通量却不相等。

【例 3-3】　在 A 垃圾焚烧厂中，垃圾焚烧产生的热能用于火力发电。在发电系统中有一根 $\Phi 320 \text{ mm} \times 10 \text{ mm}$ 的蒸汽输送管，管外有一层 20 mm 的保温层。已知蒸汽输送管内壁温度为 900 ℃，管壁导热系数为 1.5 W/(m·K)，保温层外壁温度为 50 ℃，导热系数为 0.05 W/(m·K)。

求：每米管长上的热损失以及输送管管壁与保温层交界界面温度。

已知：$d_1 = 300 \text{ mm} = 0.3 \text{ m}$，$\delta_{p1} = 10 \text{ mm} = 0.01 \text{ m}$，$\delta_{p2} = 20 \text{ mm} = 0.02 \text{ m}$，$\sigma_1 = 1.5 \text{ W/(m·K)}$，$\sigma_2 = 0.05 \text{ W/(m·K)}$，$t_1 = 900 \text{ ℃} = 1\,173 \text{ K}$，$t_3 = 50 \text{ ℃} = 323 \text{ K}$。

求：q'_T 和 t_2。

解：（1）求热量损失：

$$r_1 = \frac{d_1}{2} = \frac{0.3}{2} = 0.15 \text{ m}$$

$$r_2 = r_1 + \delta_{p1} = 0.15 + 0.01 = 0.16 \text{ m}$$

$$r_3 = r_2 + \delta_{p2} = 0.16 + 0.02 = 0.18 \text{ m}$$

设管长为 l，则各层热阻分别为

$$\Omega_1 = \frac{\ln\left(\frac{r_2}{r_1}\right)}{2\pi\sigma_1 l} = \frac{\ln(0.16/0.15)}{2\pi \times 1.5 \times l} = 0.006\ 85/l \text{ K/W}$$

$$\Omega_2 = \frac{\ln\left(\frac{r_3}{r_2}\right)}{2\pi\sigma_2 l} = \frac{\ln(0.18/0.16)}{2\pi \times 0.05 \times l} = 0.375/l \text{ K/W}$$

由式(3-18a)可得单位时间单位长度内损失的热量为

$$q'_T = \Phi/l = \frac{\sum \Delta t}{(\sum \Omega) l} = \frac{t_1 - t_3}{(\Omega_1 + \Omega_2) l} = \frac{1\ 173 - 323}{\left(\dfrac{0.006\ 85}{l} + \dfrac{0.375}{l}\right) \times l} = 2\ 226 \text{ W/m}$$

(2) 求管壁和保温层接触面上的温度

$$q'_T = \frac{\Delta t_1}{\Omega_1 l}$$

$$2\ 226 = \frac{1\ 173 - t_2}{\dfrac{0.006\ 85}{l} \times l}$$

$$t_2 = 1\ 157.8 \text{ K} = 884.8 \text{ ℃}$$

答：每米管长上的热损失为 $2\ 226$ W/m；管壁和保温层接触面上的温度为 884.8 ℃。

【例3-4】　在 A 垃圾焚烧厂中，有一根 $\Phi320$ mm$\times10$ mm 的蒸汽输送管，管外有一层 25 mm 的保温层，保温层外还有一层绝热层。已知保温层内壁温度为 900 ℃，管壁导热系数为 1.5 W/(m·K)，保温层导热系数 0.05 W/(m·K)，绝热层外壁温度为 30 ℃，导热系数为 $\sigma_3 = 0.15 + 0.000\ 15 t_m$ W/(m·K)，每米管子热损失为 1 500 W/m。试求保温层与绝热层交界处的壁温和绝热层的厚度。

已知：$\Phi320\times10$ mm，$\delta_{p1} = 25$ mm，$t_1 = 900$ ℃ $= 1\ 173$ K，$t_3 = 30$ ℃ $= 303$ K，$q'_T = 1\ 500$ W/m，$\sigma_1 = 1.5$ W/(m·K)，$\sigma_2 = 0.05$ W/(m·K)，$\sigma_3 = 0.15 + 0.000\ 15 t_m$ W/(m·K)。

求：t_2 和 δ_{p2}。

解：(1) 求保温层与绝热层交界处的壁温

由题可知：

$$r_0 = \frac{d_0}{2} = \frac{320}{2} = 160 \text{ mm} = 0.16 \text{ m}$$

$$r_1 = r_0 + \delta_{p1} = 0.16 + 0.025 = 0.185 \text{ m}$$

$$t_1 = 1\ 173 \text{ K} \qquad \sigma_2 = 0.05 \text{ W/(m·K)}$$

则根据：

$$q'_T = 1\,500 = \frac{t_1 - t_2}{\dfrac{\ln(r_1/r_0)}{2\pi\sigma_2}} = \frac{1\,173 - t_2}{\dfrac{\ln(0.185/0.16)}{2\pi \times 0.05}}$$

可求得：$t_2 = 481\ \text{K} = 208\ ℃$。

（2）求绝热层厚度

由于绝热层热导率随温度变化，取此层平均温度进行计算。

$$t_m = \frac{t_2 + t_3}{2} = \frac{481 + 303}{2} = 392\ \text{K}$$

$$\sigma_3 = 0.15 + 0.000\,15t_m = 0.15 + 0.000\,15 \times 392 = 0.208\,8\ \text{W/(m·K)}$$

由于在此题中 q'_T 不变，故同第一问算法可知：

$$q'_T = 1\,500 = \frac{t_2 - t_3}{\dfrac{\ln(r_2/r_1)}{2\pi\sigma_3}} = \frac{481 - 303}{\dfrac{\ln(r_2/0.185)}{2\pi \times 0.208\,8}}$$

$$r_2 = 0.216\ \text{m}$$

$$\delta_{p2} = r_2 - r_1 = 0.216 - 0.185 = 0.031\ \text{m} = 31\ \text{mm}$$

答：保温层界面的壁温为 208 ℃，绝热层的厚度为 31 mm。

3.3　对流传热

对流传热是指流体各部分发生相对位移而引起的传热现象，其基本特点是伴随着流体质点的运动。工程应用中的对流传热主要指流体流过与流体存在温差的壁面时进行的对流传热，下面讨论其传热规律。

3.3.1　对流传热机理

3.3.1.1　传热边界层的简化处理

对流传热是发生在流体对流的过程中，所以它与流体流动有密切的关系。在第 2 章中已叙述过流体经过固体壁面时形成流动边界层，在边界层内有速度梯度存在，即使流体达到湍流，在层流底层内流体作层流流动，因而可知，热量传递在此层内以导热方式进行。多数流体都是热导率较小的不良导体，所以在层流底层具有很大的热阻，形成很大的温度梯度。层流底层以外，由于旋涡运动使流体质点相对位移，因此，热量传递除以传导方式以外，又有对流方式，使温度梯度逐渐变小。在湍流主体内，由于旋涡运动，热量传递以对流方式为主，热阻因而大为减小，温度分布趋于一致。

综上所述，对流传热是层流底层的导热，和层流底层以外的以流体质点作相对位移和混合为主的传热的总称。为了便于处理，一般把对流传热看作相当于通过厚度为 δ_t 的传热边界层的导热。δ_t（传热边界层当量厚度）包括了真实的传热层流底层厚度 δ_b 和层流底层以外,以流体质点作相对位移和混合为主的传热的热阻相当的导热虚拟层厚度 δ_f,见图 3-7。δ_t(传热边界层当量厚度)既不是传热边界层厚度,也不是流动边界层厚度,而是集中了全部热阻和传热温度差并以导热方式传热的虚拟膜的厚度。

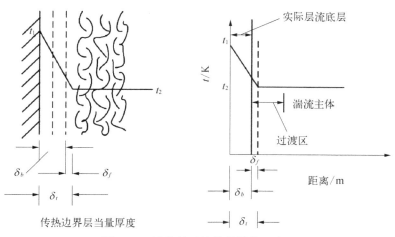

图 3-7　液体的对流传热简化示意图

3.3.1.2　不同流动状态的传热过程

当流体流过与其温度不同的固体壁面时,将发生热量传递过程,在壁面附近形成温度分布。不同的流动状态下,热量传递的机理不同。以下对流体无相变时强制流过平壁的对流传热过程进行初步分析。

温度为 t_0 的冷流体沿温度为 t_w 的热壁面流动,由于两者之间存在温差,壁面将向流体传递热量。当流体流过壁面时,由于流体黏性的作用,在壁面附近形成流动边界层。正是由于流动边界层内不同的流动情况,决定了流体与壁面间对流传热机理的差异。

在层流情况下,流体层与层之间无流体质点的宏观运动,在垂直于流动方向上,热量的传递通过导热进行。但是,因流体的流动增大了壁面处的温度梯度,使得壁面处的热流量较静止时大,即层流流动增强了导热作用。

在湍流边界层内,存在层流底层、缓冲层和湍流中心三个区域,流体处于不同的流动状态。流体的流动状态影响热量的传递及壁面附近的温度变化,使得壁面附近形成如图 3-8 所示的温度分布曲线。在靠近壁面的层流底层中,只有平行于壁面的流动,热量传递主要依靠导热进行,符合傅里叶定律,温度分布几乎为直线,且温度分布曲线的斜率较大;在湍流中心,与流动垂直方向上存在质点的强烈运动,热量传递主要依靠热对流,导热所起的作用很小,因此温度梯度较小,温度分布曲线趋于平坦;在缓冲层中,垂直于流动方向上质点的运动较弱,对流与导热的作用大致相当,由于对流传热的作用,温度梯度较层流底层小。可见,湍流流动中存在的流体质点的随机脉动,促使流体在垂直壁面的方向上掺混,导致传热过程被大大强化。

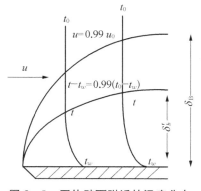

图 3-8　固体壁面附近的温度分布

湍流传热时,流体从主体到壁面的传热过程为稳定的串联传热过程。前已述及,在稳定传热情况下,传热的热阻为串联的各层热阻之和,而温差和热阻成正比。因此,湍流传热的热阻集中在层流底层上。

层流时,沿壁面法向的热量传递主要依靠分子传热,即导热;湍流时,热阻主要集中在近壁的层流底层,而层流底层的厚度很薄,热阻比层流时小很多,因此湍流传热速率远大于层流。

3.3.1.3 传热边界层

与流动边界层类似,引入传热边界层的概念,将壁面附近因传热而使流体温度发生变化的区域(即存在温度梯度的区域)称为传热边界层。流体温度从壁面处的 t_w 向 t_0 的变化具有渐近趋势,只有在法向距离无限大处温度才等于 t_0,因此,将 $(t-t_w)=0.99(t_0-t_w)$ 处作为传热边界层的界限,该界限到壁面的距离称为边界层的厚度(δ_b')。在边界层以外区域的温度变化很小,可认为不存在温度梯度。因此传热过程的阻力主要取决于传热边界层的厚度。

传热边界层的发展与流动边界层通常是不同步的,一般情况下,两者的厚度也不同,其厚度关系取决于普朗特数 Pr。

$$Pr = \frac{\nu}{m_t} = \frac{\mu}{\rho} \times \frac{1}{m_t} = \frac{\mu C_p}{\sigma} \tag{3-19}$$

式中,Pr——普朗特数(Prandtl),无量纲准数,表示物性影响的特征数;

ν——运动黏度,m^2/s;

m_t——导温系数 $m_t = \dfrac{\sigma}{\rho C_p}$, m^2/s;

μ——动力黏度,$Pa \cdot s$;

ρ——流体密度,kg/m^3;

C_p——比热容,质量定压热容,定压热容,单位质量的某种物质温度升高 1 K(或℃)所吸收的热量,$J/(kg \cdot K)$,或者 $m^2/(s^2 \cdot K)$;

σ——导热系数,$W/(m \cdot K)$。

Pr 是由流体物性参数所组成的无量纲准数,表明分子动量传递能力和分子热量传递能力的比值。运动黏度 ν 是影响速度分布的重要物性,反映流体流动的特征;导温系数 m_t 是影响温度分布的重要物性,反映热量传递的特征。流体的黏度越大,表明该物体传递动量的能力越大,流速受影响的范围越广,即流动边界层增厚;导温系数 m_t 越大,热量传递越迅速,温度变化的范围越大,即传热边界层增厚。因此,两者组成的无量纲数建立了速度场和温度场的相互关系,是研究对流传热过程的重要物性准数。对于油、水、气体和液态金属,Pr 的数量级分别为 $10^2 \sim 10^5$、$1 \sim 10$、$0.7 \sim 1$ 和 $10^{-3} \sim 10^{-2}$。导热系数和导温系数的关系是导热系数 σ 是表征传递热量的能力,导温系数 m_t 是表征传递温度变化的能力。简单地说,比如一种材料,导热系数 σ 很大,但是定压热容 C_p 大,吸收热量后温度变化小,那么它的导温系数 m_t 不一定大。

流动边界层厚度(δ_B)与传热边界层厚度(δ_b')间的关系,当 $\delta_B \geqslant \delta_b'$ 时,近似为 $\delta_B/\delta_b' = Pr^{1/3}$;当 $Pr=1$ 时,$\delta_B = \delta_b'$。通常对于 Pr 数很小的低黏度流体的流动,$\delta_B < \delta_b'$,由于传热边界层很厚,以致整个传热过程热阻分布较均匀,发生在层流底层的温度变化所占的比例很

小。而对于 Pr 大的高黏度流体，$\delta_B > \delta_b'$，传热边界层很薄，近壁区温度梯度很大，温度变化主要发生在层流底层区，即热阻主要在层流底层区。可见，了解不同流体的 Pr，对于分析流体与固体壁面间的传热特征是十分重要的。

3.3.2 对流传热速率

1）牛顿冷却定律

虽然流体在不同情况下的传热机制不同，但对流传热速率可用牛顿冷却定律描述，即通过传热面的传热速率正比于固体壁面与周围流体的温差和传热面积，其数学表达式为

$$\mathrm{d}\Phi = \alpha \mathrm{d}A \Delta t \qquad (3-20)$$

式中，$\mathrm{d}A$——与传热方向垂直的微元传热面积，m^2；

$\mathrm{d}\Phi$——通过传热面 $\mathrm{d}A$ 的对流传热热流量或对流传热速率，W 或 J/s；

Δt——流体与固体壁面之间的温差（在流体被冷却时，$\Delta t = t - t_w$；在流体被加热时，$\Delta t = t_w - t$，K）；

t、t_w——分别为流体和与流体相接触的传热壁面的温度，K；

α——对流传热膜系数，或者称为对流给热系数、给热系数、传热膜系数，$W/(m^2 \cdot K)$。

牛顿冷却定律采用微分形式，是因为在对流传热过程中，温度以及受温度影响的对流传热膜系数是沿程变化的，因此对流传热膜系数为局部的参数。实际工程中，常采用平均值进行计算，因此牛顿冷却定律可写成

$$\Phi = \alpha A \Delta t = \frac{\Delta t}{\dfrac{1}{\alpha A}} = \frac{\Delta t}{\Omega} \qquad (3-21)$$

式中，Φ——对流传热热流量或对流传热速率，W 或 J/s；

Ω——$\Omega = \dfrac{1}{\alpha A}$，为对流传热热阻，$K/W$ 或 $(K \cdot s)/J$；

A——与传热方向垂直的传热面积，m^2。

2）对流传热膜系数

对流传热膜系数 α 不是物性参数，它与很多因素有关，其大小取决于流体物性、壁面情况、流动原因、流动状况、流体相变情况等，通常由实验确定。一般来说，对于同一流体，强制对流传热膜系数高于自然对流传热膜系数；有相变的对流传热膜系数高于无相变的对流传热膜系数。表 3-4 为几种对流传热情况下的 α 值。

表 3-4 各种传热方式对流传热膜系数的范围

传 热 方 式	$\alpha/[W/(m^2 \cdot K)]$	传 热 方 式	$\alpha/[W/(m^2 \cdot K)]$
空气自然对流	5～25	水蒸气冷凝	5 000～15 000
气体强制对流	20～100	有机蒸汽冷凝	500～2 000
水自然对流	200～1 000	水沸腾	2 500～25 000
水强制对流	1 000～15 000		

在工程实际应用中,常遇到的对流传热是流体在几何形状及尺寸一定的设备中流动,流体将热量传给壁面或壁面将热量传给流体,因此,对流传热膜系数与下列因素有关。

(1) 流体性质:流体物性直接影响对流传热,影响较大有流体的密度、质量定压热容、导热系数和黏度等,同时还要考虑温度、压力等对这些物性参数的影响。通常流体的密度或质量定压热容越大,流体与壁面间的传热速率越大;导热系数越大,热量传递越快;流体的黏度越大,越不利于流动,因此会削弱流体与壁面的传热。

(2) 传热面几何特征:传热面的形状、大小和位置等都将影响对流传热。例如,圆管、非圆形管等不同形状的传热面,管径和管长,管子排列方式,垂直或水平放置等。

(3) 流动状况:层流时流体与壁面间通过导热传递热量。湍流情况下,湍流边界层内的不同区域对流和导热作用所占比重存在差异,总体上湍流流动促进了传热过程,因此湍流传热速率远大于层流,对流传热膜系数要比层流时大得多。另外,流动起因(自然对流、强制对流)以及对流方式(并流、逆流、错流)等均会影响对流传热膜系数。

强制对流的流体流速比自然对流大,因此前者的传热速率也较后者大。

如果传热中流体产生相变(蒸汽冷凝、液体沸腾),影响因素就更加复杂。由于相变一侧的流体温度不发生变化,使传热过程始终保持较大的温度梯度,因此传热速率比无相变时大得多。

3.3.3 对流传热膜系数的经验式

由于影响对流传热膜系数的因素很多,要在众多的影响因素下提出一个计算的一般式是困难的。目前普遍采用的方法是,用因次分析方法将影响传热系数的因素归纳成几个无量纲数群——准数,以减少变量。再用实验方法确定这些准数在不同情况下的相互关系,从而整理出一些经验性的准数关系式,用以计算对流传热膜系数。

3.3.3.1 无量纲准数方程式

研究表明,对于一定类型的传热面,流体的传热系数 α 与下列因素有关:流速 u、换热面尺寸 $L(m)$、流体黏度 $\mu(Pa \cdot s)$、导热系数 $\sigma[W/(m \cdot K)]$、密度 $\rho(kg/m^3)$、质量定压热容 $C_p[J/(kg \cdot K)]$ 以及由于温度变化造成的升浮力 $\rho g \beta_g \Delta t$(β_g 为体积膨胀系数)。因此,对流传热膜系数可表示为

$$\alpha = f(u, L, \mu, \sigma, \rho, C_p, \rho g \beta_g \Delta t)$$

通过量纲分析法,可以得到各物理量之间的关系如下:

$$\frac{\alpha L}{\sigma} = k \left(\frac{Lu\rho}{\mu}\right)^a \left(\frac{\mu C_p}{\sigma}\right)^f \left(\frac{L^3 \rho^2 g \beta_g \Delta t}{\mu^2}\right)^h \tag{3-22a}$$

式(3-22a)可以写成由 4 个无量纲准数表示的关系式,即

$$Nu = k Re^a Pr^f Gr^h \tag{3-22b}$$

或 $$Nu = f(Re, Pr, Gr) \tag{3-22c}$$

式中,Nu——努塞尔特数(Nusselt),无量纲准数,表示对流传热膜系数的特征数,$Nu = \dfrac{\alpha L}{\sigma}$;

Gr——格拉晓夫数（Grashof），无量纲准数，表示自然对流影响的特征数，$Gr = \dfrac{L^3 \rho^2 g \beta_g \Delta t}{\mu^2}$；

Pr——普朗特数（Prandtl），无量纲准数，表示物性影响的特征数，$Pr = \dfrac{v}{m_t} = \dfrac{\mu C_p}{\sigma}$；

Re——雷诺数（Reynolds），无量纲准数，表示流体流动状态影响的特征数，$Re = \dfrac{Lu\rho}{\mu}$；

k，a，f，h——未知量，需通过实验确定；

β_g——气体膨胀系数，温度 T 的倒数，K^{-1}。定义：温度每升高一度，气体体积增大量与原来气体体积之比，用 β_g 表示。

设原来气体体积为 V_1，温度升高一度后气体体积为 V_2，

$$\beta_g = \frac{V_2 - V_1}{V_1 \Delta T}$$

根据热力学第二定律：$pV = nRT$，$p_1 V_1 = nRT_1$，$p_2 V_2 = nRT_2$

所以，$\dfrac{V_2}{V_1} = \dfrac{T_2}{T_1}$，两边同时减 1，$\dfrac{V_2 - V_1}{V_1} = \dfrac{T_2 - T_1}{T_1}$

$T_2 - T_1 = \Delta T$，代入定义式，$\beta_g = \dfrac{V_2 - V_1}{V_1} \cdot \dfrac{1}{\Delta T} = \dfrac{T_2 - T_1}{T_1} \cdot \dfrac{1}{\Delta T} = \dfrac{\Delta T}{T_1} \cdot \dfrac{1}{\Delta T} = \dfrac{1}{T_1}$

要确定各种情况下的具体函数形式，需要通过实验，改变描写该过程的无量纲准数 Re、Pr 和 Gr，并将实验数据整理成无量纲准数的形式，分析它们之间的关系，确定函数式中的未知量 k、a、f 和 h，得到经验关联式。

由于准数关联式是通过实验数据整理得到的，因此在应用时必须注意，传热面的类型要相同，同时无量纲准数 Re、Pr 和 Gr 应在实验数值范围内，原则上不能外推。因此，准数关联式通常给出 Re、Pr 或 Gr 数值的应用范围。

无量纲准数中包括流体的物性参数 μ、σ、ρ 和 C_p，以及传热面特征尺寸 L 和流速 u。物性参数与温度有关，由于在传热过程中，沿壁面切向和法向上的温度分布往往不均匀，在处理实验数据时需要取一个有代表性的温度，即定性温度，以确定物性参数的数值。定性温度原则上取有一定物理意义的某个平均值。

传热面特征尺寸 L 代表传热面的几何特征，即特征尺寸，通常取对流动与传热有主要影响的某一几何尺寸，因此特征尺寸在不同传热类型的系统中往往不同。

流体的速度 u 为特征速度，通常取有意义的速度，如管内流动时取截面流体的平均速度。

可见，无量纲准数与定性温度、特征尺寸和特征速度相对应，并因采用不同的定性温度、特征尺寸和特征速度而变化，从而使方程式改变。因此，使用准数方程式时，必须严格按照该方程的规定选取定性温度、特征尺寸和特征速度。

式(3-22c)表示无相变时对流传热的普遍关系，既包括强制对流，也包括自然对流。但在强制对流时 Gr 常可忽略不计；而对于自然对流，Re 可不计入。这样，对于不同的对流传热情况又可进一步简化，式(3-22c)可表示为

强制对流： $$Nu = f(Re, Pr) \qquad (3-23)$$

自然对流： $$Nu = f(Gr, Pr) \qquad (3-24)$$

以下分别给出几种常见情况下对流传热膜系数的经验关联式。

3.3.3.2 流体强制对流时的对流传热膜系数

1) 流体在圆形直管内呈层流流动状态

管内层流换热情况比较复杂,因为附加的自然对流传热往往会有影响。只有在小管径,并且流体和壁面的温差不大的情况下,即 $Gr < 25\,000$ 时,自然对流的影响才能够忽略。这种情况下可采用下述准数关系式计算对流传热膜系数:

$$Nu = 1.86 Re^{1/3} Pr^{1/3} \left(\frac{d_i}{L}\right)^{1/3} \left(\frac{\mu}{\mu_w}\right)^{0.14} \qquad (3-25)$$

$$Nu = \frac{\alpha L}{\sigma} = 1.86 Re^{1/3} Pr^{1/3} \left(\frac{d_i}{L}\right)^{1/3} \left(\frac{\mu}{\mu_w}\right)^{0.14} \qquad (3-25a)$$

$$\alpha = 1.86 \frac{\sigma}{L} \left(\frac{Lu\rho}{\mu}\right)^{1/3} \left(\frac{\mu C_p}{\sigma}\right)^{1/3} \left(\frac{d_i}{L}\right)^{1/3} \left(\frac{\mu}{\mu_w}\right)^{0.14} \qquad (3-25b)$$

$$\alpha = 1.86 \frac{\sigma}{d_i} \left(\frac{d_i u\rho}{\mu}\right)^{1/3} \left(\frac{\mu C_p}{\sigma}\right)^{1/3} \left(\frac{d_i}{l}\right)^{1/3} \left(\frac{\mu}{\mu_w}\right)^{0.14} \qquad (3-25c)$$

上式中,除 μ_w 外,其余定性温度均取流体平均温度,特征尺寸取管内径。μ_w 取流体在内壁温度时的黏度。应用范围为 $Re < 2\,300$, $Pr > 0.6$, $Re \cdot Pr \cdot \frac{d_i}{l} > 10$。

当 $Gr > 25\,000$ 时,可按式(3-25c)计算 α,然后再乘以修正系数 f:

$$f = 0.8(1 + 0.015 Gr^{1/3}) \qquad (3-26)$$

【例 3-5】 在 A 垃圾焚烧厂的热交换系统中,在一根长度为 1 m 的 $\Phi 220\,mm \times 10\,mm$ 的水平圆管中流经 0.101 MPa 的空气,在入口处温度为 15 ℃,出口温度为 45 ℃,空气的平均流速为 0.1 m/s。已知管内壁温度维持在 150 ℃。

求换热管内空气流动时的对流传热膜系数。

已知：$d_i = 0.2\,m$, $d_0 = 0.22\,m$, $l = 1\,m$, $t_1 = 15\,℃ = 288\,K$, $t_2 = 45\,℃ = 318\,K$, $u = 0.1\,m/s$, $t_w = 150\,℃ = 423\,K$。

求：对流传热膜系数 α。

解：定性温度为管内空气的平均温度 $t_m = \frac{t_1 + t_2}{2} = \frac{1}{2}(288 + 318) = 303\,K = 30\,℃$,该温度下空气的物性参数如下:

$$C_p = 1.013\,kJ/(kg \cdot K), \quad \sigma = 0.026\,75\,W/(m \cdot K)$$

$$\mu = 1.86 \times 10^{-5}\,Pa \cdot s, \quad \rho = 1.165\,kg/m^3$$

$$\beta_g = \frac{1}{303} = 3.3 \times 10^{-3}\,K^{-1}$$

$$Re = \frac{d_i u\rho}{\mu} = \frac{0.2 \times 0.1 \times 1.165}{1.86 \times 10^{-5}} = 1\,252 < 2\,300(层流)$$

$$Pr = \frac{\mu C_p}{\sigma} = \frac{1.86 \times 10^{-5} \times 1.013 \times 10^3}{0.026\,75} = 0.704 > 0.6$$

$$Gr = \frac{d_i^3 \rho^2 g\beta_g \Delta t}{\mu^2} = \frac{0.2^3 \times 1.165^2 \times 9.81 \times 3.33 \times 10^{-3} \times (150 - 30)}{(1.86 \times 10^{-5})^2}$$

$$= 1.23 \times 10^8 > 25\,000$$

$$Re \cdot Pr \cdot \frac{d_i}{l} = 1\,252 \times 0.704 \times \frac{0.2}{1} = 176.3 > 10$$

又 423 K 时,取 $\mu_w = 2.41 \times 10^{-5}(\text{Pa}\cdot\text{s})$,$Re$,$Pr$ 及 $\frac{d_i}{l}$ 均在式(3 - 25)的应用范围内,故可用该式计算 α_i。又因为 $Gr > 25\,000$,需考虑自然对流的影响。依据式(3 - 25)可得 α_i':

$$\alpha_i' = 1.86 \frac{\sigma}{d_i} (Re)^{1/3} (Pr)^{1/3} \left(\frac{d_i}{l}\right)^{1/3} \left(\frac{\mu}{\mu_w}\right)^{0.14}$$

$$= 1.86 \times \frac{0.026\,75}{0.2} \times 1\,252^{1/3} \times 0.704^{1/3} \times \left(\frac{0.2}{1}\right)^{1/3} \times \left(\frac{1.86 \times 10^{-5}}{2.41 \times 10^{-5}}\right)^{0.14}$$

$$= 1.36\ \text{W/(m}^2\cdot\text{K)}$$

根据式(3 - 26) $\quad f = 0.8(1 + 0.015 Gr^{1/3})$

$$= 0.8[1 + 0.015 \times (1.23 \times 10^8)^{1/3}]$$

$$= 6.76$$

故 $\alpha = f\alpha_i' = 6.76 \times 1.36 = 9.19\ \text{W/(m}^2\cdot\text{K)}$

答:空气在管内流动时的对流传热膜系数为 $9.19\ \text{W/(m}^2\cdot\text{K)}$。

2) 流体在圆形直管内呈强烈的湍流流动状态

湍流流动状态有利于传热,故工程上的大多数传热过程在湍流条件下进行。对于低黏度(小于常温水黏度的 2 倍)的流体,通常采用下式计算对流传热膜系数:

$$Nu = 0.023 Re^{0.8} Pr^f$$

或

$$\alpha = 0.023 \frac{\sigma}{d_i} \left(\frac{d_i u\rho}{\mu}\right)^{0.8} \left(\frac{\mu C_p}{\sigma}\right)^f \qquad (3-27)$$

当流体被加热时,上式中 $f = 0.4$;当流体被冷却时 $f = 0.3$。式(3 - 27)应用的条件和范围如下。

定性温度：流体进出口温度的算术平均值；

特征尺寸：管内径 d_i；

应用范围：$Re > 10^4$，$0.7 < Pr < 120$，管内表面光滑，管长与管径比 $\dfrac{l}{d_i} > 60$；对于 $\dfrac{l}{d_i} < 60$ 的短管，需要在式（3-27）右侧乘以短管修正系数 φ_L 进行修正。短管修正系数 φ_L 为

$$\varphi_L = 1 + \left(\frac{d_i}{l}\right)^{0.7} \tag{3-28}$$

对于高黏度流体，即其黏度大于 2 倍常温水黏度（1.0×10^{-3} Pa·s），应采用如下的修正公式计算：

$$\alpha = 0.027 \frac{\sigma}{d_i} \left(\frac{d_i u \rho}{\mu}\right)^{0.8} \left(\frac{\mu C_p}{\sigma}\right)^{1/3} \left(\frac{\mu}{\mu_w}\right)^{0.14} \tag{3-29}$$

除 μ_w 以外，定性温度与特征尺寸和（3-27）相同，μ_w 取流体在内壁温度时的黏度。由于壁温为未知，一般采用试差法求取，较为麻烦，因此工程计算中对 $\left(\dfrac{\mu}{\mu_w}\right)^{0.14}$ 项可取近似值：当流体被加热时，取 $\left(\dfrac{\mu}{\mu_w}\right)^{0.14} \approx 1.05$；当流体被冷却时，取 $\left(\dfrac{\mu}{\mu_w}\right)^{0.14} \approx 0.95$。

应用范围：$Re > 10^4$，$0.7 < Pr < 16\,700$，$\dfrac{l}{d_i} > 60$。对于 $\dfrac{l}{d_i} < 60$ 的短管，需要在式（3-29）右侧乘以短管修正系数 φ_L［按照式（3-28）计算］进行修正。

由式（3-27）可见，湍流情况下，对流传热膜系数与流速的 0.8 次方成正比，与管径的 0.2 次方成反比，所以提高流速或采用小直径管子，都可以强化传热，尤以前者更为有效。当然采取上述措施时，应注意管内流动阻力的增加。

【例 3-6】 在 A 垃圾焚烧厂的热交换系统中有一水平放置的 $\varPhi 1\,020$ mm×10 mm 的逆流列管式换热器，内部有 30 根 $\varPhi 22$ mm×1 mm，直管长 3.0 m 的钢管组成，冷却水在管内的流速为 1 m/s，进口温度为 20 ℃，出口温度为 60 ℃。

求：（1）钢管内壁对冷却水的对流传热膜系数；

（2）如果内部小钢管缩短为 0.5 m，此时的钢管内壁对冷却水的对流传热膜系数。

已知：$d_i = 0.02$ m，$d_0 = 0.022$ m，$d_w = 1$ m，$u_i = 1$ m/s，$u_w = 0.5$ m/s，$t_1 = 20$ ℃ $= 293$ K，$t_2 = 60$ ℃ $= 333$ K，$t_3 = 90$ ℃ $= 363$ K，$t_4 = 30$ ℃ $= 303$ K，$l = 3.0$ m，$l' = 0.5$ m。

求：α_i 与 α_o。

解：（1）$t_1 = 20$ ℃ $= 293$ K，$t_2 = 60$ ℃ $= 333$ K

$$t_{m1} = \frac{t_1 + t_2}{2} = \frac{293 + 333}{2} = 313 \text{ K} = 40 \text{ ℃}$$

可查得 40 ℃时，水的物性参数为

$$C_p = 4\,174\ \mathrm{J/(kg \cdot K)}, \ \rho = 992.2\ \mathrm{kg/m^3}, \ \mu = 65.60 \times 10^{-5}\ \mathrm{Pa \cdot s}$$

$$\sigma = 63.38 \times 10^{-2}\ \mathrm{W/(m \cdot K)}, \ Pr = \frac{\mu C_p}{\sigma} = \frac{65.60 \times 10^{-5} \times 4\,174}{63.38 \times 10^{-2}} = 4.32$$

且 $d_i = 22 - 2 \times 1 = 20\ \mathrm{mm} = 0.02\ \mathrm{m}$

故 $$Re = \frac{du\rho}{\mu} = \frac{0.02 \times 1 \times 992.2}{65.6 \times 10^{-5}} = 30\,250 > 10^4 \ \text{属湍流}$$

以上数据和计算表明,该题中水的流动 $Re > 10^4$,$120 > Pr > 0.7$,且水被加热,$f = 0.4$。故可使用以下公式:

$$\alpha_i = 0.023 \frac{\sigma}{d}(Re)^{0.8}(Pr)^{0.4} = 0.023 \times \frac{0.633\,8}{0.02} \times 30\,250^{0.8} \times 4.32^{0.4} = 5\,028\ \mathrm{W/(m^2 \cdot K)}$$

$l/d_i = \dfrac{3.0}{0.02} = 150 > 60$,$\alpha_i$ 不用进行短管影响修正。

(2) $l' = 0.5\ \mathrm{m}$

$l'/d_i = \dfrac{0.5}{0.02} = 25 < 60$,需考虑短管影响。

短管修正系数

$$\varphi_L = 1 + \left(\frac{d_i}{l'}\right)^{0.7} = 1 + \left(\frac{0.02}{0.5}\right)^{0.7} = 1.105$$

$$\alpha_i' = \varphi_L \cdot \alpha_i = 1.105 \times 5\,028 = 5\,556\ \mathrm{W/(m^2 \cdot K)}$$

答:钢管内壁对冷却水的对流传热膜系数 α_i 为 $5\,028\ \mathrm{W/(m^2 \cdot K)}$;当管长缩短为 0.5 m 时,对流传热膜系数 α_i' 为 $555\,6\ \mathrm{W/(m^2 \cdot K)}$。

3) 流体在圆形直管内呈过渡流状态

对于 $Re = 2\,300 \sim 10\,000$ 的过渡流范围,对流传热膜系数可先用湍流流动时的经验式计算,然后将计算出的 α 乘以小于 1 的校正系数 φ:

$$\varphi = 1 - \frac{6 \times 10^5}{Re^{1.8}} \tag{3-30}$$

3.3.3.3　流体自然对流时的对流传热膜系数

自然对流传热膜系数仅与反映自然对流的 Gr 准数和 Pr 准数有关,其准数关联式为

$$Nu = C(Gr \cdot Pr)^n \tag{3-31}$$

$$\alpha = C \frac{\sigma}{L}(Gr \cdot Pr)^n \tag{3-31a}$$

对于大空间中的自然对流,例如管道或换热设备的表面与周围大气之间的对流传热就属于这种情况,其 C、n 值和特征尺寸 L 列于表 3-5 中。定性温度取壁面温度和大气温度

的算术平均值。

表 3 – 5　大空间自然对流时的 C、n 值和特征尺寸

传热面形状和位置	$Gr \cdot Pr$	C	n	特征尺寸 L
垂直平板或圆管	$10^4 \sim 10^9$	0.59	1/4	高度 H
	$10^9 \sim 10^{13}$	0.10	1/3	
水平圆管	$10^4 \sim 10^9$	0.53	1/4	外径 d
	$10^9 \sim 10^{11}$	0.13	1/3	
水平板热面朝上或冷面朝下	$2 \times 10^4 \sim 8 \times 10^6$	0.54	1/4	矩形取两边的平均值;圆盘取 $0.9d$;狭长条取短边
	$8 \times 10^6 \sim 10^{11}$	0.15	1/3	
水平板热面朝下或冷面朝上	$10^5 \sim 10^{11}$	0.58	1/5	

【例 3 – 7】　在 A 垃圾焚烧厂的散热系统中,有一根竖立放置的 $\Phi33\,mm \times 1.5\,mm$ 蒸汽管,长度为 8 m。已知管外壁温度为 95 ℃,周围环境温度为 25 ℃。

求:(1) 单位管长的散热速率(忽略热辐射);

(2) 如果该蒸汽管水平放置,求此时的单位管长的散热速率。

已知: $d = 30\,mm = 0.03\,m$,$d_0 = 33\,mm = 0.033\,m$,$t_w = 95\,℃ = 368\,K$,$t_0 = 25\,℃ = 298\,K$,$H = 8\,m$。

求:(1) q'_T;

(2) 水平放置时的 q'_T。

(1) 解:此为大空间自然对流传热。定性温度 $t_m = \frac{1}{2}(t_w + t_0) = \frac{1}{2}(368 + 298) = 333\,K = 60\,℃$,该温度下空气的物性参数如下:

$$C_p = 1.017\,kJ/(kg \cdot K),\ \sigma = 0.028\,96\,W/(m \cdot K)$$

$$\mu = 2.01 \times 10^{-5}\,Pa \cdot s,\ \rho = 1.060\,kg/m^3$$

$$\beta_g = \frac{1}{t_m} = \frac{1}{333} = 3.00 \times 10^{-3}\,K^{-1}$$

由于管路竖直放置,其特征尺寸 $L = H = 8\,m$

$$Gr = \frac{L^3 \rho^2 g \beta_g \Delta t}{\mu^2} = \frac{H^3 \rho^2 g \beta_g \Delta t}{\mu^2} = \frac{8^3 \times 1.060^2 \times 9.81 \times 3.00 \times 10^{-3} \times (368 - 298)}{(2.01 \times 10^{-5})^2}$$

$$= 2.93 \times 10^{12}$$

$$Pr = \frac{\mu C_p}{\sigma} = \frac{2.01 \times 10^{-5} \times 1.017 \times 10^3}{0.028\,96} = 0.705\,9$$

$$Gr \cdot Pr = 2.93 \times 10^{12} \times 0.705\,9 = 2.07 \times 10^{12}$$

查表 3 – 5 得 $C = 0.1$,$n = 1/3$。所以

$$\alpha = C \frac{\sigma}{L}(Gr \cdot Pr)^n = 0.1 \times \frac{0.028\ 96}{8} \times (2.07 \times 10^{12})^{1/3} = 4.61\ \text{W}/(\text{m}^2 \cdot \text{K})$$

热损失：

$$q'_T = \frac{\Phi}{H} = \frac{\alpha A \Delta t}{H} = \alpha \pi d_0 \Delta t = 4.61 \times \pi \times 0.033 \times (368 - 298) = 33.46\ \text{W}/\text{m} = 33.46\ \text{J}/(\text{s} \cdot \text{m})$$

（2）当管路水平放置时，特征尺寸 $L = d_0$。

$$Gr = \frac{L^3 \rho^2 g \beta_g \Delta t}{\mu^2} = \frac{d_0^3 \rho^2 g \beta_g \Delta t}{\mu^2}$$

$$= \frac{0.033^3 \times 1.060^2 \times 9.81 \times 3.00 \times 10^{-3} \times (368 - 298)}{(2.01 \times 10^{-5})^2} = 2.06 \times 10^5$$

$$Gr \cdot Pr = 2.0 \times 10^5 \times 0.705\ 9 = 1.45 \times 10^5$$

查表可得 $C = 0.53, n = 1/4$

$$\alpha = C \frac{\sigma}{L}(Gr \cdot Pr)^n = C \cdot \frac{\sigma}{d_0}(Gr \cdot Pr)^{1/4} = 0.53 \times \frac{0.028\ 96}{0.033} \times (1.45 \times 10^5)^{1/4} = 9.08\ \text{W}/(\text{m}^2 \cdot \text{K})$$

此时热损失为

$$q'_T = \frac{\Phi}{H} = \frac{\alpha A \Delta t}{H} = \alpha \pi d_0 \Delta t = 9.08 \times \pi \times 0.033 \times (368 - 298) = 65.87\ \text{W}/\text{m} = 65.87\ \text{J}/(\text{s} \cdot \text{m})$$

答：竖直放置时单位管长的散热速率为 $33.46\ \text{J}/(\text{s} \cdot \text{m})$；水平放置时，单位管长的散热速率为 $65.87\ \text{J}/(\text{s} \cdot \text{m})$。

3.3.4 保温层的临界直径

在高于或低于环境温度下操作的设备和管道，常需在其外部包装保温材料保温。一般情况下，热损失随保温层厚度增加而减少。但对于小直径的管道，则可能出现相反的情况，即随保温层厚度的增加，热损失加大。如图 3-9 所示，设保温层内表面温度为 t_i，周围环境温度为 t_f。保温层内、外半径分别为 r_i, r_0，保温层外表面对环境的对流传热膜系数为 α。在稳定传热时，根据热阻叠加原则，管道的热损失可写成：

$$\Phi_l = \frac{t_i - t_f}{\dfrac{\ln(r_0/r_i)}{2\pi\sigma l} + \dfrac{1}{2\pi r_0 \alpha l}} = \frac{t_i - t_f}{\Omega_1 + \Omega_2} \tag{3-32}$$

式中，$\Omega_1 = \dfrac{\ln(r_0/r_i)}{2\pi\sigma l}$，为保温层的导热热阻，K/W；

$\Omega_2 = \dfrac{1}{2\pi r_0 \alpha l}$，为保温层外表面对环境的对流传热热阻，K/W；

t_i——保温层内表面温度，K；

t_f——周围环境温度，K；

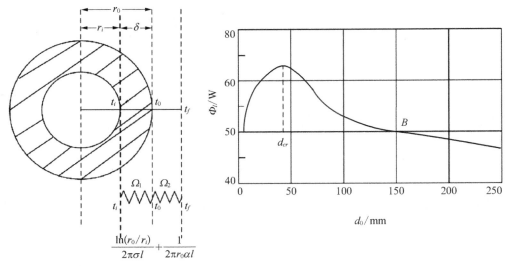

图 3-9　临界保温直径

t_0——保温层外表面温度，K；

σ——保温层材料的导热系数，W/(m·K)；

r_i——保温层内表面半径，m；

r_0——保温层外表面半径，m；

l——管长，m；

Φ_l——热流量，W；

α——保温层外表面对流传热系数，W/(m²·K)。

由式(3-32)可以看出，当保温层厚度增加(即 r_0 增大)时，虽然导热热阻增加，但对流传热热阻由于表面积增加而下降，因而热损失随 r_0 的增大是增加还是减少取决于两种热阻之和是增大还是减小。将式(3-32)对 r_0 求导，并令导数等于零：

$$\frac{\mathrm{d}\Phi_l}{\mathrm{d}r_0} = \frac{-2\pi l(t_i - t_f)\left(\dfrac{1}{\sigma r_0} - \dfrac{1}{\alpha r_0^2}\right)}{\left[\dfrac{1}{\sigma}\ln(r_0/r_i) + \dfrac{1}{\alpha r_0}\right]^2} = 0$$

由此得到热损失 Φ_l 为最大值时的保温层直径：

$$d_0 = 2r_0 = \frac{2\sigma}{\alpha} = d_{\mathrm{cr}} \tag{3-33}$$

d_{cr} 称为保温层的临界直径，$0.5(d_{\mathrm{cr}} - d_i)$ 为保温层的临界厚度。如果保温层的外径小于临界直径，即 $d_0 < d_{\mathrm{cr}}$，$\mathrm{d}\Phi_l/\mathrm{d}r_0$ 为正值，增加保温层厚度反而使热损失增加。

【例 3-8】　在 A 垃圾焚烧厂中的蒸汽输送的管路中，有一根 $\Phi45\ \mathrm{mm} \times 2.5\ \mathrm{mm}$ 的竖管。为了减少管路传输过程中的热损失，现设计在管外壁包一层保温材料。已知管外壁温度维持在 300 ℃，保温材料的导热系数为 0.25 W/(m·K)，保温层外壁对空气的对流传热膜系数为 10 W/(m²·K)，且保温层厚度对流传热膜系数的影响忽略不计，环境空气温度为 25 ℃。

求：

（1）保温层厚度分别为 5 mm、10 mm 和 15 mm 时，该输送管每米管长的设计热损失及保温层外壁的温度；

（2）保温层热损失最大时的保温层厚度，及在该情况下每米管长的设计热损失及保温层外壁的温度；

（3）如果要起到保温作用，保温层的厚度至少为多少。

已知：$\Phi45\,mm\times2.5\,mm$，$t_i=300\,℃=573\,K$，$t_f=25\,℃=298\,K$，$\sigma=0.25\,W/(m\cdot K)$，$\alpha=10\,W/(m^2\cdot K)$。

求：

（1）当 δ 分别为 5 mm、10 mm 和 15 mm 时，$\dfrac{\Phi_l}{l}$ 和 t_0。

（2）保温层热损失最大时的保温层厚度，及在该情况下的 $\dfrac{\Phi_l}{l}$ 和 t_0。

（3）如果要起到保温作用，保温层的厚度至少为多少。

解：$r_i=45\div2\,mm=22.5\,mm=0.0225\,m$

（1）根据式（3-32），每米管长的热损失为

$$\frac{\Phi_l}{l}=\frac{t_i-t_f}{l(\Omega_1+\Omega_2)}=\frac{t_i-t_f}{\Omega_1'+\Omega_2'}$$

其中，$t_i-t_f=573-298=275\,K$，设 Ω_1' 为每米管长的保温层的导热热阻，Ω_2' 为每米管长保温层外表面对环境的对流传热热阻。

$$\Omega_1'=\frac{\ln(r_0/r_i)}{2\pi\sigma}=\frac{\ln(r_0/0.0225)}{2\pi\times0.25}$$

$$\Omega_2'=\frac{1}{2\pi r_0\alpha}=\frac{1}{2\pi r_0\times10}$$

设保温层外表面温度为 t_0。稳定传热时，各层传热速率相等，即

$$\frac{\Phi_l}{l}=\frac{t_i-t_f}{\Omega_1'+\Omega_2'}=\frac{t_0-t_f}{\Omega_2'}$$

故当保温层厚度为 5 mm 时，$r_0=0.0275\,m$，则

$$\Omega_1'=\frac{\ln\dfrac{0.0275}{0.0225}}{2\pi\times0.25}=0.128\,(K\cdot m)/W$$

$$\Omega_2'=\frac{1}{2\pi\times0.0275\times10}=0.579\,(K\cdot m)/W$$

$$\frac{\Phi_l}{l}=\frac{275}{0.128+0.579}=388.96\,W/m$$

$$t_0=t_f+\frac{\Phi_l}{l}\times\Omega_2'=298+388.96\times0.579=523.21\,K=250.21\,℃$$

同理,当保温层厚度为 10 mm 时,$r_0 = 0.032\,5$ m,有

$$\Omega'_1 = \frac{\ln\dfrac{0.032\,5}{0.022\,5}}{2\pi \times 0.25} = 0.234\ (\text{K}\cdot\text{m})/\text{W}$$

$$\Omega'_2 = \frac{1}{2\pi \times 0.032\,5 \times 10} = 0.490\ (\text{K}\cdot\text{m})/\text{W}$$

$$\frac{\Phi_l}{l} = \frac{275}{0.234 + 0.490} = 379.83\ \text{W}/\text{m}$$

$$t_0 = t_f + \frac{\Phi_l}{l} \times \Omega'_2 = 298 + 379.83 \times 0.490 = 484.12\ \text{K} = 211.12\ ℃$$

当保温层厚度为 15 mm 时,$r_0 = 0.037\,5$ m,有

$$\Omega'_1 = \frac{\ln\dfrac{0.037\,5}{0.022\,5}}{2\pi \times 0.25} = 0.325\ (\text{K}\cdot\text{m})/\text{W}$$

$$\Omega'_2 = \frac{1}{2\pi \times 0.037\,5 \times 10} = 0.424\ (\text{K}\cdot\text{m})/\text{W}$$

$$\frac{\Phi_l}{l} = \frac{275}{0.234 + 0.490} = 367.16\ \text{W}/\text{m}$$

$$t_0 = t_f + \frac{\Phi_l}{l} \times \Omega'_2 = 298 + 367.16 \times 0.424 = 453.67\ \text{K} = 180.67\ ℃$$

可见,在保温层为 5~15 mm 时,随着厚度的增加,热损失量减小。

(2) 热损失达到最大值时,保温层直径为临界直径,即

$$d_0 = d_{cr} = \frac{2\sigma}{\alpha} = \frac{2 \times 0.25}{10} = 0.05\ \text{m}$$

保温层的临界厚度为

$$\frac{d_{cr} - d_i}{2} = \frac{0.05 - 0.045}{2} = 0.002\,5\ \text{m}$$

此时,$r_0 = 0.025$ m,则有

$$\Omega'_1 = \frac{\ln\dfrac{0.025}{0.022\,5}}{2\pi \times 0.25} = 0.067\ (\text{K}\cdot\text{m})/\text{W}$$

$$\Omega'_2 = \frac{1}{2\pi \times 0.025 \times 10} = 0.637\ (\text{K}\cdot\text{m})/\text{W}$$

$$\frac{\Phi_l}{l} = \frac{275}{0.067 + 0.637} = 390.6\ \text{W}/\text{m}$$

$$t_0 = t_f + \frac{\Phi_l}{l} \times \Omega_2' = 298 + 390.6 \times 0.637 = 546.66 \text{ K} = 273.66 \text{ ℃}$$

（3）为了起到保温作用,加保温层后应使热损失小于裸管时的热损失。因此保温层的外径应满足

$$\frac{\Phi_l}{l} = \frac{t_i - t_f}{\Omega_1' + \Omega_2'} = \frac{t_i - t_f}{\dfrac{1}{2\pi r_i \alpha}}$$

即

$$\frac{\ln(r_0/r_i)}{2\pi\sigma} + \frac{1}{2\pi r_0 \alpha} = \frac{1}{2\pi r_i \alpha}$$

$$\frac{\ln(r_0/0.022\,5)}{2\pi \times 0.25} + \frac{1}{2\pi r_0 \times 10} = \frac{1}{2\pi \times 0.022\,5 \times 10}$$

解得 $r_0 = 0.027\,9$ m,则保温层的厚度应大于

$$0.027\,9 - 0.022\,5 = 0.005\,4 \text{ m}$$

可见,对于外径为 45 mm 的钢管,保温层厚度需大于 5.4 mm,才能起到保温作用。

答:保温层厚度分别为 5 mm、10 mm 和 15 mm 时,每米管长热损失分别为:388.96 W/m、379.83 W/m、367.16 W/m。保温层外表面的温度分别为:250.21 ℃、211.12 ℃、180.67 ℃。当保温层厚度为 0.002 5 m 时热损失量最大,此时每米管长的热损失为 390.6 W/m,保温层外表面的温度为 273.66 ℃。若要起到保温作用,保温层厚度至少为 0.005 4 m。

3.4　传热过程的计算

工程上传热过程的计算主要有两类:一类是设计计算,即根据生产工艺的要求,确定换热器的传热面积及换热器的其他有关尺寸,以便设计或选用换热器;另一类是校核计算,即判断一个换热器是否满足生产工艺的要求或预测生产过程中某些参数的变化对换热器传热能力的影响。本节将根据传热过程的热量衡算,结合间壁传热,在导热速率方程和对流传热速率方程的基础上,导出整个传热过程的总传热速率方程,并用它来解决生产过程中的实际传热问题。

3.4.1　热量衡算

对间壁式换热器作热量衡算,假设换热器保温好,忽略热损失,则单位时间内热流体放出的热量等于冷流体吸收的热量。

对于换热器的微元段,热量衡算式为

$$\mathrm{d}\Phi_e = -q_{mh}\mathrm{d}\mathcal{H}_h = q_{mc}\mathrm{d}\mathcal{H}_c \tag{3-34}$$

对于整个换热器,热量衡算式为

$$\Phi_e = -q_{mh}(\mathcal{H}_{h1} - \mathcal{H}_{h2}) = q_{mc}(\mathcal{H}_{c1} - \mathcal{H}_{c2}) \tag{3-35}$$

若换热器内流体无相变,质量定压热容取平均温度下的值。上述二式可分别表示为

$$\mathrm{d}\Phi_e = -q_{mh}C_{ph}\mathrm{d}T = q_{mc}C_{pc}\mathrm{d}t \qquad (3-34\mathrm{a})$$

$$\Phi_e = q_{mh}C_{ph}(T_1 - T_2) = q_{mc}C_{pc}(t_2 - t_1) \qquad (3-35\mathrm{a})$$

若换热器中的热流体来自饱和蒸汽的冷凝,则其衡算式为

$$\Phi_e = q'_{mh}r_e = q_{mc}C_{pc}(t_2 - t_1) \qquad (3-36)$$

若蒸汽冷凝后又降温才流出换热器,则热量衡算式为

$$\Phi_e = q'_{mh}[r_e + C_{ph}(t_s - T_2)] = q_{mc}C_{pc}(t_2 - t_1) \qquad (3-37)$$

公式(3-34)~(3-37)中符号的意义为

Φ_e——换热器的热负荷,即单位时间的传热量,$\mathrm{d}\Phi_e$ 为其微分量,W;

$\mathcal{H}$——流体的焓,$\mathrm{d}\mathcal{H}$ 为其微分增量,J/kg;

q_m——流体的质量流量,kg/s;

q'_m——冷凝蒸汽的质量流量,kg/s;

C_p——流体平均温度下的质量定压热容,J/(kg·K);

r_e——饱和蒸汽的冷凝热,J/kg;

T 和 t——分别代表热、冷流体的温度,K;

t_s——冷凝液的饱和温度,K。

下标 h 和 c 分别表示热流体和冷流体,下标 1 和 2 分别表示换热器的进、出口。

3.4.2 总传热速率方程

环境工程中应用较为广泛的是间壁换热器。在这类换热器中冷、热流体通过间壁的传热过程如图 3-10 所示。

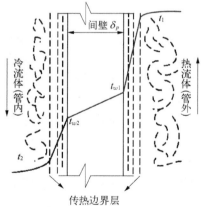

图 3-10 流体的间壁传热过程

流体通过间壁传热给冷流体的过程分为三步:① 热量从热流体传给固体壁面;② 热量从间壁的热侧面传到冷侧面;③ 热量从固体壁面传给冷流体。

第②步通过固体壁面的传热属于导热,第①步和第③步为流体与固体壁面之间的传热,主要依靠对流传热。

根据牛顿冷却定律,热流体对壁面的对流传热速率:

$$\Phi_1 = \alpha_1 A_1 (t_1 - t_{w1})$$

$$t_1 - t_{w1} = \frac{\Phi_1}{\alpha_1 A_1} \qquad (3-38)$$

根据傅里叶固体热传导基本定律,固体间壁的导热速率:

$$\Phi_2 = \frac{A_m(t_{w1} - t_{w2})}{\delta_p / \sigma}$$

或

$$t_{w1} - t_{w2} = \frac{\Phi_2}{\sigma A_m / \delta_p} \qquad (3-39)$$

根据牛顿冷却定律,壁面对冷流体的对流传热速率:

$$\Phi_3 = \alpha_2 A_2 (t_{w2} - t_2)$$

或

$$t_{w2} - t_2 = \frac{\Phi_3}{\alpha_2 A_2} \qquad (3-40)$$

式中,t_1——热流体的主体温度,K;

$\quad t_{w1}$——热流体一侧的壁温,K;

$\quad t_{w2}$——冷流体一侧的壁温,K;

$\quad t_2$——冷流体的主体温度,K;

$\quad A_1$——器壁热流体一侧的传热面积,m^2;

$\quad A_m$——器壁的平均传热面积,m^2;

$\quad A_2$——器壁冷流体一侧的传热面积,m^2;

$\quad \alpha_1$——热流体的对流传热膜系数,$W/(m^2 \cdot K)$;

$\quad \delta_p$——壁厚,m;

$\quad \sigma$——器壁的导热系数,$W/(m \cdot K)$;

$\quad \alpha_2$—冷流体的对流传热膜系数,$W/(m^2 \cdot K)$。

将上面式(3-38)、(3-39)、(3-40)相加:

$$\Phi_1 \left(\frac{1}{\alpha_1 A_1} \right) + \Phi_2 \left(\frac{\delta_p}{\sigma A_m} \right) + \Phi_3 \left(\frac{1}{\alpha_2 A_2} \right) = (t_1 - t_{w1}) + (t_{w1} - t_{w2}) + (t_{w2} - t_2)$$

在稳定传热情况下,换热器的总传热速率 Φ 等于各层的传热速率,即 $\Phi = \Phi_1 = \Phi_2 = \Phi_3$,所以

$$\Phi = \frac{(t_1 - t_{w1}) + (t_{w1} - t_{w2}) + (t_{w2} - t_2)}{\dfrac{1}{\alpha_1 A_1} + \dfrac{\delta_p}{\sigma A_m} + \dfrac{1}{\alpha_2 A_2}}$$

$$= \frac{t_1 - t_2}{\dfrac{1}{\alpha_1 A_1} + \dfrac{\delta_p}{\sigma A_m} + \dfrac{1}{\alpha_2 A_2}}$$

$$= \frac{\Delta t}{\Omega} = \frac{传热推动力}{热阻} \qquad (3-41)$$

令

$$\Omega = \frac{1}{KA} = \frac{1}{\alpha_1 A_1} + \frac{\delta_p}{\sigma A_m} + \frac{1}{\alpha_2 A_2} \qquad (3-42)$$

则式(3-41)变为

$$\Phi = KA(t_1 - t_2) = KA\Delta t \qquad (3-43)$$

式(3-43)称为总传热速率方程或传热速率方程,式中 K 称为总传热系数,简称传热系数[$W/(m^2 \cdot K)$],A 为传热面积;$(t_1 - t_2)$ 为总的传热温差。

3.4.3 总传热系数

总传热系数是反映换热设备传热能力的重要参数,也是对换热设备进行传热计算的依据。不论是研究换热设备的性能,还是设计换热器,求算 K 值都是最基本的要求。K 的数值取决于流体的物性、传热过程的操作条件以及换热器的类型等。

传热系数 K 必须和所选的传热面积相对应,一般情况下,K 值以外表面积为基准。K 满足下式

$$\Omega = \frac{1}{KA_1} = \frac{1}{\alpha_1 A_1} + \frac{\delta_p}{\sigma A_m} + \frac{1}{\alpha_2 A_2}$$

因此,

$$\frac{1}{K} = \frac{1}{\alpha_1} + \frac{\delta_p A_1}{\sigma A_m} + \frac{A_1}{\alpha_2 A_2} \tag{3-44}$$

K 的物理意义为间壁两侧流体主体间温差为 1 K 时,单位时间内通过单位间壁面积所传递的热量,其单位为 $W/(m^2 \cdot K)$,与对流传热膜系数 α 的单位相同。

对于圆管壁,式(3-44)可写为

$$\frac{1}{K_0} = \frac{1}{\alpha_i} \frac{d_0}{d_i} + \frac{\delta_p}{\sigma} \frac{d_0}{d_m} + \frac{1}{\alpha_0} \tag{3-45}$$

式中,d_i、d_0、d_m 分别为圆管的内径、外径、管壁的平均直径,m;K_0 为按外表面(或 d_0)计算的总传热系数,$W/(m^2 \cdot K)$。

对于平壁或薄管壁,$A_1 = A_m = A_2$,由式(3-44)可得

$$\frac{1}{K} = \frac{1}{\alpha_1} + \frac{\delta_p}{\sigma} + \frac{1}{\alpha_2} \tag{3-46}$$

式中,α_1、α_2 分别为平面壁外侧和内侧的对流传热膜系数,$W/(m^2 \cdot K)$。

当换热器运行一段时间后,传热表面就会有污垢沉积,对传热产生附加热阻,此热阻称为污垢热阻。污垢虽然厚度较薄,但其导热系数比管壁材料小得多,污垢热阻往往比间壁的热阻大得多,因此传热计算中应该考虑污垢热阻的影响。污垢形成的影响因素很多,包括物料的性质、传热壁面的材料、操作条件、设备结构、清洗周期等。

对于圆管壁,设管壁外侧为热流体,内侧为冷流体,外、内侧表面上单位传热面积的污垢热阻分别为 Ω_{S1} 和 Ω_{S2},根据串联热阻叠加原理,式(3-44)可以表示为

$$\frac{1}{K} = \frac{1}{\alpha_1} + \Omega_{S1} + \frac{\delta_p A_1}{\sigma A_m} + \Omega_{S2} \frac{A_1}{A_2} + \frac{A_1}{\alpha_2 A_2} \tag{3-47}$$

式(3-47)表明,间壁两侧流体间传热总热阻等于两侧流体的对流传热热阻、污垢热阻及间壁导热热阻之和。

对于平壁或薄管壁,则有

$$\frac{1}{K} = \frac{1}{\alpha_1} + \Omega_{S1} + \frac{\delta_p}{\sigma} + \Omega_{S2} + \frac{1}{\alpha_2} \tag{3-48}$$

当间壁热阻和污垢热阻可以忽略时,式(3-48)可以简化为

$$\frac{1}{K} = \frac{1}{\alpha_1} + \frac{1}{\alpha_2} \tag{3-49}$$

若 $\alpha_2 \gg \alpha_1$,则 $\frac{1}{K} \approx \frac{1}{\alpha_1}$,传热总热阻受间壁外侧对流传热控制,若要提高 K 值,关键在于提高间壁外侧的对流传热膜系数;若 $\alpha_2 \ll \alpha_1$,则 $\frac{1}{K} \approx \frac{1}{\alpha_2}$,传热总热阻受间壁内侧对流传热控制,若要提高 K 值,关键在于提高间壁内侧的对流传热膜系数。同理,若污垢热阻很大,则受污垢热阻控制,此时要提高 K 值,就必须清除污垢或减缓污垢形成速度。

工业上换热器的传热系数的大致范围和污垢热阻值,见表3-6及表3-7。

表3-6　列管式换热器的总传热系数 K

冷 流 体	热 流 体	$K / [\text{W}/(\text{m}^2 \cdot \text{K})]$
水	水	850~1 700
水	气体	17~280
水	有机溶剂	280~850
水	轻油	340~910
水	重油	60~280
有机溶剂	有机溶剂	115~340
水	水蒸气的冷凝	1 420~4 250
气体	水蒸气的冷凝	30~300
水	低沸点烃类的冷凝	455~1 140
水的沸腾	水蒸气的冷凝	2 000~4 250
轻油的沸腾	水蒸气的冷凝	455~1 020

表3-7　常见流体的污垢热阻 Ω_S

流 体	$\Omega_S / [(\text{m}^2 \cdot \text{K})/\text{kW}]$	流 体	$\Omega_S / [(\text{m}^2 \cdot \text{K})/\text{kW}]$
水(1 m/s, $t > 50$ ℃)		液体	
蒸馏水	0.09	处理过的盐水	0.264
海水	0.09	有机物	0.176
洁净的河水	0.21	燃料油	1.056
未处理的冷却水	0.58	焦油	1.76
已处理的冷却水	0.26	水蒸气	
已处理的锅炉水	0.26	优质(不含油)	0.052
井水、硬水	0.58	劣质(不含油)	0.09
气体		往复机排出	0.176
空气	0.26~0.53		
溶剂蒸汽	0.14		

3.4.4　传热的平均温差

在换热器的传热过程中,如果间壁两侧流体的温度都保持不变,称为恒温传热。例如传热间壁一侧为饱和蒸汽加热(温度为 t_1),另一侧是沸腾液体(温度为 t_2),两种流体的温度都保持不变。此时传热温差是恒定不变的,可以简单地表示为

$$\Delta t = t_1 - t_2$$

一般情况下,换热器中的冷、热流体的温度沿流动方向是变化的,其传热温差也是沿程变化的,称为变温传热。由于传热温差是变化的,所以传热速率公式(3-43)应写成

$$\Phi = KA\Delta t_m \tag{3-50}$$

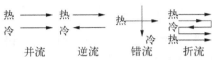

图 3-11　流体的流动形式示意图

式中,Δt_m——平均温差,K。

根据冷、热流体间的相互流动方向不同,可以分为不同的流动形式,如图3-11所示。两者平行且流动方向相同,称为并流;两者平行但流动方向相反,称为逆流;垂直交叉的流动,称为错流;一流体只沿一个方向流动,而另一流体反复折流,称为折流;几种流动形式的组合,称为复杂流。

1) 并流或逆流的平均温差

并流和逆流是工业上最常见的流动形式。图3-12所示为并流和逆流时温差沿传热壁面的变化。图中T代表热流体的温度,t代表冷流体的温度;Δt_1,Δt_2分别代表换热器两端的温差。平均温差取进、出口温差的对数平均值,即

$$\Delta t_m = \frac{\Delta t_1 - \Delta t_2}{\ln \dfrac{\Delta t_1}{\Delta t_2}} \tag{3-51}$$

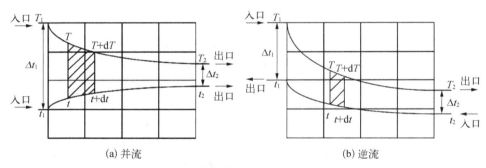

(a) 并流　　　　　　　　　(b) 逆流

图 3-12　换热管两侧流体沿程温度变化

如果 $\Delta t_1/\Delta t_2 \leqslant 2$,可采用算术平均温差值代替:

$$\Delta t_m = \frac{\Delta t_1 - \Delta t_2}{2} \tag{3-52}$$

流体逆流时的传热平均温差推导如下:图3-12(b)所示的套管换热器中,冷、热流体间呈逆流流动,流体温度沿程变化。热流体进、出口温度分别为T_1和T_2,冷流体进、出口温度分别为t_2和t_1。假设:① 换热器在稳定操作下,热流体和冷流体的质量流量q_{mh}和q_{mc}沿换热面为常量;② 热流体和冷流体的质量定压热容c_{ph}和c_{pc}及传热系数K沿换热面不变;③ 换热器无热损失。

先考虑微元传热面积dA的传热情况,在微元面中热流体的温度为T,冷流体的温度为

t,两者之间的温差 Δt: $\Delta t = T - t$。

根据传热速率方程(3-43),通过微元面 $\mathrm{d}A$ 的传热量为

$$\mathrm{d}\Phi = K(T-t)\mathrm{d}A = K\Delta t\,\mathrm{d}A \tag{3-53a}$$

热流体在微元面 $\mathrm{d}A$ 中放出热量 $\mathrm{d}\Phi$ 后,温度下降了 $\mathrm{d}T$。冷流体得到热量 $\mathrm{d}\Phi$ 后,温度上升了 $\mathrm{d}t$。按热流体流向,经 $\mathrm{d}A$ 后两流体温度均下降。分别对热、冷流体进行热量衡算可得

$$\mathrm{d}\Phi = -q_{mh}C_{ph}\mathrm{d}T, \ \ \mathrm{d}T = -\frac{\mathrm{d}\Phi}{q_{mh}C_{ph}} \tag{3-53b}$$

$$\mathrm{d}\Phi = -q_{mc}C_{pc}\mathrm{d}t, \ \ \mathrm{d}t = -\frac{\mathrm{d}\Phi}{q_{mc}C_{pc}} \tag{3-53c}$$

将式(3-53b)减去式(3-53c),并将式(3-53a)代入,可得

$$\mathrm{d}T - \mathrm{d}t = \mathrm{d}(T-t) = \mathrm{d}(\Delta t) = \left(\frac{1}{q_{mc}C_{pc}} - \frac{1}{q_{mh}C_{ph}}\right)\mathrm{d}\Phi \tag{3-53d}$$

再将式(3-53a)代入式(3-53d)可得

$$\mathrm{d}(\Delta t) = \left(\frac{1}{q_{mc}C_{pc}} - \frac{1}{q_{mh}C_{ph}}\right)K\Delta t\,\mathrm{d}A \tag{3-53e}$$

或

$$\frac{\mathrm{d}(\Delta t)}{\Delta t} = \left(\frac{1}{q_{mc}C_{pc}} - \frac{1}{q_{mh}C_{ph}}\right)K\,\mathrm{d}A \tag{3-53f}$$

代入边界条件:当 $A=0$, $\Delta t = \Delta t_1 = T_1 - t_1$;当 $A=A$ 时,$\Delta t = \Delta t_2 = T_2 - t_2$,积分式(3-53f)可得

$$\int_{\Delta t_1}^{\Delta t_2} \frac{\mathrm{d}(T-t)}{T-t} = \int_0^A \left(\frac{1}{q_{mc}C_{pc}} - \frac{1}{q_{mh}C_{ph}}\right)K\,\mathrm{d}A$$

$$\ln\frac{\Delta t_2}{\Delta t_1} = \left(\frac{1}{q_{mc}C_{pc}} - \frac{1}{q_{mh}C_{ph}}\right)KA \tag{3-53g}$$

通过传热面 A 的热流量 Φ 为

$$\Phi = q_{mc}C_{pc}(t_1-t_2) = q_{mh}C_{ph}(T_1-T_2)$$

从上式可得 $\dfrac{1}{q_{mc}C_{pc}} = \dfrac{t_1-t_2}{\Phi}$ $\quad$ $\dfrac{1}{q_{mh}C_{ph}} = \dfrac{T_1-T_2}{\Phi}$

$$\frac{1}{q_{mc}C_{pc}} - \frac{1}{q_{mh}C_{ph}} = \frac{1}{\Phi}[(t_1-t_2)-(T_1-T_2)]$$

$$= \frac{1}{\Phi}[(T_2-t_2)-(T_1-t_1)]$$

$$= \frac{1}{\Phi}(\Delta t_2 - \Delta t_1) \tag{3-53h}$$

将式(3-53h)代入式(3-53g)中得

$$\ln\frac{\Delta t_2}{\Delta t_1}=K\ \frac{1}{\Phi}(\Delta t_2-\Delta t_1)A$$

或

$$\Phi=KA\ \frac{\Delta t_2-\Delta t_1}{\ln\dfrac{\Delta t_2}{\Delta t_1}}=KA\ \frac{\Delta t_1-\Delta t_2}{\ln\dfrac{\Delta t_1}{\Delta t_2}} \tag{3-53i}$$

对照式(3-53i)和式(3-50)就可得到式(3-51)。

上述推导得到的 Δt_m 称为对数平均温差。若换热器中两流体是并流流动,同样可以导出与式(3-51)相同的结果,故该式是计算逆流和并流情况下对数平均温差的通式。

在应用式(3-51)时,为了计算方便,通常将换热器两端温差 Δt 中数值大的写成 Δt_1,小的写成 Δt_2。

2) 折流或错流的平均温差

折流或错流时的平均温差可以先按逆流计算,然后再乘以校正系数 φ,图3-13为壳程单程、管程双程的换热器的校正系数曲线。

$$\Delta t_m=\varphi\ \frac{\Delta t_1-\Delta t_2}{\ln\dfrac{\Delta t_1}{\Delta t_2}} \tag{3-54}$$

各种流动情况下的校正系数,可根据 R' 和 P' 两个参数查图3-13确定。

$$R'=\frac{热流体的温降}{冷流体的温升}=\frac{T_1-T_2}{t_2-t_1}$$

$$P'=\frac{冷流体的温升}{两流体的最初温差}=\frac{t_2-t_1}{T_1-t_1}$$

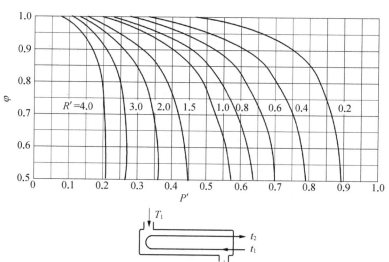

图3-13 双程换热器折流的校正系数

3.4.5　传热计算举例

3.4.5.1　传热平均温差计算

【例 3 - 9】　在 A 垃圾焚烧厂的冷却系统中,采用了 $\Phi 320$ mm $\times 10$ mm 套管热交换器将发电系统中的循环水进行冷却。在设计中,该热交换器需要满足每小时冷却 50 t 的 100 ℃ 的水至 60 ℃,在该运行条件下,冷却水的进出口温度分别为 20 ℃ 与 40 ℃。已知此套管热交换器的总传热系数为 3 000 W/(m² • K)。

求:

(1) 冷却水的用量;

(2) 当冷却水与热水的流动状态分别为并流和逆流时,该套管热交换器的管路长度。

已知: $\Phi 320$ mm $\times 10$ mm, $q_{mh} = 50$ t/h = 13.89 kg/s, $T_1 = 100$ ℃ = 373 K, $T_2 = 60$ ℃ = 333 K, $t_1 = 20$ ℃ = 293 K, $t_2 = 40$ ℃ = 313 K, $K = 3000$ W/(m² • K)。

求: $q_{m冷}$,并流和逆流时的 l。

解:(1)

$$T_m = \frac{T_1 + T_2}{2} = \frac{373 + 333}{2} = 353 \text{ K} = 80 \text{ ℃}$$

$$t_m = \frac{t_1 + t_2}{2} = \frac{293 + 313}{2} = 303 \text{ K} = 30 \text{ ℃}$$

查阅附表可知:

$$t_m = 30 \text{ ℃ 时},取 C_{pc} = 4174 \text{ J/(kg • K)}$$

$$T_m = 80 \text{ ℃ 时},取 C_{ph} = 4195 \text{ J/(kg • K)}$$

进行热量衡算: $q_{mc} C_{pc} (t_2 - t_1) = q_{mh} C_{ph} (T_2 - T_1) = \Phi$

$$q_{mc} \times 4174 \times (313 - 293) = 13.89 \times 4195 \times (373 - 333)$$

可求得: $q_{mc} = 27.92$ kg/s。

(2) **两流体分别做并流和逆流时所需管子长度**

逆流时:
$$\begin{array}{c} 100 \text{ ℃} \longrightarrow 60 \text{ ℃} \\ 40 \text{ ℃} \longleftarrow 20 \text{ ℃} \end{array} \quad 或 \quad \begin{array}{c} 373 \text{ K} \longrightarrow 333 \text{ K} \\ 313 \text{ K} \longleftarrow 293 \text{ K} \end{array}$$

$$\Delta t_1 = 373 - 313 = 60 \text{ K} \quad \Delta t_2 = 333 - 293 = 40 \text{ K}$$

$$\Delta t_m = \frac{\Delta t_1 - \Delta t_2}{\ln \dfrac{\Delta t_1}{\Delta t_2}} = \frac{60 - 40}{\ln \dfrac{60}{40}} = 49.33 \text{ K}$$

$$l = \frac{\Phi}{K \pi d_m \Delta t_m} = \frac{13.89 \times 4195 \times (373 - 333)}{3000 \times 3.14 \times 0.31 \times 49.33} = 16.18 \text{ m}$$

并流时:
$$\begin{array}{c} 100 \text{ ℃} \longrightarrow 60 \text{ ℃} \\ 20 \text{ ℃} \longrightarrow 40 \text{ ℃} \end{array} \quad 或 \quad \begin{array}{c} 373 \text{ K} \longrightarrow 333 \text{ K} \\ 293 \text{ K} \longrightarrow 313 \text{ K} \end{array}$$

$$\Delta t_1 = 373 - 293 = 80 \text{ K} \quad \Delta t_2 = 333 - 313 = 20 \text{ K}$$

$$\Delta t_m = \frac{\Delta t_1 - \Delta t_2}{\ln \dfrac{\Delta t_1}{\Delta t_2}} = \frac{80 - 20}{\ln \dfrac{80}{20}} = 43.28 \text{ K}$$

$$l = \frac{\Phi}{K \pi d_m \Delta t_m} = \frac{13.89 \times 4\ 195 \times (373 - 333)}{3\ 000 \times 3.14 \times 0.31 \times 43.28} = 18.44 \text{ m}$$

答：冷却水用量为 27.92 kg/s。两流体作逆流和并流时所需管子长度分别为 16.18 m 和 18.44 m。

3.4.5.2 传热面积计算

1) 传热系数 K 为常数

如前所述，对数平均温差是在假定冷、热流体的质量定压热容、质量流量和传热系数沿整个换热器的传热面为常数时导出的。通常流体的物性随温度变化不是很大的情况下，反映在传热系数的变化上就更小。一般在传热系数变化不是很大的情况下，在工程计算上将换热器进、出口处传热系数的平均值作为常数处理，此时换热器的传热面积直接用式(3-50)进行计算：

$$A = \frac{\Phi}{K \Delta t_m}$$

其中

$$\Phi = q_{mc} C_{pc}(t_2 - t_1)$$

或

$$\Phi = q_{mh} C_{ph}(T_1 - T_2)$$

式中的 C_{pc} 和 C_{ph} 根据换热器进、出口流体的平均温度确定。

2) 传热系数 K 为变量

如果传热过程中流体的温度变比较大，物性随温度变比较显著，传热系数变化较大，采用上述方法计算传热面积会引起较大的误差。此时采用分段计算的方法，将每段中物性、传热系数 K 视为常量，计算出每段的 Δt_{mj} 和相应的 Φ_j 及传热面积 A_j，然后将 A_j 加和即得传热面积 A。

【例 3-10】 在 A 垃圾焚烧厂的焚烧系统中，水在锅炉中钢管内被加热。其中有一根 $\Phi 45$ mm $\times 2.5$ mm 加热管。已知水的进口温度为 30 ℃，出口温度为 95 ℃，管壁的导热系数为 50 W/(m·K)，管外环境温度为 120 ℃；管外的气体对流传热膜系数为 5 000 W/(m²·K)，管内的水的对流传热膜系数为 1 000 W/(m²·K)。

求：该加热管每米的传热速率。

已知：$d_0 = 0.045$ m，$\delta_t = 2.5$ mm，$\sigma = 50$ W/(m·K)，$t_1 = 30$ ℃ $= 303$ K，$t_2 = 95$ ℃ $= 368$ K，$T_1 = T_2 = 120$ ℃ $= 393$ K，$\alpha_i = 1\ 000$ W/(m²·K)，$\alpha_0 = 5\ 000$ W/(m²·K)。

求：Φ / l。

解：由题可知：外径 $d_0 = 0.045$ m，内径 $d_i = 0.045 - 2 \times 0.002\ 5 = 0.04$ m

由 $\dfrac{1}{K_0} = \dfrac{1}{\alpha_i} \dfrac{d_0}{d_i} + \dfrac{\delta_t}{\sigma} \dfrac{d_0}{d_m} + \dfrac{1}{\alpha_0}$ 可知：

$$K_0 = \cfrac{1}{\cfrac{1}{\alpha_i}\cfrac{d_0}{d_i} + \cfrac{\delta_t}{\sigma}\cfrac{d_0}{d_m} + \cfrac{1}{\alpha_0}} = \cfrac{1}{\cfrac{1}{1\,000} \times \cfrac{0.045}{0.04} + \cfrac{0.002\,5}{50} \times \cfrac{0.045}{0.042\,5} + \cfrac{1}{5\,000}}$$

$$= 726\ \mathrm{W/(m^2 \cdot K)}$$

另，

$$\Delta t_m = \cfrac{(393 - 303) - (393 - 368)}{\ln\cfrac{393 - 303}{393 - 368}} = 50.78\ \mathrm{K}$$

每米管长的传热速率为

$$\Phi/l = K_0 \pi d_0 \Delta t_m = 726 \times \pi \times 0.045 \times 50.78 = 5\,209\ \mathrm{W/m}$$

答：每米管长的传热速率为 5 209 W/m。

3.5　热交换设备

热交换设备即换热器，应用于动力、化工、石油、环保等许多工业部门，在生产中占有非常重要的地位。由于生产的性质与规模不同，涉及的物料、传热的要求等各不相同，换热器的类型很多，按照用途，换热器可分为加热器、冷却器、冷凝器、蒸发器和再沸器等。按照传热方式，可分为直接接触式、蓄热式及间壁式三种，其中以间壁式换热器应用最为普遍，在间壁式换热器中尤以列管式换热器应用最广泛。在实际生产中，可根据工艺要求进行换热器的选择。

3.5.1　直接接触式换热器

直接接触式换热器的工作特征是冷、热两股流体在换热器中以直接混合的方式进行热量交换，因此也称混合式换热器。这种换热器设备结构较为简单，其允许两种流体相互混合的情况也比较方便有效。图 3-14 所示为一板式淋洒式换热器。这种换热方式常常用于气

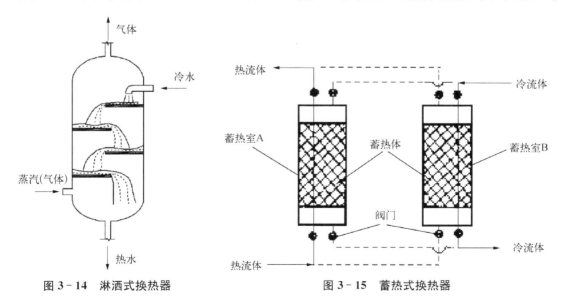

图 3-14　淋洒式换热器　　　　　图 3-15　蓄热式换热器

体的冷却或者水蒸气的冷凝。

3.5.2 蓄热式换热器

蓄热式换热器又称蓄热器,其主要构件为热容量较大的蓄热室,蓄热室中充填有耐火砖等填料,当冷、热流体交替通过蓄热室时,可以通过蓄热室的填料将热流体的热量传递给冷流体。蓄热式换热器通常有两个蓄热室交替使用。这类换热器结构简单,耐高温,常用于高温气体的换热。其主要缺点是设备体积大,两种流体在蓄热室内交替时会有一定程度的混合。其构造如图3-15所示。

3.5.3 间壁式换热器

间壁式换热是实际工业生产中最常用到的换热过程。间壁式换热器的特点是冷、热两流体之间用具有一定导热性的材料(金属壁、石墨、塑料等)隔开,使得两种流体不需混合而进行热量交换与传递。常用的间壁式换热器包括列管式换热器、夹套式换热器、蛇管式换热器、板式换热器以及热管换热器等,其中列管换热器最为常见。

3.5.3.1 夹套式换热器

夹套式换热器是在容器外壁安装夹套制成,夹套与器壁之间形成的空间可容纳加热介质或冷却介质,这种换热器属于简单的板式换热器,如图3-16所示,主要用于反应过程的加热或冷却。当使用蒸汽进行加热时,蒸汽由上部接管进入夹套,冷凝水由下部接管流出。当作为冷却器时,冷却介质如冷却水由夹套下部接管进入,由上部接管流出。

夹套式换热器的加热面受容器壁面的限制,且传热系数不高。为提高传热系数,可在换热器内安装搅拌装置。

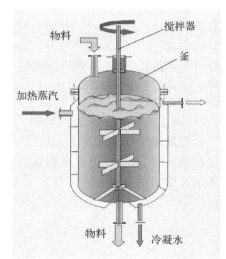

图3-16 夹套式换热器

3.5.3.2 蛇管式换热器

蛇管式换热器的构造也比较简单,蛇管一般由肘管连接的直管或由盘成螺旋形的弯曲管构成,一般可以分为沉浸蛇管式和喷淋蛇管式两大类。

1)沉浸蛇管式

在沉浸蛇管式换热器中,蛇管被制作成适应容器大小的形状,置于容器中,冷热两种流体分别在管内、外进行换热。图3-17为常见的沉浸蛇管式换热器,其优点是结构相对简单,便于防腐,能承受高压,但由于容器体积比蛇管的体积大得多,因此管外流体的传热系数较小。如能改进蛇管设计,减小管外空间,或加装搅拌装置,则传热效果可以有所提高。

2)喷淋蛇管式

喷淋蛇管式换热器多用于冷却管内的热流体。蛇管被成排固定在钢架上,被冷却的流体在管内流动,冷却水由管上方的喷淋装置均匀地淋下,如图3-18所示。这种换热器的传

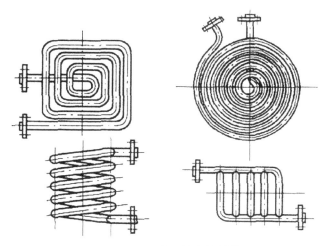

图 3-17　沉浸蛇管式换热器

热效率高于沉浸式,且便于检修清洗,因此对冷却水水质的要求也可适当降低,但是要注意使冷却水喷淋均匀。

3.5.3.3　套管式换热器

套管式换热器中包含大小不同的直筒状同心套管,通过 U 形弯头把各管段串联起来,如图 3-19 所示。每一段套管称为一程,每程有效长度约为 4 ～6 m。管不可过长,否则管中间会向下弯曲。

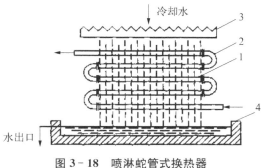

图 3-18　喷淋蛇管式换热器

1-直管;2-U 形管;3-喷淋装置;4-低槽

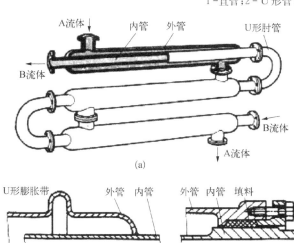

图 3-19　套管式换热器

143

在套管换热器中,一种流体在管内流动,另一种流体在环隙内流动。适当选择两管的管径,可使两种流体均达到较高流速,这样就提高了传热系数。两流体可以设计为逆向流动,使其平均温差提高,进一步提高传热效率。套管换热器构造简单,耐高压,传热面积可根据需要通过增减段数来实现,应用灵活方便。其主要缺点是管间接头多,易泄漏,单位传热面积消耗的金属材料多,因此适用于流量较小,所需传热面积不大而要求压力较高的场合。

3.5.3.4 列管式换热器

列管式(又称管壳式)换热器是迄今工业生产上应用最为广泛的换热器。它的主要优点是单位体积换热面大,结构紧凑坚固,传热效果好,而且能用多种材料制造,故适用性强。在高温、高压等工作场合以及大型装置中多采用列管式换热器。

列管式换热器主要由壳体、管束、管板和封头(又称顶盖)等部件构成。管束安装在壳体内,其两端固定在管板上。封头用螺钉与壳体两端的法兰相连,以便于检修拆卸。其结构如图 3-20 所示。

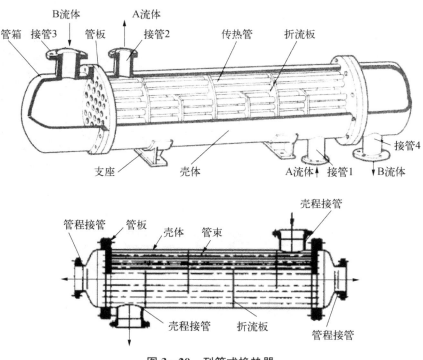

图 3-20　列管式换热器

进行热交换时,一种流体由顶盖的进口接管进入,通过平行管束,从另一端顶盖出口接管流出,这段路程称为管程。另一种流体则由壳体的接管进入,在壳体内从管束的空隙处流过,由壳体的另一接管流出,这段路程称为壳程。管束的总表面积即为传热面积,可按下式进行计算:

$$A_0 = n\pi d_0 l \tag{3-55}$$

式中,d_0——管束的管子外径,m;

l——管束的有效长度,m;

n——管束的管子数。

流体一次通过管程的称为单管程,一次通过壳程的称为单壳程。图 3-19 即为单壳程式换热器。

当需要的传热面积较大、所需管子数目较多时,流体在管内的流速可能很小,流体的传热系数也将变小。此时为提高管内的流速,从而提高流体的传热系数,可在顶盖内加隔板,将全部管子平均分成几组,流体每次只流过一组管子,然后再进入另一组管子,依次流过各组管子后由出口处流出。此种换热器称为多管程换热器,流体流过的每一组管子称为一程。一般以 2、4、6 程最为常见。

多管程换热器可通过提高流体的流速而提高流体的传热系数,对于同样的传热任务,换热器所需的传热面积得到减少。然而程数和流速增加使流体流动的沿程阻力与局部阻力同时增加,最终将导致操作费用增加。故应选择最适宜的流速,使设备费用和操作费用之和为最小。

为提高壳程流体流速,还可在壳体内安装一定数目的与管束相垂直的折流挡板或称折流板。这样既可提高流体速度,又可改变流体流动的方向,迫使壳程流体多次错流流过管束,有利于增加传热系数。此外,挡板还可减小流动的死区,防止污垢沉积。但增设挡板会引起壳程流动阻力的增加,从而增加动力消耗。

列管式换热器的选用和设计计算可参照下列步骤进行。

(1)估算和试选换热器:计算传热量及流体平均温差,按估计的传热系数,算出传热面积,由此试选适当型号的换热器。

(2)计算管、壳程压力损失:在选择了管程流体与壳程流体,初步确定了换热器主要尺寸后,就可以计算管、壳程流速和压降。也可先选定流速以确定管程数和折流板间距,再计算压降是否合理,这时,管程数和折流板间距是可调整的参数,可不断选择壳径进行计算,直到结果合理为止。

(3)核算总传热系数:分别计算管、壳程的传热系数,确定污垢热阻,求出总传热系数,并与估算时所取的传热系数进行比较,如果相差较多,应重新估算,直至结果合理。

(4)计算传热面积:根据核算得到的传热系数与流体平均温差,由 $A=\Phi/K\Delta t_m$ 计算出传热面积,一般所选用或设计的传热面积应大于计算所得面积约 $10\%\sim15\%$。

3.5.3.5　板式换热器

板式换热器分为平板式换热器和螺旋板式换热器两种。

1)平板式换热器

平板式换热器简称板式换热器,是由一组长方形的金属板平行排列,夹紧组装于支架上构成的。两相邻金属板片的边缘衬有垫片,压紧后板间可形成密封的流体通道,可改变垫片的厚度以调节通道大小。每块板的 4 个角上,各开一个圆孔,其中一对圆孔和一组板间流道相通,另外一对圆孔周围放置垫片以阻止流体进入该组板间通道。这两对圆孔的位置在相邻板上是错开的,分别形成冷热两流体的通道。两流体交错地在金属板片两侧流过,通过板片进行换热。板片厚度约为 $0.5\sim3$ mm,通常压制成凹凸的波纹状,以增加换热面积,增加板的刚度以防止板片受压时变形,同时使流体分布均匀,增强其湍动,有利于传热。图 3-21 所示为板式换热器中冷、热流体的流向。图 3-22 所示为人字形波纹板。

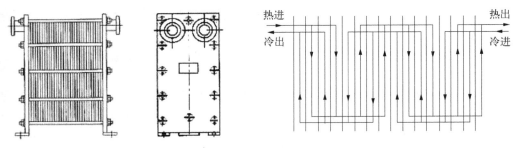

图 3-21　板式换热器流向示意图

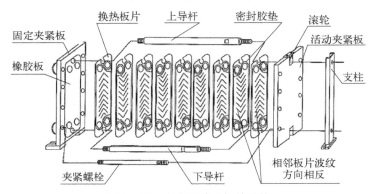

图 3-22　人字形波纹板片结构

2）螺旋板式换热器

螺旋板式换热器由两张相隔一定距离的平行薄金属板卷制而成，如图 3-23 所示。在其内部形成两个同心的螺旋形通道。换热器中央设有隔板，将螺旋形通道隔开，两板之间焊有定距柱以维持通道间距，螺旋板两侧焊有盖板。冷、热流体分别在两条通道中逆向流动，通过薄板进行热交换。

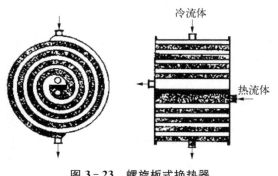

图 3-23　螺旋板式换热器

平板式换热器和螺旋板式换热器都具有结构紧凑，材料消耗低，传热系数大的特点，属于新型的高效换热器。这类换热器一般都不能耐高温高压。然而对于压力较低，温度不高或腐蚀性强而要用贵重材料的场合，则显示出很大的优越性，目前已广泛应用于食品、轻工和化工等领域。

3.5.3.6　热管换热器

如图 3-24 所示，热管换热器是在一根抽除不凝气体的密闭金属管内封装一定量的氨、水或酒精等工作液体制成。热管的管壁要能承受一定的压力。在管内壁紧贴有一层由多孔性材料制作的具毛细管结构的吸液芯网，如多层不锈钢丝网。在管内的工作液体为载热体。管两端分别为热端（蒸发端）和冷端（冷凝端），管子中部绝热，将冷、热两端隔开。载热体在

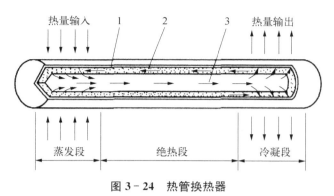

图 3 - 24　热管换热器

1-壳体;2-吸热芯;3-蒸汽

管的热端经外热源加热后蒸发成蒸汽,经过管中心部分的蒸汽腔通往温度和压力略低的冷端冷凝,同时将热量从冷端传出管外,而冷凝后的液体则从毛细结构中受表面张力的作用被吸液芯网吸回热端,工作液体在冷、热两端反复循环,通过蒸发和冷凝达到传递热量的目的。

在热管换热器的传热过程中,热管中的热量传递主要通过沸腾汽化、蒸汽流动和蒸汽冷凝三个步骤。由于沸腾和冷凝的对流传热强度都很大,两端管表面比管截面大很多,而蒸汽流动阻力损失又较小,因此热管两端温差很小的情况下也可以传递很大的热流量。与金属壁面的导热能力相比,同等面积热管的导热能力可达金属导热体的 $10^3 \sim 10^4$ 倍。因此在低温差传热以及某些等温性要求比较高的场合有着广泛的应用前景。

热管换热器的结构简单,使用寿命长,性能可靠,应用范围广,最初主要受到宇航和电子工业部门青睐,近年来在更多领域得到应用,尤其在工业生产的余热利用方面,取得了良好的效果。

3.6　强化换热器传热过程的途径

从传热速率方程式 $\varPhi = KA\Delta t_m$ 可以看出,增大传热面积 A,平均温差 Δt_m 和传热系数 K 均可提高传热速率。在换热器的设计、操作或改进工作中,也多从这三方面考虑强化传热的措施。

1) 增大传热面积

对于间壁式换热器,增大传热面积意味着增加金属材料的用量,使设备费用提高,所以单纯地靠增大换热器的尺寸来实现传热强化是不经济的。一般是从设备的结构入手,提高单位体积的传热面积,如采用小直径管,用螺旋管、波纹管代替光滑管,采用翅片式换热器等都是增大传热面积以达到强化传热的有效方法。

2) 增大平均温差

平均温差的大小主要取决于两流体的温度。物料的温度由生产工艺所决定,一般不能随意变动,而加热介质或冷却介质的温度随介质的不同而有很大的差异。例如工业上最常用的加热介质是饱和水蒸气,提高蒸汽的压力就可以提高蒸汽的温度。当换热器中两流体均无相变时,应尽可能从结构上采用逆流或接近逆流的流向以得到较大的传热温差。例如螺旋板式换热器可使两流体做完全的逆流流动。

3) 提高传热系数

提高传热系数是强化传热过程主要途径。换热器中的传热过程是稳态的串联过程,传热系数取决于两侧流体的对流传热热阻、管壁的导热热阻和污垢热阻三者的总和,降低三种热阻之一均可提高传热系数,但减少数值最大的主要热阻效果最显著。在换热器中,金属管壁比较薄且导热系数高,一般不会成为主要热阻,因此主要考虑降低其它两种热阻的强化措施。

(1) 提高流体的流速。提高流速可以减小传热边界层内层流底层的厚度,例如增加列管式换热器中的管程数和壳程中的挡板数,可分别提高管程和壳程的流速。但是随着流速的提高,流体流动阻力很快增大,并且比相应的传热系数增加得更快,所以必须综合考虑。

(2) 改变流动条件。通过设计特殊的传热壁面,使流体在流动过程中不断地改变流动方向,促使形成湍流或增加湍动程度,以提高传热系数。例如采用波纹状或粗糙的换热面;采用异形管或在管内加装麻花铁、螺旋圈或金属卷片等;采用管式或螺旋板式换热器;在列管式换热器的壳程中安装折流挡板等。

(3) 采用短管换热器。利用换热器进口段传热较强的特点,采用短管不仅增加了流体的扰动,而且由于流道短、边界层厚度小,因而使对流传热强度加大。

(4) 防止污垢沉积。污垢热阻是一个可变因素,在换热器刚投入使用时,污垢热阻很小,不是主要矛盾,随着使用时间加长,污垢逐渐增多,便可能成为影响传热的主要因素。因此,应通过增大流速等手段减缓污垢的形成和发展,并及时清除污垢。对于采用循环冷却水的换热系统,还可通过投加水处理药剂的方法防止污垢沉积。

课 后 习 题

一、选择题和填空题

1. 稳定的多层平壁导热中,某层的热阻越大,则该层的温度差(　　　　)。
　　A. 越大　　　　　　　B. 越小　　　　　　　C. 不变　　　　　　　D. 无法判断

2. (　　　　)是指,当间壁两侧冷、热流体间的温度差为 1K 时,在单位时间内通过单位传热面积,由热流体传给冷流体的热能。
　　A. 导热系数　　　　　B. 传热膜系数　　　　C. 总传热系数　　　　D. 阻力系数

3. 稳定传热是指传热系统内,各点的温度(　　　　)。
　　A. 既随时间而变化,又随位置而变化　　　　B. 只随时间而变化,不随位置而变化
　　C. 只随位置而变化,不随时间而变化　　　　D. 既不随时间变化,也不随位置变化

4. 计算对流传热系数的公式中普朗特数(Pr)是表示(　　　　)的参数。
　　A. 对流传热　　　　　B. 流动状态　　　　　C. 物性影响　　　　　D. 自然对流影响

5. 在稳定传热(包括热传导和对流传热两个过程)情况下,对流传热热流量(　　　　)热传导的热流量。
　　A. 大于　　　　　　　　　　　　　　　　　B. 等于
　　C. 小于　　　　　　　　　　　　　　　　　D. 取决于两个过程所占的比例

6. 一般情况下,热损失随保温层厚度增加而(　　　　)。但对于小直径的管道,则可能出现

相反的情况,即随保温层厚度的增加,热损失(　　　)。

    A. 减少　 B. 加大

    7. 对于列管换热器,并流换热的效率比逆流换热(　　　)。

    A. 高　 B. 一样　 C. 低　 D. 取决于具体温度

    8. 利用水在逆流操作的套管换热器中冷却某物质,要求热流体的温度 $T_{进口}$、$T_{出口}$ 及流量 q_{mh} 不变,现因冷却水进口温度 T 增高,为保证完成生产任务,提高冷却水的流量 q_{mc},则传热系数 K(　　　);传热速率 Φ(　　　);温差 Δt(　　　)。

    A. 增大　 B. 减小　 C. 不变　 D. 无法确定

    9. 在列管换热器中,在温度不太高的情况下,冷热两流体的传热过程是(　　　)。

    A. 以热传导为主要方式　 B. 以热辐射为主要方式

    C. 以热对流为主要方式　 D. 以热传导和热对流两种方式为主

    10. 热传递的基本方式包括_____、_____和_____三种。

    11. 对于热传导,各种物质的热导率通常由实验测得,对金属、非金属固体、液体、气体的热导率进行比较排序可知:_____;一般把对流传热简化成厚度为_____的传热边界层的导热,它包括_____和_____。

    12. 在热传导过程中,通常液体和气体相比较,热传导率较大的是_____。

    13. 厚度(δ_p)不同的三种材料构成三层平壁,各层接触良好,已知 $\delta_{p1} > \delta_{p2} > \delta_{p3}$,导热率 $\sigma_1 < \sigma_2 < \sigma_3$。在稳定传热过程中,各层的热阻 Ω_1____Ω_2____Ω_3,各层导热速率 Φ_1____Φ_2____Φ_3。

    14. 流体与固体壁面间的对流传热(给热)热阻主要是集中于_____。

    15. 传热过程中,根据冷热流体间互相流动的方向不同,可以分为不同的流动形式:_____;_____;_____;_____;在冷热流体进出换热器的温度均已确定的情况下,平均温差最高的一种流动形式是_____。

    16. 列举三种常见的热交换设备:_____;_____;_____。

    17. 热交换过程中的强化途径一般有_____、_____以及_____三种。

二、计算题

    1. 如图 3-25 所示,对于某燃烧炉,其平壁从里到外分别由耐火砖 $\sigma_1 = 1.047$ W/(m·K)、普通砖 $\sigma_2 = 0.835$ W/(m·K) 和保温砖 $\sigma_3 = 0.150$ W/(m·K) 三层砌成,厚度分别为 150 mm、100 mm、150 mm。待操作达到稳定后,可测得平壁内表面温度为 850 ℃,外表面温度为 104 ℃。试计算每小时每平方米壁面损失的热量值。

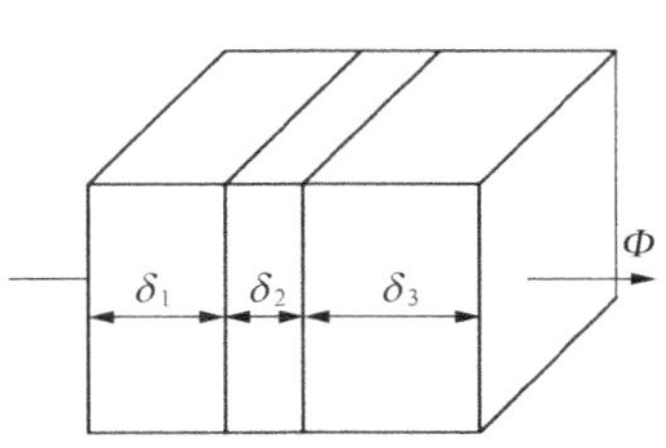

图 3-25

    (答案:2.13×10⁶ J/(h·m²)。)

    2. 已知一平壁厚 400 mm,平壁两侧温度分别维持 950 ℃、250 ℃不变,导热系数 σ 为温度的函数,可表示为 $\sigma = \sigma_0(1 + 0.001t)$,式中 t 的单位为 K。若将导热系数分别按常量(取平均导热系数)和变量计算时,试求热流密度和平壁内的温度分布。

(答案:常量:$q_T = 3\,277\sigma_0$ W/m^2, $t = 1\,223 - 1\,750x$;变量:$q_T = 3\,277\sigma_0$ W/m^2, $t = -1\,000 + 1\,000\sqrt{4.942 - 6.556x}$。)

3. 某列管换热器的管束由 30 根尺寸为 $\Phi24$ mm$\times2$ mm 长度为 2 m 的钢管组成,现有温度为 80 ℃ 的常压空气以 12 m/s 的流速在列管管束内沿管轴方向流动,出热交换器的温度为 20 ℃。试求空气对列管管束内管壁的传热膜系数。

(答案:58.33 W/(m^2·K)。)

4. 有一列管换热器,由 80 根 $\Phi25$ mm$\times2.5$ mm 长度为 2 m 的钢管组成。通过该换热器,用饱和水蒸气加热苯。苯在管内流动,由 20 ℃ 被加热到 80 ℃,苯的流量为 15 kg/s。试求苯在管内的对流传热膜系数。若苯的流量提高 90%,假设仍维持原来的出口温度,问此时的对流传热膜系数又为多少?〔已知苯在 50 ℃ 时的物性数据如下:$\rho=860$ kg/m^3,$C_p=1.80$ kJ/(kg·K),$\mu=0.45\times10^{-3}$ Pa·s,$\sigma=0.14$ W/(m·K)〕

(答案:1 119.90 W/(m^2·K);1 871.47 W/(m^2·K)。)

5. 现有一钢管,为保证管内水蒸气温度,钢管外包裹一层保温材料,其热导率 $\sigma = 0.03$ W/(m·K),外表面对环境的对流传热膜系数 $\alpha =6.5$ W/(m^2·K)。保温层内外半径分别为 r_i、r_0。设保温层内表面温度为 t_i,周围环境温度为 t_f。试求保温层临界直径并写出推导过程。

(答案:9.2 mm。)

6. 现有一运送蒸气的管道,管道外径为 100 mm。为减少热量损失,在管道外包装一层 $\sigma=0.2$ W/(m·K) 的保温材料。已知蒸气管外壁温度为 200 ℃,现要求每米管长的热损失为 250 W/m,试求保温层中的温度分布。若要求保温层外侧温度低于 50 ℃,保温层至少要多厚?

(答案:保温层中温度分布为:$t = -198.94\ln r - 395.97$ ℃;要求保温层外侧温度低于 50 ℃,保温层厚度至少为 0.056 m。)

7. 现有一污泥消化池,池体主要为厚 400 mm 钢筋混凝土材料,$\sigma_1=1.55$ W/(m·K),池壁外有一层厚 30 mm 的泡沫水泥作为保温材料,$\sigma_2=0.3$ W/(m·K)。消化池内表面热转移系数(污泥传到钢筋混凝土池壁)$\alpha_1=350$ W/(m^2·K),外表面热转移系数(池壁传至外在介质空气)$\alpha_2=6.5$ W/(m^2·K)。(1) 试求此消化池的传热系数。(2) 为了降低传热系数,在其他条件不变的情况下,试比较分别把 α_1、α_2 降低一半的效果并得出结论。

(答案:$K_0=1.94$ W/(m^2·K);把 α_1 降低一半,$K=1.93$ W/(m^2·K),把 α_2 降低一半,$K=1.49$ W/(m^2·K),降低较小的 α 值可使 K 减小幅度更大。)

8. 一蛇管热交换器由 $\Phi20$ mm$\times2$ mm 的铜管装在水槽中组成,二氧化碳气体在管内流动,冷却水自槽底进入,与二氧化碳进行热交换后从槽顶离去。已知二氧化碳对壁的传

热膜系数 $\alpha_1 = 54.5$ W/($m^2 \cdot$ K)，管壁对水的传热膜系数 $\alpha_2 = 1\,400.5$ W/($m^2 \cdot$ K)，管壁 $\sigma = 375.6$ W/(m·K)，试求热交换器的传热系数。

（答案：42.27 W/($m^2 \cdot$ K)。）

9. 现用一列管式换热器的预热水，水在 $\Phi 25$ mm × 2.5 mm 长度为 2 m 的钢管内以 0.8 m/s 的速度流过，进出口温度分别为 30 ℃ 和 90 ℃。具体方法为用饱和水蒸气在管间冷凝以传递热量，取水蒸气冷凝传热膜系数为 9\,500 W/($m^2 \cdot$ K)，水侧污垢热阻为 0.5×10^{-3} $m^2 \cdot$ K/W，管壁热阻较小，可以忽略。试求传热系数 K。

（答案：1\,014.7 W/($m^2 \cdot$ K)。）

10. 在一单壳单管程无折流挡板的列管式换热器中，用冷却水将 120 ℃ 的热流体冷却至 50 ℃，冷却水进口温度 15 ℃，出口温度为 30 ℃。试求在这种温度条件下，逆流和并流时的平均温差。

（答案：并流时 51.3 K；逆流时 58.2 K。）

11. 现有一列管式换热器用作某精馏塔顶气体的冷凝器，其管束由直径大、壁薄的钢管 $\sigma = 49$ W/(m·K) 组成，操作时用水在管间与有机物蒸气逆向流动。测得有机物蒸气温度为 70 ℃，全部冷凝下来的热流量为 422.2 kW；冷却水质量流量为每小时 4×10^4 kg，其进口温度 30 ℃，比定压热容取 $C_p = 4\,178$ J/(kg·K)，有机物侧表面传热系数可取 $\alpha_1 = 1\,300$ W/($m^2 \cdot$ K)，水侧的表面传热系数 $\alpha_2 = 1\,000$ W/($m^2 \cdot$ K)。 试计算该冷凝器需要多大的传热面积才能满足换热要求。

（答案：21.9 m^2。）

12. 现有一燃烧炉，其平面壁由两种材料组成，内层为厚度为 400 mm 的耐火砖 $\sigma_1 = 1.04$ W/(m·K)，外层为厚度为 200 mm 的普通砖 $\sigma_2 = 0.55$ W/(m·K)。 测得炉内温度为 1\,200 ℃，炉外温度为 20 ℃，已知炉内燃烧气体对壁的给热系数为 35.7 W/($m^2 \cdot$ K)，壁对空气的给热系数为 15.5 W/($m^2 \cdot$ K)若普通砖能耐 600 ℃，那么在此情况下能否使用这种普通砖。

（答案：不能。）

13. 一根 $\Phi 25$ mm × 2 mm 的钢管 $[\sigma = 45$ W/(m·K)] 放在一个废热锅炉中。管外为沸腾水，绝对压强为 2.55 MPa，管内的合成转化气的温度由 600 ℃ 下降到 450 ℃。已知转化气一侧的 $\alpha_i = 300$ W/($m^2 \cdot$ K)，水侧 $\alpha_0 = 10\,000$ W/($m^2 \cdot$ K)，若忽略管壁结垢所产生的热阻，试求：

（1）每米管长的传热速率；

（2）锅炉钢管两侧的壁温。

（答案：每米管长的传热速率为 5\,602.37 W/m；锅炉钢管外侧的壁温 $t_0 = 232.13$ ℃，内侧的壁温 $t_i = 235.58$ ℃。）

14. 现有一套管式换热器，溶液与水在其中进行逆流换热，其内管尺寸为 $\Phi 25$ mm ×

2.5 mm。溶液质量定压热容为 4.00 kJ/(kg·K),走管外,每小时流出 1 000 kg,温度从 150 ℃降到 100 ℃。冷水走管内,其质量定压热容为 4.19 kJ/(kg·K),进出口温度分别为 60 ℃和 100 ℃。现已知溶液的对流传热膜系数为 1 000 W/(m²·K)。若不计管壁热阻,试求冷水的用量和以传热外表面为基准的总传热系数。若水的流量提高 50%,且仍维持原来的出口温度,此时水的对流传热膜系数为多少?

（答案：冷水的用量为 1 193 kg/h,以传热外表面为基准的总传热系数为 849.12 W/(m²·K);水的流量提高 50%,且仍维持原来的出口温度,此时水的对流传热膜系数为 9 708.02 W/(m²·K)。）

第四章

吸　收

4.1　概述

一滴蓝墨水加入静止的一盆清水中,会发现蓝颜色逐渐自动向四周扩散,直至整盆清水变成均匀的蓝色为止。这说明水中发生了物质(蓝颜料)位置的移动,液相内各处物质的组成也随之发生了变化,最终各处浓度达到了均衡。此变化过程中并无外力加入,从微观分析可知,由于分子的无规则热运动,有的蓝颜料分子自高浓度向低浓度处运动,也有自低浓度处向高浓度处运动,但因浓度的差异,总的统计结果,仍是蓝颜料分子自高浓度处向低浓度处运动的为多,宏观表现为蓝颜料分子自高浓度处向低浓度处转移,这种现象就是单相介质中的质量传递过程。

在废水生物处理工艺中,生物膜与废水之间也存在复杂的质量传递过程,不仅有单相传质,还存在不同相之间的相际传质,如图 4-1 所示。生物膜具有很大的表面积。由于生物膜的吸附作用,在膜外附着一层薄薄的缓慢流动的水层,叫附着水层。生物膜中微生物的代谢产物浓度高于废水中,而废水中的有机物和溶解氧浓度则大于生物膜中的水平,因此在生物膜内外、生物膜与水层之间进行着多种物质的传递过程。废水中的有机物(BOD)由流动水层转移到附着水层,进而被生物膜所吸附。空气中的氧溶解于流动水层中,通过附着水层传递给生物膜,供微生物呼吸之用。在此条件下,好氧菌对有机物进行氧化分解和同化合成,产生的 CO_2 和其他代谢产物一部分溶入附着水层,一部分析出到空气中(即沿着相反方向从生物膜经过水层排到空气中去)。如此循环往复,使废水中的有机物不断减少,从而净化废水。当生物膜较厚或废水中有机物浓度较大时,空气中的氧很快地被表层的生物膜所消耗,靠近填料的一层生物膜就会得不到充足的氧的供应而使厌氧菌获得生长,并且产生有机酸、甲烷(CH_4)、氨(NH_3)及硫化氢(H_2S)等厌氧分解产物,这些产物也从生物膜扩散进入水层并部分排入空气中。

在废气治理工程中,如果用清水喷淋含有 SO_2、NO_2、CO_2 的燃煤电厂、炼铜厂的烟道气,SO_2、

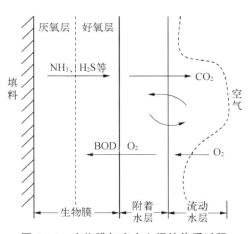

图 4-1　生物膜与废水之间的传质过程

NO_2、CO_2气体会逐渐溶入水中,致使气相中 SO_2、NO_2、CO_2 浓度逐渐降低,水中 SO_2、NO_2、CO_2浓度逐渐升高。若使一定量的清水与一定量含 SO_2、NO_2、CO_2 的烟道气体接触时间足够长,最终,SO_2、NO_2、CO_2 分别在两相中的浓度达到某一相互平衡的状态。这就是 SO_2、NO_2、CO_2气体从气相向液相的质量传递过程。

综上所述,物质的转移过程可以发生在同相或不同相之间。当在一相或在直接接触的两相之间,存在有浓度差且未达到平衡状态时,物质会发生位置的移动,随之,相的组成也将发生变化,这种过程称为扩散过程或质量传递过程,简称为传质过程。

但是,物质的转移过程并不都是传质过程。如用泵将水从井下抽至水塔,或用风机将车间内有害的气体输送至净化设备,这样的过程虽也发生了物质的转移,但是它系外力所致,并且在输送过程中,物质的相组成并不发生变化,因此它们不属于传质过程,而属于物质的输送过程。

环境工程治理中常需将有害物质从废水、废气或固体废物中分离出来。热力学第二定律指出,一切自发过程的发生均是熵增加的过程,如前述蓝墨水与清水的自发混合。而与之相反的分离过程是个熵减少的过程,不能自发产生,必须有外界对物系做功(或输入能量)才能进行,所以要将混合物分离必须采用一定的手段。

传质过程可以在均相中进行,也可在非均相中进行。按传质机理来划分,传质分离过程可分为平衡分离过程和速率控制分离过程两大类。现简单介绍环境工程治理中常见的几种传质分离过程。

1) 速率控制分离过程

速率控制分离过程是利用某种特定的介质,在某一驱动力的作用下,产生各组分传递速率的差异,从而达到分离的目的。

给水与废水处理工艺中的膜分离技术就是速率控制分离过程。膜分离技术包括反渗透、电渗析、超滤、纳滤等,它是利用特定膜的透过性能,在存在浓度差的条件下,利用压力差或电位差,达到分离水中有害离子、分子或胶体物质,实现水质的深度净化。膜分离技术已广泛应用于水处理工程,如高纯水的制备、膜生物反应器等。

2) 平衡分离过程

平衡分离过程是借助于能量分离剂或物质分离剂的加入使某种组分形成新相或迁移到另外一相的传质过程。例如精馏操作中热量的引入(能量分离剂),吸收或萃取过程中吸收剂或溶剂的加入(物质分离剂),待分离混合物的各组分由于具有不同的分离性能,于是从混合物一相移入另一相中,从而达到分离的目的。

(1) 吸收与解吸。气相中某组分从气相溶解入液相,称作气体的吸收[图 4-2(a)],属于气—液两相之间的传质过程。吸收常用于有害气体的净化,如上述燃煤电厂、烟道气的净化。解吸可用于废水中有害气体的脱除,如废水中氨的去除与回收。

(2) 吸附。物质从气相或液相趋附于固体表面的过程称作吸附[图 4-2(b)],反之为脱附。这是气—固相或液—固相之间的传质过程,常用于废气或废水的净化,例如用活性炭除去废水中的有毒有害有机物,用活性炭净化室内空气或者汽车内空气等。

(3) 蒸馏。通过加热或者取出热量,不同物质在气—液两相间相互转移,使易挥发组分在气相得到富集,难挥发组分在液相得到富集的过程称作蒸馏[图 4-2(c)]。例如二元蒸馏

时,易挥发组分 A 从液相

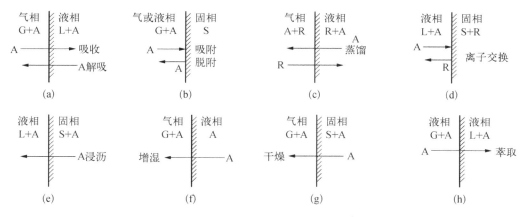

图 4-2 属于平衡分离过程的几种相际传质过程示意图

G、L、S-非传质组分;A、R-传质组分

进入气相,难挥发组分 R 从气相转入液相。

(4) 离子交换。离子交换树脂中的可交换离子与水中带同种电荷的离子进行交换,从而使离子从水中除去[图 4-2(d)]。离子交换常用于去除水中 Ca^{2+}、Mg^{2+},从而制取软化水、纯水,以及从水中去除某种指定物质,如去除电镀废水中的重金属等。

(5) 浸沥(固—液萃取)。指物质从固相转入液相的过程[图 4-2(e)],是固—液相之间的传质,可用于除去固体废物中的有害物质。因固体混合物常为多相物系,所以浸沥也常是多相物系的分离过程,例如浸泡磷石膏,除去固相中的氟等。

(6) 增湿。水分从液相进入气相的过程[图 4-2(f)],此为气—液相之间的传质过程。例如使用静电除尘法时,为了改变烟尘的电学性质,便可采用增湿的方法。

(7) 干燥。通常指固体物料中液体(多为水)经气化转入气相的过程[图 4-2(g)]。此为气—固相之间的传质,可用于环境工程治理中介质或副产品的干燥,如活性污泥的干燥等。

(8) 萃取。通常指某溶质从一液相(溶剂)进入与该液相互不相溶的另一液相的过程[图 4-2(h)],这是液—液相之间的传质过程。此法可用于废水的净化,如用二甲苯脱除废水中的酚等。

4.2 传质机理及传质速率和传质通量

相平衡仅仅是表达某一物系处于平衡状态时,两相组成之间的函数关系。实际进行的物质传递过程中,物系状态是偏离平衡状态的,这样才可能使某种物质从一相源源不断地传递到另一相中去。如其不然,物系状态处于平衡状态,过程就会终止。在物质传递过程中,更主要的是研究物质传递速率(单位时间从一相传递到另一相的物质的量)。如果传递速率高,处理设备的生产强度就大,一定的传递量可在较小的设备中完成;反之,传递速率低,则需要用较大的设备。

物质传递过程的速率与其影响因素之间的关系用传质速率方程来表达,为此,首先要研究物质传递的机理。

例如吸收等两相之间的物质传递过程可分解为3个基本步骤,如图4-3所示。溶质由气相主体(该处分压为p_G)传递到两相界面(该处气相分压为p_i),即气相内的传递;溶质在界面处由气相溶解于液相(该处液相浓度为c_i),溶质由界面传递到液相主体(该处液相浓度为c_L),即液相内传递。不论气相或液相,物质在单相内的传递机理是凭借扩散的作用。扩散可分为分子扩散和涡流扩散,两者合称为对流扩散。前者指物质的分子在静止流体或层流层中的扩散,如将一滴蓝墨水加进一杯水中,由于分子的热运动,蓝墨水就慢慢地分散到整杯水中;后者是指依靠流体质点的运动而引起的扩散,如将一滴蓝墨水加进一杯水中后立刻搅拌,蓝墨水迅速地分散到整杯水中,这种情况下的扩散主要是涡流扩散。

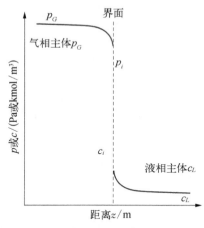

图4-3 两相之间的传递过程示意图

4.2.1 分子扩散

如果在静止的流体内部存在某一组分的浓度差时,由于分子的无规则运动,该组分将从高浓度处向低浓度处转移,直至流体内部浓度达到均匀为止,这种物质传递现象称为分子扩散。

4.2.1.1 费克定律

在单相物系内,以分子扩散方式迁移物质的速率,即分子扩散速率遵循费克(Fick)定律:垂直于传质方向的单位传质面积上的分子扩散速率即扩散通量,与浓度梯度成正比,物质传递的方向沿浓度降低的方向,其数学表达式为

$$N_A = \frac{J_A}{A_d} = -D\frac{dc_A}{dZ} \qquad (4-1)$$

式中,N_A——扩散通量,单位面积扩散组分A的扩散速率,$kmol/(m^2 \cdot s)$或$kmol/(m^2 \cdot h)$;

J_A——扩散组分A的扩散速率,$kmol/s$或$kmol/h$;

A_d——扩散面积,m^2;

Z——沿扩散方向上的距离,m;

c_A——扩散组分A的浓度,$kmol/m^3$;

D——分子扩散系数,m^2/s或m^2/h。

负号表明物质扩散方向与浓度增加方向相反。

稳态情况下,即扩散速率J_A恒定,在各点处浓度c_A不随时间改变,分子扩散速率的积分形式为

$$J_A = \frac{DA_d}{\delta_d}(c_{A1} - c_{A2}) \qquad (4-2)$$

式中,c_{A1},c_{A2}——扩散组分在点1和点2处的浓度,$kmol/m^3$;

δ_d——扩散层厚度，m。

上式可以写成扩散通量形式：

$$N_A = \frac{J_A}{A_d} = \frac{D}{\delta_d}(c_{A1} - c_{A2}) \qquad (4-3)$$

4.2.1.2　稳态分子扩散

简单的稳态分子扩散分为等分子反向扩散和单向扩散两种。

1）等分子反向扩散

在等分子反向扩散过程中，易挥发组分从液相向气相传递，难挥发组分则从气相向液相传递，如果两组分的汽化热相等，那么，1 mol 难挥发组分从气相冷凝传入液相所放出的热量恰好使 1 mol 易挥发组分从液相传入气相的热量。这样，在气、液两相中，这两种组分就形成了等分子反向扩散。在气相中难挥发组分从气相主体向气、液界面扩散，易挥发组分从界面向气相主体扩散，两者扩散通量相等，方向相反。与此类似，在液相中难挥发组分从气、液两相界面向液相主体扩散，易挥发组分则从液相主体向界面扩散。

若二组分 A 和 B 混合气体为理想气体，且各处总压强及温度相同，那么，各点的总浓度也相等：

$$c_T = c_A + c_B = 常数$$

$$\frac{\mathrm{d}c_T}{\mathrm{d}Z} = \frac{\mathrm{d}c_A}{\mathrm{d}Z} + \frac{\mathrm{d}c_B}{\mathrm{d}Z} = 0$$

即

$$\frac{\mathrm{d}c_A}{\mathrm{d}Z} = -\frac{\mathrm{d}c_B}{\mathrm{d}Z}$$

$$N_A = -D_{AB}\frac{\mathrm{d}c_A}{\mathrm{d}Z}$$

$$N_A = -N_B$$

因为

$$N_B = -D_{BA}\frac{\mathrm{d}c_B}{\mathrm{d}Z} = D_{BA}\frac{\mathrm{d}c_A}{\mathrm{d}Z} = D_{AB}\frac{\mathrm{d}c_A}{\mathrm{d}Z}$$

所以

$$D_{AB} = D_{BA} = D$$

若边界条件为

$$Z = 0，c_A = c_{A1}$$

$$Z = \delta_d，c_A = c_{A2}$$

则可以得到

$$N_A = \frac{D}{\delta_d}(c_{A1} - c_{A2}) = \frac{\Delta c}{\delta_d/D} = \frac{推动力}{阻力} \qquad (4-4)$$

若用分压表示可得

$$N_A = \frac{D}{RT\delta_d}(p_{A1} - p_{A2}) \tag{4-5}$$

式中，R——气体常数，8.314 J/(mol·K)；

T——温度，K；

p_{A1}，p_{A2}——组分 A 在点 1 和点 2 处的分压，Pa。

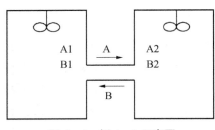

图 4-4　例 4-1 示意图

【例 4-1】　现用氮气作为惰性气体制备一定浓度的氨气。如图 4-4 所示，假定氨气（A）和氮气（B）在连接管中做等分子反向扩散。已知连接管管长 0.2 m；当总压为 1.013×10^5 Pa，温度为 298 K 的条件下，扩散系数为 0.23×10^{-4} m²/s。在相同的温度条件下，氨气在两容器中的分压分别为 $p_{A1} = 5.0 \times 10^4$ Pa，$p_{A2} = 2.5 \times 10^3$ Pa。

求：在该条件下，氨气（A）与氮气（B）的扩散通量。

已知：$\delta_d = 0.2$ m，$p_{A1} = 5.0 \times 10^4$ Pa，$p_{A2} = 2.5 \times 10^3$ Pa，$D = 0.23 \times 10^{-4}$ m²/s，$T = 298$ K。

求：N_A 和 N_B。

解：根据式(4-5)得

$$N_A = \frac{D}{RT\delta_d}(p_{A1} - p_{A2}) = \frac{0.23 \times 10^{-4}}{8.314 \times 298 \times 0.2} \times (5.0 \times 10^4 - 2.5 \times 10^3)$$

$$= 2.204 \times 10^{-3} \text{ mol/(m}^2 \cdot \text{s)}$$

$$p_{B1} = p - p_{A1} = 1.013 \times 10^5 - 5.0 \times 10^4 = 5.13 \times 10^4 \text{ Pa}$$

$$p_{B2} = p - p_{A2} = 1.013 \times 10^5 - 2.5 \times 10^3 = 9.88 \times 10^4 \text{ Pa}$$

$$N_B = \frac{D}{RT\delta_d}(p_{B1} - p_{B2}) = \frac{0.23 \times 10^{-4}}{8.314 \times 298 \times 0.2} \times (5.13 \times 10^4 - 9.88 \times 10^4)$$

$$= -2.204 \times 10^{-3} \text{ mol/(m}^2 \cdot \text{s)}$$

可见 $N_A = -N_B$，即为等分子反向扩散过程。

答：氨气与氮气的扩散通量均为 2.204×10^{-3} mol/(m²·s)，方向相反。

2) 单向扩散

吸收过程就是单向扩散。在吸收操作中，惰性组分不溶于液体中，即不会穿过两相界面，而组分 A 则不断地溶入液相，其浓度分布如图 4-3 所示。惰性组分 B 的分布与组分 A 的恰恰相反，即两相界面处浓度高于气相主体，因此组分 B 将由分子扩散离开界面。若仅有分子扩散存在，两相界面 B 的浓度将不断降低，界面处总压（等于 A、B 两组分的分压之和）将比气相主体中的低，这在事实上不会出现。因当有压差出现，就推动气相中的 A 和 B 组分一起向界面流动，此称为主体流动，其传递的量为 $N'_A + N'_B$，且 $N'_A : N'_B = c_A : c_B$。主体流动挟带的组分 B 的量恰好与 B 的分子扩散量相等，保持 B 的净传

递量为零,即

$$-N'_B = N_B = -D\frac{dc_B}{dZ}$$

主体流动不同于扩散流,扩散流是分子微观运动的宏观结果,而上述物质的主体流动纯属宏观运动。

组分 A 在单向扩散中的传递通量为

$$N''_A = N'_A + N_A = \frac{c_A}{c_B}N'_B + N_A$$

$$= \frac{c_A}{c_B}(-N_B) + N_A = \frac{c_A}{c_B}D\frac{dc_B}{dZ} - D\frac{dc_A}{dZ}$$

$$= -D\frac{c_A}{c_B}\frac{dc_A}{dZ} - D\frac{dc_A}{dZ} = -D\frac{c_A + c_B}{c_B}\frac{dc_A}{dZ}$$

$$= -D\frac{c_T}{c_T - c_A}\frac{dc_A}{dZ} = 常数$$

边界条件为

$$Z=0, \ c_A = c_{A1}; \ Z=\delta_d, \ c_A = c_{A2}$$

而 c_T 和 D 为常数,积分得

$$N''_A = \frac{Dc_T}{\delta_d}\ln\frac{c_T - c_{A2}}{c_T - c_{A1}} = \frac{Dc_T}{\delta_d}\frac{\ln\frac{c_T - c_{A2}}{c_T - c_{A1}}}{c_T - c_{A2} - (c_T - c_{A1})}(c_{A1} - c_{A2}) = \frac{Dc_T}{\delta_d c_{Bm}}(c_{A1} - c_{A2})$$

$$(4-6)$$

式中,c_{Bm} 为组分 B 在界面与液相主体之间浓度的对数平均值:

$$c_{Bm} = \frac{c_{B2} - c_{B1}}{\ln\frac{c_{B2}}{c_{B1}}} = \frac{c_T - c_{A2} - (c_T - c_{A1})}{\ln\frac{c_T - c_{A2}}{c_T - c_{A1}}}$$

若以分压表示,则可得传质通量为

$$N''_A = \frac{D}{RT\delta_d}\frac{p_T}{p_{Bm}}(p_{A1} - p_{A2})$$

$$(4-7)$$

式中,p_{Bm} 为气相主体与界面之间惰性气体分压差的对数平均值:

$$p_{Bm} = \frac{p_{B2} - p_{B1}}{\ln\frac{p_{B2}}{p_{B1}}} = \frac{p_T - p_{A2} - (p_T - p_{A1})}{\ln\frac{p_T - p_{A2}}{p_T - p_{A1}}}$$

与等分子反向扩散相比,在单向扩散中,因存在主体流动使组分 A 的传递通量 N_A 较等分子扩散增大了 (c_T/c_{Bm}) 或 (p_T/p_{Bm}) 倍。此倍数称漂流因子,其值恒大于 1。当混合物中 c_A 的浓度很低时,$c_T \approx c_{Bm}$(或 $p_T \approx p_{Bm}$),则漂流因子接近于 1。

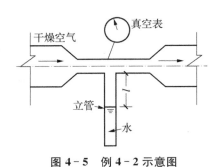

图 4-5　例 4-2 示意图

【例 4-2】　利用如图 4-5 所示的装置图测试水蒸气在空气中的扩散系数。在环境压强为 1.013×10^5 Pa 的条件下,将如图装置放在 328 K 的恒温箱内,立管中盛水,最初水面离上端管口的距离为 0.125 m,迅速向上部横管中通入干燥的空气(干空气流速控制到保证被测气体在管口的分压大致为零)。实验测得经 3.71×10^6 s 后,管中的水面离上端管口距离为 0.2 m。求水蒸气在空气中的扩散系数。

已知:$T = 328$ K,$p_T = 1.013 \times 10^5$ Pa,$l_1 = 0.125$ m,$l_2 = 0.2$ m,$\tau_1 = 0$,$\tau_2 = 3.71 \times 10^6$ s。

求:D。

解:立管中水面下降是水分子扩散使水蒸发所引起的。当上部管口通过干燥空气时,该扩散过程可视为单方向扩散,当水面与上端管口距离为 l 时,水蒸气扩散的传质通量为

$$N_A = \frac{D}{RT\delta_d} \cdot \frac{p_T}{p_{Bm}}(p_{A1} - p_{A2}) = \frac{D}{RTl} \frac{p_T}{p_{Bm}}(p_{A1} - p_{A2})$$

式中,p_{A1} 为 328 K 下水与空气界面上的水蒸气分压,为 1.574×10^4 Pa;p_{A2} 为立管出口处的水蒸气分压(根据题意,$p_{A2} = 0$)。测试装置处于 1.013×10^5 Pa 下,故 $p_T = 1.013 \times 10^5$ Pa。则:

$$p_{Bm} = \frac{p_{B2} - p_{B1}}{\ln \frac{p_{B2}}{p_{B1}}} = \frac{1.013 \times 10^5 - (1.013 \times 10^5 - 1.574 \times 10^4)}{\ln \frac{1.013 \times 10^5}{1.013 \times 10^5 - 1.574 \times 10^4}} = 9.32 \times 10^4 \text{ Pa}$$

水在空气中分子扩散的传质通量可用管中水面下降的速度表示:

$$N_A = \frac{c_A dl}{d\tau}$$

式中,c_A 为水的摩尔浓度 mol/m^3。328 K 下,水的密度为 985.6 kg/m^3。则:

$$c_A = \frac{985.6 \times 10^3}{18} = 5.48 \times 10^4 \text{ mol/m}^3$$

$$N_A = \frac{c_A dl}{d\tau} = \frac{D}{RTl} \frac{p_T}{p_{Bm}}(p_{A1} - p_{A2})$$

从 $\tau_1 = 0$ s,$l_1 = 0.125$ m 到 $\tau_2 = 3.71 \times 10^6$ s,$l_2 = 0.20$ m 对上式积分,得

$$\int_{0.125}^{0.20} l \, dl = \frac{D}{c_A RT} \frac{p_T}{p_{Bm}}(p_{A1} - p_{A2}) \Big|_0^{3.71 \times 10^6} d\tau$$

$$\frac{1}{2} \times (0.20^2 - 0.125^2) = \frac{D}{5.48 \times 10^4 \times 8.314 \times 328} \times \frac{1.013 \times 10^5}{9.32 \times 10^4}$$

$$\times (1.574 \times 10^4 - 0) \times 3.71 \times 10^6$$

$$D = 2.87 \times 10^{-5} \text{ m}^2/\text{s}$$

160

答：水蒸气在空气中的扩散系数为 2.87×10^{-4} m²/s。

4.2.1.3　扩散系数

扩散系数是物质的物性常数,它表明该物质在均匀介质中的扩散能力。由式(4-1)可知,扩散系数 D 的物理意义是：沿扩散方向上的单位距离内,扩散组分浓度降低一个单位时,单位时间内通过单位面积的物质量,其单位为 m²/s 或 cm²/s。

影响扩散系数的因素有：

(1)扩散组分的性质。例如氧在空气中的 D 为 2.06×10^{-5} m²/s,乙醇在空气中的 D 为 1.19×10^{-5} m²/s。

(2)扩散介质的性质。例如氨在空气中的 D 为 2.36×10^{-5} m²/s,在水中的 D 为 1.76×10^{-9} m²/s。

(3)温度。受温度影响较大,温度升高,扩散系数增大。

(4)压力。物系压力越大,扩散阻力也越大。压力对物质在液体中的扩散系数的影响小,在气体中的影响大。

(5)浓度。扩散组分浓度升高,扩散阻力增大。在液体中浓度对扩散系数的影响大,在气体中影响小。

扩散系数的数值由实验测定。常见物质的扩散系数可从有关手册中查得,表4-1和表4-2为几种常见物质在空气中和溶剂中的扩散系数。

表 4-1　298 K,101.3 kPa 下蒸气与气体在空气中的扩散系数

物　质	$D/(\times10^{-5}\text{m}^2/\text{s})$	物　质	$D/(\times10^{-5}\text{m}^2/\text{s})$
氨	2.36	乙醇	1.19
二氧化硫	1.64	丙醇	1.00
氢	4.10	丁醇	0.900
氧	2.06	戊醇	0.700
水	2.56	己醇	0.590
二硫化碳	1.07	甲酸	1.59
乙醚	0.980	乙酸	1.33
甲醇	1.59	丙酸	0.990

表 4-2　293 K 时溶质在溶剂中的扩散系数

溶　质	溶　剂	$D/(\times10^{-9}\text{m}^2/\text{s})$	溶　质	溶　剂	$D/(\times10^{-9}\text{m}^2/\text{s})$
O_2	水	1.80	乙酸	水	0.880
CO_2	水	1.50	甲醇	水	1.28
NH_3	水	1.76	乙醇	水	1.00
Cl_2	水	1.22	乳糖	水	0.430
Br_2	水	1.20	葡萄糖	水	0.600
H_2	水	5.13	氯化钠	水	1.35
N_2	水	1.64	三氯甲烷	乙醇	1.23
HCl	水	2.64	酚	苯	1.54
H_2S	水	1.41	三氯甲烷	苯	2.11
H_2SO_4	水	1.73	乙酸	苯	1.92
HNO_3	水	2.60	丙酮	水	1.16

1) 气体中的扩散系数

气体中的扩散系数与系统、温度和压力有关,其数量级为 10^{-5} m^2/s。通常对于二元气体 A、B 的相互扩散,A 在 B 中的扩散系数和 B 在 A 中的扩散系数相等,因此可略去下标而用同一符号 D 表示,即 $D_{AB}=D_{BA}=D$。

由于扩散系数不仅与物质本性有关,而且因扩散的介质不同而不同,因此手册中的数据不可能很完备,往往需要根据经验公式进行估算。

扩散组分 A 在气体 B 中的扩散系数常采用马克斯韦尔-吉利兰(Maxwell - Gilliland)经验式估算:

$$D = \frac{4.36 \times 10^{-6} T^{3/2}}{p (V_{mA}^{1/3} + V_{mB}^{1/3})^2} \sqrt{\frac{1}{M_A} + \frac{1}{M_B}} \qquad (4-8)$$

式中,D——分子扩散系数,m^2/s;

p——总压强,Pa;

T——温度,K;

M_A,M_B——分别为 A,B 两组分的摩尔质量,g/mol;

V_{mA},V_{mB}——分别为 A,B 两组分在正常沸点下的摩尔体积,m^3/mol。

组分的摩尔体积可根据正常沸点下液态纯组分的密度求得。表 4-3 列出了一些常见气体的摩尔体积。对于较复杂的分子,其摩尔体积可看成是各组成元素的原子体积之和,原子体积一般可从有关手册中查得。表 4-4 列出了一些常见元素的原子体积。

表 4-3 一些常见气体的摩尔体积

气 体	摩尔体积/(cm^3/mol)	气 体	摩尔体积/(cm^3/mol)	气 体	摩尔体积/(cm^3/mol)
H_2	14.3	CO_2	34.0	H_2O	18.9
O_2	25.6	SO_2	44.8	H_2S	32.9
N_2	31.2	NO	23.6	Cl_2	48.4
空气	29.9	N_2O	36.4	Br_2	53.2
CO	30.7	NH_3	25.8	I_2	71.5

表 4-4 一些常见元素的原子体积

元 素	原子体积/(cm^3/mol)	元 素	原子体积/(cm^3/mol)
H	3.7	N	15.6
C	14.8	N 在伯胺中	10.5
F	8.7	N 在仲胺中	12.0
Cl 在一端,如 R—Cl	21.6	O	7.4
Cl 居中,如 R—CHCl—R	24.6	O 在甲酯中	9.1
Br	27.0	O 在乙酯及甲、乙醚中	9.9
I	37.0	O 在高级酯及醚中	11.0
S	25.6	O 在酸中	12.0
P	27.0	O 与 N,S,P 结合	8.3

由式(4-8)可知,气体中的扩散系数与绝对温度的 3/2 次方成正比,与物系的总压成反比。即:

$$D = D_0 \frac{p_0}{p} \left(\frac{T}{T_0} \right)^{3/2} \qquad (4-9)$$

式中，D——气体分子扩散系数，m^2/s；

D_0——压强 p_0 和温度 T_0 时的气体分子扩散系数，m^2/s；

p——压强，Pa；

p_0——压强，Pa；

T——温度，K；

T_0——温度，K。

根据式（4-9）可以从已知温度 T_0 和压强 p_0 时气体物系的扩散系数 D_0 计算出温度为 T 和压强为 p 时的扩散系数 D。

【例 4-3】 在某仓库中，SO_2 气体储存罐发生泄漏。已知当时环境气压为 1.013×10^5 Pa（绝对压强），温度为 25 ℃。

求：SO_2 气体在空气中的扩散系数。

已知：$p = 1.013 \times 10^5$ Pa，$T = 25\ ℃ = 298$ K，$M_A = M_{SO_2} = 64$ g/mol，$M_B = M_{空气} = 29$ g/mol。

求：D。

解：设 A 组分为 SO_2，B 组分为空气。

$$T = 25 + 273 = 298\ K$$

查表 4-3 可得 $V_{mA} = V_{mSO_2} = 44.8$ cm³/mol $= 4.48 \times 10^{-5}$ m³/mol，$V_{mB} = V_{m空气} = 29.9$ cm³/mol $= 2.99 \times 10^{-5}$ m³/mol

根据式（4-8）计算

$$D = \frac{4.36 \times 10^{-6} T^{3/2}}{p (V_{mA}^{1/3} + V_{mB}^{1/3})^2} \sqrt{\frac{1}{M_A} + \frac{1}{M_B}}$$

$$= \frac{4.36 \times 10^{-6} \times 298^{3/2}}{1.013 \times 10^5 \times [(4.48 \times 10^{-5})^{1/3} + (2.99 \times 10^{-5})^{1/3}]^2} \sqrt{\frac{1}{64} + \frac{1}{29}}$$

$$= 1.12 \times 10^{-5}\ (m^2/s)$$

答：SO_2 在空气中的扩散系数为 1.12×10^{-5} m²/s

2）液体中的扩散系数

溶质在溶液中的扩散系数与溶质和溶剂的性质、溶液的温度、溶剂的黏度和浓度有关。由于液体中的分子要比气体中的分子密集得多，分子运动不如在气体中自由，因此液体的扩散系数要比气体的小得多，其数量级为 10^{-9} m²/s。对于很稀的非电解质溶液，物质在液体中的扩散系数可按威尔基—张（Wilke-Chang）经验公式估算：

$$D = 1.859 \times 10^{-18} \frac{(\alpha_a M)^{1/2} T}{\mu V_m^{0.6}} \qquad (4-10)$$

式中，D——溶质在液体中扩散系数，m^2/s；

T——温度，K；

M——溶剂的摩尔质量，g/mol；

μ——溶剂的黏度，Pa·s；

V_m——溶质的摩尔体积，m³/mol；

α_a——溶剂的缔合参数。

一些常用溶剂的缔合参数见表 4-5。

表 4-5 一些常用溶剂的缔合参数

溶 剂	水	甲醇	乙醇	苯*	乙醚*
缔合参数	2.6	1.9	1.5	1.0	1.0

* 缔合参数为 1.0 的溶剂是不缔合溶剂。

【例 4-4】 在自然水体中，溶解氧的含量是一个判断水质好坏的重要指标。现请根据公式(4-10)，推导在 20 ℃条件下，O_2 在水中的扩散系数。

已知：$T = 20$ ℃。

求：D。

解：$T = 20 + 273 = 293$ K

水：$\mu = 100.5 \times 10^{-5}$ Pa·s；$\alpha_a = 2.6$，$M = 18$ g/mol

查表 4-3 得 O_2 的摩尔体积：$V_m = 25.6$ cm³/mol $= 25.6 \times 10^{-6}$ m³/mol

根据式(4-10)计算

$$D = 1.859 \times 10^{-18} \frac{(\alpha_a M)^{1/2} T}{\mu V_m^{0.6}}$$

$$= 1.859 \times 10^{-18} \frac{(2.6 \times 18)^{1/2} \times 293}{100.5 \times 10^{-5} \times (25.6 \times 10^{-6})^{0.6}}$$

$$= 2.12 \times 10^{-9} \text{ m}^2/\text{s}$$

答：O_2 在 20 ℃的水中的扩散系数约为 2.12×10^{-9} m²/s。

4.2.2 对流扩散

对流扩散是指运动的流体与相界面之间发生的扩散传质过程。前述分子扩散的积分式只适用于静止流体或层流流体，实际过程中的流体总是流动的，流体的流动强化了相内的物质传递。

在湍流流动中，流体质点沿各方向做不规则运动，使流体内产生旋涡。因为有旋涡存在，物质传递速率远大于只有分子扩散时的速率，这种传递称为涡流扩散。实际湍流流体内物质的传递既靠分子扩散，也靠涡流扩散，两者合称对流扩散。涡流扩散的通量也与浓度梯度成正比。因此对流扩散通量方程也可写成与公式(4-1)类似的形式：

$$N_A = -D \frac{dc_A}{dZ} - D_w \frac{dc_A}{dZ} = -(D + D_w) \frac{dc_A}{dZ} \tag{4-11}$$

式中，N_A——扩散通量，kmol/(m²·s)或 kmol/(m²·h)；

D——分子扩散系数，m²/s 或 m²/h；

c_A——扩散组分 A 的浓度，$kmol/m^3$；

Z——沿扩散方向上的距离，m；

D_w——涡流扩散系数，m^2/s。

负号表明物质扩散方向与浓度增加方向相反。

涡流扩散系数（D_w）与分子扩散系数（D）虽有相同的单位，但是，分子扩散系数（D）是物质的物理性质，与所在的介质性质有关；而涡流扩散系数则受流体流动状况、扩散部位、流速、流体系统的结构尺寸、流体的黏度、密度等诸多因素的影响。

在静止流体或层流流体中，涡流扩散为零，即 $D_w = 0$；高度湍流流动时，涡流扩散系数 D_w 远远大于分子扩散系数 D；在强烈湍动时，D_w 几乎是 D 的 100 倍。因此，为增大流体相中的扩散速率，应使流体在湍流情况下流动，并尽可能加大其湍动程度。

4.2.2.1　对流扩散传质过程的机理

目前有关对流扩散的认识还不够深入，因此采用类似于对流传热的方法来处理对流扩散的问题。为此，提出了一些简化的传质模型来阐明对流传质的机理。其中提出最早也具有代表性的是停滞膜模型（stagnant-film model）。停滞膜模型的基本论点归纳为：

在流体靠近相界面处存在一层虚拟的停滞膜，膜以外为流体湍流区浓度相同，相内对流传质的阻力集中于虚拟的停滞膜内，如图 4 − 6 所示。气相虚拟停滞膜 δ'_G 比气相层流底层 δ_G 厚，液相虚拟停滞膜 δ'_L 比液相层流底层 δ_L 厚。假定停滞膜非常薄，因此任一时刻溶质在膜内的容量与传质速率相比可忽略，可以认为膜内无溶质的积累，溶质以稳态的分子扩散通过停滞膜。因此，一组分通过另一组分的对流扩散通量可写为

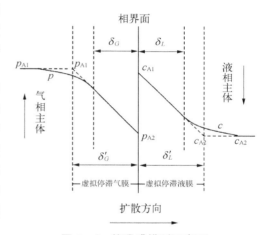

图 4 − 6　停滞膜模型示意图

气相内：

$$N_A = \frac{D}{RT\delta'_G} \frac{p_T}{p_{Bm}}(p_{A1} - p_{A2}) \qquad (4-12)$$

液相内：

$$N_A = \frac{Dc_T}{\delta'_L c_{Bm}}(c_{A1} - c_{A2}) \qquad (4-13)$$

式中，δ'_G 和 δ'_L 分别是气相和液相内虚拟停滞膜的厚度。

4.2.2.2　对流扩散传质通量方程

根据停滞膜模型，通过虚拟停滞膜的传质通量如式（4−12）所示，但其中 δ'_G 是气相流动状况的函数，难于测定。实际上，仿照对流传热速率的牛顿冷却定律，把上述关系用传质通量方程表示。令

$$k_G = \frac{D}{RT\delta'_G} \frac{p_T}{p_{Bm}} \qquad (4-14)$$

则式(4-12)变为 $N_A = k_G(p_{A1} - p_{A2})$ (4-15)

式中,k_G——以分压差表示推动力的气相传质分系数,kmol/(s·m²·kPa)。

式(4-13)中的 δ'_L 也难于测定,同理,令

$$k_L = \frac{Dc_T}{\delta'_L c_{Bm}}$$ (4-16)

则式(4-13)变为

$$N_A = k_L(c_{A1} - c_{A2})$$ (4-17)

式中,k_L——以浓度差表示推动力的液相传质分系数,kmol/(s·m²·kmol/m³)或 m/s。

采用停滞膜模型,将影响传质通量的各种复杂因素全部归入传质分系数之内。从式(4-16)和式(4-17)可知,提高传质通量的途径有2种:① 提高传质分系数 k_G 或 k_L;② 提高传质推动力 $p_{A1} - p_{A2}$ 或 $c_{A1} - c_{A2}$。

4.2.2.3 对流扩散传质系数的准数关联式

传质分系数可根据实际物系、设备和具体操作条件直接测定,或者通过模型试验寻求传质分系数与各项影响因素之间的准数关联式,用于相似放大设计计算。对于气体流过管壁液膜的情况,当 $Re > 2\,100$,$Sc = 0.6 \sim 3\,000$ 时(对气体 $Sc = 0.5 \sim 3$,对液体 $Sc > 100$),由实验获得的典型准数关联式为

$$Sh = 0.023 Re^{0.83} Sc^{0.33}$$ (4-18)

式中,Sh——施伍特数,$Sh = \frac{k_L d}{D} \cdot \frac{c_{Bm}}{c_T} = \frac{k_G dRT}{D} \cdot \frac{p_{Bm}}{p_T}$,无量纲;

Sc——施密特数,$Sc = \frac{\mu}{\rho D}$,无量纲;

Re——雷诺数,$Re = \frac{du\rho}{\mu}$,无量纲。

4.3 气液相平衡

4.3.1 概述

在一定的温度和压力下,气、液两相充分接触时,气相中的吸收质向液相吸收剂中传递而被吸收。同时,液相中被吸收的吸收质也可能由液相向气相传递进行解吸。开始时吸收是主要的,随着吸收质在液相中浓度不断增加,相应地吸收质从气相向液相的传递速度逐渐减慢,从液相向气相的解吸速度则逐渐加快。最后,吸收速度和解吸速度相等,气、液两相达到动态平衡。此时,气相和液相中吸收质的浓度不再变化,溶液的浓度即为平衡浓度,也是吸收质在溶液中的最大溶解度,也称平衡溶解度;溶液上方溶解气体的分压称为平衡分压。

在一定条件下,两相间的平衡是受相律制约的:自由度数=组分数-相数+2。例如,由 NH_3—空气—水形成的气—液体系,一共有两个相和三个组分(空气看作惰性组分),因此,由上式可得

自由度数=组分数-相数+2=3-2+2=3

166

即自由度等于 3。如果总压和温度一定，那么，剩下的只有 1 个变量可以随意选择。如果气相中 NH_3 的浓度一定，则液相中氨的浓度也一定。

但是，相律并不能给出一定气相浓度下液相中吸收质的浓度为多少，这必须由实验测定或有关公式计算。要预测平衡时吸收质在两相中的组成，必须有平衡实验数据。若两相不平衡，就会发生吸收质在相间传递，传质通量与传质推动力即偏离平衡的程度成正比，因此推动力的计算也需要有平衡数据。影响吸收质在气液两相平衡的主要变量是温度、压力和浓度。

4.3.2　溶解度曲线

气液相平衡关系可用列表、图线或关系式表示。用二维坐标绘成的气液相平衡关系曲线，称为溶解度曲线，可在有关手册中查到。图 4-7、图 4-8 和图 4-9 分别示出不同温度下 SO_2、O_2 和 NH_3 在水中溶解度曲线。由图可见，每种气体在水中的溶解度均随分压增加而增大，随温度升高而减小，这是气体在液体中溶解度变化的一般趋势。从图还可以看到，一定温度下，对应于相同浓度的溶液，易溶气体（如 NH_3）的分压小，难溶气体（如 O_2）的分压大。也就是，要获得同一浓度的溶液，对易溶气体所需的分压低，对难溶气体所需的分压高。

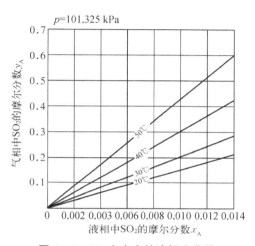

图 4-7　SO_2 在水中的溶解度曲线

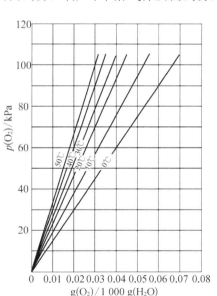

图 4-8　O_2 在水中的溶解度曲线

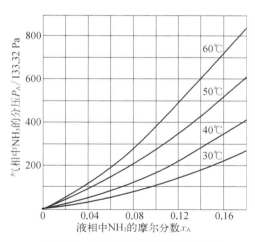

图 4-9　NH_3 在水中的溶解度曲线

4.3.3　亨利定律

在一定温度和气体总压不高情况下，对于难溶气体和大多数气体的稀溶液，液相中溶质

的浓度与其在气相中的平衡分压成正比,这一规律称亨利定律,其数学表达式为

$$p_A^* = H_{pm} x_A \qquad (4-19)$$

式中,p_A^*——溶质 A 在气相中的平衡分压,kPa;

　　　x_A——溶质 A 在溶液中的摩尔分数,无量纲;

　　　H_{pm}——亨利系数,kPa。

$$摩尔分数\ x = \frac{溶质的质量/溶质的摩尔质量}{\dfrac{溶质的质量}{溶质的摩尔质量} + \dfrac{溶剂的质量}{溶剂的摩尔质量}} = \frac{X}{1+X}$$

$$摩尔比\ X = \frac{溶质的质量/溶质的摩尔质量}{溶剂的质量/溶剂的摩尔质量} = \frac{x}{1-x}$$

　　亨利系数的值取决于物质的特性及体系的温度。溶质或溶剂不同,体系不同,H_{pm} 也就不同。H_{pm} 的大小表示气体被吸收的难易程度,H_{pm} 值越大,气体越难于被吸收,反之,则越容易被吸收。对于一定的体系,亨利系数随温度升高而加大。

　　一些气体在不同溶剂中的亨利系数 H_{pm} 可从手册及有关书刊中查到。表 4-6 列出一些气体在水中的 H_{pm} 值。亨利系数是根据实验结果获得的经验式,其气液两相间的直线关系只存在于一定的浓度范围,如图 4-9 中所示。

　　由于气、液相中溶质的组成有各种不同表示形式,因此亨利定律 $p_A^* = H_{pm} x_A$ 还可以表示成以下 3 种常见形式。

　　1) 用摩尔浓度表示

$$p_A^* = \frac{c_A}{H_{pc}} \qquad (4-20)$$

式中,p_A^*——溶质 A 在气相中的平衡分压,kPa;

　　　c_A——溶质 A 在溶液中的摩尔浓度,kmol/m³;

　　　H_{pc}——溶解度系数,kmol/(m³·kPa)。

表 4-6　一些气体在水中的亨利系数 H_{pm}

气 体	温度/℃								
	0	10	20	30	40	50	60	80	100
	$H_{pm} \times 10^{-6}$/kPa								
H_2	5.87	6.44	6.92	7.38	7.61	7.75	7.73	7.65	7.55
N_2	5.36	6.77	8.15	9.36	10.54	11.45	12.16	12.77	12.77
空气	4.37	5.56	6.73	7.81	8.82	9.56	10.23	10.84	10.84
CO	3.57	4.48	5.43	6.28	7.05	7.71	8.32	8.56	8.57
O_2	2.58	3.31	4.06	4.81	5.42	5.96	6.37	6.96	7.10
CH_4	2.27	3.01	3.81	4.55	5.27	5.85	6.34	6.91	7.10
NO	1.71	2.21	2.68	3.14	3.57	3.95	4.24	4.54	4.60
C_2H_6	1.28	1.92	2.67	3.47	4.29	5.07	5.72	6.70	7.01
C_2H_4	0.56	0.78	1.03	1.29	—	—	—	—	—

气 体	温度/℃								
	0	10	20	30	40	50	60	80	100
	$H_{pm} \times 10^{-4}$/kPa								
N_2O	—	14.29	20.26	26.24	—	—	—	—	—
CO_2	7.38	10.54	14.39	18.85	23.61	28.68	34.55	—	—
C_2H_2	7.30	9.73	12.26	14.79	—	—	—	—	—
H_2S	2.72	3.72	4.89	6.17	7.55	8.96	10.44	13.68	15.00
Br_2	0.22	0.37	0.60	0.92	1.35	1.94	2.54	4.09	—
SO_2	0.17	0.24	0.35	0.48	0.65	0.86	1.10	1.68	—
NH_3	0.020 8	0.024 0	0.027 7	0.032 1	—	—	—	—	—

与 H_{pm} 相反，H_{pc} 值越大，气体溶解度越大，溶质越容易被溶剂吸收。溶解度系数 H_{pc} 随温度升高而减小。

H_{pc} 与 H_{pm} 之间的换算关系推导如下。

比较式（4-19）和式（4-20）得到

$$H_{pm}x_A = \frac{c_A}{H_{pc}}$$

而溶质在溶液中的摩尔浓度为

$$c_A = c_T x_A = \frac{\rho_T}{M x_A + (1 - x_A)M_0} x_A$$

对于稀溶液，x_A 很小，ρ_T 约等于 ρ_0，所以

$$c_A = \frac{\rho_0}{M_0} x_A$$

故

$$H_{pm}x_A = \frac{\dfrac{\rho_0}{M_0} x_A}{H_{pc}}$$

$$H_{pc} = \frac{1}{H_{pm}} \frac{\rho_0}{M_0} \tag{4-21}$$

式中，c_T——溶液总摩尔浓度，$kmol/m^3$；

$\quad\quad\rho_T$——溶液的密度，kg/m^3；

$\quad\quad M$——溶质 A 的摩尔质量，$kg/kmol$；

$\quad\quad M_0$——溶剂的摩尔质量，$kg/kmol$；

$\quad\quad\rho_0$——溶剂的密度，kg/m^3。

2）用摩尔分数表示

$$y_A^* = m_e x_A \tag{4-22}$$

式中，y_A^*——溶质 A 在气相中的平衡浓度，摩尔分数，无量纲；

x_A——溶质 A 在溶液中的摩尔分数,无量纲;

m_e——相平衡常数,无量纲。

m_e 与 H_{pm} 之间的换算关系推导如下:

若总压强 p_T,对于理想气体,根据道尔顿分压定律:

$$p_A = p_T y_A$$

将上式代入式(4-19)可得

$$p_T y_A^* = H_{pm} x_A$$

$$y_A^* = \frac{H_{pm}}{p_T} x_A$$

比较上式和式(4-22)得

$$m_e = \frac{H_{pm}}{p_T} \qquad (4-23)$$

m_e 值越大,表示该溶质的溶解度越小。m_e 值随总压的升高或温度的降低而减小。因此,较高的压力和较低的温度对吸收是有利的,反之,对解吸有利。

3) 用摩尔比表示

$$Y_A^* = \frac{m_e X_A}{1 + (1 - m_e) X_A} \qquad (4-24a)$$

气、液两相的组成都用物质的摩尔比表示,将式(4-22)中的 y_A^* 和 x_A 作下列变换可以得到式(4-24a)。

$$y_A^* = \frac{Y_A^*}{1 + Y_A^*}$$

$$x_A = \frac{X_A}{1 + X_A}$$

对于稀溶液,X_A 值很小,式(4-24a)分母趋近于 1,则亨利定律可近似表示为

$$Y_A^* = m_e X_A \qquad (4-24b)$$

式中,Y_A^*——溶质 A 在气相中的平衡浓度,摩尔比;

X_A——溶质 A 在溶液中与溶剂的摩尔比;

m_e——相平衡常数,无量纲。

以上各式中的亨利系数 H_{pm},溶解度系数 H_{pc} 和相平衡常数 m_e 均由实验测得。一般物理化学手册或化工手册中只列出亨利系数 H_{pm},但在吸收计算中采用式(4-24b)进行计算最方便,其中的相平衡常数 m_e 值,可由查得的量按式(4-23)换算得到。对于不遵循亨利定律的气体,为满足工程上的需要,通常通过实验测定不同条件(分压、温度等)下溶质的吸收平衡浓度,求得气液平衡数据,将其列表、绘图以备实际应用。

【例4-5】 在常温常压条件下利用鼓风机对水体进行曝气复氧,可以迅速增加水体的溶解氧。已知温度为 25 ℃,鼓风机鼓出的气体压强为 3 atm,其中 O_2 的摩尔分数为 0.21。

已知在该条件下氧气在水中的溶解符合亨利定律。

求：该条件下氧气在水中的溶解度系数,相平衡常数以及单位立方水溶液中最大能溶解氧气多少克?

已知：$T = 25\ ℃$，$p_T = 3.03 \times 10^5\ Pa$，$y = 0.21$，$p_{O_2} = 0.21 p_T$，$H_{pm} = 4.44 \times 10^9\ Pa$。

求：H_{pc}、m_e、c_{Amax}。

解：查表 4-6 得 25 ℃ 时 O_2 的亨利系数 H_{pm} 为 4.44×10^9 Pa,溶液的密度近似等于水的密度,取 $\rho_0 = 996.95\ kg/m^3$,则溶解度系数 H_{pc} 为

$$H_{pc} = \frac{1}{H_{pm}} \frac{\rho_0}{M_0} = \frac{1}{4.44 \times 10^9} \times \frac{996.95}{18} = 1.25 \times 10^{-8}\ kmol/(m^3 \cdot Pa)$$

相平衡常数 m_e 为

$$m_e = \frac{H_{pm}}{p_T} = \frac{4.44 \times 10^9}{3.03 \times 10^5} = 1.47 \times 10^4$$

气相中氧气的分压为

$$p_A = p_T y_A = 3.03 \times 10^5 \times 0.21 = 6.36 \times 10^4\ Pa$$

由于氧气在水中的溶解度很小,气相中氧气的分压 p_A 近似等于平衡分压 p_A^*,由 $p_A^* = \frac{c_{Amax}}{H_{pc}}$ 得到：$c_{Amax} = p_A^* \cdot H_{pc} = p_A \cdot H_{pc} = 6.36 \times 10^4 \times 1.25 \times 10^{-8} = 7.95 \times 10^{-4}\ kmol/m^3$

每立方米水溶液中最大能溶解氧气量：$7.95 \times 10^{-4} \times 10^3 \times 32 = 25.44\ g$

答：O_2 在水中的溶解度系数 H_{pc} 为 1.25×10^{-8} kmol/(m³·Pa)、相平衡常数 m_e 为 1.47×10^4,每立方米水溶液中最大能溶解氧气量为 25.44 g。

4.3.4 相平衡和吸收过程的关系

1) 相平衡可以判断吸收过程的方向

当气、液两相接触时,可以用气液相平衡关系确定一相与另一相平衡时的组成,与此相的实际组成比较,便可判断过程的方向,即是吸收,还是解吸。如图 4-10(a)所示,吸收塔内气、液两相密切接触,在塔中某一截面上气相含吸收质的摩尔分数为 y_A,液相含吸收质的摩尔分数为 x_A。在图 4-10(c)(d)(e)所示的 y_A-x_A 坐标图上,A 点位于平衡线上方,而与液相浓度 x_A 呈平衡的气相组成为 y_A^*,由于 $y_A > y_A^*$,所以吸收质应从气相转入液相,发生吸收过程。同理,也可以液相浓度与平衡浓度的差来判断。从图 4-10(c)(d)(e)看到,与气相组成 y_A 平衡的液相组成为 x_A^*,而 $x_A < x_A^*$,所以吸收质 A 应从气相转入液相。相反,如图 4-10(c)(d)(e)中的点 B,因 $y_B < y_B^*$ 或 $x_B > x_B^*$,故吸收质将从液相中解吸出来。

2) 相平衡可以计算吸收过程的推动力

平衡是过程的极限,未达到平衡的气、液两相互相接触时才会发生气体的吸收或解吸。实际浓度偏离平衡浓度愈远,吸收过程的推动力愈大,吸收速率也就愈快。在吸收过程中,吸收的推动力以实际浓度与平衡浓度之差表示。对于图 4-10(c)(d)(e)中的 A,所处气相浓度为 y_A,液相浓度为 x_A,与 y_A 平衡的液相浓度为 x_A^*,与 x_A 平衡的气相浓度为 y_A^*,则

$y_A - y_A^*$ 为气相浓度差表示的推动力，$x_A^* - x_A$ 为液相浓度差表示的吸收推动力。同理，对于图 4 - 10(c)(d)(e)中的 B，所处气相浓度为 y_B，液相浓度为 x_B，与 y_B 平衡的液相浓度为 x_B^*，与 x_B 平衡的气相浓度为 y_B^*，则 $y_B^* - y_B$ 气相浓度差表示的解吸推动力，$x_B - x_B^*$ 为液相浓度差表示的解吸推动力。

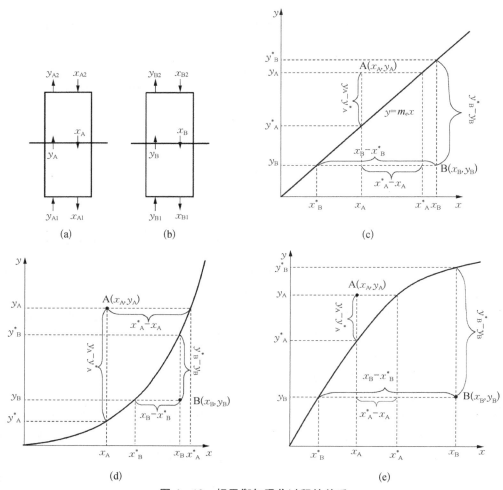

图 4 - 10　相平衡与吸收过程的关系

3）相平衡可以确定吸收过程的极限

平衡状态是过程进行的极限。对于逆流吸收过程图 4 - 10(a)，随着塔高增大，吸收剂用量增加，出口气体中溶质 A 的组成 y_{A2} 将随之降低。但即使塔无限高，吸收剂用量很大，出口气体的组成 y_{A2} 也不会低于与吸收剂入口组成 x_{A2} 成平衡的气相组成 y_{A2}^*。对符合亨利定律的气体，其塔顶气体的最小值：

$$y_{A2min} = y_{A2}^* = m_e x_{A2}$$

同理，塔底出口的吸收液中溶质 A 的组成 x_A 也有一个最大值 x_{A1}^*。对符合亨利定律的气体，其塔底流出的吸收液的最大值：

$$x_{A1\max} = x_{A1}^* = \frac{y_{A1}}{m_e}$$

【例 4-6】 某密闭仓库中 SO_2 气体储气瓶泄漏,与仓库内部的蓄水池接触,SO_2 气体便会溶解在水中。若在与空气充分混合后,空气中含有二氧化硫 0.5(摩尔分数,下同),水体中因污染已经溶解的 SO_2 浓度为 $x_A = 0.01$。已知在 101.3 kPa,20 ℃下,稀 SO_2 溶液的气液相平衡关系为 $y_A^* = 34.6x_A$。

求:当该污染空气与水体接触时的相平衡过程方向。

已知:$y_A^* = 34.6x_A$,$x_A = 0.01$,$y_A = 0.5$。

求:过程方向。

解:与 $x_A = 0.01$ 的液相平衡的气相组成为

$$y_A^* = 34.6x_A = 34.6 \times 0.01 = 0.346 < 0.5 = y_A$$

0.346 小于气相的实际组成 0.5,因此气、液两相接触的结果,SO_2 将从气相转入液相,即吸收。

$$y = 34.6x_A^* \quad x_A^* = y/34.6 = 0.5/34.6 = 0.0145 > 0.01 = x_A$$

答:SO_2 将从气相转入液相。

4.4 吸收的动力学基础

4.4.1 概述

吸收是一种以传质分离为目的的单元操作过程。吸收过程在工业上应用广泛:① 产品制造及精制产品,例如用水吸收 HCl 制造盐酸;② 净化原料气,例如从合成氨原料气中除去 H_2S、CO_2、CO 等杂质;③ 分离气体组分,例如用油吸收石油裂解气把 C_2 组分和 CH_4、H_2 分开。在环境工程领域,吸收过程应用于废气处理,例如污水处理厂臭气的吸收处理,可去除 H_2S、NH_3、硫醇等。在废气处理工艺上,吸收过程不仅可以去除废气中的有害污染物,而且还可以将某些污染物转化成有用的产品,进行综合利用。例如燃煤电厂烟道气的脱硫可以生产硫酸铵、石膏等产品,二乙醇胺溶液吸收石油尾气中的硫化氢,可以进一步制取硫黄等。因此,吸收过程在环境工程领域特别是大气污染治理方面具有广阔的应用前景。在环境工程中,吸收除了应用于废气处理外,还应用于污水处理厂。如好氧活性污泥法中好氧微生物生长所需的氧气通常来源于压缩空气中 O_2 吸收于污水中;臭氧氧化水中有机物,O_3 需首先吸收于污水中才能氧化去除有机物。

吸收是利用气体混合物中的各组分在溶剂中的溶解度不同,用适当的溶剂溶解气体混合物中的有关组分,对气体混合物进行传质分离的一种单元操作过程。吸收操作所用的溶剂称为吸收剂,能在溶剂中显著溶解的气体组分称为吸收质或溶质;几乎不溶解的组分称为惰性组分;吸收后得到的溶液称为吸收液,经吸收后的气体称为吸收尾气或净化气。

吸收过程按吸收剂与溶质之间的作用类型可分为物理吸收和化学吸收。物理吸收中,溶质仅溶解在吸收剂中而不与吸收剂发生化学反应,例如水吸收 O_2、CO_2、乙醇蒸气、丙酮蒸汽等。如果在吸收过程中溶质与吸收剂还发生化学反应,这种吸收称为化学吸收,例如用氢氧化钠水溶液吸收 CO_2、SO_2 和 H_2S 等。

气体组分溶解于液体中,往往伴有溶解热或反应热等热效应。吸收过程按溶液温度变化情况分为等温吸收和非等温吸收。若热效应较大,会使溶液体温度升高,这样的吸收过程称为非等温吸收。若热效应很小,或热效应虽大,但吸收剂用量大,使溶液温度基本保持不变,这种吸收称为等温吸收。

吸收过程按吸收气体组分数目的不同,可分为单组分吸收和多组分吸收。吸收过程中只有一个组分被吸收时称为单组分吸收,如用水吸收 HCl 制取盐酸为单组分吸收。有两个或两个以上组分被吸收称为多组分吸收,如用水吸收烟道气中的 CO_2、SO_2、NO_2、NO 等。

吸收过程完成后,吸收剂溶解了气体混合物中的有用组分或污染物,要获得有用组分或彻底消除污染,往往需要对吸收液进行解吸。所谓解吸就是使溶解于吸收剂中的溶质释放出来的操作。解吸操作不但能获得纯度较高的气体组分,而且可使吸收剂得以再生和循环使用。因此,工业上采用吸收和解吸联合操作的流程。如用水蒸气解吸含高浓度的氨水获得氨气;用空气对含氨水的废水进行吹脱处理等。

4.4.2 双膜理论

气体吸收是一种复杂的相际传质过程,在此过程中,溶质从气相主体传递到两相界面,再通过界面溶解到液相中,最后从两相界面的液体中传递到液相主体中。其中,两相界面处是气、液两相传质的平衡问题,而气、液两相内则是单相中的扩散问题。图 4-11 所示为气、液两相之间物质传递过程及其浓度分布示意图。

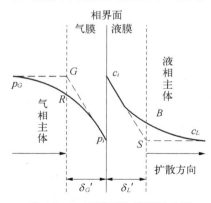

图 4-11 双膜理论模型示意图

在吸收设备中,气、液两相通常呈湍流,溶质通过对流扩散从高浓度处传向低浓度处。对流扩散包括分子扩散和涡流扩散,不仅与气、液相物性参数有关,还与系统操作参数(如流速、压力和温度)及设备特性有关。而且气液传质过程中两相界面的情况是在不断变化的。因此,对于如此复杂的情况,需根据简化的物理模型来建立吸收过程的传质通量方程。双膜理论模型是最为简便和实用的模型,建立模型的基本假设如下:

(1)气、液两流体间存在有稳定的相界面,界面两侧分别有一层虚拟的停滞气膜和停滞液膜。溶质组分以稳态的分子扩散通过这两层膜。

(2)在相界面处,气、液两相一经接触就达到平衡,即 $p_i = c_i/H_{pc}$,界面上无传质阻力。

(3)在相界面两层虚拟停滞膜以外,气、液流体都充分湍动,组成均一,无传质阻力。溶质在每一相内的传质阻力都集中于虚拟的停滞膜内。

基于以上假定,将气液相际传质机理简化为溶质组分通过气、液两层虚拟膜的稳定分子扩散过程,如图 4-11 所示。此过程符合费克定律,符合稳态分子扩散过程,包括等分子反向扩散和单向扩散。假设折线 $p_G G p_i$ 和 $c_i S c_L$ 代表实际浓度变化 $p_G R p_i$ 和 $c_i B c_L$。膜层厚度假设为 δ_G' 和 δ_L'。因为已假设界面上气、液两相平衡,其关系可表示为 $p_i = f(c_i)$,所以 p_i、c_i 的相对位置由相平衡关系所决定。

双膜模型适用于具有固定相界面的传质以及两相流体流速不很高的自由界面相际传

質过程，而对高度湍动的两流体间的传质过程具有一定的局限性。但就工程传质而论，双膜理论以及由此确定的相际传质通量则是分析和计算传质过程以及设备设计的主要依据。

4.4.3 吸收传质通量方程

1）气液相平衡一般（通常）条件下

根据双膜理论及单相传质通量方程，可以写出气膜和液膜吸收传质通量方程

$$N_{A,G} = k_G(p_G - p_i) \tag{4-25}$$

$$N_{A,L} = k_L(c_i - c_L) \tag{4-26}$$

式中，$N_{A,G}$，$N_{A,L}$——气膜，液膜吸收传质通量，$kmol/(m^2 \cdot s)$；

p_G——气相主体中吸收质的分压，kPa；

p_i——界面处吸收质的分压，kPa；

c_i——界面处吸收质的浓度，$kmol/m^3$；

c_L——液相主体中吸收质的浓度，$kmol/m^3$；

k_G——气膜吸收传质分系数，$kmol/(m^2 \cdot s \cdot kPa)$；

k_L——液膜吸收传质分系数，$kmol/[m^2 \cdot s \cdot (kmol/m^3)]$或 m/s。

2）气液相平衡符合亨利定律的情况

为避开难以测定的界面分压 p_i 和浓度 c_i，当气液相平衡关系符合亨利定律时，可将相界面分压 p_i 用与液相主体中吸收质浓度 c_L 相平衡的气相平衡分压 p_L^* 来代替；同时也可以将相界面浓度 c_i 用与气相主体中吸收质的分压 p_G 相平衡的液相浓度 c_G^* 来代替。由于气液平衡符合亨利定律，故有 $p_i = c_i/H_{pc}$，$p_L^* = c_L/H_{pc}$，且稳态情况下 $N_A = N_{A,G} = N_{A,L}$，代入式（4-26）得

$$N_A = \frac{p_i - p_L^*}{\dfrac{1}{H_{pc}k_L}} \tag{4-27}$$

同时把式（4-25）变换为

$$N_A = \frac{p_G - p_i}{\dfrac{1}{k_G}} \tag{4-28}$$

根据串联过程的推动力和阻力所具有的加和性，吸收传质通量等于气膜和液膜推动力之和与相应的阻力之比。将式（4-27）和式（4-28）联立得到

$$N_A = \frac{p_G - p_L^*}{\dfrac{1}{k_G} + \dfrac{1}{H_{pc}k_L}} \tag{4-29}$$

令

$$\frac{1}{K_G} = \frac{1}{k_G} + \frac{1}{H_{pc}k_L} \tag{4-29a}$$

得到以气相分压差表示推动力的总吸收传质通量方程

$$N_A = K_G(p_G - p_L^*) \tag{4-30}$$

175

式中,K_G——以气相分压差表示推动力的总吸收传质系数,kmol/(m²·s·kPa);

p_G——吸收质在气相主体的分压,kPa;

p_L^*——与液相主体浓度 c_L 平衡的气相中吸收质的分压,kPa。

同理,以 $p_G = c_G^*/H_{pc}$,$p_i = c_i/H_{pc}$ 代入式(4-27)和式(4-28)联立,可得

$$N_A = \frac{c_G^* - c_L}{\dfrac{H_{pc}}{k_G} + \dfrac{1}{k_L}} \tag{4-31}$$

令

$$\frac{1}{K_L} = \frac{H_{pc}}{k_G} + \frac{1}{k_L} \tag{4-31a}$$

可得到以液相浓度差表示推动力的总吸收传质通量方程

$$N_A = K_L(c_G^* - c_L) \tag{4-32}$$

式中,K_L——以液相浓度差表示推动力的总吸收传质系数,m/s;

c_L——吸收质在液相主体中的浓度,kmol/m³;

c_G^*——与气相主体中吸收质分压 p_G 平衡的液相浓度,kmol/m³。

式(4-30)和式(4-32)两种传质通量方程只是推动力采用了不同表达方式,描述的却是同一个过程,因而是等价的。从式(4-29a)和式(4-31a)可知

$$K_G = H_{pc}K_L \tag{4-33}$$

当气膜阻力远大于液膜阻力,且溶解度系数 H_{pc} 很大,例如水吸收 NH_3 或 HCl 气体,即 $\frac{1}{k_G} \gg \frac{1}{H_{pc}k_L}$(以气相分压差为推动力)或者 $\frac{H_{pc}}{k_G} \gg \frac{1}{k_L}$(以液相浓度差为推动力),则相际传质过程受气膜控制,此时 $K_G \approx k_G$ 或者 $K_L \approx \frac{k_G}{H_{pc}}$。

当液膜阻力远大于气膜阻力,且 H_{pc} 很小,例如水吸收 O_2 或 CO_2 气体,即 $\frac{1}{H_{pc}k_L} \gg \frac{1}{k_G}$(以气相分压差为推动力)或 $\frac{1}{k_L} \gg \frac{H_{pc}}{k_G}$(以液相浓度差为推动力),则相际传质过程受液膜控制,此时 $K_G \approx H_{pc}k_L$ 或 $K_L \approx k_L$。

当气、液两膜的传质阻力具有相近的数量级时,两者均不可忽略,总吸收传质通量由双膜阻力联合控制。中等溶解度的气体吸收,如用水吸收 SO_2 气体就属于此种情况。

3) 用摩尔比差表示推动力的吸收传质通量方程

在很多情况下,用摩尔比差表示推动力,在计算上较用分压差或浓度差更为方便。这时通过与前面气液相平衡一般(通常)条件下类似的推导,可得气膜和液膜以及总吸收传质通量方程。

气膜吸收传质通量方程式:

$$N_A = k_Y(Y - Y_i) \tag{4-34}$$

液膜吸收传质通量方程式:

$$N_A = k_X(X_i - X) \tag{4-35}$$

式中，k_Y，k_X——分别为以气膜及液膜摩尔比差$(Y-Y_i)$和(X_i-X)为推动力的吸收传质
分系数，$kmol/(m^2 \cdot s)$；

Y，X——分别为吸收质在气相和液相主体中的摩尔比，无量纲；

Y_i，X_i——分别为吸收质在界面上的摩尔比，无量纲。

气液相平衡符合亨利定律情况下，总吸收传质通量方程式

$$N_A = K_Y(Y - Y^*) \tag{4-36}$$

$$N_A = K_X(X^* - X) \tag{4-37}$$

式中，K_Y，K_X——分别为以摩尔比差$(Y-Y^*)$和(X^*-X)为推动力的总吸收传质系数，
$kmol/(m^2 \cdot s)$；

X^*，Y^*——分别为与液相主体 X 及气相主体 Y 成平衡的吸收质的摩尔比，无量纲。

4）不同表示方式的吸收传质系数之间的变换关系

气膜吸收传质分系数之间的变换关系：

将 $y = \dfrac{Y}{1+Y}$ 及 $p = p_T y$ 代入式(4-25)可以得到

$$N_A = k_G(p_G - p_i) = k_G p_T \frac{Y - Y_i}{(1+Y)(1+Y_i)}$$

比较上式和式(4-34)得

$$k_Y = \frac{k_G p_T}{(1+Y)(1+Y_i)} \tag{4-38}$$

同理，将 $x = \dfrac{X}{1+X}$ 及 $c = c_T x$ 代入式(4-26)得

$$N_A = k_L(c_i - c_L) = k_L c_T \frac{X_i - X}{(1+X)(1+X_i)}$$

比较上式和式(4-35)得液膜吸收传质分系数之间的变换关系：

$$k_X = \frac{k_L c_T}{(1+X)(1+X_i)} \tag{4-39}$$

同理，可以得到总吸收传质系数之间的变换关系：

$$K_Y = \frac{K_G p_T}{(1+Y)(1+Y^*)} \tag{4-40}$$

$$K_X = \frac{K_L c_T}{(1+X)(1+X^*)} \tag{4-41}$$

如果气、液两相的浓度都很小，上述各吸收传质系数式中的分母都趋于1，各式可分别简化为

$$k_Y = k_G p_T \tag{4-42}$$

$$k_X = k_L c_T \tag{4-43}$$

$$K_Y = K_G p_T \qquad (4-44)$$

$$K_X = K_L c_T \qquad (4-45)$$

5）吸收传质系数的物理意义

吸收传质系数（k_G，k_L，K_G，K_L，k_Y，k_X，K_Y，K_X，k_y，k_x，K_y，K_x）表示，当吸收推动力为相应的一个单位分压差、浓度差、摩尔比差或摩尔分数差时，单位时间通过单位传质面积，在气相中或液相中或者由气相传递到液相中的扩散物质量（kmol）。常用的吸收传质通量方程式及传质系数列于表 4-7，各种形式传质通量是等效的。表 4.8 列出了传质系数相互换算的关系式。

表 4-7　传质通量方程一览表

传质通量方程	推动力		传质系数		气、液物质含量的表示方式	对应的相平衡方程	
	表达式	单位	符号	单 位			
$N_A = k_G(p_G - p_i)$	$p_G - p_i$	kPa	k_G	kmol/(m²·s·kPa)	分压	一般式	
$N_A = k_L(c_i - c_L)$	$c_i - c_L$	kmol/m³	k_L	m/s	浓度		
$N_A = K_G(p_G - p^*)$	$p_G - p^*$	kPa	K_G	kmol/(m²·s·kPa)	分压	符合亨利定律	$p^* = c_L / H_{pc}$ 或 $p^* = c_L / H_{pc} + a$
$N_A = K_L(c^* - c_L)$	$c^* - c_L$	kmol/m³	K_L	m/s	浓度		
$N_A = k_Y(Y - Y_i)$	$Y - Y_i$	无量纲	k_Y	kmol/(m²·s)	摩尔比	一般式	
$N_A = k_X(X_i - X)$	$X_i - X$	无量纲	k_X	kmol/(m²·s)	摩尔比		
$N_A = K_Y(Y - Y^*)$	$Y - Y^*$	无量纲	K_Y	kmol/(m²·s)	摩尔比	符合亨利定律	$Y^* = \dfrac{m_e X}{1 + (1 - m_e)X}$
$N_A = K_X(X^* - X)$	$X^* - X$	无量纲	K_X	kmol/(m²·s)	摩尔比		
$N_A = k_y(y - y_i)$	$y - y_i$	无量纲	k_y	kmol/(m²·s)	摩尔分数	一般式	
$N_A = k_x(x_i - x)$	$x_i - x$	无量纲	k_x	kmol/(m²·s)	摩尔分数		
$N_A = K_y(y - y^*)$	$y - y^*$	无量纲	K_y	kmol/(m²·s)	摩尔分数	符合亨利定律	$y^* = m_e x$ 或 $y^* = m_e x + b$
$N_A = K_x(x^* - x)$	$x^* - x$	无量纲	K_x	kmol/(m²·s)	摩尔分数		

注：任何传质通量的单位都是 kmol/(m²·s)，当推动力以无量纲的摩尔分数差或摩尔比差表示时，传质系数的单位可简化为 kmol/(m²·s)。

对于表中所注明的气、液物质含量的表达方式一栏：分压指吸收质的分压；浓度指吸收质的物质的体积量浓度；摩尔比浓度中，X 指吸收质的物质的量浓度/吸收剂的物质的量浓度，Y 指吸收质的物质的量浓度/惰性气体的物质的量浓度。

表 4-8　传质系数相互换算关系式一览表

气、液物质含量的表示方式		分压或物质的量浓度	摩尔分数或摩尔比浓度
相平衡关系式		$p^* = \dfrac{c}{H_{pc}}$ 或 $p^* = \dfrac{c}{H_{pc}} + a$	$y^* = m_e x$ 或 $y^* = m_e x + b$
总传质系数与膜传质分系数之间的关系式	符合亨利定律才适用	$K_G = \dfrac{1}{\dfrac{1}{k_G} + \dfrac{1}{H_{pc}k_L}}$ $K_L = \dfrac{1}{\dfrac{H_{pc}}{k_G} + \dfrac{1}{k_L}}$ $K_G = H_{pc}K_L$	$K_y = \dfrac{1}{\dfrac{1}{k_y} + \dfrac{m_e}{k_x}}$ $K_x = \dfrac{1}{\dfrac{1}{m_e k_y} + \dfrac{1}{k_x}}$

（续表）

气、液物质含量的表示方式			分压或物质的量浓度	摩尔分数或摩尔比浓度
各膜传质分系数之间的关系式	不符合亨利定律也适用	一般式	$k_Y = \dfrac{k_G p_T}{(1+Y)(1+Y_i)}$ (4-34) $k_X = \dfrac{k_L c_T}{(1+X)(1+X_i)}$ (4-35)	$k_Y = k_y \cdot \dfrac{1}{(1+Y)(1+Y_i)}$ $k_X = k_x \cdot \dfrac{1}{(1+X)(1+X_i)}$
		稀溶液	$k_Y = k_G p_T$ (4-38) $k_X = k_L c_T$ (4-39) $k_y = k_G p_T$ $k_x = k_L c_T$	$k_y = k_Y$ $k_x = k_X$
总传质系数之间的关系式	符合亨利定律才适用	一般式	$K_Y = \dfrac{K_G p_T}{(1+Y)(1+Y^*)}$ (4-36) $K_X = \dfrac{K_L c_T}{(1+X)(1+X^*)}$ (4-37) $K_G = H_{pc} K_L$ (4-28)	$K_y = K_Y \cdot \dfrac{1}{(1-y)(1-y^*)}$ $K_x = K_X \cdot \dfrac{1}{(1-x)(1-x^*)}$
		稀溶液	$K_Y = K_G p_T$ (4-40) $K_X = K_L c_T$ (4-41) $K_Y = \dfrac{p_T H_{pc}}{c_T} K_X$	$K_y = K_Y$ $K_x = K_X$

注：k_L 与 k_X，K_L 与 K_X 有对应关系，表示液相的传质系数；
　　k_G 与 k_Y，K_G 与 K_Y 有对应关系，表示气相的传质系数。

6) 总吸收传质通量方程的分析

图 4-12(a) 为某一吸收系统的示意图，M 点的坐标为吸收设备某一截面处的气、液两相的组成 p_G、c_L，p_G 与 c_L 一般不平衡，M 点在平衡曲线 OE 的上方。与吸收质在气相主体中的分压 p_G 平衡的液相组成在 B 点，$c = c_G^* = H_{pc} p_G$；与吸收质在液相主体中的浓度 c_L 平衡的气相分压在 A 点，$p = p_L^* = c_L / H_{pc}$。 MA 线表示以气相分压差表示的总推动力 $(p_G - p_L^*)$；MB 线表示以液相浓度差表示的总推动力 $(c_G^* - c_L)$。实际浓度 $(c_L，p_G)$ 越偏离平衡状态，则 M 点在平衡线上方越远，传质推动力 $(p_G - p_L^*)$ 或 $(c_G^* - c_L)$ 就越大；实际浓度越靠近平衡状态，M 点离平衡线越近，传质推动力越小；如果实际浓度已达平衡，则 M 点落在平衡线上。M 点落在平衡线下方，则过程变为解吸过程。

7) 相界面的组成

当气、液两相的组成不符合亨利定律时，如图 4-12(b) 所示的相平衡线为一曲线，此时由于 H_{pc} 不能确定，于是不能按总吸收传质通量方程式 (4-30) 或式 (4-32) 来计算传质通量，只能求出界面组成 $(c_i，p_i)$，用气膜吸收传质通量式 (4-25) 或液膜吸收传质通量式 (4-26) 来进行计算。

在稳定态条件下，$N_{A,G} = N_{A,L}$，所以根据式 (4-25) 和式 (4-26)，则

$$N_{A,G} = k_G(p_G - p_i) = N_{A,L} = k_L(c_i - c_L)$$

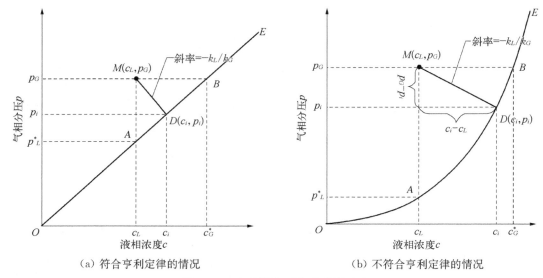

$$(a)\ 符合亨利定律的情况 \qquad (b)\ 不符合亨利定律的情况$$

图 4 - 12 相界面组成和传质推动力

从上式可得到

$$-\frac{k_L}{k_G}=\frac{p_i-p_G}{c_i-c_L} \tag{4-46}$$

吸收设备某截面 M 处气、液两相组成为 c_L、p_G，如果已知气相传质分系数和液相传质分系数，则可以用图解法求出界面组成 $D(c_i,\ p_i)$。MD 是通过点 M 且斜率为 $-k_L/k_G$ 的直线，它和平衡曲线交于 D 点。

图 4 - 12 也表示出了对流传质的推动力：

$$气相：\Delta p=p_G-p_i，液相：\Delta c=c_i-c_L$$

相际传质的总推动力：

$$\Delta p=p_G-p_L^*，\Delta c=c_G^*-c_L$$

【例 4 - 7】 某工厂中利用吸收-解吸系统回收氨气。在解吸塔内的某个监控截面上测得气液两相中氨的组成各为 $y=0.02$，$x=0.05$（均为摩尔分数），两侧膜中的传质分系数 $k_y=0.03\ \mathrm{kmol/(m^2 \cdot s)}$，$k_x=0.05\ \mathrm{kmol/(m^2 \cdot s)}$。在该操作条件下，氨的气液平衡关系式 $y=0.8x$，试求：该断面上两相传质总推动力、总阻力、传质通量以及总推动力在两侧的分配及气、液界面组成。

已知：$y=0.02$，$x=0.05$，$k_y=0.03\ \mathrm{kmol/(m^2 \cdot s)}$，$k_x=0.05\ \mathrm{kmol/(m^2 \cdot s)}$，$y=0.8x$，$m_e=0.8$。

求：Δy，$\dfrac{1}{K_y}$，N_A，x_i，y_i。

解：传质总推动力

$$\Delta y=y^*-y=m_e x-y=0.8\times 0.05-0.02=0.02>0$$

是一个解吸过程。

总阻力

$$\frac{1}{K_y}=\frac{1}{k_y}+\frac{m_e}{k_x}=\frac{1}{0.03}+\frac{0.8}{0.05}\approx49.33\ \mathrm{m^2\cdot s/kmol}$$

传质通量

$$N_\mathrm{A}=K_y(y^*-y)=\frac{1}{49.33}\times(0.8\times0.05-0.02)\approx4.05\times10^{-4}\ \mathrm{kmol/(m^2\cdot s)}$$

联立

$$N_\mathrm{A}=k_y(y_i-y)=k_x(x-x_i)$$
$$y_i=m_e x_i$$
$$4.05\times10^{-4}=0.03\times(y_i-0.02)=0.05\times(0.05-x_i)$$
$$y_i=0.8x_i$$

得界面浓度 $x_i=0.041\,9$，$y_i=0.033\,5$

所以气膜推动力 $=y_i-y=0.033\,5-0.02=0.013\,5$

液膜推动力 $=x-x_i=0.05-0.041\,9=0.008\,1$

答：断面上两相传质总推动力为 0.02、总阻力约为 $49.33\ \mathrm{m^2\cdot s/kmol}$、传质通量约为 $4.05\times10^{-4}\ \mathrm{kmol/(m^2\cdot s)}$，气膜的推动力为 $0.013\,5$，液膜的推动力为 $0.008\,1$，气相界面的摩尔分数为 $0.033\,5$，液相界面摩尔分数为 $0.041\,9$。

【例 4-8】　在 $20\ ℃$ 和总压为 $202.6\ \mathrm{kPa}$ 下操作的吸收塔的某截面上，含 A 物质 0.04（摩尔分数）的气体与含 A 物质浓度为 $0.9\ \mathrm{kmol/m^3}$ 的溶液相遇。已知气膜传质系数 k_G 为 $5\times10^{-6}\ \mathrm{kmol/(m^2\cdot s\cdot kPa)}$，液膜传质系数 k_L 为 $1.5\times10^{-4}\ \mathrm{m/s}$，A 物质吸收于水的平衡关系可用亨利定律表示，溶解度系数为 $0.73\ \mathrm{kmol/(m^3\cdot kPa)}$。

计算：

(1) 气、液两相界面上的两相组成；

(2) 以分压差和物质的量浓度差表示的气膜和液膜的推动力；

(3) 以分压差和物质的量浓度差表示的总推动力、总传质系数；

(4) 以摩尔比差表示推动力的总传质系数；

(5) 以至少 6 种方式计算的传质通量；

(6) 以分压差为推动力的传质气膜阻力、液膜阻力、总阻力及相对大小；

(7) 以物质的量浓度差为推动力的传质气膜阻力、液膜阻力、总阻力及相对大小。

已知：$p_T=202.6\ \mathrm{kPa}$，$y_G=y_\mathrm{A}=0.04$，$T=273+20=293\ \mathrm{K}$，

$c_L=c_\mathrm{A}=0.9\ \mathrm{kmol/m^3}$，$k_G=5\times10^{-6}\ \mathrm{kmol/(m^2\cdot s\cdot kPa)}$，$k_L=1.5\times10^{-4}\ \mathrm{m/s}$，

$H_{pc}=0.73\ \mathrm{kmol/(m^3\cdot kPa)}$，

$p_G=p_T\times y_G=202.6\times0.04=8.104\ \mathrm{kPa}$，

$20\ ℃$ 水的密度 $\rho_0=998\ \mathrm{kg/m^3}$，$M_0=18\ \mathrm{kg/kmol}$；

$c_{溶剂}=\dfrac{\rho_0}{M_0}=998/18\ \mathrm{kmol/m^3}\approx55.44\ \mathrm{kmol/m^3}$；

$c_T=c_{溶剂}+c_{溶质}=55.44+c_L=55.44+0.9=56.34\ \mathrm{kmol/m^3}$；

$$x_A = \frac{c_L}{c_T} = \frac{0.9}{56.34} = 0.016;$$

$$H_{pm} = \frac{1}{H_{pc}} \frac{\rho_0}{M_0} = 998/(0.73 \times 18) = 75.95 \text{ kPa}。$$

求:

(1) p_i, c_i;

(2) Δp, Δc;

(3) 总 Δp, 总 Δc, K_G, K_L;

(4) K_Y, K_X;

(5) 6 种以上方式表达的 N_A;

(6) 以分压差为推动力的传质气膜阻力、液膜阻力、总阻力及相对大小;

(7) 以物质的量浓度差为推动力的传质气膜阻力、液膜阻力、总阻力及相对大小。

解:(1) 求气液两相界面上的组成

$$N_{A,G} = k_G(p_G - pi)$$

$$N_{A,L} = k_L(c_i - c_L)$$

$$\frac{p_G - p_i}{c_i - c_L} = \frac{k_L}{k_G}$$

$$\frac{8.104 - p_i}{c_i - 0.9} = \frac{1.5 \times 10^{-4}}{5 \times 10^{-6}}$$

$$c_i = H_{pc} p_i = 0.73 p_i$$

解得:$p_i = 1.53 \text{ kPa}$

$$c_i = H_{pc} p_i = 0.73 \times 1.53 = 1.12 \text{ kmol/m}^3$$

所以气、液两相界面组成为:

气相侧 A 物质气相分压 $p_i = 1.53 \text{ kPa}$,液相侧 A 物质浓度 $c_i = 1.12 \text{ kmol/m}^3$

(2) 以气相分压差表示气膜推动力

$$\Delta p = p_G - p_i = 8.104 - 1.53 = 6.57 \text{ kPa}$$

以液相物质的量浓度差表示的液相推动力:

$$\Delta c = c_i - c_L = 1.12 - 0.9 = 0.22 \text{ kmol/m}^3$$

(3) 以气相分压差表示的总推动力

$$总 \Delta p = p_G - p_L^* = p_G - \frac{c_L}{H_{pc}} = 8.104 - \frac{0.9}{0.73} = 6.87 \text{ kPa}$$

以液相物质的量浓度差表示的总传质推动力

$$总 \Delta c = c_G^* - c_L = H_{pc} \times p_G - c_L = 0.73 \times 8.104 - 0.9 = 5.02 \text{ kmol/m}^3$$

以气相分压差表示的总传质系数:

$$K_G = \cfrac{1}{\cfrac{1}{k_G} + \cfrac{1}{H_{pc}k_L}} = \left(\cfrac{1}{5 \times 10^{-6}} + \cfrac{1}{0.73 \times 1.5 \times 10^{-4}}\right)^{-1}$$

$$= 4.78 \times 10^{-6} \ \text{kmol/(m}^2 \cdot \text{s} \cdot \text{kPa)}$$

以液相物质的量浓度差表示的总传质系数：

$$K_L = \frac{K_G}{H_{pc}} = \frac{4.78 \times 10^{-6}}{0.73} = 6.55 \times 10^{-6} \ \text{m/s}$$

（4）以摩尔差为推动力的总传质系数：

$$X_L = \frac{c_{溶质}}{c_{溶剂}} = \frac{0.9}{55.44} = 0.016 \ 2$$

$$Y_G = \frac{y_G}{1 - y_G} = \frac{0.04}{1 - 0.04} = 0.041 \ 7$$

$$m_e = \frac{H_{pm}}{p_T} = \frac{75.95}{202.6} = 0.375$$

如果不是稀溶液

$$K_Y = \frac{K_G p_T}{(1 + Y)(1 + Y^*)} = \frac{K_G p_T}{(1 + Y)(1 + m_e X_L)}$$

$$= \frac{4.78 \times 10^{-6} \times 202.6}{(1 + 0.041 \ 7)(1 + 0.375 \times 0.016 \ 2)}$$

$$= 9.24 \times 10^{-4} \ \text{kmol/(m}^2 \cdot \text{s)}$$

$$K_X = \frac{K_L c_T}{(1 + X_L)(1 + X_L^*)}$$

$$= \frac{K_L c_T}{(1 + X_L)\left(1 + \cfrac{Y_G}{m_e}\right)}$$

$$= \frac{6.55 \times 10^{-6} \times 56.34}{(1 + 0.016 \ 2)\left(1 + \cfrac{0.041 \ 7}{0.375}\right)}$$

$$= 3.27 \times 10^{-4} \ \text{kmol/(m}^2 \cdot \text{s)}$$

按照稀溶液算：

$$K_Y = K_G \times p_T = 4.78 \times 10^{-6} \times 202.6 = 9.68 \times 10^{-4} \ \text{kmol/(m}^2 \cdot \text{s)}$$

$$K_X = K_L \times c_T = 6.55 \times 10^{-6} \times 56.34 = 3.69 \times 10^{-4} \ \text{kmol/(m}^2 \cdot \text{s)}$$

（5）以至少6种方式计算的传质通量

① $N_A = k_G(p_G - p_i) = 5 \times 10^{-6} \times (8.104 - 1.53) = 3.29 \times 10^{-5} \ \text{kmol/(m}^2 \cdot \text{s)}$

② $N_A = k_L(c_i - c_L) = 1.5 \times 10^{-4} \times (1.12 - 0.9) = 3.3 \times 10^{-5} \ \text{kmol/(m}^2 \cdot \text{s)}$

③ $N_A = K_G(p_G - p_L^*) = K_G\left(p_G - \dfrac{c_L}{H_{pc}}\right) = 4.78 \times 10^{-6} \times \left(8.104 - \dfrac{0.9}{0.73}\right)$

$= 3.28 \times 10^{-5}\ \text{kmol/(m}^2 \cdot \text{s)}$

④ $N_A = K_L(c_G^* - c_L) = K_L(H_{pc} \times p_G - c_L) = 6.55 \times 10^{-6} \times (0.73 \times 8.104 - 0.9)$

$= 3.29 \times 10^{-5}\ \text{kmol/(m}^2 \cdot \text{s)}$

⑤ $N_A = K_Y(Y - Y^*) = K_Y(Y_G - Y_L^*) = K_Y(Y_G - m_e X_L)$

$= 9.24 \times 10^{-4}(0.041\,7 - 0.375 \times 0.016\,2) = 3.29 \times 10^{-5}\ \text{kmol/(m}^2 \cdot \text{s)}$

⑥ $N_A = K_X(X^* - X) = K_X(X_G^* - X_L) = K_X\left(\dfrac{Y_G}{m_e} - X_L\right)$

$= 3.27 \times 10^{-4}\left(\dfrac{0.041\,7}{0.375} - 0.016\,2\right) = 3.11 \times 10^{-5}\ \text{kmol/(m}^2 \cdot \text{s)}$

如果是稀溶液:

⑦ $N_A = K_Y(Y - Y^*) = K_Y(Y_G - Y_L^*) = K_Y(Y_G - m_e X_L)$

$= 9.68 \times 10^{-4}(0.041\,7 - 0.375 \times 0.016\,2) = 3.45 \times 10^{-5}\ \text{kmol/(m}^2 \cdot \text{s)}$

⑧ $N_A = K_X(X^* - X) = K_X(X_G^* - X_L) = K_X\left(\dfrac{Y_G}{m_e} - X_L\right)$

$= 3.69 \times 10^{-4} \times \left(\dfrac{0.041\,7}{0.375} - 0.016\,2\right) = 3.51 \times 10^{-5}\ \text{kmol/(m}^2 \cdot \text{s)}$

(6) 以分压差为推动力的传质气膜阻力、液膜阻力、总阻力及相对大小:

气膜阻力 $= \dfrac{1}{k_G} = \dfrac{1}{5 \times 10^{-6}} = 2 \times 10^5\ (\text{m}^2 \cdot \text{s} \cdot \text{kPa})/\text{kmol}$

液膜阻力 $\dfrac{1}{H_{pc} k_L} = \dfrac{1}{0.73 \times 1.5 \times 10^{-4}} = 9.13 \times 10^3\ (\text{m}^2 \cdot \text{s} \cdot \text{kPa})/\text{kmol}$

总阻力 $=$ 气膜阻力 $+$ 液膜阻力 $= 2 \times 10^5 + 9.13 \times 10^5 = 2.09 \times 10^5\ (\text{m}^2 \cdot \text{s} \cdot \text{kPa})/\text{kmol}$

$\dfrac{\text{气膜阻力}}{\text{总阻力}} = \dfrac{2 \times 10^5}{2.09 \times 10^5} = 95.7\%$

$\dfrac{\text{液膜阻力}}{\text{总阻力}} = \dfrac{9.13 \times 10^3}{2.09 \times 10^5} = 4.4\%$

(7) 以物质的量浓度差为推动力的传质气膜阻力、液膜阻力、总阻力及相对大小。

气膜阻力 $= \dfrac{H_{PC}}{k_G} = \dfrac{0.73}{5 \times 10^{-6}} = 1.46 \times 10^5\ \text{s/m}$

液膜阻力 $\dfrac{1}{k_L} = \dfrac{1}{1.5 \times 10^{-4}} = 6.67 \times 10^3\ \text{s/m}$

总阻力 $=$ 气膜阻力 $+$ 液膜阻力 $= 1.46 \times 10^5 + 6.67 \times 10^3 = 1.527 \times 10^5\ \text{s/m}$

$\dfrac{\text{气膜阻力}}{\text{总阻力}} = \dfrac{1.46 \times 10^5}{1.527 \times 10^5} = 95.6\%$

$\dfrac{\text{液膜阻力}}{\text{总阻力}} = \dfrac{6.67 \times 10^3}{1.527 \times 10^5} = 4.4\%$

答：（1）气液亮相界面上组成 p_i 为 1.53 kPa，c_i 为 1.12 kmol/m³；

（2）以分压差和物质的量浓度差表示的气膜和液膜的推动力为 6.57 kPa 和 0.22 kmol/m³。

（3）以分压差表示的总推动力和总传质系数分别为 6.87 kPa 和 4.78×10^{-6} kmol/(m²·s·Pa)；以物质的量浓度差表示的总推动力和总传质系数分别为 5.02 kmol/m³ 和 6.55×10^{-6} m/s。

（4）按照一般情况下以摩尔比差为推动力的总传质系数 K_Y 为 9.24×10^{-4} kmol/(m²·s)，K_X 为 3.27×10^{-4} kmol/(m²·s)；按照稀溶液算出的以摩尔比差为推动力的总传质系数 K_Y 为 9.68×10^{-4} kmol/(m²·s)，K_X 为 3.69×10^{-4} kmol/(m²·s)。

（5）六种方式计算的传质通量：

① $N_A = k_G(p_G - p_i) = 3.29 \times 10^{-5}$ kmol/(m²·s)

② $N_A = k_L(c_i - c_L) = 3.3 \times 10^{-5}$ kmol/(m²·s)

③ $N_A = K_G(p_G - p_L^*) = 3.28 \times 10^{-5}$ kmol/(m²·s)

④ $N_A = K_L(c_G^* - c_L) = 3.29 \times 10^{-5}$ kmol/(m²·s)

⑤ $N_A = K_Y(Y - Y^*) = 3.29 \times 10^{-5}$ kmol/(m²·s)

⑥ $N_A = K_X(X^* - X) = 3.11 \times 10^{-5}$ kmol/(m²·s)

如果是稀溶液：

⑦ $N_A = K_Y(Y - Y^*) = 3.45 \times 10^{-5}$ kmol/(m²·s)

⑧ $N_A = K_X(X^* - X) = 3.51 \times 10^{-5}$ kmol/(m²·s)

（6）以分压差为推动力的传质气膜阻力为 2×10^5 (m²·s·kPa)/kmol、液膜阻力为 9.13×10^3 (m²·s·kPa)/kmol、总阻力为 2.09×10^5 (m²·s·kPa)/kmol；气膜阻力占总阻力的 95.7%，液膜阻力占总阻力的 4.4%。

（7）以物质的量浓度差为推动力的传质气膜阻力为 1.46×10^5 s/m、液膜阻力为 6.67×10^3 s/m、总阻力为 1.527×10^5 s/m；气膜阻力占总阻力的 95.6%，液膜阻力占总阻力的 4.4%。

4.5 吸收过程的设计与操作计算

4.5.1 概述

工业生产上，吸收过程多采用塔式设备，称为吸收塔。根据气、液两相接触方式不同，吸收塔主要分为板式塔和填料塔两种类型。板式塔中气、液两相在塔内逐级接触，而在填料塔中气、液两相在塔内连续接触，如图 4-13 所示。

吸收塔内气、液两相的流动方式主要有并流和逆流两种。逆流比并流方式吸收效率高，故通常采用逆流操作，如图 4-14 所示。吸收剂（组成 X_2）从塔顶加入，自上而下流动，与自下而上流动的混合气体接触，吸收了溶质的吸收液（组成 X_1）从塔底排出。混合气体（组成 Y_1）自塔底进入，自下而上流动，其中溶质大部分被吸收剂吸收，尾气（组成 Y_2）从塔顶排出。

通常情况下，吸收剂是循环使用的。离开吸收塔的吸收液，送到解吸塔中进行解吸，使吸收液中溶质的浓度由 X_1 降至 X_2，然后作为吸收剂再送回到吸收塔内，如图 4-14 所示。

按给定条件、要求和任务的不同，吸收过程的计算分为设计型计算和操作型计算。设计型计算是在给定条件下，设计出达到一定分离要求所需要的吸收塔；操作型计算是针对已有的吸收塔对其操作条件与吸收效果间的关系进行分析计算。

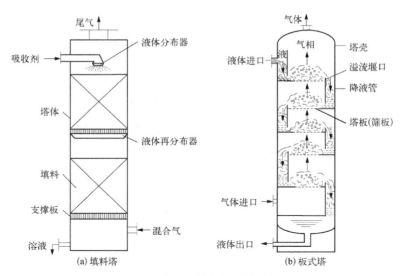

图 4-13 填料塔和板式塔示意图

吸收塔的设计型计算一般预先给出下列设计条件：

(1) 待分离混合气体的处理量和溶质的组成。

(2) 采用的吸收剂种类和操作温度、压强，从而知道吸收的相平衡关系。

(3) 吸收剂中溶质的初始组成或已知吸收剂的再生效果。

(4) 要达到的分离要求，即尾气排放浓度或吸收率。

吸收塔的工艺计算，首先是在选定吸收剂的基础上确定吸收剂用量 L（kmol/h），或液、气比 L/V，继而计算塔的主要工艺尺寸，如塔高、塔径等。

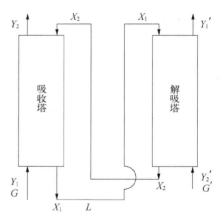

图 4-14 逆流方式吸收/解吸示意图

4.5.2 吸收塔的物料衡算及操作线方程

在图 4-15(a) 所示的逆流操作的填料塔中，设任一截面上液、气相的组成为 X、Y（摩尔比），与此截面相距一微分高度 $\mathrm{d}h$ 的另一截面上液、气相的组成为 $X+\mathrm{d}X$、$Y+\mathrm{d}Y$。在稳态条件下，对所取的微元作物料衡算如下：

$$VY + L(X + \mathrm{d}X) = V(Y + \mathrm{d}Y) + LX$$

故
$$V\mathrm{d}Y = L\mathrm{d}X \tag{4-47}$$

式中，V——惰性气体物质的量流量，kmol/h；

L——吸收剂物质的量流量，kmol/h。

在所取截面和塔底之间积分式(4-47)：

$$\int_Y^{Y_1} V\mathrm{d}Y = \int_X^{X_1} L\mathrm{d}X$$

$$V(Y_1 - Y) = L(X_1 - X)$$

可得
$$Y = \frac{L}{V}X + \left(Y_1 - \frac{L}{V}X_1\right) \tag{4-48}$$

在所取截面和塔顶之间积分式(4-47),同理可得

$$Y = \frac{L}{V}X + \left(Y_2 - \frac{L}{V}X_2\right) \tag{4-49}$$

对全塔作物料衡算如下:

$$V(Y_1 - Y_2) = L(X_1 - X_2) \tag{4-50}$$

从图4-15(b)可见,式(4-50)是通过(X_1, Y_1)和(X_2, Y_2)两点的一条斜率为L/V的直线,此直线称为操作线,此式为操作线方程。操作线上任一点代表吸收塔任一截面上的气、液两相组成X和Y之间的关系。

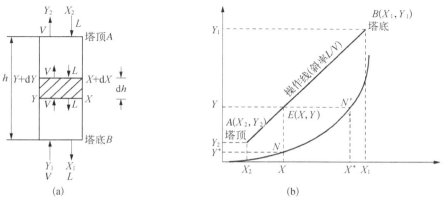

图4-15　填料塔逆流吸收操作

关于吸收塔的操作线的几点说明。

(1) 操作线上的两个端点之一的B点代表塔底气液组成(X_1, Y_1),相对于全塔而言,X_1、Y_1的值为最高,称为浓端;而另一端点塔顶$A(X_2, Y_2)$浓度最低,称为稀端。

(2) 操作线上任意一点(X, Y),代表吸收塔内与之相应的某一截面上的气液两相的组成,称为操作点(X, Y)。

(3) 操作线上任意一点(X, Y)与平衡线的垂直距离(EN)为塔内该截面气相推动力$(Y - Y^*)$,而E点与平衡线的水平距离(EN')为塔内该截面液相推动力$(X^* - X)$。操作线和平衡线距离越大,表明操作线偏离平衡线的程度越大,传质推动力也越大,吸收通量越高。因此,在确定吸收操作的工艺条件时,采用降低吸收剂温度,选择溶解度大的吸收剂(或改为化学吸收),都是提高吸收通量的有效措施。

(4) 吸收塔操作线方程是根据物料衡算得出,它只与气、液两相的流量和组成有关,而与系统的平衡关系、操作温度、压强及填料结构等因素无关。

(5) 进行吸收操作时,填料层内任一横截面上溶质在气相中的分压总是高于与其接触的液相平衡分压,所以吸收操作线总是位于平衡线的上方。

选择吸收剂所考虑的因素主要有:① 溶解度;② 选择性;③ 挥发性;④ 稳定性;⑤ 黏度;⑥ 再生性;⑦ 腐蚀性等。

4.5.3　吸收剂用量(L)和吸收剂比用量(L/V)的计算

吸收剂比用量是指处理混合气体过程中,吸收剂物质的量流量(L)与混合气体中的惰性气体物质的量流量(V)的比值,也称液气比(L/V)。在吸收塔的计算中,需要处理的混合气中惰性气体物质的量流量 V 是已知的,气相的进塔组成 Y_1 和出塔组成 Y_2 以及吸收剂进塔组成 X_2 均是已知的,所需的吸收剂的物质的量流量 L 有待确定。

总吸收传质通量方程式(4-36)和(4-37)可表示为

$$J' = N_A A = K_Y (Y - Y^*) A = K_X (X^* - X) A$$

式中,A——气、液两相接触的有效面积(A 与塔的横截面积和塔高因素等有关),m^2;

J'——整个吸收塔吸收传质速率,$kmol/h$。

在塔的横截面积一定的情况下,从上式可以看出,推动力大,塔高可以减小;反之,塔高增大。又从图4-16可知,推动力大,则操作线远离平衡线,即液气比大,这就表明塔高的减小导致投资费用的减小是以增加液气比,即增加吸收剂用量而提高操作运行费用为代价的,反之亦然。因此,吸收剂用量的选择影响设备投资和操作费用。

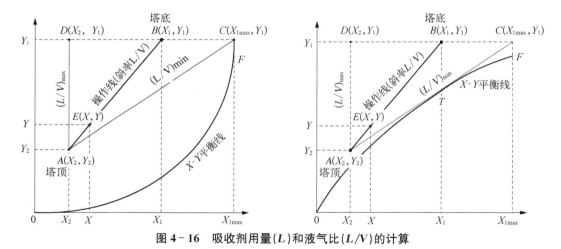

图4-16　吸收剂用量(L)和液气比(L/V)的计算

根据吸收操作线方程(4-50),液气比 L/V 可由下式计算

$$L/V = \frac{Y_1 - Y_2}{X_1 - X_2} \qquad (4-51)$$

如果逐渐减少吸收剂的用量,即液气比逐渐减小,操作线就向平衡线靠近,直到操作线与平衡线相交[如图4-16(a)]或相切[如图4-16(b)],到 AC 线。此时吸收推动力为零,吸收剂用量称最小吸收剂流量,以 L_{min} 表示,液气比称最小液气比,用(L/V)$_{min}$ 表示。相应的吸收液出塔组成达到最大,用 X_{1max} 表示。在此条件下,达到分离要求所需的传质面积为无穷大,即要求塔高为无穷大。反之,若逐渐增加吸收剂用量,操作线将向离开平衡线方向偏移,操作线与平衡线的距离增大,即过程推动力加大,所需要的传质面积减小,即塔高减小,但操作费用增大。当液气比 L/V 增加到无穷大时,操作线的斜率增加到最大(L/V)$_{max}$,如图4-16中 AD 线所示,此时,相对应的出塔吸收液的组成最小,即 $X_{1min} = X_2$,推动力最大,所需的传质面积和塔高均最小。这种极限工况虽然对吸收操作没有实际意义,然而对分析操作,为

确定适宜的液气比提供了依据。

从以上分析可知,液气比过小或过大都不合适,适宜的液气比应综合考虑设备投资费和操作运行费,也就是使总费用达到最小。在实际操作中,为了确保吸收塔的处理能力,一般取

$$L/V=(1.1\sim2)(L/V)_{\min}$$

最小液气比$(L/V)_{\min}$可由下式计算:

$$(L/V)_{\min}=\frac{Y_1-Y_2}{X_{1\max}-X_2} \tag{4-52}$$

1)相平衡关系符合亨利定律

相平衡关系符合亨利定律即平衡线是直线,在平衡线上$Y=m_eX$,则最小液气比$(L/V)_{\min}$为

$$(L/V)_{\min}=\frac{Y_1-Y_2}{X_{1\max}-X_2}=\frac{Y_1-Y_2}{\dfrac{Y_1}{m_e}-X_2} \tag{4-53}$$

当吸收剂为纯溶剂时,即$X_2=0$,最小液气比的计算可进一步简化为

$$(L/V)_{\min}=\frac{Y_1-Y_2}{\dfrac{Y_1}{m_e}-0}=\frac{Y_1-Y_2}{Y_1}m_e \tag{4-54}$$

在吸收计算中常采用溶质的吸收率(或回收率)的概念:

$$\eta_A=\frac{\text{吸收的溶质的量(kmol)}}{\text{混合气中溶质的量(kmol)}}=\frac{VY_1-VY_2}{VY_1}=\frac{Y_1-Y_2}{Y_1} \tag{4-55}$$

代入式(4-54)得

$$(L/V)_{\min}=\eta_Am_e \tag{4-56}$$

2)平衡线是曲线

当平衡线为下凹(或上凸)的曲线时(如图4-16所示),$(L/V)_{\min}$的计算通过图解法求得。当平衡线如图4-16(a)所示的下凹形曲线时,先求得$Y=Y_1$水平线与OF平衡线的交点C,接着得出$X_{1\max}$,然后将其代入式(4-52),求得最小液气比$(L/V)_{\min}$。

若平衡线为图4-16(b)所示的上凸形曲线,则过A点作平衡线OE的切线AC相切于T点,在切点T处,$Y=Y^*$,$\Delta Y=Y-Y^*=0$。相应的吸收液的最高浓度是切线AC和$Y=Y_1$水平线的交点(C点)所对应的浓度$X_{1\max}$。最后将$X_{1\max}$代入式(4-52),就可求得最小液气比$(L/V)_{\min}$。

在选定吸收剂用量时,还必须考虑到能否保证填料塔的充分润湿。一般情况下,液体的喷淋密度至少应大于$5\ \text{m}^3/(\text{m}^2\cdot\text{h})$。

【例4-9】　B工厂生产过程中会排放可回收利用的气体A,因而采用设置吸收装置的方式进行回收利用。已知进入吸收装置的混合气体中,气体A的摩尔分数为0.2;使用摩尔分数为0.01的A溶液来进行吸收。在吸收过程中,A的平衡曲线为$Y=0.9X$,液气比$L/V=0.5$。塔高不受限制,且吸收过程不发生化学反应。

求:

(1) 逆流操作时,该吸收装置能达到的最大吸收率以及塔底和塔顶组成;若液气比 $L/V = 1.8$,此时最大吸收率为多少? 并求塔底和塔顶的组成。

(2) 如改为并流操作,求此时的塔底和塔顶组成以及吸收率。

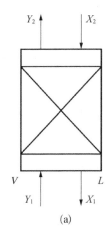
(a)
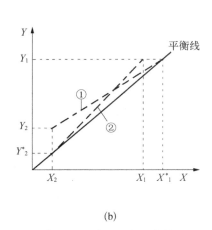
(b)
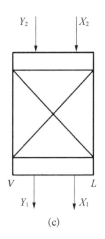
(c)

图 4-17 例 4-9 示意图

已知:$y_1 = 0.2$, $x_2 = 0.01$, $Y = 0.9X$, $L/V = 0.5$, $m_e = 0.9$。

求:逆流和并流时的最大吸收率。

解:(1) 逆流时已知

$$X_2 = \frac{x_2}{1-x_2} = \frac{0.01}{1-0.01} \approx 0.01, \quad Y_1 = \frac{y_1}{1-y_1} = \frac{0.2}{1-0.2} = 0.25$$

当 $L/V = 0.5 < m_e = 0.9$,以及塔高不受限制时,在塔底达到两相平衡(如图 4-17 线①所示),$X_{1max} = X_1^* = Y_1/m_e = 0.25/0.9 = 0.278$。 根据物料衡算可知

$$Y_2 = Y_1 - \frac{L(X_{1max}-X_2)}{V} = 0.25 - 0.5 \times (0.278 - 0.01) = 0.116$$

塔底组成(0.278, 0.25),塔顶组成(0.01, 0.116)。

此时,吸收率为

$$\eta_A = \frac{Y_1 - Y_2}{Y_1} = \frac{0.25 - 0.116}{0.25} \times 100\% = 53.6\%$$

当 $L/V = 1.8 > m_e = 0.9$,以及塔高不受限制时,在塔顶达到吸收平衡(如图 4-17 线②所示),$Y_2 = Y_{2min} = Y_2^* = m_e X_2 = 0.9 \times 0.01 = 0.009$,可以直接求出

$$\eta_A = \frac{Y_1 - Y_2}{Y_1} = \frac{0.25 - 0.009}{0.25} \times 100\% = 96.4\%$$

当 $L/V = 1.8$ 时,根据操作线关系(4-51),有

$$\frac{Y_1-Y_2}{X_1-X_2}=L/V$$

代入数据

$$\frac{0.25-0.009}{X_1-0.01}=1.8$$

解得 $X_1=0.143$

塔底组成(0.143，0.25)，塔顶组成(0.01，0.009)。

(2) 并流操作且 $L/V=0.5$ 时[如图 4-17(c)所示]

$$X_2=\frac{0.01}{1-0.01}=0.01 \quad Y_2=\frac{0.2}{1-0.2}=0.25$$

因为塔高不受限制，所以有

$$Y_1=m_eX_1,\ \text{即}\ Y_1=0.9X_1 \tag{①}$$

根据操作线关系，有　$V(Y_2-Y_1)=L(X_1-X_2)$

$$\frac{L}{V}=\frac{Y_2-Y_1}{X_1-X_2},\ \text{即}\ 0.5=\frac{0.25-Y_1}{X_1-0.01} \tag{②}$$

式①、②联立，求得：

$$X_1=0.182,\ Y_1=0.164$$

于是

$$\eta_A=\frac{Y_2-Y_1}{Y_2}=\frac{0.25-0.164}{0.25}\times100\%=34.4\%$$

塔底组成(0.182，0.164)，塔顶(0.01，0.25)

　　分析：逆流吸收操作中，操作线斜率比平衡线斜率大时，气液可能在塔顶呈平衡，此时吸收率最大，但吸收液浓度不是最高；操作线斜率小于平衡线斜率时，气液在塔底呈平衡，吸收液浓度是最高的，但吸收率不是最高。

　　答：逆流操作时，该吸收装置能达到的最大吸收率为53.6%，此时塔底组成是(0.278，0.25)，塔顶组成是(0.01，0.116)。若 $L/V=1.8$，其最大吸收率是96.4%，塔底组成是(0.143，0.25)，塔顶组成是(0.01，0.000 9)。并流操作时，吸收率为34.4%，其塔底组成是(0.182，0.164)，塔顶为(0.01，0.25)。

4.5.4　吸收塔填料层高度的计算

4.5.4.1　填料层高度计算的基本方程式

吸收塔填料层高度的计算，实质上是计算吸收过程的接触面积，涉及具体过程的物料衡算、传质速率方程和相平衡关系等。填料层高度和气液接触面积之间存在如下关系：

$$A=aA_TH' \tag{4-57}$$

式中，A——气液实际接触面积，m^2；

H'——填料层高度，m；

A_T——填料塔的横截面积，m^2；

a——单位体积填料内的气、液两相的有效接触面积，m^2/m^3。

在一般操作条件下，气、液两相的接触发生在填料的湿润表面上。若填料完全被液体所湿润，则 a 近似于填料的比表面积。

在逆流连续接触的填料塔内，如图 4-18 所示。对于定常的等温吸收过程，混合气体的流量和吸收剂的流量均不随时间，也不沿填料层高度而变化，但是气、液两相的组成及推动力却沿着填料层的高度连续变化。因此，为了计算填料层的高度，首先应在填料层内任意截面上截取一高度为 dh 的微元，列出物料衡算微分式和吸收速率微分方程，然后联立此二式，并在全塔范围内积分，导出填料层高度的计算式。

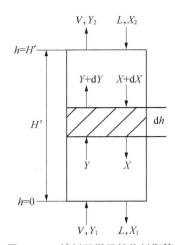

图 4-18 填料层微元的物料衡算

dh 微元填料层的吸收传质速率方程式为

$$dJ = K_Y(Y - Y^*)dA = K_Y(Y - Y^*)aA_T dh \tag{4-58}$$

$$dJ = K_X(X^* - X)dA = K_X(X^* - X)aA_T dh \tag{4-59}$$

对 dh 微元填料层内溶质作物料衡算得

$$dJ = VdY = LdX \tag{4-60}$$

联立式(4-58)、式(4-59)和式(4-60)得到

$$VdY = K_Y(Y - Y^*)aA_T dh \tag{4-61}$$

$$LdX = K_X(X^* - X)aA_T dh \tag{4-62}$$

在同一吸收塔中和一定操作条件下，可假设 K_Y 和 K_X 为常数，对式(4-61)及(4-62)沿整个塔高进行积分，分别得到

$$\int_{Y_2}^{Y_1} \frac{dY}{Y - Y^*} = \int_0^{H'} \frac{K_Y a A_T dh}{V} = \frac{K_Y a A_T}{V} \cdot H'$$

$$H' = \frac{V}{K_Y a A_T} \int_{Y_2}^{Y_1} \frac{dY}{Y - Y^*} \tag{4-63}$$

$$\int_{X_2}^{X_1} \frac{dX}{X^* - X} = \int_0^{H'} \frac{K_X a A_T dh}{L} = \frac{K_X a A_T}{L} \cdot H'$$

$$H' = \frac{L}{K_X a A_T} \int_{X_2}^{X_1} \frac{dX}{X^* - X} \tag{4-64}$$

式中，K_Ya——气相总体积传质系数，$kmol/(m^3 \cdot s)$；

　　K_Xa——液相总体积传质系数，$kmol/(m^3 \cdot s)$。

由式（4-63）和（4-64）的导出过程可知，应用不同的吸收通量方程，可得出形式类似的计算填料层高度的关系式。若将气膜吸收传质通量式（4-34）或液膜吸收传质通量式（4-35）和物料衡算式联解，可得

$$H' = \frac{V}{k_Ya A_T} \int_{Y_2}^{Y_1} \frac{\mathrm{d}Y}{Y - Y_i} \tag{4-65}$$

和

$$H' = \frac{L}{k_Xa A_T} \int_{X_2}^{X_1} \frac{\mathrm{d}X}{X_i - X} \tag{4-66}$$

式中，k_Ya——气膜体积传质系数，$kmol/(m^3 \cdot s)$；

　　k_Xa——液膜体积传质系数，$kmol/(m^3 \cdot s)$。

a 是单位体积填料内气、液两相的有效接触面积。a 不仅与填料的形状、尺寸及填充状况有关，还受流体物性及流动状况的影响。a 的数值很难测定，为此常将它与吸收传质系数的乘积视为一体，称为体积传质系数。其物理意义是指在单位推动力下，单位时间、单位体积填料层内吸收的溶质量。

4.5.4.2　传质单元数和传质单元高度

令 H_{OG} 等于式（4-63）中一项：

$$H_{OG} = \frac{V}{K_Ya A_T} \tag{4-67}$$

N_{OG} 等于式（4-63）中另一项：

$$N_{OG} = \int_{Y_2}^{Y_1} \frac{\mathrm{d}Y}{Y - Y^*} \tag{4-68}$$

则填料层高度 H' 为

$$H' = H_{OG} \times N_{OG} \tag{4-69}$$

式中，H_{OG}——气相总传质单元高度，m；

　　N_{OG}——气相总传质单元数，无量纲。

传质单元是指通过一定高度填料层的传质，使一相组成的变化恰好等于其中的平均推动力，这样一段填料层的传质称为一个传质单元。对于任一第 j 气相，气相总传质单元（图4-19）：

$$\int_{Y_j}^{Y_{j+1}} \frac{\mathrm{d}Y}{Y - Y^*} = 1 \tag{4-70}$$

即

$$\frac{Y_j - Y_{j+1}}{(Y - Y^*)_{\text{平均}, j \to j+1}} = 1 \tag{4-71}$$

式中，$(Y - Y^*)_{\text{平均}, j \to j+1}$——基于气相的一个总传质单元的传质平均推动力，无量纲；

　　$Y_j - Y_{j+1}$——气相组成变化，无量纲。

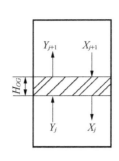
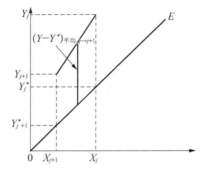

图 4-19 气相总传质单元和总传质单元高度示意图

传质单元数表示完成吸收过程要求的全部分离任务所需的传质单元的数目。它只决定于分离前后气、液相的组成和相平衡关系,与设备型式无关,其值大小表示了分离任务的难易。

传质单元高度是完成一个传质单元分离任务所需的填料层高度。它主要决定于吸收设备型式(如填料类型和尺寸)、物系特性及操作条件等。其值的大小反映了填料层传质动力学性能的优劣。对于低浓度气体吸收,各传质单元所对应的传质单元高度可视为相等。

同理,式(4-64)可写成:

$$H' = H_{OL} \times N_{OL} \tag{4-72}$$

$$H_{OL} = \frac{L}{K_X a A_T} \tag{4-73}$$

$$N_{OL} = \int_{X_2}^{X_1} \frac{\mathrm{d}X}{X^* - X} \tag{4-74}$$

式中,H_{OL}——液相总传质单元高度,m;

N_{OL}——液相总传质单元数,无量纲。

同理,式(4-65)和式(4-66)可分别写成:

$$H' = H_G \times N_G \tag{4-75}$$

$$H' = H_L \times N_L \tag{4-76}$$

式中,H_G 与 H_L——分别为气相传质单元高度 $\dfrac{V}{k_y a A_T}$ 及液相传质单元高度 $\dfrac{L}{k_x a A_T}$,m;

N_G 与 N_L——分别为气相传质单元数 $\displaystyle\int_{Y_2}^{Y_1} \frac{\mathrm{d}Y}{Y - Y_i}$ 及液相传质单元数 $\displaystyle\int_{X_2}^{X_1} \frac{\mathrm{d}X}{X_i - X}$。

4.5.4.3 总传质单元数的求法

总传质单元数的计算表达式中的 Y^*(或 X^*)是与液相溶质浓度 X(或气相溶质浓度 Y)对应的平衡浓度,需要利用平衡关系确定。根据平衡关系的情况,总传质单元数有如下 4 种计算方法:① 对数平均推动力法,该方法仅适用于气液相平衡关系符合亨利定律;② 吸收因素法,该方法同样仅适用于气液相平衡符合亨利定律;③ 计算器直接积分法,该方法适用于气液相平衡符合亨利定律,或者虽不符合亨利定律,但是有可用数学公式表达的函数关系;

④ 数值积分法,该方法适用于任何气液相平衡关系,但由于其准确性较差,计算麻烦,通常应用于气液相平衡不符合亨利定律,且没有可以用数学公式表达的函数关系的情况下。

1) 对数平均推动力法

在吸收过程中,当平衡线为直线时,即气液相平衡符合亨利定律,可以用平均推动力法求传质单元数,如图 4-20 所示。由于气液平衡关系为一直线,操作线也为直线,故塔内任一截面上的推动力 $\Delta Y = Y - Y^*$ 与气相组成 Y 也成直线关系。该直线的斜率为

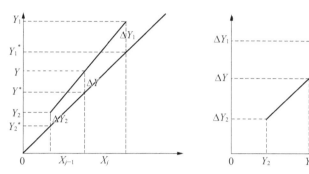

图 4-20　在 $Y\text{-}X$ 图上表示的推动力

$$\frac{\mathrm{d}(\Delta Y)}{\mathrm{d}Y} = \frac{\Delta Y_1 - \Delta Y_2}{Y_1 - Y_2}$$

移项:

$$\mathrm{d}Y = \frac{Y_1 - Y_2}{\Delta Y_1 - \Delta Y_2}\mathrm{d}(\Delta Y)$$

将上式代入式(4-68)得

$$N_{OG} = \int_{Y_2}^{Y_1} \frac{\mathrm{d}Y}{Y - Y^*} = \int_{Y_2}^{Y_1} \frac{\mathrm{d}Y}{\Delta Y} = \frac{Y_1 - Y_2}{\Delta Y_1 - \Delta Y_2}\int_{\Delta Y_2}^{\Delta Y_1} \frac{\mathrm{d}(\Delta Y)}{\Delta Y} = \frac{Y_1 - Y_2}{\Delta Y_1 - \Delta Y_2}\ln\frac{\Delta Y_1}{\Delta Y_2}$$

即气相总传质单元数为　　$N_{OG} = \dfrac{Y_1 - Y_2}{\dfrac{\Delta Y_1 - \Delta Y_2}{\ln\dfrac{\Delta Y_1}{\Delta Y_2}}} = \dfrac{Y_1 - Y_2}{\Delta Y_m}$ 　　　　　(4-77)

同样,可以推导出液相总传质单元数的计算公式:

$$N_{OL} = \dfrac{X_1 - X_2}{\dfrac{\Delta X_1 - \Delta X_2}{\ln\dfrac{\Delta X_1}{\Delta X_2}}} = \dfrac{X_1 - X_2}{\Delta X_m} \qquad (4-78)$$

式中平均推动力

$$\Delta Y_m = \frac{Y_1 - Y_1^* - (Y_2 - Y_2^*)}{\ln\dfrac{Y_1 - Y_1^*}{Y_2 - Y_2^*}} \qquad (4-79)$$

$$\Delta X_m = \frac{X_1^* - X_1 - (X_2^* - X_2)}{\ln \dfrac{X_1^* - X_1}{X_2^* - X_2}} \qquad (4-80)$$

2) 吸收因素法

如果气液相平衡关系服从亨利定律,当 X 很小时,$Y^* = m_e X$,也就是气液平衡关系是一条通过原点的直线,这时可用吸收因子法求总传质单元数,其计算公式的推导如下:

在吸收塔任意截面与塔顶之间作物料衡算:

$$X = \frac{V}{L}(Y - Y_2) + X_2$$

将上式代入式(4-68)得

$$
\begin{aligned}
N_{OG} &= \int_{Y_2}^{Y_1} \frac{\mathrm{d}Y}{Y - Y^*} \\
&= \int_{Y_2}^{Y_1} \frac{\mathrm{d}Y}{Y - m_e \left[\dfrac{V}{L}(Y - Y_2) + X_2\right]} \\
&= \int_{Y_2}^{Y_1} \frac{\mathrm{d}Y}{\left(1 - \dfrac{m_e V}{L}\right)Y + \dfrac{m_e V}{L}Y_2 - m_e X_2} \\
&= \frac{1}{1 - \dfrac{m_e V}{L}} \ln\left[\frac{\left(1 - \dfrac{m_e V}{L}\right)Y_1 + \dfrac{m_e V}{L}Y_2 - m_e X_2}{\left(1 - \dfrac{m_e V}{L}\right)Y_2 + \dfrac{m_e V}{L}Y_2 - m_e X_2}\right] \\
&= \frac{1}{1 - \dfrac{m_e V}{L}} \ln\left[\frac{\left(1 - \dfrac{m_e V}{L}\right)Y_1 + \dfrac{m_e V}{L}Y_2 - m_e X_2}{Y_2 - m_e X_2}\right] \\
&= \frac{1}{1 - \dfrac{m_e V}{L}} \ln\left[\frac{\left(1 - \dfrac{m_e V}{L}\right)Y_1 - \left(1 - \dfrac{m_e V}{L}\right)m_e X_2 + \left(1 - \dfrac{m_e V}{L}\right)m_e X_2 + \dfrac{m_e V}{L}Y_2 - m_e X_2}{Y_2 - m_e X_2}\right] \\
&= \frac{1}{1 - \dfrac{m_e V}{L}} \ln\left[\left(1 - \dfrac{m_e V}{L}\right)\frac{Y_1 - m_e X_2}{Y_2 - m_e X_2} + \dfrac{m_e V}{L}\right]
\end{aligned}
$$

令 $\dfrac{m_e V}{L} = \dfrac{1}{A_a}$,并代入上式

$$N_{OG} = \frac{1}{1 - \dfrac{1}{A_a}} \ln\left[\left(1 - \frac{1}{A_a}\right)\frac{Y_1 - m_e X_2}{Y_2 - m_e X_2} + \frac{1}{A_a}\right] \qquad (4-81)$$

式中，$A_a = \dfrac{L}{m_e V}$ 为吸收因子，其几何意义为操作线斜率 L/V 与平衡线斜率 m_e 之比。A_a 越大，吸收塔的吸收效果越好。吸收因子的倒数，$\dfrac{1}{A_a} = \dfrac{m_e V}{L}$ 称为解吸因子。$\dfrac{1}{A_a}$ 越大，解吸塔的解吸效果越好。

对吸收而言，对于同样的分离要求，$\dfrac{m_e V}{L}$ 越小，即 A_a 越大，N_{OG} 越小，所需的填料层高度越小，所以，A_a 越大，越有利于吸收；$\dfrac{1}{A_a}$ 越大，则 N_{OG} 越大，所需的总填料层高度越大，越不有利于吸收。

吸收因子 A_a 和解吸因子 $\dfrac{1}{A_a}$ 是吸收塔或解吸塔的重要操作参数。但 $A_a = \dfrac{L}{m_e V}$ 中平衡常数 m_e 由物系及操作温度所确定，要增大 A_a，就等于增大 L/V，故应在设计中及操作中要选择合适的 A_a。

同理，可以推导出液相总传质单元数的计算式：

$$N_{OL} = \frac{1}{1 - \dfrac{L}{m_e V}} \ln\left[\left(1 - \frac{L}{m_e V}\right)\frac{Y_1 - m_e X_2}{Y_1 - m_e X_1} + \frac{L}{m_e V}\right]$$

$$= \frac{1}{1 - A_a}\ln\left[(1 - A_a)\frac{Y_1 - m_e X_2}{Y_1 - m_e X_1} + A_a\right] \tag{4-82}$$

3）计算器直接积分法

如果相平衡关系服从亨利定律或者有明确函数关系式，可用计算器直接积分法求得：

首先在吸收塔任意两截面进行物料衡算，这里以任意界面与塔顶为例，$Y^* = f(X)$，得到 Y 与 X 的函数关系式：

$$Y = \frac{L}{V}X + \left(Y_2 - \frac{L}{V}X_2\right)$$

将上式代入式(4-68)得

$$N_{OG} = \int_{Y_2}^{Y_1} \frac{\mathrm{d}Y}{Y - Y^*} = \int_{X_2}^{X_1} \frac{\mathrm{d}\left[\dfrac{L}{V}X + \left(Y_2 - \dfrac{L}{V}X_2\right)\right]}{\dfrac{L}{V}X + \left(Y_2 - \dfrac{L}{V}X_2\right) - f(X)}$$

下面用计算器计算该式子，具体步骤如下：

① 点击计算器函数键"$\int_{\square}^{\square}\square$"；

② 输入积分式"$\displaystyle\int_{X_2}^{X_1} \frac{\mathrm{d}\left[\dfrac{L}{V}X + \left(Y_2 - \dfrac{L}{V}X_2\right)\right]}{\dfrac{L}{V}X + \left(Y_2 - \dfrac{L}{V}X_2\right) - f(X)}$"；

③ 按"＝"，即可得到所求 N_{OG} 的值。

【**例 4 - 10**】 B工厂采用了一个逆流操作的填料吸收塔,在标准状态下操作,用于吸收混合气中的气体A。已知气体流量为 2 000 m³/h(标准状态),混合气中气体A的浓度为 200 g/m³,气体A的分子质量为50;吸收平衡关系为 $y=0.8x$,气体A的回收率为98%,气相总吸收传质系数 K_y 为 0.5 kmol/(m²·h);液相采用的吸收剂为纯水,受塔高限制,吸收完全后,水中A的浓度为进料气体相平衡时的75%;塔内填料的有效比表面积为 200 m²/m³,塔内气体的空塔流速为 0.5 m/s。假定气体A不与水发生化学反应,且气体中其他组分为惰性气体。

求:

(1) 水的用量;

(2) 塔径;

(3) 填料层高度(分别用对数平均推动力法、吸收因素法和计算器直接积分法 3 种方法进行计算,并比较结果)。

已知:$q_g=2\,000$ m³/h(标准),$\rho_y=200$ g/m³,$x_1=75\%x_1^*$,$y=0.8x$,$\eta_A=98\%$,$K_y=0.5$ kmol/(m²·h),$u=0.5$ m/s,$a=200$ m²/m³,$X_2=0$。

求:L、d_t、H'。

解:下面计算中下标 1 表示塔底,2 表示塔顶。根据已知操作条件,可得

$$V=\frac{2\,000}{22.4}-\frac{2\,000\times200}{50\times10^3}=89.28-8=81.28 \text{ kmol/h}$$

$$Y_1=\frac{8}{81.28}=0.098\,4, \quad Y_2=(1-98\%)Y_1=0.001\,97$$

$$X_2=0 \quad Y_2^*=0$$

$$x_1^*=\frac{y_1}{0.8}=\frac{Y_1}{1+Y_1}\times\frac{1}{0.8}=0.112$$

$$x_1=75\%x_1^*=0.084, \quad X_1=\frac{x_1}{1-x_1}=0.091\,7$$

(1) 根据全塔的气体 A 物料衡算式 $L(X_1-X_2)=V(Y_1-Y_2)$ 可以得出用水量:

$$L=\frac{V(Y_1-Y_2)}{X_1-X_2}=\frac{81.28\times(0.098\,4-0.001\,97)}{0.091\,7-0}=85.47 \text{ kmol/h}$$

(2) 塔径:

$$d_t=\sqrt{\frac{4q_g}{\pi u}}=\sqrt{\frac{4\times2\,000/3\,600}{\pi\times0.5}}=1.19 \text{ m}$$

(3) 填料层高度。由于是低浓度吸收,故可以将 $y=0.8x$ 近似为 $Y=0.8X$,并存在 $K_y\approx K_Y$,则可以进行以下计算:

填料层高度

$$H'=N_{OG}H_{OG}$$

气相总传质单元高度

$$H_{OG} = \frac{V}{K_Y a A_T} \approx \frac{V}{K_y a A_T} = \frac{81.28}{0.5 \times 200 \times \frac{\pi}{4} \times 1.19^2} = 0.731 \text{ m}$$

① 平均推动力法。先计算气相总传质单元数：

$$N_{OG} = \frac{Y_1 - Y_2}{\Delta Y_m} \quad \Delta Y_m = \frac{\Delta Y_1 - \Delta Y_2}{\ln \frac{\Delta Y_1}{\Delta Y_2}}$$

$$\Delta Y_1 = Y_1 - Y_1^* = Y_1 - m_e X_1 = 0.098\,4 - 0.8 \times 0.091\,7 = 0.025$$

$$\Delta Y_2 = Y_2 - Y_2^* = Y_2 - m_e X_2 = 0.001\,97 - 0 = 0.001\,97$$

$$\Delta Y_m = \frac{\Delta Y_1 - \Delta Y_2}{\ln \frac{\Delta Y_1}{\Delta Y_2}} = \frac{0.025 - 0.001\,97}{\ln \frac{0.025}{0.001\,97}} = 0.009\,06$$

$$N_{OG} = \frac{Y_1 - Y_2}{\Delta Y_m} = \frac{0.098\,4 - 0.001\,97}{0.009\,06} = 10.64$$

填料层高度：$H' = N_{OG} H_{OG} = 10.64 \times 0.731 = 7.78 \text{ m}$

② 吸收因素法。

$$\frac{L}{V} = \frac{Y_1 - Y_2}{X_1 - X_2} = \frac{0.098\,4 - 0.001\,97}{0.091\,7 - 0} = 1.05$$

$$\frac{1}{A_a} = \frac{m_e V}{L} = \frac{0.8}{1.05} = 0.762$$

$$N_{OG} = \frac{1}{1 - \frac{1}{A_a}} \ln \left[\left(1 - \frac{1}{A_a}\right) \frac{Y_1 - m_e X_2}{Y_2 - m_e X_2} + \frac{1}{A_a} \right]$$

$$= \frac{1}{1 - 0.762} \times \ln \left[(1 - 0.762) \times \frac{0.098\,4}{0.001\,97} + 0.762 \right]$$

$$= 10.66$$

填料层高度：$H' = N_{OG} H_{OG} = 10.66 \times 0.731 = 7.79 \text{ m}$

③ 计算器直接积分法。

$$\frac{L}{V} = \frac{Y_1 - Y_2}{X_1 - X_2} = \frac{0.098\,4 - 0.001\,97}{0.091\,7 - 0} = 1.05$$

由于是低浓度吸收，故可以将相平衡时 $y = 0.8x$ 近似为 $Y = 0.8X$
以任意横截面与塔顶进行物料衡算，得到 Y 与 X 的函数关系式：

$$Y = \frac{L}{V} X + \left(Y_2 - \frac{L}{V} X_2\right)$$

将 $\dfrac{L}{V}=1.05$、$Y_2=0.001\,97$、$X_2=0$ 代入上式：

$$Y=1.05X+(0.001\,97-1.05\times0)=1.05X+0.001\,97$$

将上式代入式(4-68)得

$$N_{OG}=\int_{Y_2}^{Y_1}\frac{\mathrm{d}Y}{Y-Y^*}=\int_{X_2}^{X_1}\frac{\mathrm{d}\left[\dfrac{L}{V}X+\left(Y_2-\dfrac{L}{V}X_2\right)\right]}{\dfrac{L}{V}X+\left(Y_2-\dfrac{L}{V}X_2\right)-f(X)}$$

$$=\int_{X_2}^{X_1}\frac{\mathrm{d}(1.05X+0.001\,97)}{1.05X+0.001\,97-0.8X}=\int_0^{0.091\,7}\frac{1.05\mathrm{d}X}{0.25X+0.001\,97}$$

将上式输入计算器"$\int_{\square}^{\square}\square$"功能键中,然后按"=",即可得 $N_{OG}=10.65$。

填料层高度：$H'=N_{OG}H_{OG}=10.65\times0.731=7.79\text{ m}$

由此可见,3 种方法计算出的 N_{OG} 分别为 10.64、10.66 和 10.65,基本上相同,在误差允许范围内,填料层的高度也基本相同。

答：水的用量为 85.47 kmol/h,塔径为 1.15 m,填料层高度 7.79 m。

4) 数值积分法

当气液相平衡线不是直线且没有可以用数学公式表示的函数关系时,式(4-68)就难以用积分公式直接求解,只能借助于各种数值积分的方法求值。式 $N_{OG}=\int_{Y_2}^{Y_1}\dfrac{\mathrm{d}Y}{Y-Y^*}$ 中的数值积分计算步骤如下：根据物系的溶解度数据和操作条件,在 $X-Y$ 图上作出平衡曲线和操作线,如图 4-21(a)所示;在塔底气相浓度 Y_1 和塔顶气相浓度 Y_2 之间选取若干个 Y 值,并由平衡曲线查出相应的 Y^* 值,同时计算出 $1/(Y-Y^*)$ 值;以 Y 为横坐标,$1/(Y-Y^*)$ 为纵坐标,标绘出上列各组 Y 与 $1/(Y-Y^*)$ 值,如图 4-21 中(b)所示;图中由 Y_1 和 Y_2 所作垂线与曲线所包围的面积,即图中的阴影部分,即为所求的积分值 N_{OG}。可采用梯形法、辛卜森(Simpson)法或其它方法进行数值计算,其中辛卜森计算方法如下：

$$N_{OG}=\int_{Y_2}^{Y_1}\frac{\mathrm{d}Y}{Y-Y^*}=\frac{h_B}{3}(f_0+4f_1+2f_2+4f_3+2f_4+\cdots+2f_{n-2}+4f_{n-1}+f_n)$$

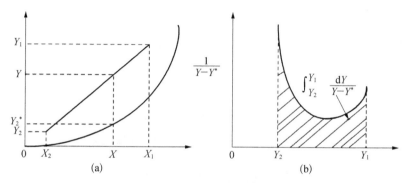

图 4-21　数值积分图例

式中,步长为 $h_B = \dfrac{Y_1 - Y_2}{n}$, n 为任意偶数,n 值越大,积分越精确。

【例 4 - 11】　在逆流操作的填料塔内用洗油吸收 A 物质。吸收塔的操作压强为 101 kPa,温度为 293 K。入塔气体含 A 物质 0.03(摩尔分数,下同),要求 A 的吸收率为 97%,进入塔顶的洗油含 A 物质 0.004,若离开吸收塔的液体含 A 物质 0.107,在操作条件下的平衡关系为曲线,具体数值见下表,用数值积分法求气相总传质单元数。

A 物质在洗油中的平衡关系

X_A	0.004 016	0.023 317	0.042 618	0.061 919	0.081 220	0.100 521	0.119 822
Y_A^*	0.000 500	0.002 856	0.005 136	0.007 342	0.009 479	0.011 549	0.013 556

已知:$y_{A,1} = 0.03$, $\eta_A = 0.97$, $x_{A,2} = 0.004$, $x_{A,1} = 0.107$

求:用数值积分法求气相总传质单元数。

解:因为平衡线为曲线,所以可以采用数值积分法求解。

$$Y_{A,1} = \frac{y_{A,1}}{1 - y_{A,1}} = \frac{0.03}{1 - 0.03} = 0.030\,928$$

$$Y_{A,2} = Y_{A,1}(1 - \eta_A) = 0.030\,928 \times (1 - 97\%) = 0.000\,928$$

$$X_{A,1} = \frac{x_{A,1}}{1 - x_{A,1}} = \frac{0.107}{1 - 0.107} = 0.119\,820$$

$$X_{A,2} = \frac{x_{A,2}}{1 - x_{A,2}} = \frac{0.004}{1 - 0.004} = 0.004\,016$$

在 $Y_{A,2}$ 与 $Y_{A,1}$ 间作六等分,步长为

$$h_{BY} = \frac{Y_{A,1} - Y_{A,2}}{6} = \frac{0.030\,928 - 0.000\,928}{6} = 0.005$$

对应在 $X_{A,2}$ 与 $X_{A,1}$ 间作六等分,步长为:

$$h_{BX} = \frac{X_{A,1} - X_{A,2}}{6} = \frac{0.119\,820 - 0.004\,016}{6} = 0.019\,301$$

对每一个 Y_A 对应的 $\dfrac{1}{Y_A - Y_A^*}$ 计算列于下表中

序号	Y_A	X_A	Y_A^*	$\dfrac{1}{Y_A - Y_A^*}$
0	0.000 928	0.004 016	0.000 500	2 336.449
1	0.005 928	0.023 317	0.002 856	325.521
2	0.010 928	0.042 618	0.005 136	172.652
3	0.015 928	0.061 919	0.007 342	116.469
4	0.020 928	0.081 220	0.009 479	87.344
5	0.025 928	0.100 521	0.011 549	69.546
6	0.030 928	0.119 822	0.013 556	57.571

$$N_{OG} = \int_{Y_{A,2}}^{Y_{A,1}} f(Y_A) dY_A = \int_{Y_{A,2}}^{Y_{A,1}} \frac{dY_A}{Y_A - Y_A^*}$$

$$= \frac{h_B}{3}(f_0 + 4f_1 + 2f_2 + 4f_3 + 2f_4 + 4f_5 + f_6)$$

$$= \frac{0.005}{3}(2\,336.449 + 4 \times 325.521 + 2 \times 172.652 + 4 \times 116.469$$

$$+ 2 \times 87.344 + 4 \times 69.546 + 57.571)$$

$$= 8.27$$

答：数值积分得到的气相总传质单元数为 8.27。

4.5.5　理论级数与塔高的计算

理论板(也称理论塔板，理论级)是指气、液两相在塔板上相遇时，接触时间足够，传质充分，则气液两相的组成在离开塔板时达到平衡。如图 4-22(a)和(b)所示，在逆流吸收塔中，当气相浓度为 Y_{k+1} 的气体从下而上与液相浓度为 X_{k-1} 的从上而下液体在某块塔板上相遇时，接触时间足够长，传质充分，则离开塔板时，气液两相的组成 (X_k, Y_k) 达到平衡，即 (X_k, Y_k) 一定属于气液相平衡线上的某一点 (X_k^*, Y_k^*)。如果气液相平衡关系符合亨利定律，则 $Y_k^* = m_e X_k^*$。这样，若吸收在板式塔中进行，可先求所需的理论板数，而后选定总板效率求出实际板数，若选定了板间距，就可以确定有效塔高；对于填料吸收塔，求得理论板数后，引入理论板当量高度($HETP$)的概念，即完成一个理论板的分离任务所需的填料层高度，也可确定填料层高度。

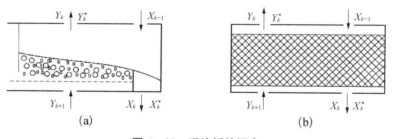

图 4-22　理论板的概念

理论板的计算应用两个基本关系式：溶质在气、液相间的平衡关系(平衡线)和操作线方程。如图 4-23(a)和(b)所示，进塔气体组成为 Y_{N+1}，出塔气体组成为 Y_1，进塔吸收液组成为 X_0(均为摩尔比)。惰性气体流量为 V kmol/h，吸收剂流量为 L kmol/h。图 4-23(a)和(b)所示吸收塔操作线方程按下述步骤求出：作第一块板至塔顶之间的物料衡算，可得操作线方程：

$$Y_2 = \frac{L}{V}(X_1 - X_0) + Y_1$$

上式为通过点 (X_0, Y_1)、斜率为 L/V 的直线。再作第 k 块板至塔顶的物料衡算，可得操作线方程：

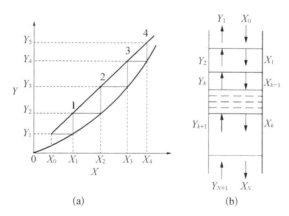

图 4-23 多级逆流理论模型示意图

$$Y_{k+1} = \frac{L}{V}(X_k - X_0) + Y_1 \qquad (4-83)$$

上式也是通过点(X_0, Y_1)、斜率为L/V的直线。此即为第k块板操作线方程的通式。它表示任何两级间相遇而不相接触的两相组成Y_{k+1}与X_k之间的关系。因此,和连续接触式填料塔有所不同,板式塔中气、液两相在塔板上接触的初始推动力为$(Y_{k+1} - Y_{k-1}^*)$,而不是操作线和平衡线的垂直距离$(Y_k - Y_{k-1}^*)$。

从以上分析可知,离开同一块理论板的气、液两相组成互呈平衡,其状态点,如(X_k, Y_k)在平衡线上;相邻板间相遇的气、液相组成关系服从操作线方程。因此,根据以上两点,可采用逐板计算法或图解计算法求理论级数N_T,然后按下式求实际塔板数

$$N_P = N_T / \eta_T \qquad (4-84)$$

式中,N_T——理论级数,无量纲;

$\qquad N_P$——实际塔板数,无量纲;

$\qquad \eta_T$——总板效率,无量纲。

若相平衡关系符合亨利定律,可用克列姆塞尔(Kremser)方程求理论级数:

$$N_T = \frac{1}{\ln A_a} \ln\left[\left(1 - \frac{1}{A_a}\right)\frac{Y_1 - m_e X_2}{Y_2 - m_e X_2} + \frac{1}{A_a}\right] \qquad (4-85)$$

式中,A_a——吸收因子,$A_a = \dfrac{L/V}{m_e}$,无量纲;

$\qquad Y_1$——进塔气体组成摩尔比,无量纲;

$\qquad X_2$——进塔液体组成摩尔比,无量纲;

$\qquad Y_2$——出塔气体组成摩尔比,无量纲。

比较传质单元数的计算公式(4-81)和理论级数的计算公式(4-85)可以得到:

$$N_T = \frac{A_a - 1}{A_a \ln A_a} N_{OG} \qquad (4-86)$$

因此，也可以通过公式（4-81）或（4-68）求出 N_{OG}，再根据式（4-86）求出理论级数。
根据定义可得理论板当量高度计算式：

$$HETP = \frac{H'}{N_T} \qquad (4-87)$$

式中，H'——填料层高度，m；

$\qquad N_T$——理论级数。

【例 4-12】 B 工厂在回收 SO_2 时，采用逆流吸收塔的方式用清水吸收。已知混合气体的流量为 2 000 m^3/h（标准状态），气体中 SO_2 摩尔分数为 0.15。在吸收塔的操作条件下，SO_2 的平衡关系为 $Y=33X$。 为最大化资源回收利用，厂方要求该吸收塔 SO_2 的回收率至少为 95%。

求：

（1）最小用水量；

（2）当用水量为最小用水量的 2 倍时，用图解法和 Kremser 方程分别求解所需的理论塔板数，并做比较；

（3）如采用（2）中的理论塔板数，为了进一步提高吸收率至 97.5%，用水量需增加多少。
已知：$q_g = 2\,000$ m^3/h（标准状况），$y_1 = 0.15$，$Y=33X$，$\eta_A = 95\%$，$L=2L_{min}$，$X_2 = 0$，$\eta'_A = 97.5\%$。

求：L_{min}，N_T，ΔL。

解：根据已知条件可计算惰性组分的物质的量流量：

$$V = \frac{pq_g \times 85\%}{RT} = \frac{101.3 \times 2\,000 \times 0.85}{8.314 \times 273} = 75.87 \text{ kmol/h}$$

（1）最小液气比为

$$\left(\frac{L}{V}\right)_{min} = \frac{Y_1 - Y_2}{\dfrac{Y_1}{m_e} - 0} = \frac{Y_1 - Y_2}{Y_1} m_e = m_e \eta_A = 33 \times 95\% = 31.35$$

最小用水量为 $L_{min} = (L/V)_{min} \times V = 31.35 \times 75.87 = 2\,378$ kmol/h

（2）已知

$$Y_1 = \frac{y_1}{1-y_1} = \frac{0.15}{1-0.15} = 0.176$$

$$Y_2 = (1-\eta_A)Y_1 = (1-95\%) \times 0.176 = 0.008\,8$$

和

$$\frac{L}{V} = 2\left(\frac{L}{V}\right)_{min} = 2 \times 31.35 = 62.7$$

则可根据物料衡算式 $\dfrac{Y_1-Y_2}{X_1-X_2} = \dfrac{L}{V}$，$\dfrac{0.176-0.008\,8}{X_1-0} = 62.7$，解得 $X_1 = 0.002\,67$。

过（0.002 67，0.176）和（0，0.008 8）两点画出操作线，如图 4-24 所示。在图中的平衡线

和操作线之间作阶梯求得理论板数 $N_T = 3.59$;

或利用算式求出

$$N_T = \frac{1}{\ln A_a} \ln \left[\left(1 - \frac{1}{A_a} \right) \frac{Y_1 - m_e X_2}{Y_2 - m_e X_2} + \frac{1}{A_a} \right]$$

其中

$$A_a = \frac{L/V}{m_e} = \frac{62.7}{33} = 1.9$$

代入数字可得

$$N_T = \frac{1}{\ln 1.9} \ln \left[\left(1 - \frac{1}{1.9} \right) \frac{0.176}{0.008\ 8} + \frac{1}{1.9} \right] = 3.59$$

于是，$N_T = 3.59$。

(3) 在理论板数 $N_T = 3.59$ 时，如果要求 $\eta'_A = 97.5\%$，则

$$Y'_2 = (1 - \eta'_A) Y_1 = (1 - 97.5\%) \times 0.176 = 0.004\ 4$$

代入

$$N_T = \frac{1}{\ln A'_a} \ln \left[\left(1 - \frac{1}{A'_a} \right) \frac{Y_1 - m_e X_2}{Y'_2 - m_e X_2} + \frac{1}{A'_a} \right]$$

得

$$3.59 = \frac{1}{\ln A'_a} \ln \left[\left(1 - \frac{1}{A'_a} \right) \frac{0.176}{0.004\ 4} + \frac{1}{A'_a} \right]$$

由此可得出 $A'_a = 2.42 = \dfrac{L'}{V m_e}$，于是

$$L' = A'_a V m_e = 2.42 \times 75.87 \times 33 = 6\ 059\ \text{kmol/h}$$

$$\Delta L = L' - L = 6\ 059 - 2\ 378 = 3\ 681\ \text{kmol/h}$$

答：用水量最小值为 2 378 kmol/h，所需理论塔板数为 3.59，吸收率从 95% 提高到 97.5%，用水量应增加 3 681 kmol/h。

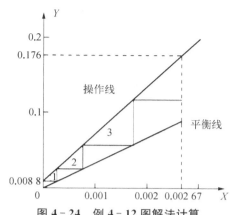

图 4-24　例 4-12 图解法计算
理论塔板数示意图

4.5.6　塔径的确定

塔径的大小主要由塔设备的处理能力与塔内所允许的气流速度来决定。前者是指单位时间内塔设备处理气体混合物的量，即吸收气体的流量；后者是指塔内气体的空塔速度，即以空塔横截面积为基准计算的气体流速。它们之间存在如下关系：

$$q_g = \frac{\pi}{4} d_t{}^2 u_0$$

因此

$$d_t = \sqrt{\frac{4 q_g}{\pi u_0}} \qquad\qquad (4-88)$$

式中,d_t——塔径,m;

  q_g——吸收气体体积流量,m^3/s;

  u_0——空塔气速,m/s。

塔设备的处理能力由既定的生产任务所决定,气体的空塔速度则应根据塔内物料性质、塔的类型和操作方式等因素加以选择。

因为吸收过程中气相内的溶质不断减少,气体压强逐渐降低,所以塔中不同截面上的混合气的流量有所不同,计算时一般取全塔中最大的体积流量。

空塔气速常选液泛气速的$60\%\sim80\%$。液泛气速的计算公式有很多,对于环形填料,较常采用如下的公式:

$$\lg\left[\frac{a_{BET}u_f^2}{g\varepsilon_V^3}\cdot\frac{\rho_G}{\rho_L}\cdot\mu_L^{0.2}\right]=B_m-1.75\left(\frac{L}{V}\right)^{1/4}\left(\frac{\rho_G}{\rho_L}\right)^{1/8} \tag{4-89}$$

式中,u_f——液泛气速,m/s;

  L/V——液气比,液体与气体的物质的量流量之比;

  ρ_G/ρ_L——气体和液体的密度之比;

  μ_L——液体的黏度,MPa·s;

  a_{BET}——填料比表面积,m^2/m^3;

  ε_V——填料空隙率,m^3/m^3;

  B_m——常数,拉西环的B_m为0.022,弧鞍形填料的B_m为0.26。

4.5.7 吸收过程的计算

吸收过程的计算可分为设计型计算和操作型计算两类。设计型计算是计算完成给定分离要求所需的填料层高度或实际塔板数,以上章节介绍的内容均属设计型计算问题。操作型计算是指在塔设备参数已知的前提下,计算在不同操作条件下分离一定的混合物所能达到的分离效果。实际生产中经常遇到吸收塔的操作型计算,其目的在于指导吸收塔的操作和调节,便于在操作参数变化时采取措施保证达到分离要求。

操作型计算所用的基本关系式与前述设计型计算相同,都是依据物料衡算式(4-48)、(4-49)或(4-50),相平衡关系和填料层高度计算式(4-63)、(4-64)或(4-85)。计算过程就是联立求解这几个基本关系式。

一般情况下,相平衡方程和填料层高度计算方程都是非线性的。若操作型计算中待求的参数包含在非线性方程中,必须用试差法求解。

当平衡关系符合亨利定律时,采用式(4-81)、(4-82)及式(4-85)求解操作型问题较为方便,但仍然要用试差法。

【例4-13】 在例题4-10中采用的填料吸收塔,在实际操作过程中发现填料的气相吸收总传质系数$K_Y\propto u_V^{0.7}$(u_V为气相流速),不受液相流速的影响;填料层高度设计为5.00 m,可从含气体A 0.2(摩尔分数)的混合空气中回收99%的A。已知吸收塔采用的工况为气体质量通量900 kg/(m^2·h)(以惰性气体计),用水作为吸收剂,其质量通量为1 000 kg/(m^2·h),气体A的平衡关系式为$Y=0.8X$。在保证A的回收率的前提下,请估算操作条件发生以下变化时：① 气体流速增加一倍；② 液体流速增加一倍，所需的填料塔高度变化。

已知：$K_Y \propto u_V^{0.7}$，$H = 5.00$ m，$y_1 = 0.2$，$\eta_A = 99\%$，$q_G = 900$ kg/(m²·h)，$q_L = 1\,000$ kg/(m²·h)，$Y = 0.8X$，$X_2 = 0$，$V = A_T \times q_G/M_{空气}$，$L = A_T \times q_L/M_水$，$M_水 = 18$ g/mol，$M_{空气} = 29$ g/mol。

求：H'，ΔH。

解：已知工况条件为：$Y_1 = \dfrac{y_1}{1 - y_1} = \dfrac{0.2}{1 - 0.2} = 0.25$；$Y_2 = (1 - 99\%)Y_1 = 0.002\,5$；$X_2 = 0$；

$$\frac{L}{V} = \frac{A_T \times q_L/M_水}{A_T \times q_G/M_{空气}} = \frac{1\,000/18}{900/29} = 1.79$$

根据物料衡算可以计算出：

$$X_1 = \frac{V(Y_1 - Y_2)}{L} = \frac{0.25 - 0.002\,5}{1.79} = 0.138$$

于是

$$\Delta Y_1 = Y_1 - 0.8X_1 = 0.25 - 0.8 \times 0.138 = 0.139\,6$$

$$\Delta Y_2 = Y_2 - Y_2' = Y_2 - m_e X_2 = Y_2 - 0 = 0.002\,5$$

则

$$\Delta Y_m = \frac{\Delta Y_1 - \Delta Y_2}{\ln \dfrac{\Delta Y_1}{\Delta Y_2}} = \frac{0.139\,6 - 0.002\,5}{\ln \dfrac{0.139\,6}{0.002\,5}} = 0.034$$

$$N_{OG} = \frac{Y_1 - Y_2}{\Delta Y_m} = \frac{0.25 - 0.002\,5}{0.034} = 7.28$$

最终算出

$$H_{OG} = \frac{H}{N_{OG}} = \frac{5.00}{7.28} = 0.687 \text{ m}$$

（1）若气体流速增加 1 倍，则 $u_V' = 2u_V$，$V' = 2V$；因 $K_Y \propto u_V^{0.7}$，而有 $K_Y = R \cdot u_V^{0.7}$，

$$\frac{K_Y'}{K_Y} = \frac{R(2u_V)^{0.7}}{Ru_V^{0.7}} = 2^{0.7}, \quad K_Y' = 2^{0.7}K_Y$$

$$H_{OG}' = \frac{V'}{K_Y' \cdot aA_T} = \frac{2V}{2^{0.7} \times K_Y aA_T} = 2^{0.3} \times \frac{V}{K_Y aA_T} = 2^{0.3} \cdot H_{OG}$$

$$= 1.23 \cdot H_{OG} = 1.23 \times 0.687 = 0.845 \text{ m}$$

即气相总传质单元高度增加为原来的 1.23 倍，$H_{OG}' = 0.845$ m
此时

$$X_1' = \frac{V'(Y_1 - Y_2)}{L} = \frac{Y_1 - Y_2}{(L/V)/2} = \frac{0.25 - 0.002\,5}{1.79/2} = 0.276$$

$$\Delta Y_1' = Y_1 - 0.8X_1' = 0.25 - 0.8 \times 0.276 = 0.029\,2$$

$$\Delta Y'_2 = Y_2 - 0.8 X_2 = 0.002\,5 - 0.8 \times 0 = 0.002\,5$$

$$\Delta Y'_m = \frac{\Delta Y'_1 - \Delta Y'_2}{\ln(\Delta Y'_1 / \Delta Y'_2)} = \frac{0.029\,2 - 0.002\,5}{\ln(0.029\,2 / 0.002\,5)} = 0.010\,9$$

$$N'_{OG} = \frac{Y_1 - Y_2}{\Delta Y'_m} = \frac{0.25 - 0.002\,5}{0.010\,9} = 22.71$$

所以
$$H' = H'_{OG} N'_{OG} = 0.845 \times 22.71 = 19.19 \text{ m}$$

$$\Delta H = H' - H = 19.19 - 5.00 = 14.19 \text{ m}$$

（2）若液体流速增加 1 倍（$L'' = 2L$），则因 K_Y 与液体流速关系很小而基本不变，$H_{OG} = \dfrac{V}{K_{Ya} A_T}$，因 V，a，A_T 也不变，故 H_{OG} 也基本不变，于是 $H''_{OG} = 0.687$ m。此时

$$X''_1 = \frac{V(Y_1 - Y_2)}{L''} = \frac{Y_1 - Y_2}{2(L/V)} = \frac{0.25 - 0.002\,5}{2 \times 1.79} = 0.069\,1$$

则
$$\Delta Y''_1 = Y_1 - 0.8 X''_1 = 0.25 - 0.8 \times 0.069\,1 = 0.195$$

$$\Delta Y''_2 = Y_2 = 0.002\,5$$

$$\Delta Y''_m = \frac{\Delta Y''_1 - \Delta Y''_2}{\ln(\Delta Y''_1 / \Delta Y''_2)} = \frac{0.195 - 0.002\,5}{\ln(0.195 / 0.002\,5)} = 0.044\,18$$

$$N''_{OG} = \frac{Y_1 - Y_2}{\Delta Y''_m} = \frac{0.25 - 0.002\,5}{0.044\,18} = 5.60$$

最后
$$H'' = H''_{OG} N''_{OG} = 0.687 \times 5.60 = 3.85 \text{ m}$$

$$\Delta H = H'' - H = 3.85 - 5.00 = -1.15 \text{ m}$$

答：当气体流速增加 1 倍，填料高度增加到 19.19 m，增加高度为 14.19 m；当液体流速增加 1 倍，填料高度降低为 3.85 m，减少高度为 1.15 m。

4.6 解吸

4.6.1 概述

解吸是吸收的逆过程，是使溶解于吸收液中的气体溶质释放出来的传质操作。通常，解吸和吸收是联合进行的，吸收是为了分离气体混合物中有用的气体溶质或去除有害的气体杂质，而解吸则是为了回收溶解于吸收剂中较纯净的气体溶质并使吸收剂再生，以供吸收操作中循环使用，使分离过程经济合理。环境工程中，用蒸汽或者空气吹脱污水中的 NH_3，回收 NH_3 是典型的解吸过程；用气体吹脱回收污水中的挥发性有机酸也是典型的解吸过程；焦化废水中的多环芳烃用蒸气去除回收也同样属于典型的解吸过程。

解吸方法有很多，如减压解吸、加热解吸和气提解吸等。减压解吸是将吸收液进行减压，使气相中吸收质分压降低至小于液相中吸收质的平衡分压而释放出来。加热解吸是将

吸收液加热,降低了吸收质的溶解度,使吸收液中吸收质的平衡分压高于气相中吸收质的分压而从吸收液中分离出来。下面只讨论气提解吸过程。

4.6.2　气提解吸

气提解吸也称载气解吸,吸收液从解吸塔顶喷淋下来,载气从解吸塔底进入塔内,在压差的作用下,自下而上流动,与吸收液逆流接触,载气中不含或含极少量的吸收质,因此吸收质从液相向气相转移,最后载气将吸收质从塔顶带出。载气的作用在于提供与吸收液不相平衡的气相。这样,在解吸推动力作用下,溶质将不断由液相传递至气相。一般气提解吸为连续逆流操作。和吸收操作中的吸收溶剂的选择一样,根据工艺要求及分离过程的特点,气提解吸可选用不同的载气。

解吸原理与吸收相同,只是推动力符号相反,如推动力由 $p-p^*$ 变成 p^*-p。在图解计算时,操作线位置改在平衡线下方。出塔的塔顶气变成浓的,而出塔的液体变成稀的,所得解吸操作线方程与吸收操作线方程完全相同,如图 $4-25$ 所示。所以,只需将吸收通量式中推动力(浓度差)的前后调换,所得计算公式便可用于解吸。一般待解吸的液体中溶剂的物质的量流量 L(kmol/h)及解吸前后的浓度 X_1 和 X_2 均由工艺条件给定,入塔载气中溶质浓度 Y_2 也由工艺选定(通常为零)。于是解吸工艺计算中要确定的是:载气中惰性气体物质的量流量 V(kmol/h)和填料层高度等。为此,需联立解物料衡算、相平衡关系以及传质通量方程。

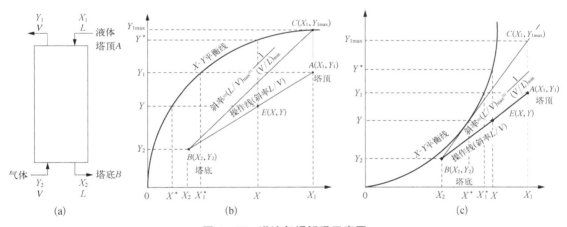

图 $4-25$　逆流气提解吸示意图

4.6.2.1　最小气液比 $(V/L)_{min}$ 和惰性气体物质的量流量 (V) 的确定

为了与吸收过程一致,令下标1代表浓端 $A(X_1,Y_1)$,下标2代表稀端 $B(X_2,Y_2)$,如图 $4-25$ 所示。但解吸过程与吸收过程相反,浓端 $A(X_1,Y_1)$ 在塔顶,稀端 $B(X_2,Y_2)$ 在塔底。全塔范围的物料衡算:

$$V(Y_1-Y_2)=L(X_1-X_2)$$

该式为解吸过程的操作线方程。它在 $X-Y$ 坐标图上为斜率是 L/V,通过 (X_2,Y_2) 和 (X_1,Y_1) 两点的直线,如图 $4-25$ 中 BA 所示。因为解吸过程的要求,$\Delta X=X-X^*>0$,$\Delta Y=Y-Y^*<0$,所以操作线 BA 位于平衡线之下。

由于 $B(X_2,Y_2)$ 点已由工艺条件给定，随着惰性气体物质的量流量 V 的减小，出口气的 Y_1 上升，操作线上的 A 点向平衡线靠拢，但 Y_1 极限位置为 C 点 (X_1,Y_1^*) 的 Y_1^*，$Y_1^*=Y_{1\max}=f(X_1)$，此时的解吸操作线斜率 L/V 最大为 $(L/V)_{\max}$，气液比 V/L 最小为 $(V/L)_{\min}$：

$$(L/V)_{\max}=\frac{Y_{1\max}-Y_2}{X_1-X_2} \tag{4-90}$$

因此 $(V/L)_{\min}=\dfrac{1}{(L/V)_{\max}}=\dfrac{X_1-X_2}{Y_{1\max}-Y_2}$

通常取 $V/L=(1.2\sim2)(V/L)_{\min}$

当以空气为惰性气体时，V/L 值要比上述选值大得多。

4.6.2.2　传质单元数和理论级数的计算

当相平衡关系符合亨利定律时，

$$N_{OL}=\frac{1}{1-A_a}\ln\left[(1-A_a)\frac{X_1-(Y_2/m_e)}{X_2-(Y_2/m_e)}+A_a\right] \tag{4-91}$$

相应地，计算解吸所需理论级数的公式为

$$N_T=\frac{1}{\ln\left(\dfrac{1}{A_a}\right)}\ln\left[(1-A_a)\frac{X_1-(Y_2/m_e)}{X_2-(Y_2/m_e)}+A_a\right] \tag{4-92}$$

对解吸操作的解吸因子取值范围是 $1.2<\dfrac{1}{A_a}<2.0$，一般取 $\dfrac{1}{A_a}=1.4$。比较式（4-91）和式（4-92），得

$$\frac{N_T}{N_{OL}}=(A_a-1)/\ln A_a \tag{4-93}$$

$A_a=(L/V)/m_e$ 为吸收因子，$\dfrac{1}{A_a}=m_e/(L/V)$ 为解吸因子。

【例4-14】　如图 4-26 所示，在工厂中为了重复利用原料不造成浪费，建造了一个吸收/解吸系统。两个系统的填料层高度均为 10 m。已知在实际操作过程中，吸收系统处理的气体量为 2 000 kmol/h，吸收剂的循环用量为 300 kmol/h，解吸气体流量为 500 kmol/h，其中组分组成为 $y_1=0.01$，$y_1'=0$，$y_2'=0.03$，$x_2=0.001$。在吸收系统和解吸系统中，气相与液相的相平衡关系分别为：$y=0.12x$ 和 $y'=0.9x'$。

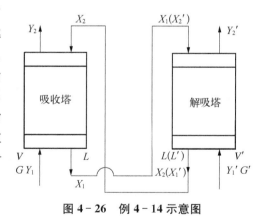

图 4-26　例 4-14 示意图

求：

（1）吸收塔气体的出口组分；

（2）解吸塔的传质单元高度；

（3）若解吸气体中惰性物质的量流量变为 800 kmol/h，则吸收塔气体的出口组分变为多少？（设 L、G、y_1、y_1' 均不变，且气体流量变化时吸收塔 H_{OG} 和解吸塔 H_{OG}' 均不变。）

已知：$G = 2\,000\ \text{kmol/h}$，$L = 300\ \text{kmol/h}$，$G' = 500\ \text{kmol/h}$，$y_1 = 0.01$，$y_1' = 0$，$y_2' = 0.03$，$x_1' = x_2 = 0.001$，$y = 0.12x$，$y' = 0.9x'$，$x_2' = x_1$，$m_{e,1} = 0.12$，$m_{e,2} = 0.9$。

求：（1）y_2；（2）H_{OG}'；（3）y_2。

解：已知操作条件为

$$V = G(1 - y_1) = 2\,000 \times (1 - 0.01) = 1\,980\ \text{kmol/h}$$

$$V' = G'(1 - y_1') = 500\ \text{kmol/h}$$

$$Y_1 = y_1/(1 - y_1) = 0.01/(1 - 0.01) = 0.010\,1$$

因为 $y_1' = 0$，所以 $Y_1' = 0$

$$Y_2' = y_2'/(1 - y_2') = 0.03/(1 - 0.03) \approx 0.030\,9$$

$$X_1' = X_2 = x_2/(1 - x_2) = 0.001/(1 - 0.001) = 0.001$$

（1）对两塔进行总物料衡算：

吸收塔 $\qquad\qquad V(Y_1 - Y_2) = L(X_1 - X_2)$；

解吸塔 $\qquad\quad V'(Y_2' - Y_1') = L'(X_2' - X_1') = L(X_1 - X_2)$

处理可得

$$V(Y_1 - Y_2) = V'(Y_2' - Y_1')$$

代入数据得

$$1\,980 \times (0.010\,1 - Y_2) = 500 \times (0.030\,9 - 0)$$

于是解出

$$Y_2 = 2.29 \times 10^{-3}$$

$$y_2 = Y_2/(1 + Y_2) = \frac{2.29 \times 10^{-3}}{1 + 2.29 \times 10^{-3}} = 2.28 \times 10^{-3}$$

（2）对吸收塔进行物料衡算

$$L(X_1 - X_2) = V(Y_1 - Y_2)$$

代入数据得

$$300 \times (X_1 - 0.001) = 1\,980 \times (0.010\,1 - 0.002\,29)$$

解得 $\qquad\qquad\qquad\qquad X_1 = 0.052\,5$

$$X_2' = X_1 = 0.052\,5$$

下面求解吸塔的 H_{OG}'

$$\Delta Y_1' = Y_1^* - Y_1' = m_{e,2}X_1' - Y_1' = 0.9 \times 0.001 - 0 = 0.000\,9$$

$$\Delta Y_2' = Y_2^* - Y_2' = m_{e,2}X_2' - Y_2' = 0.9 \times 0.052\,5 - 0.030\,9 = 0.016\,35$$

$$\Delta Y_m' = \frac{\Delta Y_1' - \Delta Y_2'}{\ln(\Delta Y_1'/\Delta Y_2')} = \frac{0.000\,9 - 0.016\,35}{\ln(0.000\,9/0.016\,35)} = 0.005\,33$$

所以

$$N'_{OG}=\frac{Y'_2-Y'_1}{\Delta Y'_m}=\frac{0.030\ 9-0}{0.005\ 33}=5.80$$

$$H'_{OG}=\frac{H'}{N'_{OG}}=\frac{10}{5.80}=1.72\text{ m}$$

同理，对于吸收塔

$$\Delta Y_1=Y_1-Y_1^*=Y_1-m_{e,1}X_1=0.010\ 1-0.12\times0.052\ 5=0.003\ 8$$

$$\Delta Y_2=Y_2-Y_2^*=Y_2-m_{e,1}X_2=2.29\times10^{-3}-0.12\times0.001=0.002\ 17$$

$$\Delta Y_m=\frac{\Delta Y_1-\Delta Y_2}{\ln(\Delta Y_1/\Delta Y_2)}=\frac{0.003\ 8-0.002\ 17}{\ln(0.003\ 8/0.002\ 17)}=2.91\times10^{-3}$$

所以

$$N_{OG}=\frac{Y_1-Y_2}{\Delta Y_m}=\frac{0.010\ 1-2.29\times10^{-3}}{2.91\times10^{-3}}=2.68$$

（3）当解吸气体惰性物质的量流量 V' 变为 800 kmol/h 之后，对吸收塔进行物料衡算：

$$V(Y_1-Y_2)=L(X_1-X_2)$$

$$1\ 980\times(0.010\ 1-Y_2)=300\times(X_1-X_2) \qquad ①$$

对解吸塔进行物料衡算

$$V'(Y'_2-Y'_1)=L'(X'_2-X'_1)=L(X_1-X_2)$$

$$800\times(Y'_2-Y'_1)=300\times(X_1-X_2)$$

$$(X_1-X_2)=\frac{800}{300}(Y'_2-0)$$

即：

$$(X_1-X_2)=2.67Y'_2 \qquad ②$$

对于吸收塔，由于 H 与 H_{OG} 均不变，故 N_{OG} 不变，即

$$N_{OG}=\frac{1}{1-\frac{m_{e,1}V}{L}}\ln\left[\left(1-\frac{m_{e,1}V}{L}\right)\frac{Y_1-m_{e,1}X_2}{Y_2-m_{e,1}X_2}+\frac{m_{e,1}V}{L}\right]$$

$$=\frac{1}{1-\frac{0.12\times1\ 980}{300}}\ln\left[\left(1-\frac{0.12\times1\ 980}{300}\right)\frac{0.010\ 1-0.12X_2}{Y_2-0.12X_2}+\frac{0.12\times1\ 980}{300}\right]$$

$$=2.68$$

亦即

$$\frac{0.010\ 1-0.12X_2}{Y_2-0.12X_2}=4.587 \qquad ③$$

对解吸塔，根据 H'_{OG} 不变的假设，$H=H_{OG}N_{OG}=H'_{OG}N'_{OG}$，可知 N'_{OG} 不变，又因为在解吸气

惰性物质的量流量变化之后，

$$\Delta Y'_m = \frac{\Delta Y'_1 - \Delta Y'_2}{\ln \dfrac{\Delta Y'_1}{\Delta Y'_2}} = \frac{(m_{e,2}X'_1 - Y'_1) - (m_{e,2}X'_2 - Y'_2)}{\ln \dfrac{m_{e,2}X'_1 - Y'_1}{m_{e,2}X'_2 - Y'_2}} = \frac{m_{e,2}(X_2 - X_1) - (Y'_1 - Y'_2)}{\ln \dfrac{m_{e,2}X_2}{m_{e,2}X_1 - Y'_2}}$$

根据②以及 $Y'_1 = 0$ 可得

$$\Delta Y'_m = \frac{0.9(-2.67)Y'_2 - (0 - Y'_2)}{\ln \dfrac{0.9X_2}{0.9X_1 - Y'_2}}$$

$$\Delta Y'_m = \frac{1.403Y'_2}{\ln \dfrac{0.9X_1 - Y'_2}{0.9X_2}}$$

于是

$$N'_{OG} = \frac{Y'_2 - Y'_1}{\Delta Y'_m} = \frac{Y'_2 - 0}{\dfrac{1.4Y'_2}{\ln \dfrac{0.9X_1 - Y'_2}{0.9X_2}}} = \frac{\ln \dfrac{0.9X_1 - Y'_2}{0.9X_2}}{1.403} = 5.8$$

整理可得

$$\frac{0.9X_1 - Y'_2}{0.9X_2} = 3\ 361 \hspace{4cm} ④$$

联立①、②、③、④得

$$Y_2 = 2.207 \times 10^{-3} \quad y_2 = \frac{Y_2}{1 + Y_2} = \frac{2.207 \times 10^{-3}}{1 + 2.207 \times 10^{-3}} = 2.20 \times 10^{-3}$$

答：吸收塔气体的出口组成 y_2 为 2.28×10^{-3}，解吸塔传质单元高度 H'_{OG} 为 $1.72\ \mathrm{m}$，若解吸气体惰性物质的量流量为 $800\ \mathrm{kmol/h}$，则 y_2 为 2.20×10^{-3}。

4.7　多组分吸收与化学吸收

4.7.1　多组分吸收

前述的吸收过程，都是指混合气里仅有一个组分在溶剂中有显著溶解度的情况，即单组分吸收。但是有许多实际的吸收操作，其混合气中具有显著溶解度的组分不止一个，这样的吸收便属于多组分吸收。用清水吸附发电厂的烟道气，因为烟道气中含有 SO_2、NO_2、CO_2 等，是多组分吸收的重要实例。

在多组分吸收中，就每一组分吸收过程的分析和计算与单组分吸收的相同。但是，由于各组分间的相互影响，将给相平衡关系和扩散系数等参数的确定增加难度。

对于某些溶剂用量很大的低浓度气体的吸收，所得稀溶液的平衡关系可以认为服从亨利定律，而且各组分的平衡关系互不影响，因而可分别对各溶质组分予以单独考虑。以 A、B、C 三组分为例，假设它们在混合气中的浓度之和低于 10%（体积百分数），仍认为是低浓度

气。各组分在吸收剂中的溶解度虽然不同,但都符合亨利定律:

$$Y_j^* = m_{ej}X_j \qquad (4-94)$$

式中,X_j——液相中 j 组分的摩尔比,无量纲;

Y_j^*——与液相 X_j 成平衡的气相中 j 组分的摩尔比,无量纲;

m_{ej}——溶质组分 j 的相平衡常数,无量纲。

各溶质组分的相平衡常数 m 互不相同,因此,每一溶质组分都有自己的一条平衡线,如图 4-24 中通过坐标原点的 3 条直线,OA、OB 和 OC。从平衡线的相对位置可知,$m_{eA} > m_{eB} > m_{eC}$ 其中 A 组分溶解度最小(难溶),称为轻组分;C 组分溶解度最大(易溶),称为重组分,B 组分的溶解度介于 A 和 C 之间。

在进、出塔的气体与液体中,各组分的浓度不一样,它们的物料衡算式便不相同。鉴于低浓度气体吸收,气、液流率及液气比 L/V 沿塔高可视为常数。这样,各组分的操作线便是一组互相平行的直线、如图 4-27 中的 DE、FG 和 HI。参照式(4-49),任一组分 j 的操作线方程为

$$Y_j = \frac{L}{V}(X_j - X_{j2}) + Y_{j2} \qquad (4-95)$$

式中,Y_j,X_j——在塔内某一横截面相接触的气、液两相中 j 组分的摩尔比;

Y_{j2},X_{j2}——在塔顶截面处气、液两相中 j 组分的摩尔比。

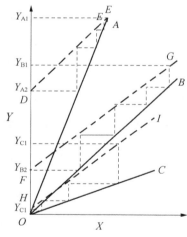

图 4-27　三组分吸收中各组分的平衡线和操作线

各组分的操作线斜率相同而平衡线斜率大小不一致,其中总有一个(或一个以上)组分的平衡线斜率与操作线斜率较为接近,两线近于平行,即 $L/(m_eV)$ 接近于 1。它一般都是溶解度居中的组分,如图 4-27 中的组分 B,这个组分称为关键组分。比关键组分难溶的组分(图中为 A),其平衡线的斜率大于操作线,即 $\frac{L/V}{m_e} < 1$,两线在塔底处汇合。溶液从塔底排出,其中 A 的浓度接近平衡浓度;气体从塔顶排出,其中 A 的浓度仍然很高,表示被吸收得并不完全,即回收率低。从理论板的分布情况也可看出,靠近塔顶的一层理论板上的浓度改变很大,而靠近塔底的一层板上的浓度改变很小,没有起多大分离作用,故难溶组分的吸收主要在塔顶附近进行。

比关键组分易溶的组分(如图中为 C)的情况恰好相反。两线在塔顶趋于汇合,气体从塔顶送出时,其中 C 的浓度已非常低,表示 C 被吸收得完全,即回收率很大。易溶组分的吸收主要在塔底附近进行,塔顶附近的板没有起多大的分离作用。

从上面的分析可知:要求一个塔对所有组分都吸收得一样好,显然是做不到的。多组分吸收塔设计的原则是按其中一个组分的吸收要求定出所需的理论板数(或传质单元数),然后核算用这么多理论板(或传质单元数)能同时把其它组分吸收多少,从而根据进塔的气、液组成计算出塔的气、液组成。

4.7.2　化学吸收

在吸收过程中,溶质气体与溶剂中的组分可能发生化学反应,这种伴有化学反应的吸收过程称为化学吸收。例如用 NaOH 或 Na_2CO_3 等水溶液吸收含有 SO_2、NO_2、CO_2 的烟道气或者含有 H_2S、硫醇等的恶臭气体等,都是典型的化学吸收。在废气处理与净化工程中,物理吸收不可能彻底去除气态污染物,最多只能降低至吸收剂中气态污染物的平衡分压,而化学吸收理论上可将气态污染物完全除去。因此,化学吸收在废气污染治理中就显得更为重要。

1) 化学吸收的特点

化学吸收是传质与反应同时进行的过程,比物理吸收复杂。化学吸收与物理吸收相比较,具有如下特点。

(1) 传质推动力大。溶质进入溶剂后因化学反应而消耗掉,吸收液中游离态溶质很少或没有,从而溶质的平衡分压很低或为零,因此提高了吸收推动力。

(2) 液相传质系数大。如果吸收液中活性组分的浓度足够大,且发生的是快速不可逆反应时,以致在气液界面附近便把溶入的溶质消耗干净,则溶质在液膜内的扩散阻力大为降低,甚至可以降到零,从而使液相传质系数增大。

(3) 有效传质面积大。在吸收设备中,总有一部分液体流动很慢或停滞不动,在物理吸收中,这些液体往往被溶质所饱和而失去吸收能力。但化学吸收则要吸收较多的溶质才能达到饱和,所以,对于物理吸收并不是有效的传质面积,对化学吸收则可能仍然有效。因此,在同样的气液流动条件下,化学吸收的有效传质面积比物理吸收的大。

基于以上特点,化学吸收传质速率高,可减小设备大小,节省设备投资,吸收剂容量(单位体积吸收剂吸收的溶质量)大,可减少吸收剂用量,降低操作费用,而且气体净化效果好。化学吸收也存在下述缺点:吸收剂的价格较贵;吸收剂对设备的腐蚀性较强;反应产物结晶易堵塞设备;吸收剂再生比较困难,再生费用较高等。因此在选择吸收方案时要综合权衡。

2) 化学吸收机理

化学吸收机理远比物理吸收复杂,其吸收速率不仅与吸收质的扩散速率有关,还取决于活性组分的扩散速率、化学反应速率以及反应产物扩散速率等。化学吸收大致分为五个连续步骤,其中任一步骤都可能起决定作用,如图 4-28 所示。这五个步骤如下。

(1) 溶质 A 从气相主体扩散到气液界面,这一步与物理吸收无异;

(2) 溶质 A 在液相中扩散到反应区;

(3) 溶剂中能与 A 反应的活性组分 B 在液相中扩散到反应区;

(4) 在反应区 A 和 B 发生化学反应;

(5) 反应产物从反应区扩散到液相主体。

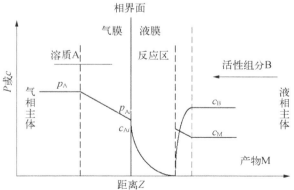

图 4-28　化学吸收过程示意图

反应区位置在液相中离气液界面的远近,取决于反应速率与扩散速率的相对大小。反应进行得越快,反应区离界面越近,反应区越窄;反之,若反应进行得很慢,则 A 也可能扩散到液相主体中仍有部分未能进行反应,反应区便拉得比较宽。因此,影响化学吸收速率的因素,不仅包括与物理吸收相同的各项因素(物系性质与气、液流动状况等),而且还包括与化学反应速率有关的因素如化学反应速率常数,参与反应的物质浓度等。

在考虑上述诸因素,如果能找到化学吸收的液相传质系数 k_L' 为纯物理吸收的液相传质系数 k_L 的若干倍的关系,则化学吸收的通量关系便可以写成

$$N_A' = k_L'(c_{Ai} - c_{AL}) = \beta_a k_L(c_{Ai} - c_{AL}) \tag{4-96}$$

式中,N_A'——化学吸收通量,$kmol/(m^2 \cdot s)$;

β_a——化学反应使吸收通量增大的倍数,称为增强因数或反应因数;

c_{Ai}——气、液界面上溶质 A 的浓度;

c_{AL}——液相主体中溶质 A 的浓度。

把传质理论与化学反应原理相结合,可以导出某些情况下的 β_a 与各种影响因素的关系。由于还不能很确切掌握反应机理,通过增强因数来求 k_L' 所得的结果有时不十分可靠,而且,计算中所必需的一些数据也不易获得,故设计时往往通过实验直接测出的 k_L' 或关联式。当然,它们是针对某一反应系统而测定的,故只能用于该系统。对化学吸收所需要考虑的变量也比物理吸收的多,如溶剂中反应物的浓度、吸收系统的温度和压强等。

由于吸收质在液相中发生反应,化学吸收能加快吸收质的传质通量,增加吸收剂的吸收容量。一方面,吸收质的气相分压只与溶液中呈物理溶解态的吸收质平衡,而已经反应的吸收质不再影响气液平衡关系,因此吸收质的气相分压一定时,化学吸收可以使吸收剂吸收更多的吸收质;另一方面,吸收质在液相扩散中途即发生化学反应而消耗,这就使扩散的有效膜厚度减小,液相的传质阻力减小,而且界面液相浓度的降低还增加了传质推动力,这就使化学吸收的传质通量增大。

3)化学吸收分类

按照化学吸收过程中所发生的化学反应速率的快慢,可以将其分为以下五类,具体见表 4-9 所示,其中 $M' =$ 溶质气体在液膜内进行反应的量/未反应而通过液膜扩散进入液相主体的溶质量。

表 4-9　化学吸收类型

化学反应速率	M'	反应量与扩散量的相对大小	化学反应发生主要位置	图　示
极慢反应	→0	溶质在液相中总反应量远小于扩散传递总量	化学反应忽略不计,按物理吸收处理	
慢速反应	≪1	溶质在液膜中的反应量远小于通过液膜的扩散传递量	反应在液相主体中进行	

（续表）

化学反应速率	M'	反应量与扩散量的相对大小	化学反应发生主要位置	图　　示
中速反应	≈1	溶质在液膜中的反应量与通过液膜的扩散传递量相当	反应既在液膜内进行，又在液相主体内进行	（相界面；Y_A，气相主体；液相主体，X_A，X_M）
快速反应	≫1	溶质在液膜内的扩散中全部反应	反应在液膜内进行完	（相界面；Y_A，气相主体；液相主体，X_A，X_M）
瞬时反应	→∞	溶质在气液界面可完成全部反应	反应在气液界面上进行	（相界面；Y_A，气相主体；液相主体，X_M）

【例 4－15】　在例题 4－3 中，B 仓库旁边有一个水池，在室温为 20 ℃的条件下，达到二氧化硫的平衡吸收点时 SO_2 的平衡分压为 5.05 kPa。已知在该条件下 SO_2 的溶解度系数 $H_{pc}=1.56\times10^{-2}$ kmol/(kPa·m³)，SO_2 在水中的一级解离常数 $K_1=1.7\times10^{-2}$ kmol/m³。若只考虑二氧化硫在水中的一级水解而不考虑其它反应。

求：在该条件下 SO_2 的溶解度。

已知：$p_A^*=5.05$ kPa，$H_{pc}=1.56\times10^{-2}$ kmol/(kPa·m³)，$K_1=1.7\times10^{-2}$ kmol/m³

求：c_A。

解：有解离情况下 SO_2 的吸收包括两个过程：

SO_2 从气相向液相扩散的传质过程：

$$SO_2（气）\Longleftrightarrow SO_2（液）$$

SO_2 在水中发生离解反应过程：

$$SO_2+H_2O\Longleftrightarrow H^++HSO_3^-$$

存在于水中未发生反应的 SO_2 浓度可用亨利定律求出，即：

$$[SO_2]=H_{pc}p_A^*=1.56\times10^{-2}\times5.05=0.078\,8\ \text{kmol/m}^3$$

根据离解平衡常数式可求得 HSO_3^- 浓度为

$$K_1=\frac{[H^+][HSO_3^-]}{[SO_2]}$$

在不考虑其他反应的条件下

$$[H^+]=[HSO_3^-]$$

代入可得:

$$[HSO_3^-] = \sqrt{K_1[SO_2]} = \sqrt{1.7 \times 10^{-2} \times 0.078\,8} = 0.036\,6\ kmol/m^3$$

所以水溶液中以 SO_2 计的吸收质总浓度为

$$c_A = [HSO_3^-] + [SO_2] = 0.036\,6 + 0.078\,8 = 0.115\,4\ kmol/m^3 = 7.4\ kg/m^3$$

注意:此处忽略了 $SO_2 + H_2O \rightleftharpoons H_2SO_3$ 化学可逆反应的平衡问题,而认为 SO_2 全部转换为 H_2SO_3,然后进行解离。

答:此时 SO_2 的溶解度为 $7.4\ kg/m^3$。

【例 4 - 16】 在例题 4-3 中,B 仓库为了预防 SO_2 气体泄漏准备了一个吸收装置。在紧急情况下可以用水或碱液来吸收空气中的 SO_2 气体。已知在此次泄露中,环境空气压强为 101.3 kPa,温度为 25 ℃,空气中 SO_2 的摩尔分数为 0.05。气膜吸收传质分系数为 1×10^{-6} kmol/(m²·s·kPa),液膜吸收传质分系数为 8×10^{-6} m/s,SO_2 的亨利系数 $H_{pm} = 3.55 \times 10^3$ kPa,吸收剂密度为 1 000 kg/m³。

求:分别用水和碱液吸收时,吸收的传质通量(假定碱液吸收为瞬时不可逆反应)。

已知:$y = 0.05$,$k_G = 1 \times 10^{-6}$ kmol/(m²·s·kPa),$k_L = 8 \times 10^{-6}$ m/s,$H_{pm} = 3.55 \times 10^3$ kPa,$\rho_0 = 1\,000$ kg/m³,$M_0 = 18$ kg/kmol。

求:清水和碱溶液下的 N_A 和 N_A'。

解:(1)用清水吸收时

溶解度系数:

$$H_{pc} = \frac{1}{H_{pm}} \frac{\rho_0}{M_0} = \frac{1}{3.55 \times 10^3} \times \frac{1\,000}{18} = 1.56 \times 10^{-2}\ kmol/(kPa·m^3)$$

气相总传质系数为

$$\frac{1}{K_G} = \frac{1}{k_G} + \frac{1}{H_{pc}k_L} = \left(\frac{1}{1 \times 10^{-6}} + \frac{1}{1.56 \times 10^{-2} \times 8 \times 10^{-6}} \right)$$
$$= 9.012 \times 10^6\ (m^2·s·kPa)/kmol$$

则:

$$K_G = 1.11 \times 10^{-7}\ kmol/(m^2·s·kPa)$$

传质推动力为

$$\Delta p_A = p_A - p_A^* = 0.05 \times 101.3 - 0 = 5.065\ kPa$$

传质通量为

$$N_A = K_G \Delta p_A = 1.11 \times 10^{-7} \times 5.065 = 5.62 \times 10^{-7}\ kmol/(m^2·s)$$

(2)在碱溶液吸收的条件下,由于发生瞬时不可逆反应,在相界面处,SO_2 到达液膜即发生反应,不存在积累和向液相主体的传质过程,可以认为溶液中的 SO_2 浓度为 0,而且不存在液相传质阻力,因此,气相总传质系数为

$$K_G = k_G = 1 \times 10^{-6}\ kmol/(m^2·s·kPa)$$

传质总推动力为

$$\Delta p_A = 5.065 \text{ kPa}$$

传质通量为

$$N'_A = k_G \Delta p_A = 1 \times 10^{-6} \times 5.065 = 5.065 \times 10^{-6} \text{ kmol/(m}^2 \cdot \text{s)}$$

答：SO_2 在清水下传质通量为 5.62×10^{-7} kmol/(m²·s)，在碱溶液下传质通量为 5.065×10^{-6} kmol/(m²·s)。

课 后 习 题

一、选择题和填空题

1. 在一定温度和气体总压不高的情况下，某一气体在水中的亨利系数很小，说明该气体（　　　）。

　　A. 易溶于水　　　　　　　　　　B. 难溶于水

　　C. 不溶于水　　　　　　　　　　D. 是否溶于水与亨利系数无关

2. 气液两相平衡关系取决于以下两种情况：若 $p_G > p_L^*$ 或 $c_G^* > c_L$，则属于（　　　）过程；若 $p_L^* > p_G$，或 $c_L > c_G^*$，则属于（　　　）过程。

　　A. 吸收　　　　　B. 解吸　　　　　C. 扩散　　　　　D. 传质

3. 下列哪一个选项不是影响扩散系数的因素（　　　）。

　　A. 温度　　　　　B. 压力　　　　　C. 扩散组分的性质　D. 反应面积

4. 气体的亨利系数 H_{pm} 值越大，表明气体（　　　）。

　　A. 越易溶解　　　B. 越难溶解　　　C. 溶解度适中　　　D. 无法溶解

5. 对吸收操作有利的条件是（　　　）。

　　A. 温度低，气体分压大　　　　　B. 温度低，气体分压小

　　C. 温度高，气体分压大　　　　　D. 温度高，气体分压小

6. 在 $Y-X$ 图上，吸收操作线总是位于平衡线的（　　　）。

　　A. 上方　　　　　B. 下方　　　　　C. 两条线重合　　D. 不确定

7. 简单的稳态分子扩散可以分为（　　　）和（　　　）两种。

　　A. 等分子反向扩散　　　　　　　B. 等分子同向扩散

　　C. 单向扩散　　　　　　　　　　D. 双向扩散

8. 下列哪个选项不是平衡分离过程（　　　）。

　　A. 吸收　　　　　B. 吸附　　　　　C. 传热　　　　　D. 萃取

9. 吸收的基本原理是根据气体混合物中各个组分在液体吸收剂的（　　　）不同来分离的。

　　A. 密度　　　　　B. 比热容　　　　C. 挥发度　　　　D. 溶解度

10. 在解吸塔的设计过程中，解吸塔的操作线一般与 $X-Y$ 平衡曲线的关系为（　　　）。

　　A. 相交　　　　　B. 在上方　　　　C. 在下方　　　　D. 重叠

11. 在吸收操作中，下列各项数值的变化不影响吸收传质系数的是（　　　）。

　　A. 传质单元数的改变　　　　　　B. 传质单元高度的改变

　　C. 吸收塔结构尺寸的改变　　　　D. 吸收塔填料类型及尺寸的改变

12. 逆流操作的吸收塔，当吸收因子 A_a 小于 1 且填料塔高度无限制时，气液两相将在（　　）达到平衡。

    A. 塔顶　　　　　　B. 塔底　　　　　　C. 塔中　　　　　　D. 塔的任意位置

13. 对解吸操作有利的条件是（　　）。

    A. 温度高，气体分压大　　　　　　B. 温度高，气体分压小

    C. 温度低，气体分压大　　　　　　D. 温度低，气体分压小

14. 吸收速率主要取决于通过双膜的扩散速率，为了提高吸收速率，则应该（　　）。

    A. 增加气膜厚度，减少液膜厚度　　　　B. 减少气膜厚度，减少液膜厚度

    C. 增加气膜厚度，增加液膜厚度　　　　D. 减少气膜厚度，增加液膜厚度

15. 在常压下，用水逆流吸收空气中的 CO_2，若将用水量增加，则出口气体中的含量将（　　）。

    A. 增加　　　　　　B. 减少　　　　　　C. 不变　　　　　　D. 无法判断

16. 对于解吸操作，其溶质在液体中的实际浓度（　　）气相平衡浓度。

    A. 小于　　　　　　B. 大于　　　　　　C. 等于　　　　　　D. 无法判断

17. 在解吸操作中，总压 p（　　）和温度 T（　　），将会有利于解吸的进行。

    A. 增加　　　　　　B. 降低　　　　　　C. 不变　　　　　　D. 不确定

18. 在逆流吸收塔对多组分吸收中，易溶组分的吸收主要在（　　）附近进行，而难溶组分的吸收主要在（　　）附近进行。

    A. 塔顶　　　　　　　　　　B. 塔底

    C. 塔中　　　　　　　　　　D. 塔的任意位置

19. 对逆流吸收混合气体的多组分吸收塔，如图 4-29 所示。直线 OA、OB、OC 通常表示气体的（　　）线，而 DE、FG、HI 通常表示气体的（　　）线；其中 A 组分溶解度（　　），吸收主要在（　　）进行；C 组分溶解度（　　），吸收主要在（　　）进行。

    A. 操作　　　　　　B. 平衡　　　　　　C. 最大

    D. 最小　　　　　　E. 塔底　　　　　　F. 塔顶

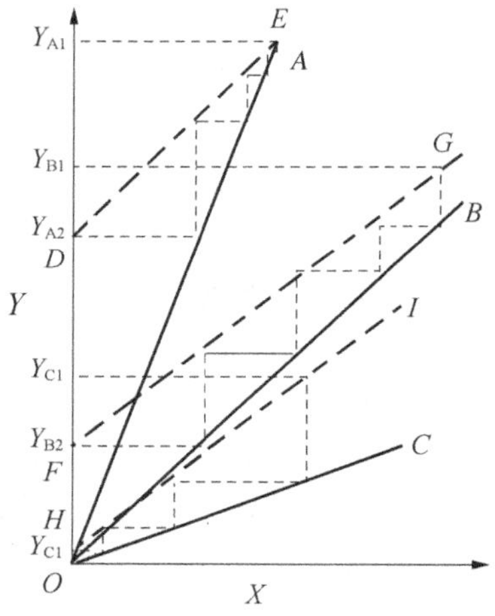

图 4-29 三组分吸收中各组分的平衡线和操作线

20. 按照化学吸收过程中所发生的化学反应速率的快慢，可以将其分为以下五类，具体见下表所示，其中 $M' =$ 溶质气体在液膜内进行反应的量/未反应而通过液膜扩散进入液相主体的溶质量。请在表格中填写相应的选择。

化学吸收类型

化学反应速率	M'	反应量与扩散量的相对大小	化学反应发生主要位置	图　　示
（　　）	$\rightarrow 0$	溶质在液相中总反应量远小于扩散传递总量	（　　）	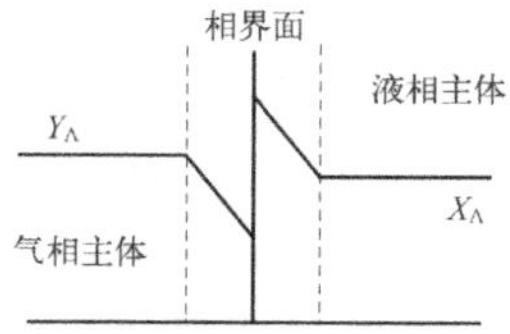

化学反应速率	M'	反应量与扩散量的相对大小	化学反应发生主要位置	图　　示
（　　）	$\ll 1$	溶质在液膜中的反应量远小于通过液膜的扩散传递量	（　　）	
（　　）	$\to\infty$	溶质在气液界面可完成全部反应	（　　）	
（　　）	$\gg 1$	溶质在液膜内的扩散中全部反应	（　　）	
（　　）	≈ 1	溶质在液膜中的反应量与通过液膜的扩散传递量相当	（　　）	

A. 极慢反应　　　　B. 慢速反应　　　　　C. 中速反应　　　　D. 快速反应

E. 瞬时反应　　　　F. 化学反应忽略不计,按物理吸收处理

G. 反应在液相主体中进行

H. 反应既在液膜内进行,又在液相主体内进行

I. 反应在液膜内进行完　　　　　J. 反应在气液界面上进行

21. 采用化学吸收,可使原来的物理吸收系统的液膜阻力（　　）,气膜阻力（　　）。

A. 减小　　　　B. 增大　　　　C. 不变　　　　D. 不确定

22. 下列哪个选项不是化学吸收的特点（　　）。

A. 传质推动力大　　　　　　B. 液相传质系数大

C. 有效传质面积大　　　　　D. 吸收剂用量大

23. 吸收操作的依据是＿＿＿＿＿＿＿＿,以达到分离气体混合物的目的。

24. 亨利定律的表达式 $p^* = H_{pm}x$,若某一气体在水中的亨利系数 H_{pm} 值很小,说明该气体为＿＿＿＿＿气体。

25. 在总压不太高时的低浓度气液平衡系统中,当总压降低时,亨利系数 H_{pm} ＿＿＿＿＿,相平衡常数 m_e ＿＿＿＿＿,溶解度系数＿＿＿＿＿。

26. 在解吸过程中,气相中溶质分压总是_____溶质的平衡分压,因此解吸操作线总是在平衡线的_____。

27. 双膜理论是将整个相际传质过程简化为_____。

28. 当气膜阻力远大于液膜阻力,溶解度系数 H_{pc}_____,即 $1/k_G$_____ $1/(H_{pc}k_L)$,则相际传质过程受_____控制,此时 K_G_____ k_G。

29. 当液膜阻力远大于气膜阻力,溶解度系数 H_{pc}_____,即 $1/k_L$_____ H_{pc}/k_G,则相际传质过程受_____控制,此时 K_L_____ k_L。

30. 在总压不太高时的低浓度气液平衡系统中,当溶液中溶质浓度改变时,亨利系数_____;当总压降低时,亨利系数_____;当温度升高时,亨利系数_____。

31. 在单相物系内,以分子扩散方式迁移物质的速率,即分子扩散速率遵循_____定律,该定律可表示为_____,垂直于传质方向的单位传质面积上的分子扩散速率,与浓度梯度成_____,物质传递的方向沿浓度降低的方向。

32. 根据双膜理论,当被吸收组分在液相中溶解度很小时,以液相浓度表示的总传质系数_____液相传质分系数。

33. 亨利定律的表达式 $p^* = H_{pm}x$,若某一气体在水中的亨利系数 H_{pm} 值很大,说明该气体为_____气体。

34. 总传质系数间的关系可表示为 $\frac{1}{K_G} = \frac{1}{k_G} + \frac{1}{H_{pc}k_L}$,其中 $\frac{1}{k_G}$ 表示_____,当_____项可以忽略时,表示该吸收过程为气膜控制。

35. 对逆流操作的吸收塔,当操作线斜率与平衡线斜率的大小关系为_____时,气液可能在塔顶达到平衡;当操作线斜率与平衡线斜率的大小关系为_____时,气液可能在塔底达到平衡。

36. 逆流操作的吸收塔,当吸收因素 $A_a < 1$ 且填料为无穷高时,气液两相将在_____达到平衡。

37. 解吸操作的依据是_____。

38. 在利用吸收塔进行多组分吸收的过程中,易溶组分的吸收主要在_____进行,难溶组分的吸收则主要在_____进行。

二、计算题

1. 已知在总压为 101.3 kPa,温度为 20 ℃条件下,1 000 g 水中含氧气 0.03 g,此时该溶液上方的平衡氧分压为 70 kPa,溶液密度恒为 1 000 kg/m³。试求:

(1) 溶解度系数 H_{pc}[kmol/(m³·kPa)];

(2) 亨利系数 H_{pm}(kPa);

(3) 相平衡系数 m_e。

(答案:溶解度系数 H_{pc} 为 1.34×10^{-5} kmol/(m³·kPa);亨利系数 H_{pm} 为 4.142×10^6 kPa;相平衡系数 m_e 为 4.09×10^4。)

2. 去除大气颗粒物湿式方法中,在文丘里管内用清水洗去含 SO_2 混合气体中的尘粒,气流与洗涤水在气液分离器中分离。出口气体含 SO_2 0.05(摩尔分数),操作压力为常压。试求在以下两种情况下：

(1) 操作温度为 10 ℃；

(2) 操作温度为 50 ℃。

每排出 1 kg 水，最多会去除多少 $SO_2(g)$？（查表可知，10 ℃时，$H_{pm} = 2.45 \times 10^3$ kPa，50 ℃ 时，$H_{pm} = 8.71 \times 10^3$ kPa。）

（答案：在 10 ℃时，会损失 SO_2 7.35 g；50 ℃时，会损失 SO_2 2.07 g。）

3. 指出下列过程是吸收过程还是解吸过程，推动力是多少，并在 x-y 图上表示。试求：

(1) 含 SO_2 0.001（摩尔分数）的水溶液与含 SO_2 0.03（摩尔分数）的混合气接触，总压为 101.3 kPa，$T = 35$ ℃。（查表可知，$T = 35$ ℃ 时，SO_2 的 $H_{pm} = 0.567 \times 10^4$ kPa）

(2) 气液组成及总压同(1)，$T = 15$ ℃；（$T = 15$ ℃ 时，SO_2 的 $H_{pm} = 0.294 \times 10^4$ kPa）

(3) 气液组成及温度同(1)，总压达 300 kPa（绝压）。

（答案：(1) 解吸；$\Delta y = 0.026$；(2) 吸收；$\Delta y = 0.001$；(3) 吸收；$\Delta y = 0.011\ 1$。）

4. 在 101.3 kPa，20 ℃下，对含有 SO_2 0.1，空气 0.9（摩尔分数）的 1 m^3 污染气体进行溶解吸收，将其与 1 m^3 的清水在容积为 2 m^3 的容器中接触，求刚接触时的总传质推动力（分别以分压差、摩尔分数及液相的摩尔浓度差表示）。SO_2 在水中的最终组成及剩余气的总压各为多少？$T = 20$ ℃ 时，SO_2 的 $H_{pm} = 3.55 \times 10^3$ kPa。

（答案：总传质推动力：分压差：$\Delta p = 10.13$ kPa；摩尔分数：$\Delta y = 0.1$；液相的摩尔浓度差：$\Delta c = 0.16$ $kmol/m^3$；$c_A = 0.004$ $kmol/m^3$；$p = 91.429$ kPa。）

5. 对含氨的污染气体处理过程中，在填料塔中用水吸收混合气中的氨，气体与水均从塔顶进入，自上而下并流接触。气体流量为 1 000 m^3/h（标准），含氨 0.01（摩尔分数），塔内的平均温度为 25 ℃，总压为常压，此条件下氨在相间的平衡关系为 $Y = 0.93X$。试求：

(1) 如用水量为 5 m^3/h，水中不含氨，求氨的最高吸收率；

(2) 如用水量为 10 m^3/h，水中不含氨，求氨的最高吸收率；

(3) 如用水量为 5 m^3/h，水中含氨 5 kg/1 000 kg，求氨的最高吸收率。

（答案：(1) 87%；(2) 92.5%；(3) 44%。）

6. 用水吸收丙酮，吸收塔的操作压强为 101.32 kPa，温度为 293 K。进吸收塔的气体中丙酮含量为 0.026（摩尔分数），要求吸收率为 80%。在操作条件下，丙酮在两相间的平衡关系为 $Y = 1.18X$（摩尔比）。求最小液气比 $(L/V)_{min}$。如果要求吸收率为 90%，则最小液气比又为多少？

（答案：0.944；1.062。）

7. 某逆流吸收塔，用纯溶剂吸收混合气体中易溶组分，设备高为无穷大，入塔气体浓度 $Y_1 = 8\%$，气液平衡关系为 $Y = 2X$。试问：

(1) 若液气比 L/V 为 2.5 时，求吸收率为多少？

(2) 若液气比 L/V 为 1.5 时,求吸收率又为多少?

(答案:(1) 100%;(2) 75%。)

8. 某设备中用空气直接冷却 50 ℃的水,已知气体中 $p_{H_2O}=2.7$ kPa,总压为 101.3 kPa(绝对压力),$K_G=0.037$ kmol/(m²·h·kPa),求 K_Y。

(答案:8.9×10^{-4} kmol/(m²·s)。)

9. 在 101.3 kPa(绝压),25 ℃下用水吸收空气中的 B 蒸汽。设相平衡关系服从亨利定律,溶解度系数 $H_{pc}=2.11\times10^{-3}$ kmol/(m³·Pa)。已知气相传质分系数 $k_G=7.63\times10^{-5}$ kmol/(m²·h·Pa),液相传质系数 $k_L=0.09$ m/h。求总传质系数 K_G,K_L,并计算气相传质阻力在总阻力中所占的比例。

(答案:$K_G=5.44\times10^{-5}$ kmol/(m²·h·Pa);$K_L=0.026$ m/h;71.3%。)

10. 在 110 kPa 下操作的氨吸收塔的某截面上,含氨 0.03(摩尔分数)的气体与氨浓度为 1 kmol/m³ 的氨水相遇。已知气膜传质系数 k_G 为 5×10^{-9} kmol/(m²·s·Pa),液膜传质系数 k_L 为 1.5×10^{-4} m/s,氨水的平衡关系可用亨利定律表示,溶解度系数 H_{pc} 为 7.3×10^{-4} kmol/(m³·Pa),试计算:

(1) 气、液两相界面上的两相组成;
(2) 以分压差和物质的量浓度差表示的总推动力、总传质系数和总传质通量;
(3) 气膜与液膜阻力,以及它们的相对大小。

(答案:(1) 气相界面上的分压 $p_i=1.45$ kPa;液相界面上的浓度 $c_i=1.06$ kmol/m³。)

(2) 以分压差表示的总推动力为 1.93 kPa,总传质系数为 4.78×10^{-9} kmol/(m²·s·Pa),总传质通量为 9.22×10^{-6} mol/(m²·s);以物质的量浓度表示的总推动力为 1.93 kmol/m³,总传质系数为 6.55×10^{-6} m/s,总传质通量为 5.26×10^{-4} kmol/(m²·s)。

(3) 气膜阻力为 2×10^8(m²·s·Pa)/kmol;液膜阻力为 9.1×10^6(m²·s·Pa)/kmol;气膜阻力占总阻力的 95.6%。

11. 在逆流操作的填料吸收塔中,用纯溶剂吸收混合气中的氨气。若在操作条件下平衡线和操作线均为直线,且平衡线和操作线之比为 0.8。此时气相总传质单元数 N_{OG} 为 10,试求吸收塔的吸收效率 η_A。

(答案:97%。)

12. 设计一用水吸收丙酮的填料吸收塔,塔截面积为 1 m²,进塔混合气的流量为 70 kmol/h,其中丙酮的组成 Y_1 为 0.02。用不含丙酮的清水吸收,要求吸收率为 90%,吸收塔的操作压强为 101.3 kPa,温度为 293 K。在此条件下,丙酮在两相间的平衡关系为 $Y=1.18X$。取液气比为最小液气比的 1.4 倍,气相总体积传质系数 K_{Ya} 为 2.2×10^{-2} kmol/(s·m³),用 5 种方法求所需填料层的高度。

(答案:4.41 m。)

13. 在高度为 8 m 的填料塔内,用纯吸收剂吸收某气体混合物中的可溶组分,在操作条件下相平衡常数 $m_e=0.6$,当 $L/V=0.8$ 时,溶质回收率可达 85%,现改用另一种性能较好的填料在相同操作条件下其吸收率提高到 95%,问此填料的体积传质系数是原填料的多少倍?

(答案:1.98 倍。)

14. 用洗油吸收焦炉气中的芳烃,吸收塔内的温度为 27 ℃,压强为 106.7 kPa。焦炉气中的惰性气体流量为 850 m³/h,进塔气中含芳烃 0.02(摩尔比,下同),要求芳烃的回收率不低于 95%。进入吸收塔的洗油中含芳烃为 0.005,取溶剂用量为理论最小用量的 1.5 倍。吸收相平衡关系为:$Y^*=0.125X$。 气相总传质单元高度为 0.875 m。试用解析法求该填料吸收塔的理论板当量高度 $HETP$。

(答案:1.05 m。)

15. 某塔高一定的吸收塔在 101.3 kPa,293 K 下用清水逆流吸收丙酮-空气混合物中的丙酮。操作液气比为 2.1 时,丙酮的回收率可达 95%。已知物系的浓度较低时,丙酮在两相间的平衡关系为 $Y=1.18X$。 吸收过程为气膜控制,总传质系数 K_ya 与气体流率的 0.8 次方成正比。

(1) 若气体流率增加 20%,而液体流率及气、液进口组成不变,试求:

① 丙酮的回收率变为多少? ② 单位时间内被吸收的丙酮量增加多少?

(2) 若气体流率,气、液进口组成,吸收塔的操作温度和压强都不变,要将丙酮回收率由原来的 95% 提高至 98%,吸收剂用量应增加到原用量的多少倍?

(答案:(1) 92.3%,16.6%;(2) 1.87 倍。)

16. 用一解吸塔处理水,使其中 CO_2 的含量从 200 ppm 降到 5 ppm(1 ppm=1/10⁶,以质量计)。塔的操作温度为 25 ℃,总压强为 0.1 MPa。塔底送入的空气含 0.1%CO_2(体积百分数)。操作温度下亨利常数 $H_{pm}=1.64\times10^2$ MPa。 水送入塔的喷淋密度为 10 000 kg/(m²·h)。按此条件估计 $K_xa=1\,111$ kmol/(m³·h)。 每小时处理的水量为 50 t,实际使用的空气量为理论最小量的 50 倍。求每小时通入塔的空气体积(25 ℃时)与填料层高度。

(答案:2 040 m³/h;2.05 m。)

17. A 厂建造吸收-解吸系统,如图 4 - 30 所示。在实际运行中,吸收系统处理的物质的量流量为 4 000 kmol/h,吸收剂循环物质的量流量为 600 kmol/h,解吸气体物质的量流量为 1 000 kmol/h,两个系统的填料层高度均为 15 m,组成分别为 $y_1=0.012$,$y_1'=0$,$y_2'=0.04$,$x_2=0.001\,5$。 在吸收和解吸体系中,气相和液相的相平衡关系分别为 $y=0.15x$ 和 $y'=x'$。假设 L,G,y_1,y_1' 不变。吸收塔和解吸塔的高度都

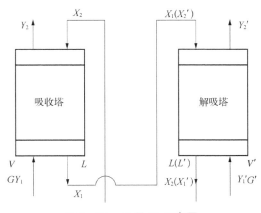

图 4 - 30 习题 17 示意图

不随气体流量变化,计算如下:

（1）吸收塔气体出口组分和解吸塔传质单元高度？

（2）若解吸气体物质的量流量变为 750 kmol/h，则吸收塔气体的出口组分变为多少？

（答案：(1) $y_2 = 1.976 \times 10^{-3}$；$H'_{OG} = 3.48$ m；(2) $y_2 = 2.657 \times 10^{-3}$。）

18. 设计一个用水吸收气体 A 的填料吸收塔。塔内径 1 m，含 A 气体处理量 2 000 m³/h，操作压强为 1.013×10^5 Pa，温度为 293 K。进塔气体组成 6%（A 的体积分数），吸收率为 76%，吸收剂用量为最小用量的 1.5 倍。在此条件下，A 气液两相之间的平衡关系为 $Y_A^* = 0.13 X_A / (1 + 0.87 X_A)$。气相总体积传质系数 $K_y a$ 为 20 mol/(s·m³)。请用三种方法计算所需的填料层高度。

（答案：1.91 m。）

第五章

反应动力学及反应器

5.1 反应动力学

5.1.1 反应的分类

1）按化学反应特性分类

物质的化学活动可以用一个化学反应或多个化学反应组合进行描述。化学反应种类繁多且随着人类的认知不断扩展，在学习过程中难以逐一掌握。一般可以根据其内在规律和人们的认知习惯，按照特定的标准对化学反应进行分类，常见的方法有如下几种。

（1）根据反应历程和机理的差异可以将化学反应分成简单反应和复杂反应。简单反应指只含有一个基元反应，反应物经过一步就可以生成产物的化学反应。而复杂反应一般历程较为复杂，含有两个或多个基元反应，反应物需要经历多个步骤才能生成最终产物。按基元步骤之间的关系，可以将复杂反应再细分为平行反应、连续反应、同时反应和集总反应等。

（2）化学反应具有方向性，有一类反应既可以正向进行，也可以逆向进行，称为可逆反应。而另一类反应只能朝一个方向进行，其结果是反应物完全变成产物，称为不可逆反应。值得注意的是，不可逆反应是相对的，在条件改变时有可能会转变为可逆反应。

（3）按照参与反应的物质性质之间的差异性，可以将化学反应分为无机反应、有机反应和生化反应等。

（4）依据反应的宏观动力学特性，可以将化学反应分为零级反应、一级反应、二级反应和多级反应等。此外，从微观角度而言，还可以将之分成单分子反应、双分子反应和三分子反应。

（5）化学反应过程一般均伴随着一定的热效应，据此可以将所有的化学反应分为放热反应和吸热反应两大类。

2）按反应过程条件进行的分类

（1）根据参与反应所有物质（包括反应物、生成物、催化剂等）的物理状态之差异，可以将化学反应分为气相反应、液相反应、固相反应和多相反应等。

（2）按温度条件分类。可以分为等温反应、绝热反应、非绝热变温反应。

（3）按压力条件分类。可分为常压、加压和减压反应等。

（4）按反应流动条件分类。可分为理想流动模型（平推流、全混流）、非理想流动模型。

（5）根据化学反应釜的具体操作方式，可以将化学反应分成间歇式反应、连续式反应、半间歇式反应三大类。

3) 按化学反应各元素反应特征进行的分类

(1) 按反应中电子得失进行可以分为氧化反应、还原反应。

(2) 按反应中化学粒子特征可以分为分子反应、离子反应、原子反应。

5.1.2 反应速率及方程

实验研究表明,影响化学反应速率的因素主要有反应物本身固有特性和可变外在因素两大类。可变外在因素主要包括:浓度(反应物、产物、催化剂浓度等)、温度、pH、压力、溶剂特性、离子强度等。

1) 反应速率

化学动力学的研究对象是化学反应的历程和速率。反应历程指的是反应物转化为产物所经历的途径,即反应机理。在化学反应过程中,伴随反应物总量的减少,产物的量逐渐增加。化学反应速率可由任一反应物减少或者任一产物增加的快慢程度来表示。例如,某水溶液体积为 V,其中某反应物 A 在 $d\tau$ 时间内所减少的物质的量为 dn_A,则反应速率可表示为

$$r_A = \frac{1}{V}\frac{dn_A}{d\tau} = \frac{A物质摩尔数的变化}{单位体积 \times 单位时间} = \frac{dc_A}{d\tau} = \frac{A物质浓度的变化}{单位时间} \qquad (5-1)$$

式中,r_A——A 的反应速率,$mol/(m^3 \cdot s)$ 或者 $kg/(m^3 \cdot s)$;

　　　V——反应容积,m^3;

　　　τ——反应时间,s;

　　　n_A——反应物 A 的量,mol 或 kg;

　　　c_A——反应物 A 的浓度,mol/m^3 或 kg/m^3。

r_A 中的符号选择,当 A 表示反应物时,其浓度随时间降低的,取负值;当 A 代表产物时,取正值。如图 5-1 所示:

对于反应　$aA + bB \longrightarrow pP + mM \qquad (5-2)$

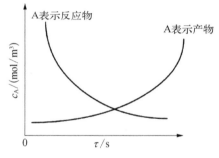

图 5-1　反应物和产物浓度随时间变化曲线

式(5-2)表示反应 A 和 B 与产物 P 和 M 之间的化学计量关系,a 个反应物 A 分子与 b 个反应物 B 分子发生化学反应,生成 p 个产物 P 分子和 m 个产物 M 分子,且反应物与产物总质量相等,因此称该方程式为化学计量方程式。究竟分子 A 及 B 经过什么反应途径变成产物分子 P 及 M,以及反应的快慢如何,化学计量方程式则不能提供任何信息。这些问题属于化学动力学的研究范围。

式(5-2)各组分的反应速率与化学计量之间存在着下列关系,令 n_A、n_B、n_P 和 n_M 分别为 A、B、P、M 四种物质在时刻 τ 的物质的量,则由式(5-2)可得

$$-\frac{1}{a}\frac{dn_A}{d\tau} = -\frac{1}{b}\frac{dn_B}{d\tau} = \frac{1}{p}\frac{dn_P}{d\tau} = \frac{1}{m}\frac{dn_M}{d\tau} \qquad (5-3)$$

由上式可得

$$\mathrm{d}\ddot{U} = -\frac{\mathrm{d}n_\mathrm{A}}{a} = -\frac{\mathrm{d}n_\mathrm{B}}{b} = \frac{\mathrm{d}n_\mathrm{P}}{p} = \frac{\mathrm{d}n_\mathrm{M}}{m} = \frac{\mathrm{d}n_\mathrm{I}}{i} \tag{5-4}$$

$\mathrm{d}\ddot{U}$ 定义为反应进度，i 为物种 I 的化学计量方程系数，当组分 I 为反应物时，i 取其负值；当组分 I 为产物时，i 取其正值，即按如下化学计量方程式取值：

$$p\mathrm{P} + m\mathrm{M} - a\mathrm{A} - b\mathrm{B} = 0$$

由式(5-3)和(5-4)可得式(5-5)

$$\frac{r_I}{i} = \frac{1}{i}\frac{\mathrm{d}c_I}{\mathrm{d}\tau} = \frac{1}{V}\frac{\mathrm{d}\ddot{U}}{\mathrm{d}\tau} \tag{5-5}$$

式中，r_I 与 c_I 分别为物种 I 在 τ 时的反应速率和浓度，V 为反应溶液的体积。由式(5-4)可知，当 A 的初始物质的量为 n_{A0} 时，则反应进度 $\ddot{U} = (n_{A0} - n_A)/a$，如以 η_A 代表 A 的转化率 $\eta_A = (n_{A0} - n_A)/n_{A0}$，可得如式(5-6)所示关系：

$$\eta_A = \frac{a\ddot{U}}{n_{A0}} \tag{5-6}$$

2）反应级数

若化学实验结果表明产物 M 的反应速率可由式(5-7)表示：

$$r_\mathrm{M} = \frac{\mathrm{d}[\mathrm{M}]}{\mathrm{d}\tau} = \frac{\mathrm{d}c_\mathrm{M}}{\mathrm{d}\tau} = kc_\mathrm{A}^a c_\mathrm{B}^b \tag{5-7}$$

则对反应物 A 而言，该反应为 a 级反应；对反应物 B 而言，该反应为 b 级反应；总反应为 $(a+b)$ 级反应。a，b 是反应物 A 和 B 的反应级数，无量纲；k 称为反应的速率常数，其单位为 $(浓度)^{1-(a+b)}/时间$，它与反应物或产物的浓度无关，仅与温度、压力、pH 等环境因素有关。c_A 为 A 物质浓度，其单位为 $\mathrm{mol/m^3}$ 或者 $\mathrm{kg/m^3}$；c_B 为 B 物质浓度，其单位为 $\mathrm{mol/m^3}$ 或者 $\mathrm{kg/m^3}$。

产物 P 的反应速率可以为另一种表达式：

$$r_\mathrm{P} = \frac{\mathrm{d}[\mathrm{P}]}{\mathrm{d}\tau} = \frac{\mathrm{d}c_\mathrm{P}}{\mathrm{d}\tau} = k'c_\mathrm{A}^{a'} c_\mathrm{B}^{b'} \tag{5-8}$$

同样，反应物 A 及 B 的反应速率可以分别表示为

$$-r_\mathrm{A} = -\frac{\mathrm{d}[\mathrm{A}]}{\mathrm{d}\tau} = -\frac{\mathrm{d}c_\mathrm{A}}{\mathrm{d}\tau} = k''c_\mathrm{A}^{a''} c_\mathrm{B}^{b''} \tag{5-9}$$

$$-r_\mathrm{B} = -\frac{\mathrm{d}[\mathrm{B}]}{\mathrm{d}\tau} = -\frac{\mathrm{d}c_\mathrm{B}}{\mathrm{d}\tau} = k'''c_\mathrm{A}^{a'''} c_\mathrm{B}^{b'''} \tag{5-10}$$

式(5-9)及(5-10)除了分别表示不同的反应级数与速率常数外，还在左边引入了负号，因为反应物的反应速率 r_A 和 r_B 永远为负值，引入负号使 $-r_A$ 和 $-r_B$ 均为正值，速率常数 k'' 和 k''' 也为正值。

此外，反应级数还有以下几个特征值得注意：

(1) 无论是反应物还是产物的速率方程,其表达式均以反应物或产物的浓度来表示。

(2) 速率方程(5-8)、(5-9)、(5-10)中反应物 A、B 浓度(c_A 和 c_B)的指数(a' 和 b'、a'' 和 b''、a''' 和 b''')和化学计量方程式(5-2)的系数(a 和 b)并不一定相等,也有可能不是整数。

(3) 若速率方程不能用式(5-7)~(5-10)等类似形式表达,则该化学反应无法套用"反应级数"这一概念。例如下列反应:

$$H_2 + Br_2 \rightarrow 2HBr \tag{5-11}$$

的速率方程可表示为

$$r_{HBr} = \frac{k'[H_2][Br]^{1/2}}{1 + k''[HBr]/[Br_2]} \tag{5-12}$$

如果考察的仅仅只是反应初期的动力学行为则得到的速率方程为

$$r = k[H_2][Br_2]^{1/2} \tag{5-13}$$

如前所述,k 为反应动力学常数。如果控制反应物的浓度$[H_2] \ll [Br_2]$,那么动力学实验中观察到似乎只有 H_2 的浓度影响反应速率,即速率方程为

$$r = k_{obs}[H_2] \tag{5-14}$$

所以 k_{obs} 称为表观速率常数。某反应速率方程的形式与相应动力学实验条件直接相关,在相应实验条件范围内才能套用对应的速率方程,否则只会导致错误的结果与推论。

动力学实验结果表明,HBr 合成反应遵循式(5-12)所示的反应速率方程,由于不具有式(5-7)的限定形式,所以反应级数的概念不适用,也就是说该反应不具有简单的反应级数。当反应具有式(5-13)所示反应速率方程时,反应级数为 1.5,其中对 H_2 为一级、对 Br_2 为 0.5 级。当反应具有式(5-14)所示反应速率方程时,称该反应为准一级或动力学上的一级反应。从实验的角度考虑,其反应级数的拟合结果可能是正整数、负整数、零甚至分数。

3) 基元反应

基元反应中反应物经过一步反应直接生成产物,即反应物(分子、原子、离子或自由基等)通过一次碰撞(或化学行为)直接转化为产物,又称为简单反应。在此条件下,动力学方程式对应物质浓度的指数与其化学计量系数相等,也等于其反应级数。在复杂反应中,其初始反应物需要经过一系列的简单反应步骤后才能生成最终产物,而化学计量方程给出是初始反应物与最终产物之间的关系,未考虑中间步骤与中间产物,因此其反应级数一般与化学计量方程的系数不相等。一般可将构成一个化学计量方程的所有反应序列称为原反应的反应机理。式(5-11)可以解释为下列基元反应构成:

$$Br_2 \underset{k_{-1}}{\overset{k_1}{\rightleftharpoons}} 2Br\cdot \tag{5-15a}$$

$$Br\cdot + H_2 \underset{k_{-2}}{\overset{k_2}{\rightleftharpoons}} HBr + H\cdot \tag{5-15b}$$

$$H\cdot + Br_2 \overset{k_3}{\longrightarrow} HBr + Br\cdot \tag{5-15c}$$

这些基元反应就构成了式(5-11)反应的机理。反应中 Br· 和 H· 称为自由基(带有未配对电子的原子、离子或分子都称为自由基,未配对电子使自由基具有非常的活性,加的一点就代表未配对电子)。如式(5-15a~c)所示的基元反应,实际上是由许多宏观化学组成与性质相同,而微观状态不尽相同的 H_2、Br_2 分子与 H、Br 原子之间的反应所组成。从这个角度看,对基元反应的讨论仍然属于宏观范畴。

式(5-15a~c)反应中的 k_1、k_2 和 k_3 为正向反应的速率常数,k_{-1} 和 k_{-2} 则代表逆向反应的速率常数。因此,这组方程实际包括了 5 个基元反应,这些基元反应的级数与化学计量系数完全相等。利用这一特性,可以把每个反应物种的反应速率表达式直接写出来。例如 HBr 的生成速率为

$$r_{HBr} = k_2[Br·][H_2] - k_{-2}[HBr][H·] + k_3[H·][Br_2] \tag{5-16}$$

式(5-15a~c)构成了一个链反应。k_1 的反应称为引发步骤,k_2 和 k_3 的反应称为传递步骤。k_3 反应所产生的 Br· 又重复 k_2 反应产生 H·,使产生 HBr 的 k_3 反应继续下去,因此称链反应,Br· 和 H· 称为链传递物。反应 k_{-1} 称为终止步骤,k_{-2} 称为抑制步骤。

5.1.3　均相反应动力学

本节主要介绍了单一组分反应、平行反应、可逆反应和连续反应的反应动力学方程和相关影响因素,通过学习这些内容可以逐渐理解化学反应动力学的基本概念。

5.1.3.1　简单反应

1) 零级反应

符合零级反应动力学的单一组分反应是最简单的基元反应。若单一组分反应 A $\xrightarrow{k}$ P 为零级反应,反应物 A 的初始浓度为 c_{A0},其零级反应动力学常数为 k,则 τ 时反应物 A 的浓度 c_A 可按下式计算。由零级反应的定义可得

$$-\frac{dc_A}{d\tau} = kc_A^0 = k$$

上式按时间 0 到 τ 进行积分得

$$\int_{c_{A0}}^{c_A} -dc_A = \int_0^\tau k\,d\tau$$

最后可得 c_A 的表达式(5-17),其零级反应 $c_A-\tau$ 曲线如图 5-2 所示。当时间 τ 为 c_{A0}/k 时,反应物 A 的浓度为 0,反应完全结束。

$$c_A = c_{A0} - k\tau \tag{5-17}$$

若浓度 c_A 和时间 τ 的单位分别为 mol/L 和 s,则由式(5-17)可得零级反应动力学常数 k 的单位为 mol/(L·s)。零级反应的典型特征是:其反应速率和反应物的浓度无关。在生物化学领域的酶促反应中,当底物浓度很高时,此时反应速率与底物浓度关联性较低,

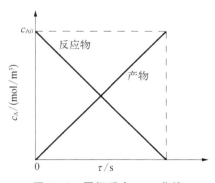

图 5-2　零级反应 $c-\tau$ 曲线

可以看作是表观零级反应。

2) 一级反应

若上述单一组分的反应符合一级反应动力学,初始浓度及一级反应动力学常数仍用 c_{A0} 及 k 表示,则在 τ 时反应物 A 的浓度 c_A 可按类似方法求出。先按一级反应写出基本微分方程,再按时间间隔 $(0, \tau)$ 积分得

$$-\frac{\mathrm{d}c_A}{\mathrm{d}\tau} = kc_A$$

$$\int_{c_{A0}}^{c_A} \frac{\mathrm{d}c_A}{c_A} = -\int_0^\tau k\,\mathrm{d}\tau$$

$$\ln c_A - \ln c_{A0} = \ln \frac{c_A}{c_{A0}} = -k\tau \qquad (5-18)$$

由上式可以得出

$$c_A = c_{A0}\exp(-k\tau) \qquad (5-19)$$

由反应 A→S 的关系可知 $c_A + c_S = c_{A0}$,c_S 为 S 的浓度,由式 (5-19) 得

$$c_S = c_{A0} - c_{A0}\exp(-k\tau)$$

由式 (5-18) 和 (5-19) 可知,反应物 A 的浓度 c_A 和生成物 S 的浓度 c_S 均与时间呈指数相关。如图 5-3 所示,当 $\tau \to \infty$ 时,反应物 A 的浓度 c_A 趋近于零,生成物 S 的浓度 c_S 趋近于 c_{A0},此时反应接近完成。

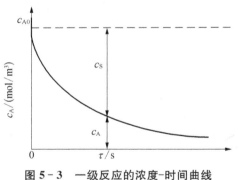
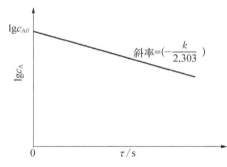

图 5-3　一级反应的浓度-时间曲线　　　　图 5-4　求一级反应的速率常数

对式 (5-19) 等号两边取常用对数(以 10 为底),可写成式 (5-20) 的线性形式。以 $\lg c_A$ 为 y 轴,时间 τ 为 x 轴,利用最小二乘法进行线性拟合可得如图 5-4 所示的一直线。由直线的斜率可以求出一级反应动力学常数 k。

$$\lg c_A = -\frac{k}{2.303}\tau + \lg c_{A0} \qquad (5-20)$$

一级反应的速率,有时也用半衰期这一概念来描述。半衰期指物质由其初始浓度 c_{A0} 分解成 $\frac{1}{2}c_{A0}$ 所需要的时间,以 $\tau_{1/2}$ 表示。由式 (5-19) 得

$$\frac{c_A}{c_{A0}} = e^{-k\tau_{1/2}} = \frac{1}{2} \qquad (5-21)$$

$$则\ \tau_{1/2} = \frac{\ln 2}{k} = \frac{0.693}{k}$$

放射性元素的衰变属于一级反应,因此常用半衰期来表示它们的衰变速率。

由式(5-21)可看出,一级反应的半衰期是一个与反应物的初始浓度无关的常数,这可以用图 5-5 的浓度-时间曲线表示出来。从途中可以看出,当反应物由 100% 的初始浓度 c_{A0} 降低为 50% 的 c_{A0} 时所需要的时间与由 50% 的 c_{A0} 降低为 25% c_{A0} 时所需要的时间,即两个半衰期都同样是 $\tau_{1/2}$。同样,由浓度 $0.25c_{A0}$ 降低为 $0.125c_{A0}$ 所需的时间,即半衰期也是 $\tau_{1/2}$。

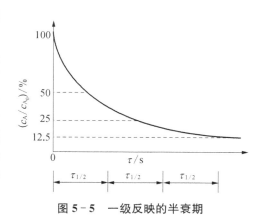

图 5-5　一级反映的半衰期

3) 二级反应

若下列包含两种反应物 A 和 B 的反应符合二级反应动力学,A 及 B 的初始浓度分别为 c_{A0} 及 c_{B0},则产物 S 的浓度 c_S 的表达式可以分别按 $c_{A0} \neq c_{B0}$ 及 $c_{A0} = c_{B0}$ 两种情形推导如下。

$$A + B \xrightarrow{k} S$$

当 $c_{A0} \neq c_{B0}$ 时,产物 S 在时刻 τ 的浓度 c_S。由上式可知,反应物 A、B 和产物 S 的摩尔比为 1∶1∶1,因此当产物 S 浓度从 0 增加至 c_S 时,反应物 A、B 浓度分别由初始的 c_{A0} 及 c_{B0} 下降为 $c_{A0} - c_S$ 及 $c_{B0} - c_S$,此时根据二级反应的定义可得

$$\frac{dc_S}{d\tau} = kc_A c_B = k(c_{A0} - c_S)(c_{B0} - c_S)$$

上式整理后,在 $(0, \tau)$ 间隔内积分得

$$\int_0^{c_S} \frac{dc_S}{(c_{A0} - c_S)(c_{B0} - c_S)} = \int_0^\tau k\,d\tau$$

$$\frac{1}{c_{B0} - c_{A0}} \left(\ln \frac{c_{B0} - c_S}{c_{A0} - c_S} - \ln \frac{c_{B0}}{c_{A0}} \right) = k\tau$$

上式可写成

$$\frac{2.303}{c_{A0} - c_{B0}} \lg \frac{c_{B0}(c_{A0} - c_S)}{c_{A0}(c_{B0} - c_S)} = k\tau \qquad (5-22)$$

以 $\lg \dfrac{c_{B0}(c_{A0} - c_S)}{c_{A0}(c_{B0} - c_S)}$ 为 y 轴,以时间 τ 为 x 轴,利用最小二乘法进行线性拟合,可得如图 5-6 所示的一直线,从其斜率 $= \dfrac{(c_{A0} - c_{B0})k}{2.303}$ 可求出反应动力学常数 k。

当初始浓度 $c_{A0} = c_{B0}$ 时,反应速率式简化成

$$\frac{dc_S}{d\tau} = k(c_{A0} - c_S)^2$$

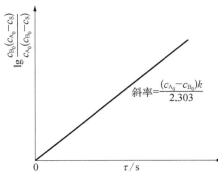

图 5-6 求二级反应的速率常数

仍然在同样时间间隔$(0, \tau)$内积分得

$$\frac{c_S}{c_{A_0}(c_{A_0} - c_S)} = k\tau \qquad (5-23)$$

以$\frac{1}{2}c_{A_0}$代入式(5-23)可得出当两种反应物初始浓度相等时,其二级反应的半衰期为

$$\tau_{1/2} = \frac{1}{kc_{A_0}} \qquad (5-24)$$

式(5-24)说明这种二级反应的半衰期与反应物的初始浓度成反比。如果$(\tau_{1/2})_{100}$及$(\tau_{1/2})_{50}$分别代表$100\% c_{A_0}$及$50\% c_{A_0}$时的半衰期,可以得出:

$$(\tau_{1/2})_{100} : (\tau_{1/2})_{50} = \frac{1}{kc_{A_0}} : \frac{1}{k(0.5c_{A_0})} = 1 : 2$$

也就是说,在反应过程中,从浓度$0.5c_{A_0}$降低到$0.25c_{A_0}$所需要的时间是浓度c_{A_0}降低到$0.5c_{A_0}$所需要的时间的两倍。同样可以得出,从浓度$0.25c_{A_0}$降低到$0.125c_{A_0}$所需要的时间是从c_{A_0}降低到$0.5c_{A_0}$所需要时间的4倍。

4) 级数的求法

在化学反应动力学研究过程中,在动力学方程式具体形式未知的条件下,可以将其先写作通用形式$-\dfrac{\mathrm{d}c}{\mathrm{d}\tau} = kc_A^a c_B^b \cdots\cdots$再求各反应物的反应级数,最终确定该反应的动力学方程。在此过程中,由实验确定不同时刻反应物的浓度,并利用数学拟合实验数据确定反应级数,是建立动力学方程的至关重要的一步。级数的求法主要包括微分法、半衰期法和积分法。下面就来讨论这个问题。

(1) 图解微分法。

所谓微分法就是用速率公式的微分形式来确定反应级数的方法。

假设一反应$A \rightarrow S$,其速率方程一般形式可写为$r_A = kc^{n'}$,经实验测出c-τ曲线如图5-7所示,则该曲线上任意一点的切线的斜率,就是该浓度所对应的瞬时速率。

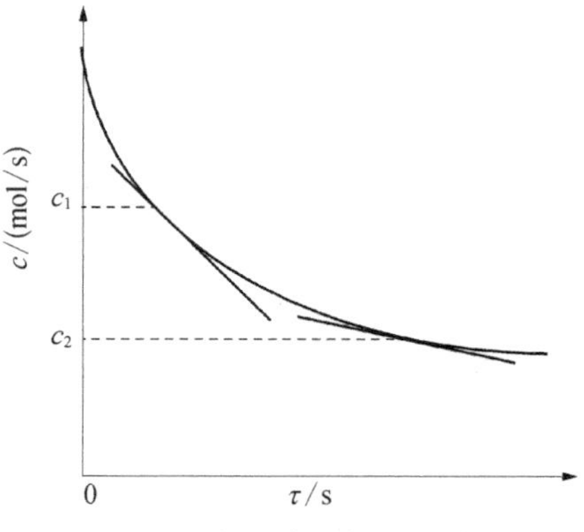

当反应物浓度为c_1时,$r_1 = kc_1^{n'}$,当反应物浓度为c_2时,$r_2 = kc_2^{n'}$。

将二式分别取对数 $\lg r_1 = \lg k + n' \lg c_1$

图 5-7 反应物浓度与时间的关系

$$\lg r_2 = \lg k + n' \lg c_2$$

$$n' = \frac{\lg r_1 - \lg r_2}{\lg c_1 - \lg c_2}$$

只要求出曲线上任意两浓度所对应的反应速率,即可求出相应的反应级数n'。

可以对速率公式通式取对数,可得其线性形式 $\lg r = \lg k + n' \lg c$,用 $\lg r$ 对 $\lg c$ 作图得一直线(图 5-8),直线的斜率即为该反应的反应级数 n'。

该方法要求从 c-τ 图上,测出不同时间的斜率,对应该时刻的反应速率。直线上每一个数据点对应的时间各不相同,因此该反应级数称为对时间而言的级数。

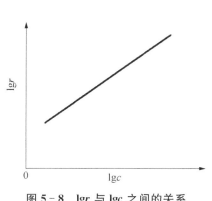

图 5-8　$\lg r$ 与 $\lg c$ 之间的关系

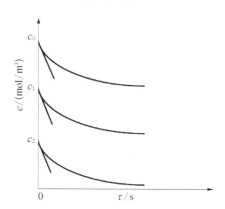

图 5-9　反应物浓度随时间变化曲线

(2)微分法。

该方法设置了多种起始反应物浓度,并分别在不同的起始浓度测量相应的起始速率,即为图 5-9 中各曲线在 $\tau = 0$ 时的切线斜率。然后以 $\lg r_0$ 对 $\lg c$ 作图,得一直线,由斜率求出反应级数 n',并称之为对浓度而言的级数。起始速率不受产物和其他因素的影响,相当于无干扰因素的级数,因此该方法求得的级数相对可靠。

若有两种或两种以上物质参与某化学反应,且各反应物的初始浓度各不相同,其速率方程可写为一般通式:$r = k c_A^a c_B^b$,此时求反应级数亦可采用微分法,分别求得对不同反应物的级数 a、b、…,具体实验过程中,先过量添加 B 等其它反应物(A 除外),或在各次试验中使用相同浓度的其它反应物,而只改变 A 物质的初始浓度,得到对应不同初始浓度的瞬时速率。

$$r = k' c_A^a$$

这里 $k' = k c_B^b$,$\lg r = \lg k' + a \lg c_A$,求出 a。

然后将过量添加除 B 以外的反应物,或保持其它反应物浓度不变,只改变 B 物质的初始浓度,得到对应不同初始浓度的瞬时速率。

$$r' = k'' c_B^b$$

这里 $k'' = k c_A^a$

$\lg r' = \lg k'' + b \lg c_B$,求出 b。

整个反应级数为 $n' = a + b + \cdots$

(3)半衰期法。

不同的级数反应,其半衰期与反应起始浓度的关系为

0 级:

$$\tau_{1/2} = \frac{c_{A0}}{2k_0}$$

1 级：
$$\tau_{1/2} = \frac{\ln 2}{k_1}$$

2 级：
$$\tau_{1/2} = \frac{1}{k_2 c_{A0}}$$

3 级：
$$\tau_{1/2} = \frac{3}{2 k_3 c_{A0}^2}$$

n' 级：
$$\tau_{1/2} = \check{G} \frac{1}{c_{A0}^{n'-1}}$$

对反应物 A，设置两个不同起始浓度 c_{A0} 和 c'_{A0} 同时进行实验

$$\frac{\tau_{1/2}}{\tau'_{1/2}} = \left(\frac{c'_{A0}}{c_{A0}}\right)^{n'-1}$$

$$\lg \frac{\tau_{1/2}}{\tau'_{1/2}} = (n'-1) \lg \frac{c'_{A0}}{c_{A0}}$$

$$n' = 1 + \frac{\lg \dfrac{\tau_{1/2}}{\tau'_{1/2}}}{\lg \dfrac{c'_{A0}}{c_{A0}}}$$

由两组数据就可求出 n'。

也可多取几组数据，$\lg \tau^{\frac{1}{2}} = (1-n') \lg c_{A0} + \lg \check{G}$ 作图，直线的斜率即为 $1-n'$。

【例 5-1】 1,2-二氯丙醇与氢氧化钠发生环化作用生成环氧氯丙烷的反应，实验测得 1,2-二氯丙醇反应的 $\tau_{1/2}$ 与 c_{A0} 的关系如下：

实验编号	反应温度/K	反应物开始浓度/(mol/L) 1,2-二氯丙醇：NaOH	$\tau_{1/2}$
1	303.2	0.475，0.475	4.80
2	303.3	0.166，0.166	12.9

试求该反应的级数。

解：
$$n' = 1 + \frac{\lg \dfrac{\tau_{1/2}}{\tau'_{1/2}}}{\lg \dfrac{c'_{A0}}{c_{A0}}} = 1 + \frac{\lg 4.80 - \lg 12.90}{\lg 0.166 - \lg 0.475} = 1.94 \approx 2$$

可知为二级反应。

(4) 积分法（integral method）。

积分法又可称为尝试法。经实验测得了一系列对应的浓度-时间的动力学数据后，一般可作以下两种尝试：

① 将各组浓度—时间数值代入具有简单级数反应的速率定积分式中,然后计算 k 值。若计算所得的 k 值基本为常数,则反应为所代入方程的级数。若计算求得的 k 不为常数,则需再次进行假设。

② 分别用下列方式作图:

$$\ln c_A \sim \tau \text{ 或者} \frac{1}{c_A} \sim \tau \text{ 或者} \frac{1}{c_A^2} \sim \tau$$

如果所有数据点可以拟合为一直线,则该反应即为相应的级数。

积分法适用于具有简单级数的反应,并不适用严重偏离整数的情况。

5.1.3.2　平行反应

当反应物 A 通过化学反应可生成产物 S,其速率常数为 k_1;同时也可生成另一产物 P,其速率常数为 k_2 时,这样的反应称为平行反应或竞争反应。此类反应可以用下述方程式表示:

$$A \xrightarrow{\quad k_1 \quad} S$$

$$A \xrightarrow{\quad k_2 \quad} P$$

设 A、S 和 P 的初始浓度分别为 c_{A_0}、c_{S_0} 和 c_{P_0},c_A、c_S 及 c_P 的反应速率可以分别表示为

$$-\frac{dc_A}{d\tau} = k_1 c_A + k_2 c_A = (k_1 + k_2) c_A \tag{5-25}$$

$$\frac{dc_S}{d\tau} = k_1 c_A \tag{5-26}$$

$$\frac{dc_P}{d\tau} = k_2 c_A \tag{5-27}$$

由式(5-25)积分得

$$\int_{c_{A_0}}^{c_A} \frac{dc_A}{c_A} = -\int_0^\tau (k_1 + k_2) d\tau$$

积分后得

$$c_A = c_{A_0} e^{-(k_1 + k_2)\tau} \tag{5-28}$$

同样可得

$$c_S = \frac{k_1 c_{A_0}}{k_1 + k_2} \left[1 - e^{-(k_1 + k_2)\tau} \right] \tag{5-29}$$

$$c_P = \frac{k_2 c_{A_0}}{k_1 + k_2} \left[1 - e^{-(k_1 + k_2)\tau} \right] \tag{5-30}$$

一级平行反应中各组分浓度随时间的变化曲线如图 5-10 所示。

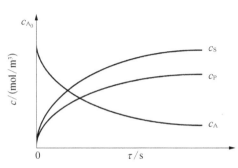

图 5-10　一级平行反应的浓度-时间曲线

5.1.3.3 可逆反应

可逆反应一般可以表示为

$$A \xrightarrow[\;k_2\;]{\;k_1\;} B$$

或者用 k_{-1} 代表逆向反应速率常数表示为

$$A \xrightarrow[\;k_{-1}\;]{\;k_1\;} B$$

$$\tau = 0 \quad c_{A0} \qquad\qquad c_{B0}$$
$$\tau = \tau \quad c_A = c_{A0} - c_X \quad c_B = c_{B0} + c_X = c_{B0} + (c_{A0} - c_A)$$

如果 A 及 B 的初始浓度分别为 c_{A0} 及 c_{B0},在时刻 τ 的 A 及 B 浓度 c_A 及 c_B 的表达式可用以下方法进行推导:

令 c_X 为 τ 时 A 通过化学反应生成 B 的物质的量浓度,则可写出下列关系:

$$-\frac{\mathrm{d}(c_{A0} - c_X)}{\mathrm{d}\tau} = k_1(c_{A0} - c_X) - k_{-1}(c_{B0} + c_X)$$

简化并写成积分形式得

$$\frac{\mathrm{d}c_X}{\mathrm{d}\tau} = k_1(c_{A0} - c_X) - k_{-1}(c_{B0} + c_X)$$

$$\int_0^{c_X} \frac{\mathrm{d}c_X}{(k_1 + k_{-1})c_X - (k_1 c_{A0} - k_{-1} c_{B0})} = \int_0^\tau - \mathrm{d}\tau$$

进行积分得

$$\frac{1}{k_1 + k_{-1}} \ln \frac{(k_1 + k_{-1})c_X - (k_1 c_{A0} - k_{-1} c_{B0})}{-(k_1 c_{A0} - k_{-1} c_{B0})} = -\tau$$

上式可写成

$$\ln\left(\frac{N}{N - c_X}\right) = (k_1 + k_{-1})\tau$$

式中

$$N = \frac{k_1 c_{A0} - k_{-1} c_{B0}}{k_1 + k_{-1}} \tag{5-31}$$

因此得

$$\frac{N}{N - c_X} = e^{(k_1 + k_{-1})\tau}$$

即

$$c_X = N\left[1 - e^{-(k_1 + k_{-1})\tau}\right] \tag{5-32}$$

$$c_A = \frac{k_{-1}(c_{A0}+c_{B0})}{k_1+k_{-1}} + \frac{(k_1 c_{A0}-k_{-1}c_{B0})}{k_1+k_{-1}} e^{-(k_1+k_{-1})\tau}$$

$$c_B = \frac{k_1(c_{A0}+c_{B0})}{k_1+k_{-1}} - \frac{(k_1 c_{A0}-k_{-1}c_{B0})}{k_1+k_{-1}} e^{-(k_1+k_{-1})\tau}$$

当 $k_{-1} \to 0$，即逆反应不存在或可以忽略时，得 $N=c_{A0}$，式(5-32)变成

$$c_X = c_{A0}(1-e^{-k_1\tau})$$

故得 A 和 B 的浓度为

$$c_A = c_{A0} - c_X = c_{A0}e^{-k_1\tau}$$

$$c_B = c_{B0} + c_{A0} - c_{A0}e^{-k_1\tau}$$

5.1.3.4　连续反应

有一类化学反应是经过连续几个相关步骤才最终完成的，前一步生成物中的一部分或全部作为下一步反应的部分或全部反应物，依次连续进行，这种反应称为连续反应或连串反应。

对于连续反应动力学的数学处理较为复杂，下面只介绍由两个单向一级反应组成的连续反应的动力学推导过程。

$$A \xrightarrow{k_1} B \xrightarrow{k_2} C$$

$$\tau=0 \quad c_{A0} \qquad 0 \qquad 0$$

$$\tau=\tau \quad c_A \qquad c_B \qquad c_C$$

$$c_A + c_B + c_C = c_{A0}$$

对于组分 A 反应速率为

$$-\frac{dc_A}{d\tau} = k_1 c_A$$

两侧积分

$$\int_{c_{A0}}^{c_A} -\frac{dc_A}{c_A} = \int_0^\tau k_1 d\tau$$

得

$$c_A = c_{A0}e^{-k_1\tau}$$

对于组分 B 反应速率为

$$\frac{dc_B}{d\tau} = k_1 c_A - k_2 c_B = k_1 c_{A0}e^{-k_1\tau} - k_2 c_B$$

解此线性微分方程得

$$c_B = \frac{k_1 c_{A0}}{k_2-k_1}(e^{-k_1\tau}-e^{-k_2\tau})$$

对于组分 C 反应速率为

$$\frac{dc_C}{d\tau} = k_2 c_B$$

因此

$$c_C = c_{A0} - c_A - c_B = c_{A0}\left(1 - \frac{k_2}{k_2-k_1}e^{-k_1\tau} + \frac{k_1}{k_2-k_1}e^{-k_2\tau}\right)$$

由于连续反应动力学过程的数学处理比较复杂，一般可作近似处理。当其中某一步反应的速率很慢，就将其速率近似作为整个反应的速率，并将该慢步骤称为连续反应的速率控制步骤。

（1）当 $k_1 \gg k_2$，此时第二步为速率控制步骤，则有

$$c_C = c_{A0}(1 - e^{-k_2\tau})$$

（2）当 $k_2 \gg k_1$，此时第一步为速率控制步骤，则有

$$c_C = c_{A0}(1 - e^{-k_1\tau})$$

连续反应的中间产物既是前一步反应的生成物，又是后一步反应的反应物，因此其浓度有一个先增后减的过程，且反应过程中某时刻会出现一个最大值。该值出现的时间及其数值高低取决于两个速率系数的相对大小，如图 5-11 所示。

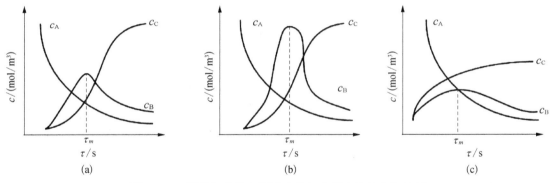

图 5-11　不同条件下中间反应物与中间产物的变化情况

在中间产物浓度 c_B 出现最大值时，它的一阶导数为零，可用如下方法计算该最大值出现的具体时间 τ_m。

$$c_B = \frac{k_1 c_{A0}}{k_2 - k_1}(e^{-k_1\tau} - e^{-k_2\tau})$$

$$c_{Bm} = \frac{k_1 c_{A0}}{k_2 - k_1}(e^{-k_1\tau_m} - e^{-k_2\tau_m})$$

$$\frac{dc_B}{d\tau} = \frac{k_1 c_{A0}}{k_2 - k_1}(k_2 e^{-k_2\tau} - k_1 e^{-k_1\tau}) = 0$$

因为 $c_{A0} \neq 0$，$k_1 \neq 0$，所以 $k_2 e^{-k_2\tau} - k_1 e^{-k_1\tau} = 0$，此时 $\tau = \tau_m$
解之可得

$$\tau_m = \frac{\ln k_2 - \ln k_1}{k_2 - k_1}$$

5.1.3.5　温度对反应速率常数及反应速率的影响

温度对反应速率的影响的本质是温度对反应速率常数产生影响,即温度改变了反应速率常数进而影响了反应速率。

1) 范霍夫(van't Hoff)近似规律

大量实验数据表明:温度每升高 10 K,反应速率常数近似增加 2~4 倍,造成反应速率也增加 2~4 倍。这个经验规律可以用来估计温度对反应速率常数的影响。该经验规律是由荷兰化学家范霍夫首先总结出来的,因此一般称之为范霍夫近似规律。

例如:已知某化学反应在 390 K 时进行需 10 min 完成。若反应温度降低至 290 K,则该反应需时多少时间才能完成?

解:取每升高 10 K,速率增加的下限为 2 倍

$$\frac{k(390\ \text{K})}{k(290\ \text{K})} = \frac{\tau(290\ \text{K})}{\tau(390\ \text{K})} = 2^{10} = 1\,024$$

$$\tau(290\ \text{K}) = 1\,024 \times 10\ \text{min} \approx 7\ \text{d}$$

2) 温度对反应速率常数和反应速率影响的五种类型

(1) 随温度的升高,反应速率或表观速率常数逐渐加快,反应速率与温度之间呈指数相关,这类反应最为常见。

(2) 起初温度影响较小,超过一定限值时,反应速率或表观速率常数突然增加,反应以爆炸的形式快速进行。

(3) 在温度较低时,速率或表观速率常数随温度的升高而加快,超过一定限值时,反应速率显著降低。如多相催化反应和酶催化反应。

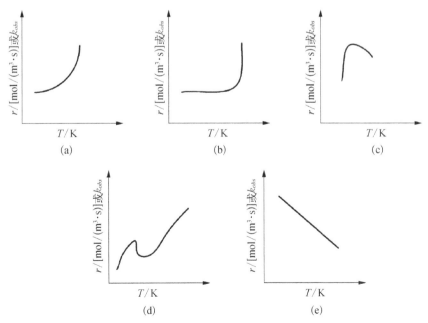

图 5-12　温度对反应速率常数影响曲线

（4）速率在随温度升到某一高度时下降，再升高温度，速率又迅速增加，可能有一种或多种副反应发生。

（5）反应速率或表观反应速率常数随着温度升高而降低。这种类型很少，如一氧化氮氧化成二氧化氮。

3）阿仑尼乌斯公式

（1）指数型公式：

$$k = A' \exp\left(-\frac{E_a}{RT}\right)$$

该公式描述了反应速率常数与温度之间的指数相关性。

式中，A'——称为指前因子，与温度无关的常数；

k——速率常数；

E_a——阿仑尼乌斯活化能，与温度无关的常数，J/mol；

R——摩尔气体常数，8.314 J/(mol·K)；

T——温度，K。

（2）对数型公式：

$$\ln k = -\frac{E_a}{RT} + B$$

对数型公式描述了反应动力学常数的对数与温度的倒数之间的线性关系。可以根据不同温度下测定的 k 值，以 $\ln k$ 对 $1/T$ 作图，从而求出活化能。

（3）定积分式：

$$\ln\frac{k_2}{k_1} = \frac{E_a}{R}\left(\frac{1}{T_1} - \frac{1}{T_2}\right)$$

定积分式假设活化能与温度无关，并根据两个不同温度下的 k 值求活化能。

（4）微分式：

$$\frac{d\ln k}{dT} = \frac{E_a}{RT^2}$$

微分式中 k 值随 T 的变化率决定于 E_a 值的大小。

【例 5-2】 以 N_2O_5 在四氯化碳液体中的分解反应为例，说明 k 与 T 的关系，并求出活化能 E_a。

$$N_2O_5 \rightarrow N_2O_4 + 1/2 O_2$$

在不同温度时由实验测得的速率常数列于表 5-1 中。

表 5-1　不同温度时 N_2O_5 的分解反应速率常数

温度 T/K	$\frac{1}{T}$/K^{-1}	k/s^{-1} *	$\ln k$
338	0.002 959	487×10^{-5}	-5.325
328	0.003 049	150×10^{-5}	-6.502
318	0.003 145	49.8×10^{-5}	-7.605

（续表）

温度 T/K	$\dfrac{1}{T}$/K^{-1}	k/s^{-1} *	ln$k$
308	0.003 247	13.5×10^{-5}	-8.910
298	0.003 356	3.46×10^{-5}	-10.272
273	0.003 663	$0.078\ 7 \times 10^{-5}$	-14.055

* N_2O_5的分解反应为一级反应，反应速率常数 k 的单位为 s^{-1}。

解：

表 5-1 中数据作图，以 ln$k$ 为纵坐标，$1/T$ 为横坐标，可得到一直线，如图 5-13 所示。在直线上找两点，取两点在纵坐标上的间距为 Δln$k$，在横坐标上的间距为 $\Delta\dfrac{1}{T}$，则斜率 $\alpha = \Delta \ln k / \Delta \dfrac{1}{T}$。例如，338 K 时与 298 K 时的两点都恰在直线上，根据此两点在表 5-1 中的数据，可得

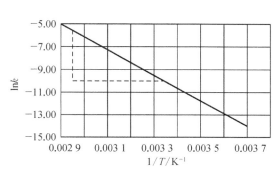

图 5-13　分解反应关系图

$$\alpha = \frac{\Delta \ln k}{\Delta \dfrac{1}{T}} = \frac{(-10.272) - (-5.325)}{(0.003\ 356 - 0.002\ 959)} = \frac{-4.947}{0.000\ 397} = -12\ 460$$

将 $\alpha = -12\ 460$，$T = 298$ K，ln$k = -10.272$ 代入直线公式 $\ln k = \alpha / T + B$，可得

$$-10.272 = -12\ 460/298 + B$$
$$B = -10.272 + 41.81 = 31.54$$

由于 $\alpha = \dfrac{-E_a}{R}$

所以

$$E_a = -R \times \alpha = -8.314 \times (-12\ 460) = 103\ 600\ \text{J/mol} = 103.6\ \text{kJ/mol}$$

$$\ln k = -12\ 460\frac{1}{T} + 31.54$$

答：ln$k$ 与 $\dfrac{1}{T}$ 的关系见图 5-13，数学表达式为 $\ln k = -12\ 460\dfrac{1}{T} + 31.54$；$N_2O_5$ 在四氯化碳液体中分解反应的活化能为103.6 kJ/mol。

5.1.4　生化反应动力学

5.1.4.1　酶催化反应动力学

酶催化反应动力学（kinetics of enzyme-catalyzed reactions）是系统研究酶催化反应的反应速率及其影响因素的一门科学。这些因素主要包括酶的浓度、底物的浓度、pH、温度、抑

制剂和激活剂等。酶催化反应动力学的研究成果有助于优化酶催化反应条件,以显著地提高反应效率;也有助于阐明酶的结构与其功能之间的相关性,为研究酶的微观作用机理提供基础数据;还有助于了解酶在代谢中的作用。环境工程中,常用的活性污泥法、生物膜法等其实质也是微生物产生的酶作用下将有机污染物转化为 CO_2、N_2、CH_4、H_2 等产物。

1) 酶的概念及其特性

酶(enzyme)是由活细胞合成的特殊有机物,能在细胞内或细胞外对特定反应起催化作用,是一种具有高度选择性和催化活性的生物催化剂。除少数 RNA 外,酶的本质都是蛋白质,具有一般蛋白质的理化特性;然而酶又不是一般的蛋白质,它是具有催化活性的蛋白质,它与普通化学催化剂相比具有如下特征:

(1) 催化效率高。大量实验数据统计结果表明,酶的催化效率是一般催化剂的 $10^7 \sim 10^{13}$ 倍。和一般催化剂类似,酶虽然可以加快化学反应的速率,但是不改变化学反应的平衡点,即反应平衡常数保持不变。酶在催化过程中以相同比例同时促进正向和逆向反应速率,可以将达到平衡所需的时间从几个小时缩短至几秒钟,其加速反应机制为降低化学反应所需的活化能。

(2) 催化特异性。和一般催化剂不同,酶对底物具有高度选择性,其催化反应也具有高度特异性。除了个别自发反应外,生物体内的绝大多数反应都由专一的酶催化。一种酶能从成千上万种反应物中找出特定的底物,这就是酶的特异性。根据酶催化特异性程度上的差别,可将之分为绝对特异性(absolute specificity)、相对特异性(relative specificity)和立体异构特异性(stereospecificity)三类。若某种酶只对一种特定底物有催化作用,可称之具有绝对催化特异性,如脲酶只能催化尿素水解,使其分解为二氧化碳和氨;若某种酶能催化一类化合物或一类化学键进行反应,可称之具有相对催化特异性,如酯酶既能催化甘油三酯水解,又能促进其他酯键水解。若某种酶对底物分子的立体构型有严格要求,可称之为具有立体异构催化特异性,如 L 乳酸脱氢酶只催化 L-乳酸脱氢,对 D-乳酸无作用。

(3) 催化活性可调节。酶的催化活性与多种因素直接相关,可据此调节酶催化反应的速率。例如,某些酶可通过共价键与一些化学基团发生可逆结合,从而调节其催化活性,这一过程称为酶的共价修饰。诱导剂或阻抑剂可以改变酶的合成与分解速率,调节细胞内酶的含量,从而达到改变催化反应速率的目的。此外还有一些其它的酶活性调节途径,例如别构剂可调节别构酶的催化活性、激素和神经体液通过第二信使对酶活力进行调节等。

2) 酶催化反应动力学

在研究某一因素对酶催化反应速率的影响时,需要保持系统的其他相关因素恒定,并保持严格的反应初始速率条件。例如,在研究催化反应速率与酶浓度之间的相关性时,系统所用的底物量必须足以饱和所有的酶,生成的产物不足以影响酶催化效率,且反应系统的其他相关条件(如 pH、温度等)未发生明显改变。下面将分别讨论酶浓度、底物浓度、温度、pH 等因素对酶催化反应速率的影响。

(1) 酶浓度

如图 5-14 所示,在温度和 pH 恒定时,如果特定底物的浓度远超过酶浓度,此时所有的酶都处于饱和状态,酶催化反应的初始速率与体系中酶浓度[E]成正比,可以利用该方法来测定特定酶的活性。

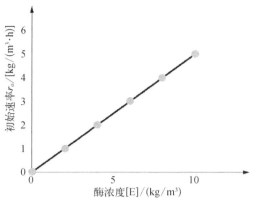

图 5-14 酶浓度对反应初速率的影响

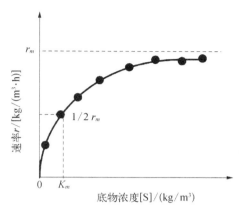

图 5-15 底物浓度对反应初速率的影响

（2）底物浓度

图 5-15 表示在酶浓度恒定的条件下,底物浓度与酶催化反应初始速率之间的关系。当底物浓度较低时,反应速率随着底物浓度的增加而急剧增加,并呈正相关关系。而当底物达到一定限值后,反应速率趋于恒定,基本不再随底物浓度增加而变化。此时,称该限值为底物的饱和浓度。当底物浓度等于或大于饱和浓度后,催化剂酶的活性中心全部为底物所占据,每一个酶分子均已经充分发挥其催化能力,因此催化反应速率受到酶浓度的限值,不再随着底物浓度的增加而提高。

① 米-门方程式。解释酶催化反应中底物浓度和反应速率关系的最合理学说是中间产物学说。酶首先与底物结合生成酶和底物的复合物,此复合物再分解为产物和游离的酶。这个过程可用下式表示

$$r = \frac{r_m[\text{S}]}{K_m + [\text{S}]} \qquad (5-33)$$

式中 ,r——酶催化反应的速率,$kg/(m^3 \cdot h)$;

r_m——最大反应速率,$kg/(m^3 \cdot h)$;

[S]——底物浓度,kg/m^3;

K_m——米氏常数,kg/m^3。

这个公式是研究酶反应动力学的一个基本公式,它符合图 5-15 所得的试验曲线。

② 米-门公式的推导。

$$\text{E}+\text{S} \underset{k_2}{\overset{k_1}{\rightleftharpoons}} \text{ES} \xrightarrow{k_3} \text{E}+\text{P}$$

式中,E、S、ES 和 P 分别代表游离酶、底物、酶-底物复合物和反应产物。k_1 为 ES 生成的反应速率常数,k_2 和 k_3 分别代表 ES 分解为 E+S 和 E+P 的反应速率常数。

$$\text{ES 形成的速率} = k_1[\text{E}][\text{S}]$$

$$\text{ES 分解的速率} = (k_2 + k_3)[\text{ES}]$$

当反应达到平衡状态时，可得 $\dfrac{[E][S]}{[ES]}=\dfrac{k_2+k_3}{k_1}$ （5-34）

设 $\dfrac{k_2+k_3}{k_1}=K_m$，则

$$\frac{[E][S]}{[ES]}=K_m \tag{5-35}$$

设酶的总浓度为$[E_0]$，则

$$[E]=[E_0]-[ES] \tag{5-36}$$

将式(5-36)代入式(5-35)，移项得

$$[ES]=\frac{[E_0][S]}{K_m+[S]} \tag{5-37}$$

因为酶催化反应速率由有效的酶浓度，即 ES 中间产物的浓度决定，所以

$$r=k_3[ES] \tag{5-38}$$

将式(5-38)代入式(5-37)中，移项得

$$r=\frac{k_3[E_0][S]}{K_m+[S]} \tag{5-39}$$

若反应体系中的底物浓度极大而使酶完全饱和时，即 $[E_0]=[ES]$，此时即达到最大反应速率 r_m，所以

$$r_m=k_3[E_0] \tag{5-40}$$

将式(5-40)代入式(5-39)中，则得

$$r=\frac{r_m[S]}{K_m+[S]} \tag{5-41}$$

即为米-门方程式。

③ 米-门方程式的讨论。

当底物浓度远小于米氏常数时，$K_m\gg[S]$

$$r=\frac{r_m}{K_m}[S] \tag{5-42}$$

即酶催化反应速率与对应底物浓度成正比，符合一级反应动力学。

当底物浓度远大于米氏常数时，$[S]\gg K_m$，则

$$r=r_m \tag{5-43}$$

即酶催化反应速率与相应底物浓度无关，符合零级反应动力学。

④ 米氏常数 K_m 与最大反应速率 r_m 的意义。

假设底物浓度为$[S]$，反应速率为最大反应速率的一半，则有下列等式成立：

$$r=\frac{1}{2}r_m=\frac{r_m[S]}{K_m+[S]} \tag{5-44}$$

进一步整理该方程式可得：$K_m = [S]$。因此，K_m代表酶催化反应速率达到最大速率一半时的底物浓度，又称为半速率常数。K_m值越大，酶与底物之间的亲和力越小，底物浓度很高时才能达到最大反应速率；反之，K_m越小，酶与底物之间的亲和力越大，底物浓度较低时即可达到最大反应速率。

K_m是酶的特征常数之一，其值大小与酶的结构、对应的底物和环境因子（如温度、pH、离子强度）有关，与酶本身的浓度无关。各种酶的K_m值的分布范围很广。当多种酶都能催化同一底物时，各个酶的K_m值大小迥异；当某个酶能同时催化多种底物时，对应不同底物的K_m值也各不相同。

当酶的活性中心全部被底物占据时，反应速率达到最大值r_m，其值大小与酶的浓度呈正比。若已知酶的总浓度，便可从r_m计算酶的转换数。

⑤ K_m与r_m值的测定。为了方便测定K_m与r_m的值，可对米氏方程式进行数学变形。例如，将米氏方程式等号两边同取倒数，可得如下所示的米-门方程式的倒数形式。此时曲线转变为直线，可利用最小二乘法对数据进行拟合，求得K_m和r_m的值，该方法称为双倒数作图法（Lineweave-Burk）。

$$\frac{1}{r} = \frac{1}{r_m} + \frac{K_m}{r_m}\frac{1}{[S]}$$

以$\frac{1}{r}$对$\frac{1}{[S]}$作图，可得如图5-16所示直线，其斜率为$\frac{K_m}{r_m}$，直线与y轴相交的截距为$\frac{1}{r_m}$，与x轴相交的一点为$-\frac{1}{K_m}$，所得方程为：$\frac{1}{r} = \frac{K_m}{r_m}\cdot\frac{1}{[S]} + \frac{1}{r_m}$。

（3）温度

酶催化效率对温度变化具有高度敏感性，这是酶的重要特性之一。每一种酶，在其它条件恒定时，只有某一个温度下才表现出最大活力，这个温度称为该酶作用的最适温度。各种酶在一定条件下，都有它的最适温度。一般来讲，动物体内酶的

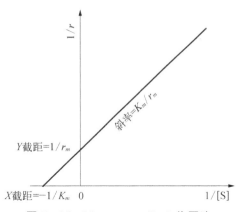

图5-16　Lineweaver-Burk作图法

最适温度为37～50 ℃，微生物细胞内多数酶的最适温度在25～60 ℃。在适宜温度范围内，温度每增高10 ℃，酶催化的化学反应速率约可提高1～2倍。

温度对酶活性有双重影响：一是酶反应温度在一定范围内（0～40 ℃），随着温度升高而加快；二是酶是蛋白质，随着温度升高，酶变性速率加快。因而温度对酶催化反应速率的影响是以上两种相反作用的综合结果。

在生物处理构筑物中，酶的活性表现为微生物群体的代谢活性。温度对好氧生物降解反应速率的影响可用下列形式表示，

$$\frac{r_T}{r_{20}} = \theta_t^{T-20} \tag{5-45}$$

式中，r_T——温度为T ℃时的反应速率，kg/(m³·h)；

r_{20}——温度为 20 ℃时的反应速率,kg/(m³·h);

θ_t——温度系数,1.02～1.25。

(4) pH

体系 pH 对酶催化反应速率有着重要影响。在同一介质中,测试某种酶在不同 pH 条件下的活力,可得某 pH 时酶催化效率达到最大值,称该 pH 为此酶的最适 pH,酶催化作用存在最适 pH 表明,酶分子活性基团、底物分子、辅酶和辅基的电离状态都与酶的催化效率直接相关,但酶的最适 pH 不属于酶的特征性常数,缓冲液的种类与浓度、底物浓度等均可改变酶作用的最适 pH。一般认为当体系处于适宜 pH 时,酶分子上活性基团的解离状态最适宜与底物结合。当体系 pH 改变时,酶与底物的结合能力就会发生显著降低。废水微生物处理工艺的 pH 一般保持在 6～9,多数工艺的最适 pH 在 6～8。

5.1.4.2 微生物群体生长规律

为了研究微生物群里的生长繁殖规律,可以将某菌种接种至适宜的液体培养基中,细菌以无性二分裂法进行繁殖,分裂后产生的每个子细胞都具有独立生活能力。在不补充或移出任何物质并保持培养液体积不变的条件下,以时间为横坐标,以细菌数为纵坐标,根据实验周期内细菌数的变化,可以绘制一条反应菌数随时间变化规律的曲线,称该曲线为生长曲线。如图 5-17 所示,典型的生长曲线可根据细菌数变化规律分为迟缓期、对数期、稳定期和衰亡期等四个阶段。

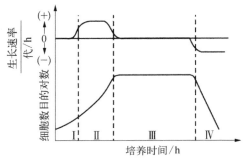

Ⅰ-迟缓期;Ⅱ-对数期;Ⅲ-稳定期;Ⅳ-衰亡期;

图 5-17　微生物典型的生长曲线

1) 迟缓期

细菌接种后,往往并不立即在培养基中开始生长繁殖过程。尤其在最初一段时间内,细菌数量没有发生显著变化,这一阶段称为迟缓期。迟缓期是细胞适应新环境的时期,出现滞后的原因主要有两点：一是由于前、后培养基成分上有差别,细胞在新环境中就必须诱导合成利用新营养物质的相关酶类;二是细胞内的酶催化反应需要一些特定辅酶或活化剂,此类物质具有较高的通过细胞膜的转移能力,因而当通过接种过程转移至新的培养基中时,可通过扩散作用从细胞内流失。

2) 对数期

迟缓期末,细胞开始适应新的环境,并出现分裂繁殖,培养液中的菌数显著增加,此时细菌生长进入对数期。在该时期,以细菌数的自然或常用对数与对应时间作图,近似可得一直线。对数期细菌总数几乎按指数规律增加,即 $2^0 \rightarrow 2^1 \rightarrow 2^2 \rightarrow 2^3 \rightarrow \cdots 2^{n_g}$。若一次分裂过程划分为"一个世代",则每经过"一个世代",细菌群体数目增加一倍。因细菌的群体生长是按指数速率进行的,故称该阶段为指数增长期。该规律可用方程式(5-46)表示：

$$X'_{C2} = X'_{C1} \cdot 2^{n_g} \tag{5-46}$$

式中,X'_{C1}、X'_{C2}——分别为时间 τ_1 和 τ_2 时刻的细胞数;

n_g——世代数。

R_C——生长速率,单位时间所增加的细胞数或单位时间内的世代数,s^{-1} 或 h^{-1};

G_τ——世代时间,细胞分裂一次所需时间,s 或 h;

τ——时间,s 或 h;

τ_1,τ_2——分别为时间 τ_1 和 τ_2 时刻,s 或 h。

由上式可推导出:
$$n_g = 3.3\lg \frac{X'_{C2}}{X'_{C1}} \tag{5-47}$$

设 R_C 为生长速率,即单位时间内的世代数,即
$$R_C = \frac{n_g}{\tau_2 - \tau_1} \tag{5-48}$$

将式(5-47)代入式(5-48),则
$$R_C = \frac{3.3\lg \dfrac{X'_{C2}}{X'_{C1}}}{\tau_2 - \tau_1} \tag{5-49}$$

又设 G_τ 为世代时间,即细胞分裂一次所需时间,则 G_τ 为 R_C 的倒数
$$G_\tau = \frac{1}{R_C} = \frac{\tau_2 - \tau_1}{3.3\lg \dfrac{X'_{C2}}{X'_{C1}}} \tag{5-50}$$

由此可见,在一定时间内菌体细胞所经历的世代数(n_g)越多,即世代时间(G_τ)越小,生长速率(R_C)越快。

3）稳定期

随着培养基中细胞的生长繁殖,氮、磷等营养物质逐渐被消耗,有害代谢物浓度也随之逐渐升高,细胞的生长繁殖速率开始逐渐下降,最终细胞繁殖与凋亡速率基本相等,此时培养基中细胞浓度不再增加,生长进入稳定期。该时期培养基中细胞的浓度达到最大值。

4）衰亡期

随着培养基中营养物质的消耗殆尽及有害代谢废物的累积,细胞死亡速率逐渐加快。当细胞死亡速率超过生长速率时,培养基中细胞浓度开始逐渐下降,细胞生长进入衰亡期。在衰亡期中细胞形状和大小很不一致,有时会产生畸形细胞,细菌的生命活动主要依靠内源呼吸,并有大量细胞死亡。

5.1.4.3　微生物反应动力学

1）微生物生长速率

微生物生长速率与细胞浓度成正比,用公式表示如下:
$$r_X = \frac{dX_C}{d\tau} = \mu_B X_C \tag{5-51}$$

式中,r_X——微生物生长速率,kg/($m^3 \cdot$h);

X_C——细胞浓度,kg/m^3;

μ_B——比生长速率,h^{-1};

τ——时间,h。

根据上式可知,比生长速率相当于一级反应的速率常数,表示为

$$\mu_B = \frac{1}{X_C} \frac{dX_C}{d\tau} \tag{5-52}$$

比生长速率与细胞种类、培养基组成、底物浓度、培养温度、环境 pH、溶解氧浓度等因素有关。比生长速率与限制性底物浓度的关系见图 5-18。在低限制性底物浓度下 μ_B 随限制性底物浓度的增加而增加,最终达到其最大值 μ_{Bmax}。此曲线用数学方程式表达则为 Monod(莫诺特)方程,即

$$\mu_B = \frac{\mu_{Bmax}[S]}{K_S + [S]} \tag{5-53}$$

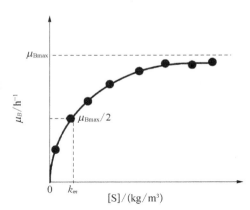

图 5-18 限制性底物浓度对细胞比
生长速率的影响

式中,μ_B——比生长速率,h^{-1};

μ_{Bmax}——最大比生长速率,h^{-1};

[S]——底物浓度,kg/m^3;

K_S——饱和系数,kg/m^3,K_S 与 $\mu_B = \mu_{Bmax}/2$ 时[S]值相等。

2)有抑制性因子存在时的生长速率方程

某些底物或产物(如葡萄糖、甲醇、乙醇等)会对细胞的生长产生抑制。它们产生生长抑制作用的原因可能包括:膜流动性和通透性的变化;底物、中间代谢物或产物的化学势的变化;酶活性的变化(抑制);对酶合成的影响(阻遏);多亚基酶的解聚;以及对细胞功能的影响。此外,某些底物浓度升高会激活某个代谢途径但抑制另一个代谢途径。例如,葡萄糖代谢过程中,氧浓度升高会抑制酵解途径而激活氧化代谢途径,这个现象称为巴斯德效应。当葡萄糖浓度达到很高的情况下,即使在有氧条件下耗氧代谢也会受到抑制,代谢转向酵解途径,这个现象称为葡萄糖效应。

(1)底物抑制

高浓度底物对细胞生长的抑制分为竞争性抑制和非竞争性抑制。如果生长抑制是由催化底物降解的反应中的一个限速反应步骤引起的,则对生长的抑制类型与对酶活性的抑制类型相同。主要的底物抑制方程有:

① 非竞争性抑制:

$$\mu_B = \frac{\mu_{Bmax}}{\left(1 + \frac{K_S}{[S]}\right)\left(1 + \frac{[S]}{K_1}\right)} \tag{5-54}$$

式中,K_1——基质抑制系数,kg/m^3。

如果 $K_1 \gg K_S$,则

$$\mu_B = \frac{\mu_{Bmax}[S]}{K_S + [S] + \frac{[S]^2}{K_1}} \tag{5-55}$$

② 竞争性抑制:

$$\mu_B = \frac{\mu_{Bmax}[S]}{K_S\left(1 + \frac{[S]}{K_1}\right) + [S]} \tag{5-56}$$

抑制常数 K_I 对于竞争性抑制和非竞争性抑制是不同的。

（2）产物抑制

微生物产物抑制动力学也可以分为竞争性抑制和非竞争性抑制。有时,在具体抑制机制不清楚的条件下,可以把比生长速率近似地写为指数衰减或线性衰减形式。常用的生长抑制方程有以下两种。

① 非竞争性抑制：
$$\mu_B = \frac{\mu_{Bmax}}{\left(1 + \frac{K_S}{[S]}\right)\left(1 + \frac{[P_C]}{K_P}\right)} \tag{5-57}$$

② 竞争性抑制：
$$\mu_B = \frac{\mu_{Bmax}[S]}{K_S\left(1 + \frac{[P_C]}{K_P}\right) + [S]} \tag{5-58}$$

式中,$[P_C]$——代谢产物浓度,kg/m^3;

K_P——代谢产物抑制系数,kg/m^3。

3）基质消耗速率

微生物反应系统中存在着大量的细胞,而且各个细胞之间都存在着一定的差异,实际应用过程中,不可能掌握每个细胞的基质消耗速率。故常不考虑细胞内的差异,而把细胞看作一个组分稳定的化学物质,对该系统的宏观消耗速率进行分析讨论。

基质的消耗速率与生长速率的关系可表示为
$$-r_S = -\frac{d[S]}{d\tau} = \frac{r_X}{Y_{X/S}} \tag{5-59}$$

式中,r_S——基质消耗速率,kg(基质)$/(m^3 \cdot h)$;

r_X——微生物生长速率,kg(细胞)$/(m^3 \cdot h)$;

$[S]$——底物浓度,kg/m^3;

τ——反应时间,h;

$Y_{X/S}$——细胞表观产率系数,kg(细胞)$/kg$(基质)。

基质的消耗速率除以菌体量称为基质的比消耗速率,以 γ 来表示,即
$$\gamma = \frac{r_S}{X_C} \tag{5-60}$$

式中,X_C——菌体量,kg/m^3;

γ——基质的比消耗速率,kg(基质)$/[kg$(细胞)$\cdot h]$。

根据式（5-51）、（5-59）和（5-60）,有
$$-\gamma = \frac{\mu_B}{Y_{X/S}} \tag{5-61}$$

μ_B 由 Monod 方程表示时,式（5-61）变形为
$$-\gamma = \frac{\mu_{Bmax}}{Y_{X/S}}\frac{[S]}{K_S + [S]} = (-\gamma_{max})\frac{[S]}{K_S + [S]} \tag{5-62}$$

式中，γ——基质比消耗速率，kg(基质)/[kg(细胞)·h]；

γ_{max}——基质最大比消耗速率，kg(基质)/[kg(细胞)·h]；

[S]——底物浓度，kg/m³；

K_S——饱和系数，kg/m³，K_S 与 $\mu_B = \mu_{Bmax}/2$ 时 [S] 值相等；

$Y_{X/S}$——细胞表观产率系数，kg(细胞)/kg(基质)。

当细胞以氮源、无机盐类、维生素等为消耗性基质时，由于这些物质只是细胞的构成组分，不能作为能源，$Y_{X/S}$ 近似一定，所以式(5-62)能够成立。但当消耗性基质既是细胞组成成分(碳源)又是能量来源时，就应考虑维持细胞正常代谢所消耗的能量。在该情况下：

(碳源总消耗速率)=(用于生长的消耗速率)+(用于维持代谢的消耗速率)

$$-r_S = \frac{r_X}{Y_{X/S\,max}} + m_k X_C \tag{5-63}$$

式中，$Y_{X/S\,max}$——无维持代谢时的最大细胞产率系数，kg(细胞)/kg(基质)；

m_k——维持系数，kg(基质)/[kg(细胞)·h]；

X_C——菌体量，kg/m³；

r_S——基质消耗速率，kg(基质)/(m³·h)。

式(5-63)两边同时除以细胞浓度 X_C，可得式(5-64)：

$$-\gamma = \frac{\mu_B}{Y_{X/S\,max}} + m_k \tag{5-64}$$

式(5-64)显示了基质比消耗速率 γ 和细胞比增长速率 μ_B 之间的相关性，也可看成是含有两个参数的线性模型。对式(5-64)进行深入分析，γ 与 μ_B 的关联性可进一步简化为式(5-65)。由于 μ_B 是 [S] 的函数，因而 γ 也是 [S] 的函数。

$$-\gamma = f(\mu_B) = f[S] \tag{5-65}$$

5.2 反应器

反应器是进行生物或化学反应的容器。通过一系列工程措施，在容器中提供一定的反应条件，使反应更快、更高效地向所希望的方向进行。如活性污泥法处理城市污水，就是通过在曝气池中充空气(氧气)、搅拌、回流等一系列工程措施，使微生物分解污水中有机污染物为 CO_2 和 H_2O 的生化反应，相比其模拟的河流自然生化过程，更快、更高效地进行。

如污染物在反应器中进行生物或化学反应时，主要是生物或化学过程，同时也伴随着物理过程，如扩散、返混等，生物或化学过程与物理过程既互相联系，又互相影响，错综复杂。规模大的实际工程应用过程与在实验室小反应器中进行生物或化学反应的条件、状况有很大的差别，前者存在大量的工程问题。因此反应工程学是把生物或化学反应与工程中的问题统一起来考虑，研究反应器的设计放大和过程最优化。它包括生物/化学反应宏观动力学，即生物/化学反应速率与各参数之间的定量关系；连续流动反应器物料的返混作用与停留时间的分布；反应器的特性及反应过程的最优化等。

总的来说，反应工程学就是研究大规模生物/化学反应的过程、设备特性的基本规律和

各种参数间的相互关系,其具体任务包括:

(1) 反应器的正确选型与合理设计;

(2) 利用实验室的研究数据进行有效放大,解决在实际工程应用中可能出现的问题;

(3) 实现反应过程的设计和控制最优化;

(4) 改进和强化现有的技术与设备,降低能耗,提高经济效益。

通过小试或中试,不仅要找到合适的工艺条件,更重要的是要建立该生物/化学反应的动力学模型;另外,还要对反应器的传递过程进行研究,建立物料在反应器内的流动模型,获得有关传递过程的参数。这样,就能大幅度缩短反应器放大时间,也能在较宽广的范围内找出最佳或最适合的工艺条件和运行条件。

5.2.1　反应器内物料的流动模型

5.2.1.1　基本概念

物料质点:物料质点是指代表物料特性的微元或微团,宏观物料由无数个质点组成。

停留时间/平均停留时间:在反应器连续运行过程中,某物料质点从入口到出口所经历的时间,称为该物料质点的停留时间。在实际的反应器中,各物料质点的停留时间不尽相同,存在一个分布,即停留时间分布。各质点的停留时间的平均值称平均停留时间。

5.2.1.2　流动模型

在流动反应器中,物料质点的流动状况各不相同,造成物料浓度不均。物料质点所经历的反应时间差异,对反应结果有着非常直接的影响。因此对于流动反应器,必须考虑物料在反应器内的流动状况。物料质点在反应器内的流动状况难以直接观察,一般采用流动模型来进行具体描述。一般而言,流动模型可以分为理想流动模型和非理想流动模型,而理想流动模型又可细分为平推流式模型和全混流模型。

1) 平推流模型

平推流模型认为物料进入反应器后沿流动方向像发动机气缸里的活塞一样向前移动,彼此不相混合。具体而言包括推流式模型、活塞流模型、理想置换模型、理想排挤模型、管式流模型等类型。

(1) 模型特点:① 温度、浓度、压力等物料参数沿流动方向连续变化;② 垂直于流动方向的任意截面上的物料参数均相同,反应器内无明显边界层;③ 反应器内部沿流动方向的截面间物料不相混合;④ 反应器任一截面上的物料质点的停留时间相同;⑤ 无返混,反应器内不同停留时间的物料质点不相混合。

(2) 适用范围高径比较大的管式反应器。

2) 全混流模型

全混流模型认为物料进入反应器的一瞬间,反应器的新进物料和内部原有物料达到完全混合。可细分为完全混合式模型、理想混合模型、搅拌槽式模型、搅拌釜模型等不同类型。

(1) 模型特点:① 反应器内物料质点完全混合,物料参数处处相同,且等于出口处的参数;② 同一时刻进入反应器的物料在瞬间分散,并与反应器内原有物料均匀混合;③ 反应器内物料质点的停留时间各不相同。同一时刻离开反应器的物料中,质点的停留时间也不相同;④ 返混接近无穷大。

（2）适用范围：带有强烈搅拌的完全混合反应器。

3）轴向返混模型

大多数连续运行的实际反应器内，物料的流动情况既不是全混流，也不是平推流，而是介于二者之间。这时，需要利用新的流动模型进行数学描述，轴向返混模型就是其中之一。

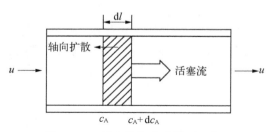

图 5-19　轴向扩散流动模型示意图

这种模型认为物料在流动体系中流动情况偏离平推流的程度可以通过在平推流的主体上叠加一个轴向扩散或叫作轴向返混来描述，轴向返混的方向与主体流动方向相反。如图 5-19 所示。

假设轴向返混可以用 Fick 定律来表示，而且物料的流动是稳定的，则轴向返混模型可以用如下的常微分方程来描述：

$$D_a \frac{\mathrm{d}^2 c_A}{\mathrm{d}l^2} - u \frac{\mathrm{d}c_A}{\mathrm{d}l} - r_A = 0 \qquad (5-66)$$

式中，D_a——轴向扩散系数，m^2/s；

$\dfrac{\mathrm{d}c_A}{\mathrm{d}l}$——轴向的浓度梯度，$kg/m^4$；

u——流速，m/s；

r_A——化学反应速率，$kg/(m^3 \cdot s)$。

当起始条件和边界条件确定之后，就可以得到这个方程的定解，即对于一个具体流动情况下化学反应结果的数学描述。

4）多反应器串联流动模型

如图 5-20 所示，该模型把一个连续运行的流动体系视作多个理想搅拌反应器串联的结果。该方法利用串联的反应器个数 N 来表征实际流动情况偏离平推流或全混流的程度。这种模型比较直观，表示流动特征的参数 N 可由实验来确定。

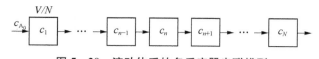

图 5-20　流动体系的多反应器串联模型

V-流动体系的体积；N-流动体系所相当的串联反应器数

5.2.2　反应器及运行方式

5.2.2.1　按运行状况

根据物料的加入方式，可将反应器分为间歇式反应器、连续流反应器、半间歇或半连续反应器和序批式反应器等多种类型。

1）间歇反应器

反应物"一罐一罐地"加入反应器内进行反应，每次加入反应物料后，经过一定时间反应达到要求后,一次取出所有反应产物,间歇地分批次完成整个操作过程。

此类反应器的主要特点如下。

(1)运行特点:反应过程中没有物料的输入,也没有物料的输出,不存在物料的进与出。一般用于均质的液相反应,特别是用于处理量不大的情况。

(2)典型特征:反应体系的浓度、温度等参数在反应器内部保持均一,仅随着反应时间的推移而变化,且所有物料质点经历相同的反应时间。

(3)主要优点:运行灵活,设备费低,适用于小批量生产或小规模污水处理等。

(4)主要缺点:设备利用率低,劳动强度大,不同批次的运行条件不易相同,产物质量(如出水水质)不易控制。

2)连续反应器

反应过程中,不断进料的同时,反应器保持连续出料,反应器的温度、反应物浓度等参数仅随内部空间位置而变化,而与反应时间无关。连续反应器有两种不同的类型,分别称为推流式反应器(plug flow reactor)及连续流完全混合式反应器(continuous stirred tank reactor, CSTR)。

3)半连续/半间歇反应器

在该运行模式下,一般先将某种或某几种反应物全部加入反应器内,而后随着时间取出产物,加入新的反应物等,反应器内的物料参数随时间改变,运行方式介于连续流和间歇式之间,如传统的厌氧污泥反应器。

4)序批式反应器

序批式反应器(sequencing batch reactor, SBR)是一个时间上不断循环的间歇式反应器,在水处理中广泛应用且反应器体积和处理的水量可以非常大,自动化程度也高。如活性污泥法中的序批式反应器,不断重复如下5个步骤:① 充水;② 反应(曝气);③ 沉降(沉淀);④ 排水;⑤ 闲置。

5.2.2.2 按反应器的形状

根据几何形状可归纳为管式、槽(釜)式和塔式、固定床、膨胀床和流化床等反应器。

管式反应器一般采用连续运行方式,其典型特征是具有较大的高径比或长宽比,反应过程中物料混合作用很小,传统推流式活性污泥法属于此类型;烟气吸收塔也属于此类型。

槽(釜)式反应器可采用连续运行方式,亦可采用间歇运行方式。其特征是高径或长宽比比较小,一般接近于1;器内通过搅拌器搅拌,物料混合相对均匀,如机械曝气沉淀池。

5.2.2.3 按反应物的相态

按反应物的相态可将反应器分为均相反应器和多相反应器。均相反应器内部反应通常只在单一的气相或者液相中进行,如pH调节池。若某反应器内反应涉及两相甚至多相介质时,则称之为多相反应器,如烟道气吸收塔、活性污泥法中的曝气池、生物滤池等。

5.2.2.4 按流态分类

根据反应物的流动与混合状态,可分为理想流反应器和非理想流反应器。理想流反应器又可分完全混合流(全混流)反应器和推流反应器。

5.2.3 理想均相反应器的计算

以物质不灭定律和能量守恒定律为基础的物料衡算式是反应器计算的基本方程式。所有的反应器均可对体系中的某一组分进行物料衡算。

单位时间内物料的输入量＝单位时间内物料的输出量＋单位时间内物料的累积量
＋单位时间内由于反应而消失的物料量

此式为一普遍式,对于不同类型的反应器,应根据具体情况列出其中的各项,得到具体的衡算式。获得反应器具体的衡算式后,代入相应的反应速率方程,根据反应器的特点确定边界条件,即可获得不同生物/化学反应速率方程下,达到一定浓度或转化率所需的时间,然后根据处理量,即可获得相应的反应器体积。

5.2.3.1 间歇式反应器

间歇式反应器的体积是由物料的日处理量和反应所需时间来决定的,因为是间歇运行,每批运行所需时间应包括反应时间 τ 和每批运行中加料、出料和清洗等辅助时间 τ'。反应器的有效容积是指反应物所占有的体积 V_R,而反应器的总容积 V_T 由下式计算:

$$V_R = V_T \varphi_{R/T} \tag{5-67}$$

式中,$\varphi_{R/T}$ 为装料系数,指加入反应器的物料体积或反应器有效容积 V_R 占反应器总容积 V_T 的分数。对于不发生泡沫,不沸腾的液体,$\varphi_{R/T}$ 可取 0.7～0.85;对于其他物料体系,$\varphi_{R/T}$ 可取 0.4～0.6。对于环境工程中的污水处理反应器,其反应总体积 V_T 为有效体积 V_R 确定以后,且长、宽、高也确定以后,保持不变的长和宽,在原高度上加 0.3～0.5 m 超高,然后获得总容积 V_T。

要计算反应器的总容积,应首先计算出其有效容积,而有效容积又取决于反应时间 τ。

在间歇反应器中,由于搅拌作用,反应器内各点的组成、温度均相同,反应过程中反应器内无物料输入和输出,所以,对整个反应器作组分 A 的衡算式如下:

单位时间内由于反应而消失的物料量＝－单位时间内物料的积累量

$$(-r_A)V = -\frac{\mathrm{d}n_A}{\mathrm{d}\tau} \tag{5-68}$$

式中,$(-r_A)$——反应体系中组分 A 的反应速率,$\mathrm{mol}/(\mathrm{m}^3 \cdot \mathrm{s})$;

V——时间 τ 时反应物的体积,m^3;

n_A——反应物 A 的摩尔数,mol;$n_A = n_{A0}(1 - x'_A)$。其中,n_{A0} 为反应物 A 起始物质的量(mol),x'_A 为反应组分的转化率:

所以转化率是反应物反应消耗的量占反应物起始量的分数。所以

$$x'_A = \frac{n_{A0} - n_A}{n_{A0}} \quad \text{则} \quad n_A = n_{A0}(1 - x')$$

$$(-r_A)V = \frac{-\mathrm{d}[n_{A0}(1 - x'_A)]}{\mathrm{d}\tau} = n_{A0} \frac{\mathrm{d}x'_A}{\mathrm{d}\tau} \tag{5-69}$$

整理上式得

$$\tau = n_{A0} \int_0^{x'_A} \frac{\mathrm{d}x'_A}{(-r_A)V} \tag{5-70}$$

上式即为间歇反应器中使反应物达到一定转化率所必需的反应时间的基本计算式。此式适用于 V 随反应的进行而变化的情况。

下面讨论一下一些特殊情况下的计算。

（1）对于定容过程，反应前后物料的体积变化不大，可视为常数，则式（5-70）变为

$$\tau = \frac{n_{A0}}{V} \int_0^{x'_A} \frac{\mathrm{d}x'_A}{-r_A} = c_{A0} \int_0^{x'_A} \frac{\mathrm{d}x'_A}{(-r_A)} \tag{5-71}$$

又

$$c_A = c_{A0}(1 - x'_A)$$

$$\mathrm{d}c_A = -c_{A0}\,\mathrm{d}x'_A$$

所以

$$\tau = -\int_{c_{A0}}^{c_A} \frac{\mathrm{d}c_A}{(-r_A)} \tag{5-72}$$

（2）对于不可逆的一级定容反应有

$$-r_A = c_A \frac{\mathrm{d}x'_A}{\mathrm{d}\tau} = kc_A = kc_{A0}(1 - x'_A) \tag{5-73}$$

式中，k——反应速率常数，单位随反应级数不同而不同。对于一级反应，k 的单位为 s^{-1}。

式（5-73）可整理成

$$\frac{\mathrm{d}x'_A}{\mathrm{d}\tau} = k(1 - x'_A)$$

$$\int_0^{x'_A} \frac{\mathrm{d}x'_A}{1 - x'_A} = \int_0^{\tau} k\,\mathrm{d}\tau$$

$$\tau = \frac{1}{k} \ln \frac{1}{1 - x'_A} \tag{5-74}$$

（3）不同的反应，均可根据动力学微分方程式，由式（5-71）积分求得达到一定转化率所需时间 τ，积分的边界条件为

$$\begin{cases} \tau = 0, & x'_A = 0 \\ \tau = \tau, & x'_A = x'_A \end{cases}$$

在间歇式搅拌反应器中，表 5-2 列出了零级、一级和二级反应达到特定转化率和流出浓度时所需的反应时间 τ。

表 5-2　不同化学反应在间歇式搅拌反应器中的反应时间

反应级数	动力学微分方程	达到一定转化率所需时间	达到一定浓度所需时间
零级反应	$-r_A = k$	$\tau = \dfrac{x'_A c_{A0}}{k}$	$\tau = \dfrac{c_{A0} - c_A}{k}$

(续表)

反应级数	动力学微分方程	达到一定转化率所需时间	达到一定浓度所需时间
一级反应	$-r_A = kc_A$	$\tau = \dfrac{1}{k}\ln\dfrac{1}{1-x_A'}$	$\tau = \dfrac{1}{k}\ln\dfrac{c_{A0}}{c_A}$
二级反应	$-r_A = kc_A^2$	$\tau = \dfrac{1}{k}\dfrac{x_A'}{c_{A0}(1-x_A')}$	$\tau = \dfrac{1}{k}\left(\dfrac{1}{c_A}-\dfrac{1}{c_{A0}}\right)$

（4）从以上的讨论可以看出，在间歇反应器中，只要 c_{A0} 相同，每批反应物料达到一定转化率所需的反应时间只取决于反应速率（$-r_A$）。对于同一个反应，无论反应物的处理量为多少，只要达到相同的转化率，每批所需反应时间也必然相同。因此，在设计放大时，只要保证大生产下影响反应速率的因素与小试相同，即可保证反应时间也相同。

（5）对于式(5-70)、式(5-71)和式(5-72)的各式结果，也可以用图解形式直观地表示各参数之间的关系，如图5-21所示。

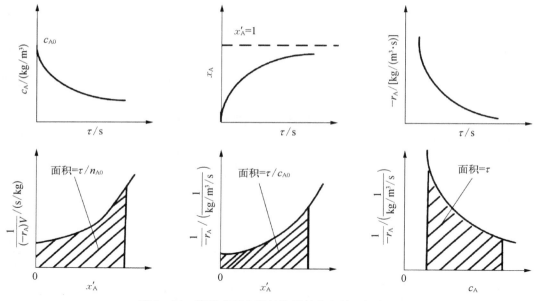

图 5-21   间歇式反应器性能及其方程的图解表示

通过以上讨论，可以计算不同反应在一定转化率时所需的反应时间 τ，由此便可确定反应器的有效容积 V_R，从而进一步确认反应器的体积。

$$V_R = \frac{日处理量}{24}\times(\tau+\tau') = q_h(\tau+\tau') \tag{5-75}$$

式中，q_h——平均每一小时处理的物料量，m^3/h；

   τ'——每批运行中加料、出料和清洗等辅助时间，h。

对于一定的反应物料体积，即可选用一个反应器；当选用一个反应器的体积过大时，也可以采用几个小容积反应器并联的办法。因为当反应器容积太大时，搅拌效果很难达到小反应器那样均匀,因此会造成物料混合不均匀,导致浓度和温度分布也不均匀,因而会降低转化率,达不到设计要求。但是,若选用几个较小的反应器,相应的辅助设备便会增加,设备运行费用也因此而增大。所以,应从反应物的特性、产品质量、运行情况和经济效益等多方面权衡利弊来确定反应器的容积和个数。

【例 5 - 3】 在间歇运行的反应器中进行如下的分解反应:

$$A \xrightarrow{\ 328\,K\ } B + C$$

经实验测定,该反应为一级反应,在 328 K 时其一级反应动力学常数为 $0.231\,h^{-1}$。若反应物 A 的日处理量和初始浓度分别为 189 m³ 和 $1.00\,kg/dm^3$,反应器高径比为 8,超高为 0.30 m,每次运行所需辅助时间 $\tau' = 4\,h$,试求反应物 A 转化率为 90% 时所需的反应器有效体积和总体积。

解:计算达到要求的转化率所需时间 τ

根据式(5-74):

$$\tau = \frac{1}{k} \ln \frac{1}{1 - x'_A} = \frac{1}{0.231} \ln \frac{1}{1 - 0.9} = 9.97\,h$$

计算反应器的体积

根据式(5-75):

$$V_R = \frac{日处理量}{24} \times (\tau + \tau') = q_h(\tau + \tau') = \frac{189}{24} \times (9.97 + 4) = 110.01\,m^3$$

$$V = \frac{\pi}{4} d^2 h = \frac{\pi}{4} d^2 \times 8d = 2\pi d^3 = 110.01\,m^3$$

$$d = 2.60\,m$$

$$h = 8d = 8 \times 2.60 = 20.80\,m$$

$$h_总 = 20.80 + 0.30 = 21.10\,m$$

$$V_总 = \frac{\pi}{4} d^2 h_总 = \frac{\pi}{4} \times 2.60^2 \times 21.10 = 111.97\,m^3$$

答:反应器的有效体积和总体积分别为 110.01 m³ 和 111.97 m³。

5.2.3.2　连续运行的推流式反应器

推流式反应器通常是连续运行的,其显著特征是反应器内物料质点无返混,且停留时间相等。在垂直于物料流动方向的截面上,流速、浓度、转化率和温度等参数均相等,但沿着物料的流动方向上却是改变的。在反应器轴向方向上取一微元容积 dV_R,对组分 A 做物料衡算。

在稳定流动下,没有物料累积,此时的物料衡算式为

单位时间内物料的输入量 = 单位时间内物料的输出量

+ 单位时间内由于反应而消失的物料量

设单位时间内物料进入 dV_R 的量为 $q_{mA}(\mathrm{mol/s})$；q_{mA0} 为反应物 A 的进口流量($\mathrm{mol/s}$)。单位时间内物料的输出量为 $q_{mA} + dq_{mA}$，单位时间内由于反应而消失的物料量为 $(-r_A) \cdot dV_R(\mathrm{mol/s})$，则

$$q_{mA} = (q_{mA} + dq_{mA}) + (-r_A) \cdot dV_R$$

又

$$dq_{mA} = d[q_{mA0}(1 - x'_A)] = q_{mA0} d(1 - x'_A) = -q_{mA0} dx'_A$$

整理后可得

$$q_{mA0} dx'_A = (-r_A) \cdot dV_R$$

根据边界条件：

$$V_R = 0, \quad x'_A = 0$$
$$V_R = V_R, \quad x'_A = x'_A$$

所以

$$\int_0^{V_R} \frac{dV_R}{q_{mA0}} = \int_0^{x'_A} \frac{dx'_A}{(-r_A)}$$

对于定容稳定运行，q_{mA0}、V_R 均为常数，故

$$\frac{V_R}{q_{mA0}} = \int_0^{x'_A} \frac{dx'_A}{(-r_A)} \tag{5-76}$$

又

$$q_{mA0} = q_V c_{A0}$$

式中 q_V 是进料的体积流量，因

$$\frac{V_R}{q_V c_{A0}} = \int_0^{x'_A} \frac{dx'_A}{(-r_A)}$$

$$\tau = \frac{V_R}{q_V} = c_{A0} \int_0^{x'_A} \frac{dx'_A}{(-r_A)} \tag{5-77}$$

对于定容过程，$x'_A = 1 - c_A/c_{A0}$，所以

$$dx'_A = -\frac{dc_A}{c_{A0}}$$

于是式(5-77)变为

$$\tau = \frac{V_R}{q_V} = -\int_{c_{A0}}^{c_A} \frac{dc_A}{(-r_A)} \tag{5-78}$$

这就是连续运行的推流式反应器计算的基本方程式。

（1）对于一个不可逆的一级方程式，有

$$(-r_A) = kc_A = kc_{A0}(1 - x'_A)$$

将上式代入式(5-77),可得

$$\tau = \frac{V_R}{q_V} = c_{A0} \int_0^{x_A'} \frac{\mathrm{d}x_A'}{(-r_A)} = c_{A0} \int_0^{x_A'} \frac{\mathrm{d}x_A'}{kc_{A0}(1-x_A')}$$

$$\tau = \frac{V_R}{q_V} = \frac{1}{k} \ln \frac{1}{1-x_A'} \qquad (5-79)$$

(2) 对于不同的反应,可根据动力学微分方程式,由式(5-77)积分得到一定转化率时的反应时间 τ。积分的边界条件为

$$\begin{cases} \tau = 0, & x_A' = 0 \\ \tau = \tau, & x_A' = x_A' \end{cases}$$

表 5-3 列出了几种典型反应在连续运行的推流式反应器中达到一定转化率和一定流出浓度时所需的反应时间。

表 5-3　不同化学反应在连续推流式反应器中的反应时间

反应级数	动力学微分方程	达到一定转化率所需时间	达到一定浓度所需时间
零级反应	$-r_A = k$	$\tau = \dfrac{x_A' c_{A0}}{k}$	$\tau = \dfrac{c_{A0} - c_A}{k}$
一级反应	$-r_A = kc_A$	$\tau = \dfrac{1}{k} \ln \dfrac{1}{1-x_A'}$	$\tau = \dfrac{1}{k} \ln \dfrac{c_{A0}}{c_A}$
二级反应	$-r_A = kc_A^2$	$\tau = \dfrac{1}{k} \dfrac{x_A'}{c_{A0}(1-x_A')}$	$\tau = \dfrac{1}{k} \left(\dfrac{1}{c_A} - \dfrac{1}{c_{A0}} \right)$

(3) 也可以用图解法表示各参数之间的关系,如图 5-22 所示。

从以上的讨论可以看出:连续运行的推流式反应器与间歇运行的搅拌反应器各对应的方程式相同,而且表述各种参数之间的关系的图解形式也相同。

经比较还可以发现,对于定容过程,同一反应在连续式推流反应器和间歇式搅拌反应器中达到同一反应进度,所需的反应时间相等。另外,由于这两种反应器内均不存在返混,因此,随着时间的延续,从开始到结束,分子浓度的变迁史也完全相同。所以,当有效容积相等时,两种反应器的生产能力也相同。但是,两种反应器在本质上却是不同的。首先,物料的流动状态有本质的区别,推流式反应器内物料是稳定的、不混合的连续流动,而间歇式搅拌反应器中物流却是混合均匀的、不稳定的非流动体系。对于间歇式反应器,反应时间可从反应速率定义出发直接积分得出,反应时间是反应进行的程度的直接反映;连续运行的推流式反应器的反应时间则随反应器的轴向长度而改变,在任意给定的截面上,物料的任何性质都不随时间而变化,所以,间歇运行的搅拌反应器的各参数 如浓度、转化率等均是时间的函数,与反应器的尺寸无关;连续运行的推流式反应器的各参数却是空间的函数,随空间而改变。

利用以上两种反应器的相似性,在放大设计时,可将间歇运行的搅拌釜的数据直接用于推流式反应器之中;同样,也可以直接用微观动力学方程式来计算连续运行的推流式反应器的有效容积。

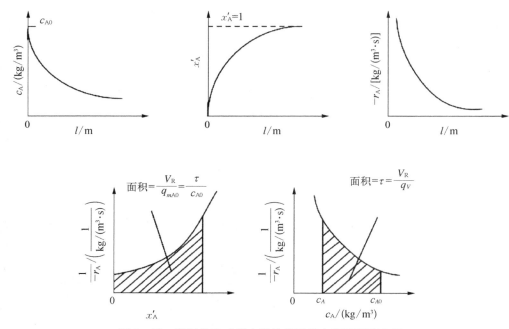

图 5-22 理想推流式反应器性能及其方程的图解表示

【例 5-4】 在连续运行的推流式反应器中进行如例 5-3 所示的反应,其它运行条件和产量和例 5-3 相同。试计算该反应器的有效体积。

解:

$$\tau = \frac{1}{k}\ln\frac{1}{1-x'_A} = \frac{1}{0.231}\ln\frac{1}{1-0.9} = 9.97 \text{ h}$$

$$V_R = \frac{日处理量}{24}\times\tau = \frac{189}{24}\times 9.97 = 78.5 \text{ m}^3$$

答:该反应器的有效体积为 78.5 m³。

可以看出:连续运行的推流式反应器的有效容积比间歇运行的搅拌釜的有效容积小一些,其差别就在于间歇搅拌釜多了一些辅助时间。

5.2.3.3 连续运行的全混流式反应器

图 5-23 展示了一种连续运行的全混流式反应器的性能及其图解方程。该反应器是一种理想反应器,假定物料连续进入反应器,然后立刻混合均匀,内部各反应物与产物分布均一,且反应器内各组分的浓度、温度等参数都相等,空间分布均一且与出口物料参数一致。

对于稳定运行,没有物料积累的物料衡算式为

单位时间内物料输入量＝单位时间内物料输出量
　　　　　　　　　　　＋单位时间内由于反应而消失的物料量

即

$$q_{mA0} = q_{mA} + (-r_A)\cdot V_R$$

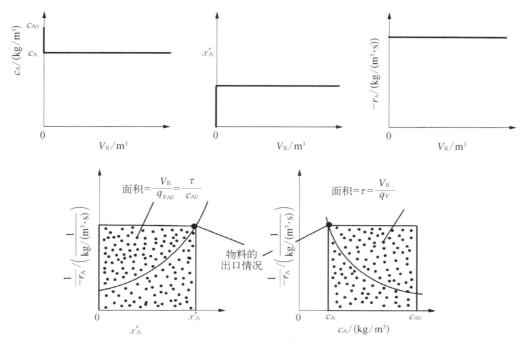

图 5-23　连续运行的全混流式反应器的性能及其方程的图解表示

$$q_{mA} = q_{mA0}(1 - x'_A)$$

对于定容过程，$q_{mA0} = q_V c_{A0}$，$q_{mA} = q_V c_A$，所以

$$q_{mA0} = q_{mA0}(1 - x'_A) + (-r_A) \cdot V_R$$

$$\frac{V_R}{q_{mA0}} = \frac{x'_A}{(-r_A)} \tag{5-80}$$

$$q_V c_{A0} = q_V c_A + (-r_A) \cdot V_R$$

$$\tau = \frac{V_R}{q_V} = \frac{c_{A0} - c_A}{(-r_A)} \tag{5-81}$$

$$\tau = \frac{V_R}{q_V} = \frac{c_{A0} x'_A}{(-r_A)} \tag{5-82}$$

由于不同物料质点在反应器内部的停留时间有所差异，所以一般称 τ 为平均停留时间。以上各式即为计算连续运行的全混流的基本计算式。

（1）对于一个不可逆的一级反应

$$(-r_A) = k c_A = k c_{A0}(1 - x'_A)$$

$$\tau = \frac{V_R}{q_V} = \frac{x'_A}{k(1 - x'_A)} = \frac{c_{A0} - c_A}{k c_A} \tag{5-83}$$

（2）对于不同的反应，仍可以根据不同的动力学方程式经过积分后，得到达到一定转化率或者一定浓度所需的反应时间。表 5-4 是几种典型反应的结果。

表 5-4　不同化学反应在连续流的完全混合式反应器中的反应时间

反应级数	动力学微分方程	达到一定转化率所需时间	达到一定浓度所需时间
零级反应	$-r_A = k$	$\tau = \dfrac{x'_A c_{A0}}{k}$	$\tau = \dfrac{c_{A0} - c_A}{k}$
一级反应	$-r_A = kc_A$	$\tau = \dfrac{x'_A}{k(1-x'_A)}$	$\tau = \dfrac{(c_{A0}-c_A)}{kc_A}$
二级反应	$-r_A = kc_A^2$	$\tau = \dfrac{1}{k}\dfrac{x'_A}{c_{A0}(1-x'_A)^2}$	$\tau = \dfrac{1}{k}\left(\dfrac{c_{A0}}{c_A^2} - \dfrac{1}{c_A}\right)$

（3）各种参数之间的关系也可用图解方式表达，如图 5-23 所示。

【例 5-5】　在连续流完全混合式反应器中进行例 5-3 的反应，其它运行条件和产量与例 5-3 相同。试计算所需的连续流完全混合式反应器的有效容积。

解：

$$\tau = \frac{c_{A0} - c_A}{kc_A} = \frac{x'_A}{k(1-x'_A)} = \frac{0.9}{0.231 \times 0.1} = 39\ \text{h}$$

$$V_R = \frac{189}{24} \times 39 = 307\ \text{m}^3$$

答：所需的连续流完全混合式反应器的有效容积为 307 m³。

由以上讨论可以看出：与间歇式反应器和连续运行的推流式反应器相比较，对于同一反应器，在相同的条件下，达到相同的转化率或物料出口浓度所需的连续流完全混合式反应器的有效容积要大得多。

5.2.3.4　多级串联反应器

连续流推流式和完全混合式两种反应器都是典型的理想流动反应器。由于这两种反应器又可按各种方式进行组合构成多种反应器，组合方式不同，其性能也各异，这里只讨论多级（釜）全混反应器。

当反应物进入单釜理想混合反应器后，由于快速搅拌与扩散，其浓度迅速降低，反应速率也随之减慢，因此达到相同反应进度所需时间较长。因此当反应速率相同，且反应器的终产率一致时，单釜理想混合反应器的容积要比理想平推流反应器的容积大得多。如图 5-24 所示，实际生产过程常采用多釜串联反应器来克服这个缺点，即将体积为 V_R 的理想混合反应器均分为 N 个体积为 (V_R/N) 的理想混合反应器，在温度、初始反应物浓度等条件保持一致的情况下，后者的反应物浓度逐级下降，因而平均反应推动力高于前者，反应速率更大，达到相同产率所需时间较少，反应器总体积更小。釜数愈多，就愈接近于理想平推流反应器。

假定有 N 个釜组成的反应器，对其中任何一个釜进行反应组分 A 的物料衡算：

$$q_{mA_{i-1}} = q_{mA_i} + (-r_{A_i}) \cdot V_{R_i}$$

即

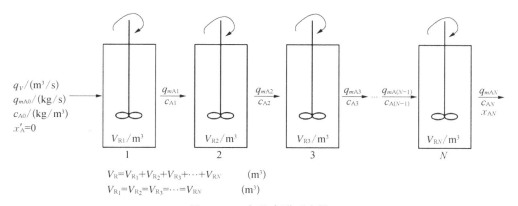

$$V_R = V_{R1} + V_{R2} + V_{R3} + \cdots + V_{RN} \qquad (\mathrm{m}^3)$$
$$V_{R1} = V_{R2} = V_{R3} = \cdots = V_{RN} \qquad (\mathrm{m}^3)$$

图 5 - 24　多釜串联反应器

$$q_{mA_0}(1 - x'_{i-1}) = q_{mA_0}(1 - x'_i) + (-r_{A_i}) \cdot V_{R_i}$$

在稳定过程中,体积流量 q_V 不变,上式两边除以 q_V 得到

$$c_{A_0}(1 - x'_{i-1}) = c_{A_0}(1 - x'_i) + (-r_{A_i}) \cdot \frac{V_{R_i}}{q_V}$$

于是

$$\tau_i = \frac{V_{R_i}}{q_V} = \frac{c_{A_0}\left[(1 - x'_{i-1}) - (1 - x'_i)\right]}{(-r_{A_i})} = \frac{c_{A_0}(x'_i - x'_{i-1})}{(-r_{A_i})} \qquad (5-84\text{a})$$

$$\tau_i = \frac{V_{R_i}}{q_V} = \frac{c_{A_{i-1}} - c_{A_i}}{(-r_{A_i})} \qquad (5-84\text{b})$$

式中,x'_{i-1},$c_{A_{i-1}}$——进入第 i 釜时组分 A 的转化率和浓度;

$\quad x'_i$,c_{A_i}——进入第 $i+1$ 釜时组分 A 的转化率和浓度,或流出第 i 釜时组分 A 的转化率和浓度,或第 i 釜中的组分 A 的转化率和浓度;

$\quad q_{mA_{i-1}}$,q_{mA_i}——进入第 i 釜和离开第 i 釜时组分 A 的质量流量;

$\quad (-r_{A_i})$——第 i 釜的反应速率。

上二式即为多釜串联反应器的基本方程式。

在设计多釜串联反应器过程中,需要通过代数法或者图解法求每个反应器的有效容积 V_{R_i},反应器釜数 N,最终转化率 x'_{AN},和最终浓度 c_{AN},其具体过程如下所示。

1) 代数法

如图 5 - 24 所示,多釜串联系统中前一釜出口的物料就是后一釜的进口物料。因此一般利用单釜理想混合反应器的计算方法进行逐釜迭代计算,直至求出最终所需的转化率。

如果是等温一级反应,则

$$(-r_{A_i}) = kc_{A_i}$$

代入式(5 - 84b)得

$$\tau_i = \frac{c_{A_{i-1}} - c_{A_i}}{kc_{A_i}}$$

整理得

$$c_{Ai} = \frac{c_{Ai-1}}{1+k\tau_i} \tag{5-85}$$

对第一釜

$$c_{A1} = \frac{c_{A0}}{1+k\tau_1}$$

对第二釜

$$c_{A2} = \frac{c_{A1}}{1+k\tau_2} = \frac{c_{A0}}{1+k\tau_1}\frac{1}{1+k\tau_2}$$

当各釜容积相等,进料流量 q_V 相等时,则

$$\tau_1 = \tau_2 = \tau_3 = \cdots = \tau_N$$

所以对第 N 釜

$$c_{AN} = \frac{c_{A0}}{(1+k\tau)^N} \tag{5-86a}$$

$$1 - x'_{AN} = \frac{1}{(1+k\tau)^N}$$

$$x'_{AN} = 1 - \frac{1}{(1+k\tau)^N} \tag{5-86b}$$

已知 k,V 和 V_{Ri} 后,即可逐釜计算一系列的 c_{A1},c_{A2},…,c_{AN} 或 x'_{A1},x'_{A2},…,x'_{AN}。若已知最终浓度 c_{AN} 或最终转化率 x'_{AN} 及 k、V、N,可直接算出每釜的 V_{Ri}。

如果各釜温度、容积不等,只要计算到某釜时,用与它相应的 V_{Ri} 及 $(-r_{Ai})$ 就可以了。

对非一级反应,如果釜数不多,亦可采用上述相似方法进行计算。

【例5-6】 在连续流的两釜串联的反应器中,进行下列气相反应:

$$A + B \rightarrow C + D$$

若该反应的动力学方程为

$$-r_A = k_c c_A c_B = k_c c_A^2 \quad (c_A = c_B \text{ 时})$$

已知:$k_C = 1.00\,\text{dm}^3/(\text{mol}\cdot\text{s})$,$c_{A0} = c_{B0} = 1.00\,\text{mol}/\text{dm}^3$,物料经过两釜的空间所用时间为 $1.0\,\text{s}$,等容积。求该反应经过两釜串联反应器的转化率。

解:因为 $N = 2$,所以

$$\bar{\tau} = \frac{1.0}{2} = 0.5\,\text{s}$$

对第一釜,由式(5-84b)可得

$$c_{A1}^2 = \frac{c_{A0} - c_{A1}}{k_C \bar{\tau}}$$

即

$$c_{A0} x'_{A1} - k_C \overline{\tau} [c_{A0}(1 - x'_{A1})]^2 = 0$$

$$x'_{A1} - 1.00 \times 0.5 \times (1 - x'_{A1})^2 = 0$$

$$x'_{A1} = 0.27 = 27\%$$

对第二釜,由式(5-84b)可得

$$c_{A2}^2 = \frac{c_{A1} - c_{A2}}{k_C \overline{\tau}}$$

$$c_{A0}(x'_{A2} - x'_{A1}) - k_C \overline{\tau}[c_{A0}(1 - x'_{A2})]^2 = 0$$

$$x'_{A2} - 0.27 - 1.00 \times 0.5 \times (1 - x'_{A2})^2 = 0$$

$$x'_{A2} = 0.43 = 43\%$$

答:反应经过两釜串联后的转化率为 43%。

2) 图解法

有的均相反应难以建立对应的动力学模型,只能获得等温条件下一组动力学数据 $x'_A \sim (-r_A)$,此时可以采用图解法求多釜串联反应器各级出口转化率或反应器釜数。这种反应器的物料衡算方程式(5-84a)可改写为

$$(-r_{Ai}) = \frac{c_{A0}}{\tau_i} x'_{Ai} - \frac{c_{A0}}{\tau_i} x'_{Ai-1} \tag{5-87}$$

上式表明这种反应器的任一个(如第 i 个),其反应速率 $(-r_{Ai})$ 与出口转化率 x'_{Ai} 呈线性关系,即可以在 $x'_A \sim (-r_A)$ 坐标上描绘出一条直线,其斜率为 c_{A0}/τ_i,截距为 $(c_{A0} x'_{Ai-1}/\tau_i)$。也有人称式(5-87)为操作线方程。出口转化率不仅要满足物料衡算式,还要满足动力学方程式 $(-r_A) = f(x'_A)$。若将这两个式子描绘在 $x'_A \sim (-r_A)$ 图上,两条线的交点所对应的 x'_A 值即为该釜的出口转化率。具体作图步骤如下。

(1)用已知动力学数据,描绘出 $x'_A \sim (-r_A)$ 曲线,如图 5-25 中的 AB(以最终转化率已知为例)。

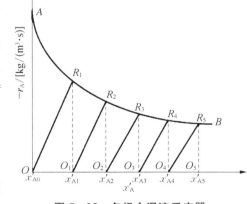

图 5-25　多级全混流反应器

(2)在 x'_A 轴上标出要求达到的最终转化率 x'_{AN}。

(3)按照物料衡算式(5-87)逐个图解。

对于第一个反应釜,即 $i=1$,$x'_{Ai} = x'_{A1}$,$x'_{Ai-1} = x'_{A0} = 0$,此时的截距为零,由原点出发作斜率为 c_{A0}/τ_1 的直线交 AB 线于 R_1 点,再由 R_1 引垂线交横轴于 O_1 点,由此可读得第一个反应釜出口的转化率 x'_{A1}。

对于第二个反应釜,即 $i=2$,由 O_1 点出发作斜率为 c_{A0}/τ_2 的直线,交 AB 于 R_2,再由

R_2 引垂线交横坐标于 O_2 点，由此可读得 x'_{A2}。

以此类推，直至 $x'_{Ai} \geqslant x'_{AN}$，则 AB 线上交点的数目即为所需的反应器釜数 N。

如果各级停留时间相等，即 $\tau_1 = \tau_2 = \tau_3 = \cdots = \tau_N$，则向 AB 所作直线的斜率均应相同，这时，只需根据斜率 c_{A0}/τ_i 作出第一级直线，其余各级则按第一级作平行线即可。

【例 5-7】 用图解法计算例 5-6 的化学反应经过两釜串联的转化率。

解：

$$\overline{\tau} = \frac{1.0}{2} = 0.5 \text{ s}$$

因为 $k_C = 1.0 \text{ dm}^3/(\text{mol}\cdot\text{s})$

$$-r_A = c_A^2$$

$$c_{A0} = 1.00 \text{ mol}/\text{dm}^3$$

如图 5-26 所示，在 $-r_A$-$c_{A0}x'_A$ 图上作 $-r_A = [c_{A0}(1-x'_A)]^2$ 曲线，由 $c_{A0}x'_A = 0$ 开始，作斜率为 $1/\overline{\tau} = 2.0$ 的直线，由交点可知 $x'_1 = 0.27$；再由 $c_{A0}x'_1 = 0.27$ 开始，作斜率为 2.0 的直线，与 $-r_A = [c_{A0}(1-x'_A)^2]$ 线交于一点，此点横坐标 $c_{A0}x'_A = 0.43$，所以 $x'_2 = 0.43$。

图解的结果和例 5-6 中解析法计算的结果相同。

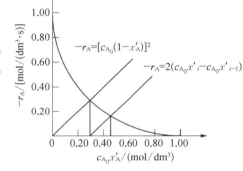

图 5-26 例 5-7 的图解结果

5.2.4 理想均相反应器的优化选择

对于理想均相反应器的优化选择，不同优化目标，会得出不同的结果，即使相同的优化目标，不同的反应过程，优化结果也会不同。由于均相反应过程多种多样，不可能对它们的反应器的优化问题一一加以研究，本节只以生产强度和收率等两个方面为优化目标进行讨论。

5.2.4.1 以生产强度为优化目标

生产强度是指单位体积反应器所具有的生产能力。在物料处理量和最终转化率是固定的情况下，反应器所需的最小有效容积也就代表了其生产强度。在相同条件下，生产强度较大的反应器所需体积较小。

在前面几个例题中已讨论了各种理想反应器中进行的等温均相反应所需体积的计算。连续运行的推流式反应器(即平推流反应器)的反应容积最小，连续搅拌釜(全混流反应器)的反应容积最大。为了更为直观，现以图解方法进行比较，如图 5-27 所示。从图中可以看出，为完成一定生产任务，达到一定的最终转化率所需的反应器容积以平推流反应器为最小，全混流反应器为最大，多级全混流反应器居于两者之间。多级全混流反应器所需反应体积随串联级数的增多而减小，并且向平推流反应器的反应体积趋近。当串联级数为无限多时，多级全混流反应器反应体积等于平推流反应器的反应体积，这从图解中可以得到更为形象的反映。另外，从图 5-27 还可以看出，同一反应类型的反应器，反应的最终转化率越大，反应器所需的反应容积亦越大。

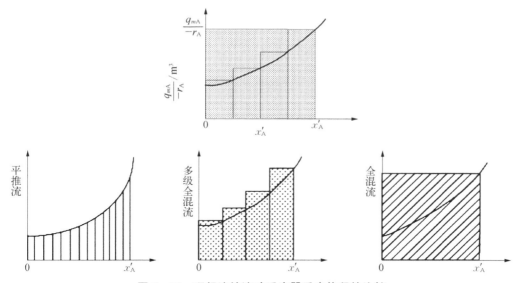

图 5 - 27　理想连续流动反应器反应体积的比较

图 5 - 28 形象地显示了达到一定转化率时所需理想平推流反应器的有效容积($V_{R,P}$)与理想全混流反应器有效容积($V_{R,S}$)的大小。当转化率达到 x_{A1} 时，$V_{R,P}$ 只有曲线下方一小块的面积($AOEB$)，而 $V_{R,S}$ 则是 x'_{A1} 左面的矩形($DOEB$)。当转化率达到 x'_{A2} 时，两者面积都增加。$V_{R,P}$ 为曲线下方的面积($AOEFCBA$)，$V_{R,S}$ 是 x'_{A2} 左侧整个矩形的面积($GOEFCG$)，可见 $V_{R,S}$ 较 $V_{R,P}$ 增加得更多。

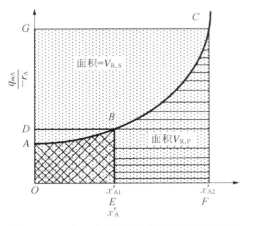

图 5 - 28　在一定转化率时反应器的容积比

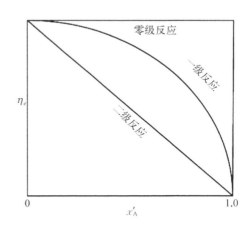

图 5 - 29　单个反应器的容积效率

如果结合动力学方程式来分析，便可得到更精确、更普遍的结论。

设对于同一反应，在同温度、同产量和同转化率条件下，平推流反应器的有效容积(反应体积)与全混流反应器的有效容积之比称为容积效率(或称为有效利用系数)，以 η_e 表示：

$$\eta_e = \frac{V_{R,P}}{V_{R,S}} = \frac{\tau_P}{\tau_S} \qquad (5-88)$$

对零级反应

$$\eta_e = \frac{V_{R,P}}{V_{R,S}} = \frac{c_{A0}\, x'_A/k}{c_{A0}\, x'_A/k} = 1 \tag{5-89}$$

对一级反应

$$\eta_e = \frac{V_{R,P}}{V_{R,S}} = \frac{\ln\left(\dfrac{1}{1-x'_A}\right)/k}{\dfrac{x'_A}{1-x'_A}/k} = \frac{\ln\left(\dfrac{1}{1-x'_A}\right)}{\dfrac{x'_A}{1-x'_A}} \tag{5-90}$$

对二级反应

$$\eta_e = \frac{V_{R,P}}{V_{R,S}} = \frac{\left(\dfrac{x'_A}{1-x'_A}\right)/kc_{A0}}{x'_A/[kc_{A0}(1-x'_A)^2]} = 1 - x'_A \tag{5-91}$$

图 5-29 显示了上述各式的 η_e 与 x'_A 和反应级数的关系。从图中可以看出：

(1) 对零级反应，$\eta_e = 1$，其速率只与温度有关，因此理想全混流、理想平推流和间歇式反应器(以反应时间表示)所需的有效容积相等，即反应速率与反应器的形式没有直接相关性。

(2) 除零级反应外，一级、二级等正级数反应的反应器容积效率都小于 1，且容积效率随着转化率增大而降低。即转化率大时，理想全混流反应器所需的最小有效容积远大于理想平推流或间歇式反应器。

(3) 假设转化率保持不变，反应器容积效率随着反应级数的增大而减小。即理想全混流反应器所需的最小有效容积随着反应级数的增高而显著增大。

(4) 当转化率小时，反应级数高的反应，其容积效率还是比较大的。因此，如果要求反应的转化率小，用理想全混流反应器，其有效容积比理想平推流或间歇式反应器仅稍大一些。对搅拌式反应器而言，间歇釜式反应器运行过程中需要一定的辅助时间，所以理想全混流反应器还是有其优越之处的。

关于多个串联反应器个数对总反应器有效容积的影响，可以类似地做出比较。如对一级反应，几个等容积串联反应器的容积效率为

$$\eta_e = \frac{\tau_P}{\tau_S} = \frac{\ln\left(\dfrac{1}{1-x'_A}\right)/k}{N\left[\left(\dfrac{1}{1-x'_A}\right)^{1/N} - 1\right]/k}$$

即

$$\eta_e = \frac{\ln\left(\dfrac{1}{1-x'_A}\right)}{N\left[\left(\dfrac{1}{1-x'_A}\right)^{1/N} - 1\right]} \tag{5-92}$$

其中引用的式 $\tau_S = N\left[\left(\dfrac{1}{1-x'_A}\right)^{1/N} - 1\right]/k$ 是由式(5-87)推导得到的。

如反应器个数 N 变为无穷大，可以从数学推导得出多个串联反应器的时间 τ_S 等于理想

平推流反应器的时间 τ_P，即 $\tau_S = \tau_P = \ln\left(\dfrac{1}{1-x'_A}\right)/k$，因此 $\eta_e = 1$。上述关系如图 5-30 所示。

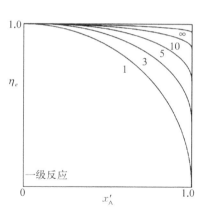

图 5-30 等容多釜串联反应器的容积效率

由上图可知，对于连续运行的等容多釜而言，容积效率随着釜数增多而提高。单釜的容积效率最低，此时增加串联釜数功效显著，但边际效应逐渐减小。故在实际应用中，除少数例外，串联釜数一般都不超过 4 个。

5.2.4.2 以产率和选择性为优化目标

从成本投资角度而言，某些情况下，反应器所占的比例很小，因此在实际生产过程中不是首要考虑因素。相对而言，产品收率对反应流程、设备设计和总体投资核算的影响更大，收率太低甚至无法实现工业化生产，因此有时以产率和选择性为优化目标来选择反应器的型式和大小。

对于只有一种产物的简单反应而言，产物成分单一，无终产物的分布问题，所以一般只考虑优化反应器的生产能力。许多复杂反应中常有副反应发生，最终生成多种产物。反应产物分布指目标产物和各种副产物的成分及其比例，常随反应过程的条件变化而变化。因此，在选择反应器类型时，目标产物的产率和选择性比生产强度更为重要。

当实际生产过程中，收率和反应器的生产能力互相矛盾，不能兼顾时，应从技术经济的角度统筹考虑，选择合适的反应器类型和运行方式。

这里，首先介绍几个常用的表征产物分布的定义和它们之间的关系：

$$\text{收率}(\varphi_y) = \frac{\text{转化为目的产物的反应物量}}{\text{进入反应器的反应物量}}$$

$$\text{选择性}(\beta_s) = \frac{\text{转化为目的产物的反应物量}}{\text{转化为目的产物和副产物的反应物量}}$$

而前面经常应用的转化率是：

$$\text{转化率}(x''_A) = \frac{\text{转化为目的产物和副产物的反应物量}}{\text{进入反应器的反应物量}} = \frac{\text{反应消耗的量}}{\text{反应物起始量}}$$

若反应后，原料不循环返回反应器，上述三者的关系为：

$$\text{收率} = \text{选择性} \times \text{转化率}$$

即

$$\varphi_y = \beta_s x''_A$$

工业生产中常用收率代表原料的利用率，而在理论研究探讨过程中，往往用选择性这一指标。

复杂反应的类型多种多样，平行反应和串联反应是典型的复杂反应，其组合工艺亦可构成新的复杂反应。下面仅就一定温度下反应物浓度等因素，讨论如何提高上述两类反应的收率。

1）平行反应

平行反应是指某一已知反应物同时发生生成目的产物和另一副产物的反应,例如,某种烃类化合物在等温条件下,同时发生异构化和二聚反应。许多取代反应、加成反应和分解反应都有平行反应。

设有一平行反应:

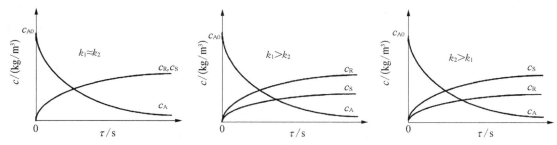

它们的反应速率方程式为

$$r_R = \frac{dc_R}{d\tau} = k_1 c_A^{n_1'}$$

$$r_S = \frac{dc_S}{d\tau} = k_2 c_A^{n_2'}$$

反应物和生成物的浓度随时间 τ 而变化的关系如图 5-31 所示。

图 5-31　平行反应浓度变化示意图

若以 r_R/r_S 表示目标产物 R 的收率,将上面两式相除,可得

$$\frac{r_R}{r_S} = \frac{k_1 c_A^{n_1'}}{k_2 c_A^{n_2'}} = \frac{k_1}{k_2} c_A^{n_1'-n_2'} \tag{5-93}$$

在特定反应条件下,k_1,k_2 和反应级数 n_1',n_2' 都是常数,唯有浓度 c_A 是一变量,产物 R 的收率与 $c_A^{n_1'-n_2'}$ 的值呈正相关。如前所述,理想平推流和间歇釜式反应器中反应物 A 的浓度大于理想全混流反应器。且反应物浓度越高,对反应级数高的反应越有利,反之亦然。

要使 $c_A^{n_1'-n_2'}$ 大,可按不同情况,选用不同型式的反应器或采取其它措施。

当 $n_1' < n_2'$ 时,选用全混流反应器为宜;

当 $n_1' > n_2'$ 时,选用平推流反应器或间歇釜式反应器为宜。如果由于某种原因,必须采用连续搅拌釜式反应器,也应采用串联多级釜式反应器。

为了提高 R 的收率,除采用不同的反应器外,还可以设法保持较大的 c_A 或保持较小的 c_A。

可以采用下列措施保持较大的 c_A:① 采用较小的单程转化率;② 用浓度较高的进料;

③ 对气相反应,增加系统的压强。

要保持较小的c_A可采用下列措施:① 设计较高的转化率;② 采用反应后的物料循环以降低进料中的反应物浓度;③ 加入惰性稀释剂;④ 气相反应可以减压运行。

当$n_1'=n_2'$时,式(5-93)成为$\dfrac{r_R}{r_S}=\dfrac{k_1}{k_2}=$常数,浓度变化不会影响 R 的收率,所以反应器的型式也不会影响 R 的收率。在这种情况下,只有从改变温度或采用催化剂改变k_1、k_2来提高 R 的收率。对于如

$$A+B \xrightarrow{\ k_1\ } R(目的产物)$$

$$A+B \xrightarrow{\ k_2\ } S(副产物)$$

这种类型的平行反应,其反应速率方程式为

$$r_R=\frac{dc_R}{d\tau}=k_1 c_A^{n_1'} c_B^{\gamma_1}$$

$$r_S=\frac{dc_S}{d\tau}=k_2 c_A^{n_2'} c_B^{\gamma_2}$$

上述两式相除:

$$\frac{r_R}{r_S}=\frac{\dfrac{dc_R}{d\tau}}{\dfrac{dc_S}{d\tau}}=\frac{k_1}{k_2}c_A^{n_1'-n_2'}c_B^{\gamma_1-\gamma_2} \tag{5-94}$$

要提高 R 的收率,应使式(5-94)右边项尽可能地大,对此可根据各反应级数的高低拟定适宜的运行方法,如表5-5所示。此外,反应时过量添加某反应物以保持其浓度基本不变,而在反应后再分离和回收该反应物,可将二级反应转变为假一级反应。

表5-5 根据反应级数选定的适宜运行

反应级数的大小	对浓度的要求	适宜的反应器型式和运行方法
$n_1'>n_2'$, $\gamma_1>\gamma_2$	c_A、c_B均大	A 和 B 同时加入的间歇反应釜、理想排挤反应器或多釜串联反应器
$n_1'>n_2'$, $\gamma_1<\gamma_2$	c_A大,c_B小	将 B 分成各小股,分别加入各多釜串联反应器中;或沿反应管长度的各处,加入 B 的连续运行;或陆续加入 B 到反应釜的半连续运行
$n_1'<n_2'$, $\gamma_1>\gamma_2$	c_A小,c_B大	将 A 分成各小股,分别加入各多釜串联反应器中;或沿反应管长度的各处,加入 A 的连续运行;或陆续加入 A 到反应釜的半连续运行
$n_1'<n_2'$, $\gamma_1<\gamma_2$	c_A、c_B均小	理想混合反应器,或将 A 及 B 慢慢滴入间歇反应釜,使用稀释剂使c_A和c_B均降低

图5-32是各种型式反应器及加料运行方法示意图。总之,对平行反应,在一定温度下,反应物浓度与产物分布直接相关。反应物浓度大,有利于平行反应中反应级数高的反应,反之亦然。级数相同的反应,浓度不影响产物的分布,即不影响收率。

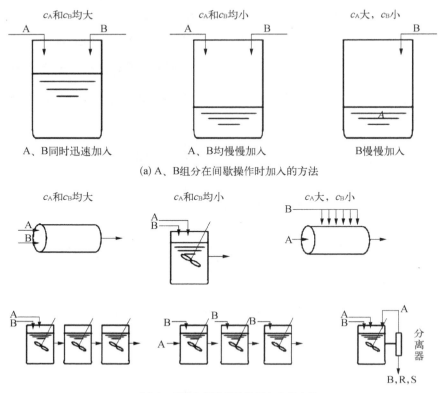

(a) A、B组分在间歇操作时加入的方法

(b) A、B组分在连续操作时加入的方法

图 5 - 32   各种型式反应器及加料运行方法示意图

【例 5-8】 今有下列液相平行反应：

$$A + B \xrightarrow{\ k_1\ } R \qquad \frac{dc_R}{d\tau} = k_1 c_A c_B^{0.3} \text{（主反应，目的产物）}$$

$$A + B \xrightarrow{\ k_2\ } S \qquad \frac{dc_S}{d\tau} = k_2 c_A^{0.5} c_B^{1.8}$$

采用哪种反应器和运行方法最为恰当？

解：根据式(5-94)

$$\frac{r_R}{r_S} = \frac{k_1}{k_2} c_A^{1-0.5} c_B^{0.3-1.8} = \frac{k_1}{k_2} c_A^{0.5} c_B^{-1.5}$$

答：要提高产物 R 的收率，应增大 r_R/r_S 的比值，即提高 A 物质浓度 c_A，同时降低 B 物质浓度 c_B；且反应物 B 浓度对 R 的收率的影响大于反应物 A。根据前述原则，应采用理想平推流反应器，以反应物 A 为主流，随后从反应器的不同部位加入反应物 B；或采用间歇反应釜，将如间歇式运行般向反应釜内加入全部的反应物 A，然后以半连续运行方式逐渐加入反应物 B 最为恰当。

2）串联反应

串联反应是指某一已知反应物生成目的物之后，又能进一步发生生成副产物的反应。许多水解反应、卤化反应、氯化反应和辐射反应都是串联反应。设所进行的串联反应为

$$A \xrightarrow{\ k_1\ } R \xrightarrow{\ k_2\ } S$$

各反应的速率方程式为

$$- r_A = -\frac{dc_A}{d\tau} = k_1 c_A$$

$$r_R = \frac{dc_R}{d\tau} = k_1 c_A - k_2 c_R$$

$$r_S = \frac{dc_S}{d\tau} = k_2 c_R$$

各种物料的浓度随时间而变化的关系如图 5-33 所示。由图可以知道，在反应过程中，反应物 A 的浓度 c_A 随反应持续时间而不断降低，副产物 S 的浓度随反应持续时间而不断增高，目的产物 R 的浓度 c_R 则随反应持续时间先增加而后下降。反应前期，由于 c_A 较高，c_R 较低，$k_1 c_A > k_2 c_R$，导致 c_R 呈上升趋势；反应后期，由于 c_A 较低，c_R 较高，$k_1 c_A < k_2 c_R$，导致 c_R 呈下降趋势。因此，在整个反应过程中必定存在某一最优时刻，此时目的产物浓度 c_R 达最高值，如图中所示 τ_{opt} 的 $c_{R,max}$ 值。

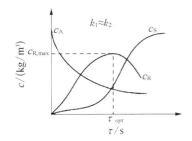 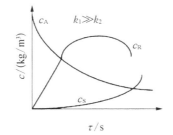 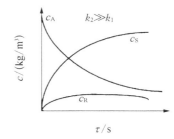

图 5-33　串联反应浓度变化示意图

由此可见，为了使目的产物 R 达到最大产率，应严格控制反应的持续时间。在间歇反应器中，不存在物料返混，所有物料质点在反应器内经历的时间相同，而且反应时间可以严格控制。在平推流反应器中，由于物料完全不返混，因而也可以适当控制物料的停留时间，使目的产物的产率接近最大值。在全混流反应器中，由于不同停留时间的物料质点充分混合，导致完全返混，即使将物料维持在平均停留时间等于最优时间的条件下运行，物料中各质点的停留时间还是各不相同的，有的比最优时间长，有的短一些。这样，必然会使目的产物产率偏离最大值。因此，对于上述串联反应，以选用间歇釜式反应器和连续运行的推流式反应器为宜。

5.3　微生物反应器

环境工程设施中，特别是大型污水处理厂均采用生物处理，依靠微生物（特别是各类细菌）

在反应器中将污染物转化为无害或有用的最终产物,如 CO_2、H_2O、N_2、CH_4 等。反应器的运行方式也主要可以分为间歇式、连续流、半间歇式/半连续流和序批式等类型。根据反应物的流动与混合状态,也是可分为理想流反应器和非理想流反应器。理想流反应器又可分完全混合流(全混流)反应器和推流反应器。按照反应混合物的相态仍然可分为均相反应器和多相反应器。均相反应器的特点是,反应只在一个相内进行,通常在一种气体或液体内进行。当反应器内必须有两相以上才能进行反应时,则称为多相反应器。虽然在微生物反应器中,如活性污泥中的曝气池,微生物(主要是细菌)是固相,污染物为液相,为好氧微生物提供的空气(氧气)为气相,这个过程实际是一个多相反应,且微生物细胞本身也是一个复杂的多相反应器,但通常将其简化为在液相中进行的理想均相反应。以物质不变定律和能量守恒定律为基础的物料衡算式依然是微生物反应器计算的基本方程式。只是其需要代入物料衡算式的相应的反应速率方程通常是 Monod 公式,然后根据反应器的运行方式特点确定边界条件,即可获得达到一定污染物浓度或去除率所需的时间,然后根据处理量,即可获得相应的微生物反应器体积。

5.3.1 间歇式微生物反应器

间歇培养的微生物生长过程复杂,很难用一个简单的模型描述整个生长过程。在只有一种限制性基质的条件下,利用 Monod 方程可以较好地描述对数生长期、减速期和稳定期三个生长阶段。

假设微生物的生长符合 Monod 方程,且细胞产率系数 $Y_{X/S}$ 为一常数,则微生物细胞生长和基质 S 的物料衡算式为

$$\frac{dX_C}{d\tau} = r_X = \mu_B X_C = \frac{\mu_{Bmax}[S]}{K_S + [S]} X_C \qquad (5-95)$$

$$-\frac{d[S]}{d\tau} = -r_S = \frac{r_X}{Y_{X/S\,max}} + m_k X_C \qquad (5-96)$$

式中,X_C——某时刻反应器中微生物浓度,kg/m^3;

τ——时间,h;

r_X——微生物生长速率,$kg/(m^3 \cdot h)$;

μ_B——微生物比生长速率,h^{-1};

μ_{Bmax}——微生物最大比生长速率,h^{-1};

$[S]$——反应器中底物(或基质)浓度,kg/m^3;

K_S——饱和系数,kg/m^3;

r_S——基质消耗速率,$kg/(m^3 \cdot h)$;

$Y_{X/S}$——表观微生物产率系数,kg-微生物/kg-去除的基质;

$Y_{X/S\,max}$——无维持微生物代谢时的最大微生物产率系数,kg-微生物/kg-去除的基质;

m_k——内源呼吸系数或维持系数,单位微生物单位时间内由于内源呼吸而消耗的微生物,$kg/(kg \cdot h)$

在 $\tau = 0$,$X_C = X_{C0}$,$[S] = [S]_0$ 的条件下,解式(5-95)和式(5-96)的联立方程,即可求

出 X_C 和[S]随时间的变化。由于上述微分方程难以求解,一般需要用数值解析的方法求解。为了便于解析,在实际应用中常作一定的简化。

多数情况下,内源呼吸系数 m_k 的值很小,$m_k X_C$ 项可以忽略不计,以 $Y_{X/S}$ 代替 $Y_{X/S\,max}$,则式(5-96)可以简化为

$$-\frac{d[S]}{d\tau}=\frac{r_X}{Y_{X/S}} \tag{5-97}$$

由式(5-95)和式(5-97)可得

$$-\frac{d[S]}{d\tau}=\frac{1}{Y_{X/S}}\frac{dX_C}{d\tau} \tag{5-98}$$

$$-d[S]=\frac{1}{Y_{X/S}}dX_C \tag{5-99}$$

假设在培养过程中 $Y_{X/S}$ 不随时间变化而变化,则对式(5-99)积分,可得

$$[S]_0-[S]=\frac{1}{Y_{X/S}}(X_C-X_{C0}) \tag{5-100}$$

$$[S]=\frac{[S]_0 Y_{X/S}-X_C+X_{C0}}{Y_{X/S}} \tag{5-101}$$

令 $X''_C=X_{C0}+[S]_0 Y_{X/S}$,则式(5-101)可改写为

$$[S]=\frac{X''_C-X_C}{Y_{X/S}} \tag{5-102}$$

将式(5-102)代入式(5-95),在 $\tau=0$,$X_C=X_{C0}$ 的条件下积分,可得

$$\left(1+\frac{K_S Y_{X/S}}{X''_C}\right)\ln\frac{X_C}{X_{C0}}-\frac{K_S Y_{X/S}}{X''_C}\ln\frac{X''_C-X_C}{X''_C-X_{C0}}=\mu_{Bmax}\tau \tag{5-103a}$$

当 $K_S\ll[S]_0$,且 $X''_C\approx X_{C0}$ 时,式(5-103a)可简化为

$$\ln\frac{X_C}{X_{C0}}=\mu_{Bmax}\tau \tag{5-103b}$$

由式(5-103a)或式(5-103b)可以计算出不同时间 τ 和 X_C 值,将 X_C 代入式(5-101)式(5-102),即可求出对应的[S]值。

【例5-9】 以甘油为基质进行阴沟气杆菌分批培养。时间 $\tau_0=0$ 时,$X_{C0}=0.1\,g/L$,$[S]_0=50\,kg/m^3$。反应方程式可以 Monod 方程表示,$\mu_{Bmax}=0.85\,h^{-1}$,$K_S=1.23\times10^{-2}\,kg/m^3$,$Y_{X/S}=0.53\,kg/kg$,假设细菌培养过程中无诱导期和死亡期,试求经过 6 h 的培育后,培养基中阴沟气杆菌的浓度。

解:
有菌体得率定义式,代入已知数值,有

$$Y_{X/S} = \frac{X_C - X_{C0}}{[S]_0 - [S]} = \frac{X_C - 0.1}{50 - [S]} = 0.53 \tag{①}$$

因此,基质浓度与菌体浓度有如下关系

$$[S] = -1.89X_C + 50.2 \tag{②}$$

由式①变形得

$$[S] = [S]_0 - \frac{X_C - X_{C0}}{Y_{X/S}} \tag{③}$$

因为

$$r_X = \frac{dX_C}{d\tau} = \mu_B X_C = \frac{\mu_{Bmax}[S]}{K_S + [S]} \tag{④}$$

由式③代入到式④中,积分得

$$(\tau - \tau_0) = \frac{1}{\mu_{Bmax}} \left[\left(\frac{Y_{X/S}K_S}{Y_{X/S}[S]_0 + X_{C0}} + 1 \right) \ln \frac{X_C}{X_{C0}} - \left(\frac{Y_{X/S}K_S}{Y_{X/S}[S]_0 + X_{C0}} \right) \ln \frac{[S]}{[S]_0} \right] \tag{⑤}$$

将已知条件代入式⑤,即

$$6 = \frac{1}{0.85} \left[\left(\frac{0.53 \times 1.23 \times 10^{-2}}{0.53 \times 50 + 0.1} + 1 \right) \ln \frac{X_C}{0.1} - \left(\frac{0.53 \times 1.23 \times 10^{-2}}{0.53 \times 50 + 0.1} \right) \ln \frac{-1.89X_C + 50.2}{50} \right]$$

得:$X_C = 16.4 \text{ kg/m}^3$

答:经过 6 h 的培育后,培养基中阴沟气杆菌的浓度为 16.4 kg/m³。

【例 5 - 10】 采用 1 m³ 生物反应器进行大肠杆菌分批培养,假设菌体的生长繁殖与底物利用规律符合 Monod 方程,已知 $\mu_{Bmax} = 0.935 \text{ h}^{-1}$,$K_S = 0.71 \text{ kg/m}^3$,限制性底物的初始浓度为 50 kg/m³,大肠杆菌的接种浓度 $X_{C0} = 0.1 \text{ kg/m}^3$,$Y_{X/S} = 0.6 \text{ kg/kg}$(以细胞/基质计),试问经过多长时间底物浓度下降至初始值的五分之一。

解:当底物浓度下降为初始值的五分之一时,$[S] = \frac{1}{5}[S_0] = \frac{1}{5} \times 50 = 10 \text{ kg/m}^3$

$$Y_{X/S} = \frac{X_C - X_{C0}}{[S]_0 - [S]} \quad 0.6 = \frac{X_C - 0.1}{50 - 10} \quad X_C = 24.1 \text{ kg/m}^3$$

由于在整个反应过程中,$[S] \gg K_S = 0.71 \text{ kg/m}^3$,所以,Monod 方程可写为

$$r_X = \frac{dX_C}{d\tau} = \mu_{Bmax}X_C = 0.935X_C$$

$$d\tau = \frac{dX_C}{0.935X_C} \quad \int_0^\tau d\tau = \int_{X_{C0}}^{X_C} \frac{dX_C}{0.935X_C}$$

$$\tau = \int_{0.1}^{24.1} \frac{dX_C}{0.935X_C} = \frac{1}{0.935} \ln\left(\frac{24.1}{0.1}\right) = 5.87 \text{ h}$$

答:经过 5.87 h,底物浓度下降至初始值的五分之一。

5.3.2　连续式微生物反应器

与间歇式培养运行相比,连续运行具有很多优点,活性污泥法处理污水就是典型的例子。连续运行有两大类型,即连续流完全混合式反应器和推流式反应器。前面已经讨论过,推流式反应器达到一定污染物浓度或去除率所需的时间与间歇式相同,本书这里不再讨论,下面主要介绍稳态运行条件下连续流完全混合式反应器。

在培养的任一时间节点,划定反应器系统边界条件后,可按照下式对菌体、限制性基质或产物分别进行相应的物料衡算:

$$\text{系统变化量} = \text{系统输入量} - \text{系统输出量} \pm \text{产物生成量} / \text{反应物消耗量}$$

当被衡算物质为系统产物(菌体或者代谢产物)时,取加号;而当被衡算物质为系统反应物(限制性基质)时,取减号。对于菌体而言,由于进水中浓度太低,基本可以忽略不计,一般可用下述数学表达式计算反应器内微生物菌体浓度:

$$V \frac{dX_C}{d\tau} = V\mu_B X_C - q_V X_C \tag{5-104}$$

对于基质而言,其浓度可用下式计算:

$$V \frac{d[S]}{d\tau} = q_V([S]_{in} - [S]) - V\gamma X_C \tag{5-105}$$

进水中一般也不包含微生物代谢产物,因此可用下述数学表达式计算产物浓度:

$$V \frac{d[P]}{d\tau} = V\Gamma X_C - q_V[P] \tag{5-106}$$

式中,V——反应器内培养液的体积,m^3;

　　q_V——培养液流入与流出体积流量,m^3/h;

　　$[S]_{in}$——流入液中限制性基质浓度,kg/m^3;

　　$[S]$——反应器内和流出液中限制性基质浓度,kg/m^3;

　　X_C——反应器和流出液中微生物菌体浓度,kg/m^3;

　　τ——时间,h;

　　γ——基质的比消耗速率,$-\gamma = \dfrac{\mu_B}{Y_{X/S}}$,$kg(基质)/[kg(微生物) \cdot h]$;

　　$[P]$——反应器和流出液中产物浓度,kg/m^3;

　　Γ——产物的比生成速率,$\Gamma = Y_{P/X} \cdot \dfrac{\mu_{Bmax}[S]}{K_S + [S]}$,$h^{-1}$;

　　μ_B——微生物比生长速率,h^{-1}。

式(5-104)～式(5-106)两边同除以V,则

$$\frac{dX_C}{d\tau} = \mu_B X_C - D_{稀释} X_C \tag{5-107}$$

$$\frac{d[S]}{d\tau} = D_{稀释}([S]_{in} - [S]) - \gamma X_C \tag{5-108}$$

$$\frac{\mathrm{d}[P]}{\mathrm{d}\tau} = \Gamma X_C - D_{稀释}[P] \qquad (5-109)$$

式中，$D_{稀释}$——稀释率，h^{-1}。

$$D_{稀释} = \frac{q_V}{V} \qquad (5-110)$$

根据菌体得率 $Y_{X/S}$ 和产物得率 $Y_{P/S}$ 的定义式，以及 Monod 方程，式(5-107)～式(5-109)可改写成

$$\frac{\mathrm{d}X_C}{\mathrm{d}\tau} = \left(\frac{\mu_{Bmax}[S]}{K_S + [S]} - D_{稀释}\right)X_C \qquad (5-111)$$

$$\frac{\mathrm{d}[S]}{\mathrm{d}\tau} = D_{稀释}([S]_{in} - [S]) - \frac{X_C}{Y_{X/S}}\frac{\mu_{Bmax}[S]}{K_S + [S]} \qquad (5-112)$$

$$\frac{\mathrm{d}[P]}{\mathrm{d}\tau} = \frac{Y_{P/X}\mu_{Bmax}[S]}{K_S + [S]}X_C - D_{稀释}[P] \qquad (5-113)$$

式中，$Y_{P/X} = \dfrac{Y_{P/S}}{Y_{X/S}}$。

K_S——饱和系数，$\mathrm{kg/m^3}$；

μ_{Bmax}——微生物最大比生长速率，h^{-1}；

$Y_{X/S}$——表观微生物(细胞)产率系数，kg(产生的微生物量)/kg(去除的基质量)；

$[S]_{in}$——反应器进水中限制性基质浓度，$\mathrm{kg/m^3}$；

$[S]$——反应器和流出液中基质浓度，$\mathrm{kg/m^3}$；

$[P]$——反应器和流出液中产物浓度，$\mathrm{kg/m^3}$；

$Y_{P/S}$——产物产率系数，kg(生成的产物量)/kg(去除的基质量)；

$Y_{P/X}$——微生物产率系数，kg(生成的产物量)/kg(微生物量)；

$D_{稀释}$——稀释率，h^{-1}。

当菌体与产物得率一定，以上三式表明培养过程中的各变量与比生长速率相关。稳定状态下：

$$\frac{\mathrm{d}X_C}{\mathrm{d}\tau} = \frac{\mathrm{d}[S]}{\mathrm{d}\tau} = \frac{\mathrm{d}[P]}{\mathrm{d}\tau} = 0 \qquad (5-114)$$

此时的菌体浓度、基质浓度和代谢产物可分别表示为

$$\bar{X}_C = Y_{X/S}\left([S]_{in} - \frac{K_S D_{稀释}}{\mu_{Bmax} - D_{稀释}}\right) \qquad (5-115)$$

$$[\bar{S}] = \frac{K_S D_{稀释}}{\mu_{Bmax} - D_{稀释}} \qquad (5-116)$$

$$[\bar{P}] = Y_{P/S}\left([S]_{in} - \frac{K_S D_{稀释}}{\mu_{Bmax} - D_{稀释}}\right) \qquad (5-117)$$

这些式子分别表明了稀释率与各物质浓度之间的关系。稳态下，由式(5-107)可知

$$\bar{\mu}_{\mathrm{B}} = D_{稀释} \tag{5-118}$$

由于 $D_{稀释} = q_V/V$，所以当 V 一定时，微生物比生长速率 μ_{B} 控制了反应液供给的流量 q_V。

由式(5-115)和(5-117)给出稳定状态下菌体生长速率和产物生成速率，即

$$D_{稀释}\bar{X}_{\mathrm{C}} = Y_{\mathrm{X/S}}D_{稀释}\left([\mathrm{S}]_{\mathrm{in}} - \frac{K_{\mathrm{S}}D_{稀释}}{\mu_{\mathrm{Bmax}} - D_{稀释}}\right) \tag{5-119}$$

$$D_{稀释}[\bar{\mathrm{P}}] = Y_{\mathrm{P/S}}D_{稀释}\left([\mathrm{S}]_{\mathrm{in}} - \frac{K_{\mathrm{S}}D_{稀释}}{\mu_{\mathrm{Bmax}} - D_{稀释}}\right) \tag{5-120}$$

由式(5-120)可得产率最高时的稀释率 $D_{稀释\max}$：

$$D_{稀释\max} = \mu_{\mathrm{Bmax}}(1 - \sqrt{K_{\mathrm{S}}/(K_{\mathrm{S}} + [\mathrm{S}]_{\mathrm{in}})}) \tag{5-121}$$

将式(5-121)分别代入式(5-115)和(5-117)可得菌体浓度 $\bar{X}_{\mathrm{Cmax}}$ 和代谢物浓度 $[\bar{\mathrm{P}}]_{\max}$：

$$\bar{X}_{\mathrm{Cmax}} = Y_{\mathrm{X/S}}[[\mathrm{S}]_{\mathrm{in}} + K_{\mathrm{S}} - \sqrt{K_{\mathrm{S}} \times (K_{\mathrm{S}} + [\mathrm{S}]_{\mathrm{in}})}] \tag{5-122}$$

$$[\bar{\mathrm{P}}]_{\max} = Y_{\mathrm{P/S}}[[\mathrm{S}]_{\mathrm{in}} + K_{\mathrm{S}} - \sqrt{K_{\mathrm{S}} \times (K_{\mathrm{S}} + [\mathrm{S}]_{\mathrm{in}})}] \tag{5-123}$$

式中，$\bar{X}_{\mathrm{C}}$——稳态时微生物菌体平均浓度，$\mathrm{kg/m^3}$；

$[\bar{\mathrm{P}}]$——稳态时产物的平均浓度，$\mathrm{kg/m^3}$；

μ_{B}——稳态时微生物平均比增长速率，$\mathrm{h^{-1}}$；

$[\mathrm{S}]_{\mathrm{in}}$——入流底物(基质)浓度，$\mathrm{kg/m^3}$；

$D_{稀释\max}$——产率最高时的稀释率，$\mathrm{h^{-1}}$；

$[\bar{\mathrm{P}}]_{\max}$——产率最高时的代谢物(产物)浓度，$\mathrm{kg/m^3}$；

$\bar{X}_{\mathrm{Cmax}}$——产率最高时的微生物菌体浓度，$\mathrm{kg/m^3}$；

【例5-11】 在一个稳态运行的连续流完全混合式反应器中，求某抗生素产率最高时的稀释率 $D_{稀释\max}$，菌体浓度 $\bar{X}_{\mathrm{Cmax}}$，基质浓度[S]和产物浓度$[\bar{\mathrm{P}}]_{\max}$。已知(菌体生长可用 Monod 方程表达) $[\mathrm{S}]_{\mathrm{in}} = 30~\mathrm{kg/m^3}$，$Y_{\mathrm{X/S}} = 0.45$，$Y_{\mathrm{P/S}} = 0.1$，$\mu_{\mathrm{Bmax}} = 0.18~\mathrm{h^{-1}}$，$K_{\mathrm{S}} = 1.0~\mathrm{kg/m^3}$。

解：

由式(5-121)可以求出最大菌体生成速率时的稀释率 $D_{稀释\max}$

$$D_{稀释\max} = \mu_{\mathrm{Bmax}}(1 - \sqrt{K_{\mathrm{S}}/(K_{\mathrm{S}} + [\mathrm{S}]_{\mathrm{in}})}) = 0.18 \times (1 - \sqrt{1/(1+30)}) = 0.15~\mathrm{h^{-1}}$$

由式(5-122)可以求出最大菌体生成速率时的菌体浓度 $\bar{X}_{\mathrm{Cmax}}$

$$\bar{X}_{\mathrm{Cmax}} = Y_{\mathrm{X/S}}[[\mathrm{S}]_{\mathrm{in}} + K_{\mathrm{S}} - \sqrt{K_{\mathrm{S}} \times (K_{\mathrm{S}} + [\mathrm{S}]_{\mathrm{in}})}] = 0.45 \times (30 + 1 - \sqrt{1 \times (1+30)})$$
$$= 11.44~\mathrm{kg/m^3}$$

由式(5-116)可求出基质浓度[S]为

$$[\mathrm{S}] = \frac{K_{\mathrm{S}}D_{稀释\max}}{\mu_{\mathrm{Bmax}} - D_{稀释\max}} = \frac{0.15 \times 1.0}{0.18 - 0.15} = 5.0~\mathrm{kg/m^3}$$

由式(5-123)可以求出最大菌体生成速率时的产物浓度$[\bar{\mathrm{P}}]_{\max}$

$$[\overline{P}]_{max} = Y_{P/S}[[S]_{in} + K_S - \sqrt{K_S \times (K_S + [S]_{in})}] = 0.1 \times (30 + 1 - \sqrt{1 \times (1 + 30)})$$
$$= 2.54 \ kg/m^3$$

答:此抗生素产率最高时的稀释率 $D_{稀释max}$ 为 $0.15 \ h^{-1}$,菌体浓度 $\overline{X}_{Cmax}$ 为 $11.44 \ kg/m^3$,基质浓度 $[S]$ 为 $5.0 \ kg/m^3$,产物浓度 $[\overline{P}]_{max}$ 为 $2.54 \ kg/m^3$。

课后习题

一、选择题和填空题

1. 对稳态流动状况下,化学反应级数为零级时,采用理想推流式反应器所需的反应器体积与全混流反应器体积相比是( )。

  A. 大   B. 小   C. 相同

2. 对于零级反应,其反应速率常数与反应物浓度( )。对一级反应,其反应速率常数与反应物浓度( )。

  A. 有关   B. 无关

3. 图 5-34 表示是( )反应浓度随反应时间变化示意图;图 5-35 表示是( )反应浓度随反应时间变化示意图。

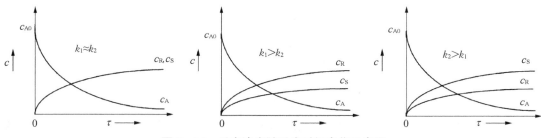

图 5-34 反应浓度随反应时间变化示意图

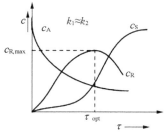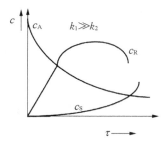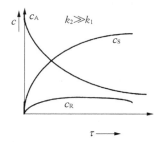

图 5-35 反应浓度随反应时间变化示意图

  A. 一级反应   B. 二级反应   C. 串联   D. 平行

4. 在生产过程中,若反应后,原料不循环返回反应器,则收率、选择性、转化率三者之间存在的关系为( )。

  A. 收率=选择性×转化率   B. 选择性=收率×转化率

5. 一个化学反应的级数的求法不包括( )。

A. 图解微分法　　　B. 微分法　　　C. 半衰期法　　　D. 物质的量衡算法

6. 图 5-36 是(　　)反应器的性能及其方程的图解示意图,图 5-37 是(　　)反应器的性能及其方程的图解示意图。

A. 理想推流式　　　　　　　　B. 间歇式反应器

C. 连续运行的全混式　　　　　D. 多釜串联反应器

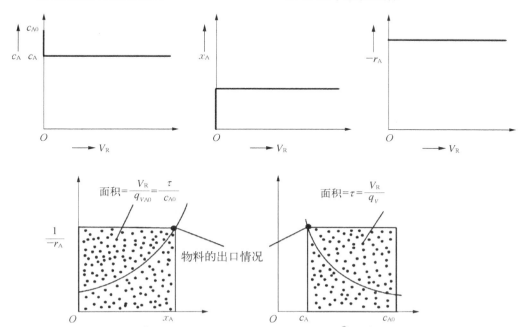

图 5-36　某反应器的性能及其方程的图解示意图

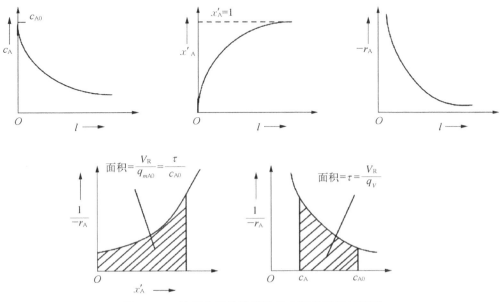

图 5-37　某反应器的性能及其方程的图解示意图

7. 请在表 5-6 至 5-8 中填入相应的达到一定转化率所需时间的计算式。

表 5-6 不同化学反应在间歇搅拌釜中的反应时间

反应级数	动力学微分方程	达到一定转化率所需时间
零级反应	$-r_A = k$	( )
一级反应	$-r_A = kc_A$	( )
二级反应	$-r_A = kc_A^2$	( )

表 5-7 不同化学反应在连续流完全混合式反应器中的反应时间

反应级数	动力学微分方程	达到一定转化率所需时间
零级反应	$-r_A = k$	( )
一级反应	$-r_A = kc_A$	( )
二级反应	$-r_A = kc_A^2$	( )

表 5-8 不同化学反应在连续推流式反应器中的反应时间

反应级数	动力学微分方程	达到一定转化率所需时间
零级反应	$-r_A = k$	( )
一级反应	$-r_A = kc_A$	( )
二级反应	$-r_A = kc_A^2$	( )

A. $\tau = \dfrac{x'_A c_{A0}}{k}$ B. $\tau = \dfrac{1}{k} \dfrac{x'_A}{c_{A0}(1-x'_A)}$

C. $\tau = \dfrac{1}{k} \dfrac{x'_A}{1-x'_A}$ D. $\tau = \dfrac{1}{k} \ln \dfrac{1}{1-x'_A}$

E. $\tau = \dfrac{1}{k} \dfrac{x'_A}{c_{A0}(1-x'_A)^2}$

8. 假如不考虑间歇式反应器每批运行中加料、出料和清洗等辅助时间,如化学反应为一级反应,达到一定转化率所需的时间,间歇式反应器的有效体积与连续运行的推流式的有效体积之比(　　);间歇式反应器的有效体积与连续运行的全混流反应器的有效体积之比(　　);连续运行的推流式反应器的有效体积与连续运行的全混流反应器的有效体积之比(　　)。

A. 1   B. >1 C. <1 D. 0

9. 对一平行反应:

$$A + B \xrightarrow{k_1} R(目的产物)$$

$$A + B \xrightarrow{k_2} S(副产物)$$

其反应速率方程式为

$$r_R = \frac{dc_R}{d\tau} = k_1 c_A^{n'_1} c_B^{\gamma_1}$$

$$r_S = \frac{dc_S}{d\tau} = k_2 c_A^{n'_2} c_B^{\gamma_2}$$

$$\frac{r_R}{r_S} = \frac{\dfrac{dc_R}{d\tau}}{\dfrac{dc_S}{d\tau}} = \frac{k_1}{k_2} c_A^{n_1' - n_2'} c_B^{\gamma_1 - \gamma_2}$$

表 5-9　根据反应级数选定的适宜操作

反应级数的大小	对浓度的要求	适宜的反应器型式和操作方法
$n_1' > n_2'$，$\gamma_1 > \gamma_2$	(　　)	(　　)
$n_1' > n_2'$，$\gamma_1 < \gamma_2$	(　　)	(　　)
$n_1' < n_2'$，$\gamma_1 > \gamma_2$	(　　)	(　　)
$n_1' < n_2'$，$\gamma_1 < \gamma_2$	(　　)	(　　)

A. c_A 小，c_B 大　　　　B. c_A 大，c_B 小　　　　C. c_A，c_B 均大　　　　D. c_A，c_B 均小

E. A 和 B 同时加入的间歇反应釜、理想排挤反应器或多釜串联反应器。

F. 将 A 分成各小股，分别加入各多釜串联反应器中；或沿反应管长度的各处，加入 A 的连续操作；或陆续加入 A 到反应釜的半连续操作。

G. 将 B 分成各小股，分别加入各多釜串联反应器中；或沿反应管长度的各处，加入 B 的连续操作；或陆续加入 B 到反应釜的半连续操作。

H. 理想混合反应器，或将 A 及 B 慢慢滴入间歇反应釜，或使用稀释剂使 c_A 和 c_B 均降低。

10. 按反应器的操作状况，可将反应器分类为：_____、连续反应器、半连续反应器等等。

11. 写出米-门方程_____，这一方程中，酶的特征常数是_____米氏常数_____，与酶的浓度有关的参数是_____最大反应速率_____。

二、计算题和简述题

1. 溴代异丁烷与乙醇钠在乙醇溶液中按下式反应：

$$i - C_4H_9Br + C_2H_5ONa \rightarrow NaBr + i - C_4H_9OC_2H_5$$
$$\quad (A) \qquad\qquad (B) \qquad\quad (P) \qquad\qquad (S)$$

已知反应物的初始浓度分别为 $c_{A0} = 50.5\ \text{mol/m}^3$ 和 $c_{B0} = 76.2\ \text{mol/m}^3$，原料中无产物存在。在 95 ℃下反应一段时间后，分析得知 $c_B = 37.6\ \text{mol/m}^3$，试确定此时其余组分的浓度。

（答案：A 的浓度为 $11.9\ \text{mol/m}^3$，P 和 S 的浓度为 $38.6\ \text{mol/m}^3$。）

2. 已知上题中的反应对溴代异丁烷和乙醇钠都是两级，$(-r_A) = kc_A c_B$，试分别用反应物 A 和 B 的浓度来表达该反应的动力学方程。

（答案：以 A 的浓度表达的反应动力学方程为 $(-r_A) = kc_A(c_A + 25.7)$；

以 B 的浓度表达的反应动力学方程为 $(-r_B) = kc_B(c_B - 25.7)$。）

3. 请推导米-门公式。

4. 在间歇反应器进行不可逆的一级反应,由反应物 A 生成产物 P。反应温度为 100 ℃。已知反应速率常数 $k = 0.019\,94\,\text{min}^{-1}$,反应物 A 的初始浓度 $c_{A0} = 8\,\text{mol/L}$。每天运行不超过 12 h,产量 $n_P = 4\,752\,\text{mol/d}$;装料和加热运行耗时 54 min/次,冷却和卸料运行耗时 15 min/次,装料系数 $\varphi_{R/T} = 0.6$。

试求:(1) 转化率达 99% 所需反应时间;

(2) 所需反应体积及反应器体积。

(答案:(1) 230 min;(2) 300 L,500 L。)

5. 在容积为 2.5 m^3 的理想间歇反应器中进行液相反应 $A + B \rightarrow P$,反应维持在 75 ℃ 等温运行,实验测得反应速率方程式为 $(-r_A) = kc_A c_B\,\text{kmol/(L·s)}$,$k = 2.78 \times 10^{-3}\,\text{L/(mol·s)}$,当反应物 A 和 B 的初始浓度 $c_{A0} = c_{B0} = 4\,\text{mol/L}$,而 A 的转化率 $x_A = 0.8$ 时,该间歇反应器平均每分钟可处理 0.684 kmol 的反应物 A。今若将反应移到一个管径为 125 mm 的理想推流式反应器中进行,仍维持 75 ℃ 等温运行,且处理量和所要求转化率相同,求所需反应器的长度。

(答案:83.6 m。)

6. 上题中的反应如果移到一个连续搅拌釜式反应器中进行,且反应温度、物料初始浓度、反应转化率和物料处理量等都保持不变,求此反应器的体积为多大? 又假定该反应在间歇搅拌釜中进行,每两批反应之间还需 20 min 时间用于出料、加料和升温,反应器中物料装填系数为 0.8,此时为达到同样的生产能力,间歇釜的体积应为多少?

(答案:5.13 m^3;5.56 m^3。)

7. 在四个串联反应釜中进行水解反应,反应为一级,各釜温度和速率常数如下:

釜 号	1	2	3	4
$T/℃$	10	15	25	40
k/mol^{-1}	0.056 7	0.080 6	0.158	0.380

各釜体积均为 0.8 m^3,进料浓度 $c_{A0} = 4.5\,\text{mol/L}$,进料流量为 100 L/min。

试求:(1) 各釜出口浓度为多少?

(2) 如果各釜都保持在 15 ℃ 下运行,达到上述四釜串联同样的出口浓度,如用 0.8 m^3 的反应釜需几个?

(答案:(1) 3.09 mol/L, 1.88 mol/L, 0.833 mol/L, 0.206 mol/L;(2) 需要反应釜 7 个。)

8. 请分别推导在间歇式反应器、连续运行的推流式反应器、连续运行的完全混合式反应器零级反应、一级反应和二级反应达到一定转化率和一定浓度所需的时间,并阐明它们之间的关系和原因。

9. 请简述为什么对零级反应,连续运行的理想全混流式反应器和平推流式反应器达到一定转化率所需的时间相同;而对一级反应和二级反应却不相同。

参考文献

安全管理网.2011.换热器安全技术.http://www.safehoo.com/Tech/Chemical/201101/166236_4.shtml [2018-05-06].

蔡增基.2010.流体力学学习辅导与习题精解.北京：中国建筑工业出版社.

陈杰瑢.2011.环境工程原理.北京：高等教育出版社.

陈敏恒，丛德滋，齐鸣斋，等.2020.化工原理.5版.北京：化学工业出版社.

杜扬.2008.流体力学.北京：中国石化出版社.

高廷耀，顾国维，周琪.2018.水污染控制工程(上册).4版.北京：高等教育出版社.

高廷耀，顾国维，周琪.2018.水污染控制工程(下册).4版.北京：高等教育出版社.

郭仁惠，孔繁余，艾凤祥.2008.环境工程原理.北京：化学工业出版社.

贺文智，李光明.2014环境工程原理.北京：化学工业出版社.

胡洪营，张旭，黄霞，等.2015.环境工程原理.3版.北京：高等教育出版社.

互动百科.套管式换热器.http://tupian.baike.com/s/%E5%A5%97%E7%AE%A1%E5%BC%8F%E6%8D% A2%E7%83%AD%E5%99%A8/xgtupian/1/0? target=a1_14_14_0100000000000119081443258114.jpg.

蒋维均，戴猷元，顾惠君.2003.化工原理.2版.北京：清华大学出版社.

蒋维均，雷良恒，刘茂林，等.2003.化工原理(下册).2版.北京：清华大学出版社.

捷配电子市场.2010.板式换热器.http://wiki.dzsc.com/2852.html[2018-05-06].

柯葵，朱立明，李嵘.2000.水力学.上海：同济大学出版社.

李德华.2017.化学工程基础.3版.北京：化学工业出版社.

李永峰，陈红.2012.现代环境工程原理.北京：机械工业出版社.

林爱光.2003.化学工程基础学习指引和习题解答.北京：清华大学出版社.

林爱光，阴金香.2008.化学工程基础.北京：清华大学出版社.

上海奥一泵业制造有限公司.http://www.aoyi-pump.com/hyxw/news_177.html[2021-6-30].

汪大翚，雷乐成.2001.水处理新技术及工程设计.北京：化学工业出版社.

王志魁，刘丽英，刘伟.2011.化工原理.北京：化学工业出版社.

温瑞媛，严世强，江洪，等.2002.化学工程基础.北京：北京大学出版社.

吴持恭.2016.水力学.5版.北京：高等教育出版社.

吴望一.2015.流体力学(上册).北京：北京大学出版社.

武汉大学2016.化学工程基础.3版.北京：高等教育出版社.

徐建平，唐海.2013.环境工程原理.合肥：合肥工业大学出版社.

姚玉英.1998.化工原理例题与习题.北京：化学工业出版社.

姚玉英.2011.化工原理(上册、下册).天津：天津科学技术出版社.

张晖，吴春笃.2011.环境工程原理.武汉：华中科技大学出版社.

张阳，陈俊，孙天伟.2009.明槽均匀流水力计算分析.东北水力水电,27(10):15-16.

张智.2015.排水工程(上册).5 版.北京：中国建筑工业出版社.

张自杰.2015.排水工程(下册).5 版.北京：中国建筑工业出版社.

中国建材网.上海宝恒泵业制造有限公司.https://www.bmlink.com/shbhby/news/629838.html.

中国市政工程华北设计研究院.2012.给水排水设计手册　第 12 册 器材与装置.3 版.北京：中国建筑工业出版社.

中国市政工程西北设计研究院.2014.给水排水设计手册　第 11 册　常用设备.3 版.北京：中国建筑工业出版社.

中华人民共和国住房和城乡建设部,国家市场监督管理总局.2021.室外排水设计规范(GB 50014—2021).北京：中国计划出版社.

周群英,王士芬.2015.环境工程微生物学.4 版.北京：高等教育出版社.

朱慎林,朴香兰,赵毅红.2003.环境化工技术及应用.北京：化学工业出版社.

转换器.2014.换热器的分类.http://blog.sina.com.cn/s/blog_6bbf960d0101l11r.html[2018-05-06].

邹华生,黄少烈.2009.化工原理.2 版.北京：高等教育出版社.

Finnemore E J，Franzini J B. 2013.流体力学及其工程应用.原书第 10 版.北京：机械工业出版社.

Fogler H S. 2020. Elements of chemical reaction engineering. 6 edition. Englewood：Prentice Hall PTR.

Green D，Perry R. 2008. Perry's chemical engineers' handbook. 8 edition. New York：McGraw-Hill Professional.

Himmelblau D M，Riggs J B. 2012. Basic principles and calculations in chemical engineering. 8 edition. Englewood：Prentice Hall.

Kundu，Pijush K. 2013.流体力学.5 版 .北京：世界图书出版公司.

Reible D D. 2017. Fundamentals of environmental engineering. 14 edtion. Boca Raton：CRC Press.

Richardson J F，Peacock D G. 2014. Chemical engineering. 3 edition. Amsterdam：Elesvier.

Rumble J R. 2019. CRC Handbook of chemistry and physics：a ready-reference book of chemical and physical data.99th edition. Boca Raton：CRC Press.

Speight J G. 2004. Lange's handbook of chemistry. 17 edition. New York：McGRAW-Hill.

Walter J，Weber Jr，Francis A D. 1996. Process dynamics in environmental systems. Weinheim：Wiley-Interscience.

附　录

附录1　环境工程常用法定计量单位

1. 基本单位

量的名称	单位的名称	单位符号
长度	米	m
质量	千克(公斤)	kg
时间	秒	s
热力学温度	开[尔文]	K
物质的量	摩[尔]	mol

2. 具有专门名称的导出单位

量的名称	名　称	代　号	与基本单位的关系
力	牛顿	N	$1\ N = 1\ kg \cdot m/s^2$
压强、应力	帕斯卡	Pa	$1\ Pa = 1\ N/m^2$
能、功、热量	焦耳	J	$1\ J = 1\ N \cdot m$
功率	瓦特	W	$1\ W = 1\ J/s$

3. 常用的十进倍数单位及分数单位的词头

词头符号	词头名称	所表示的因数
M	兆	10^6
k	千	10^3
d	分	10^{-1}
c	厘	10^{-2}
m	毫	10^{-3}
μ	微	10^{-6}

附录2　常用单位换算

1. 长度

m(米)	in(英寸)	ft(英尺)	yd(码)
1	39.370 1	3.280 8	1.093 61
0.025 400	1	0.073 333	0.027 78
0.304 80	12	1	0.333 33
0.914 4	36	3	1

2. 质量

kg（千克）	t（吨）	lb（磅）
1	0.001	2.204 62
1 000	1	2 204.62
0.453 6	4.536×10^{-4}	1

3. 力

N（牛顿）	kgf[千克（力）]	lbt[磅（力）]	dyn[达因]
1	0.102	0.224 8	1×10^5
9.806 65	1	2.204 6	$9.806\,65\times10^5$
4.448	0.453 6	1	4.448×10^6
1×10^{-5}	1.02×10^{-6}	2.243×10^{-6}	1

4. 压强

Pa （帕斯卡）	bar （巴）	kgf/cm² （工程大气压）	atm （物理大气压）	mmHg	lbf/in²
1	1×10^{-5}	1.02×10^{-5}	0.99×10^{-5}	0.007 5	14.5×10^{-5}
1×10^5	1	1.02	0.986 9	750.1	14.5
98.07×10^3	0.989 7	1	0.967 8	735.56	14.2
$1.013\,25\times10^5$	1.013	1.033 2	1	760	14.697
133.32	1.333×10^{-3}	0.136×10^{-4}	0.001 32	1	0.019 31
6 894.8	0.068 95	0.070 3	0.068	51.71	1

5. 动力黏度（简称黏度）

Pa·s	P（泊）	cP（厘泊）	kg·f·s/m²	lb/(ft·s)
1	10	1×10^3	0.102	0.672
1×10^{-1}	1	1×10^2	0.010 2	0.067 20
1×10^{-3}	0.01	1	0.102×10^{-3}	6.720×10^{-4}
1.488 1	14.881	1 488.1	0.151 9	1
9.81	98.1	9 810	1	6.59

6. 运动黏度、扩散系数

m²/s	cm²/s	ft²/s
1	1×10^4	10.76
10^{-4}	1	1.076×10^{-3}
92.9×10^{-5}	929	1

注：cm²/s 又称斯[托克斯]，以 St 表示。

7. 能量、功、热量

J	kgf·m	kW·h	[马力·时]	kcal	Btu
1	0.102	2.778×10^{-7}	3.725×10^{-7}	2.39×10^{-4}	9.485×10^{-4}
9.806 7	1	2.724×10^{-6}	3.653×10^{-6}	2.342×10^{-3}	9.296×10^{-3}
3.6×10^{6}	3.671×10^{6}	1	1.341 0	860.0	3 413
2.685×10^{6}	273.8×10^{3}	0.745 7	1	641.33	2 544
$4.186\ 8 \times 10^{3}$	426.9	$1.162\ 2 \times 10^{-3}$	$1.557\ 6 \times 10^{6}$	1	3.963
1.005×10^{3}	107.58	2.930×10^{-4}	2.926×10^{-4}	0.252 0	1

8. 功率、传热速率

W	kgf·m/s	[马力]	kcal/s	Btu/s
1	0.101 97	1.341×10^{-3}	$0.238\ 9 \times 10^{-3}$	$0.948\ 6 \times 10^{-3}$
9.806 7	1	0.013 15	$0.234\ 2 \times 10^{-2}$	$0.929\ 3 \times 10^{-2}$
745.69	76.037 5	1	0.178 03	0.706 75
4 186.8	426.35	5.613 5	1	3.968 3
1 055	107.58	1.414 8	0.251 996	1

9. 比热容

kJ/(kg·K)	kcal/(kg·℃)	Btu/(lb·℉)
1	0.238 9	0.238 9
4.186 8	1	1

10. 导热系数（热导率）

W/(m·K)	kcal/(m·h·℃)	cal/(cm·s·℃)	Btu/(ft²·h·℉)
1	0.86	2.389×10^{-3}	0.579
1.163	1	2.778×10^{-3}	0.672 0
418.7	360	1	241.9
1.73	1.488	4.134×10^{-3}	1

11. 传热系数

W/(m²·K)	kcal/(m²·h·℃)	cal/(cm²·s·℃)	Btu/(ft²·h·℉)
1	0.86	2.389×10^{-5}	0.176
1.163	1	2.778×10^{-5}	0.204 8
4.186×10^{4}	3.6×10^{-4}	1	7 374
5.678	4.882	1.356×10^{-4}	1

12. 温度

$$1\mathrm{K} = 273.2 + \text{℃} \quad 1\text{℃} = (\text{℉} - 32) \times \frac{5}{9} \quad 1\text{℉} = \text{℃} \times \frac{5}{9} + 32\ \text{℃}$$

13. 通用气体常数

$$R = 8.314 \text{ kJ}/(\text{kmol}\cdot\text{K}) = 1.987 \text{ kcal}/(\text{kmol}\cdot\text{K})$$
$$= 848 \text{ kgf}\cdot\text{m}/(\text{kmol}\cdot\text{K}) = 82.06 \text{ atm}\cdot\text{cm}^3/(\text{mol}\cdot\text{C})$$

14. 斯蒂芬-波尔茨曼常数

$$\sigma_0 = 5.67\times10^{-8} \text{ W}/(\text{m}^2\cdot\text{K}^4) = 4.88\times10^{-8}/\text{kcal}/(\text{m}^2\cdot\text{h}\cdot\text{K}^4)$$

附录3　某些气体和液体的重要物理性质

名　称	分子式	密度 ρ/(kg/m^3)(0 ℃,101.3 kPa)	比热容 C_p/[kJ/(kg·K)]	黏度 μ[×10^{-5}/(Pa·s)]	沸点 T_b/℃ (101.3 kPa)	汽化热 r/(kJ/kg)(101.3 kPa)	临界点 温度 T_c/℃	临界点 压强 p_c/kPa	导热系数 σ/[W/(m·K)](0 ℃,101.3 kPa)
空气		1.293	1.009	1.73	−195	197	−140.7	3 768.4	0.024 4
氧	O$_2$	1.429	0.653	2.03	−132.98	213	−118.82	5 036.6	0.024 0
氮	N$_2$	1.251	0.745	1.70	−195.78	199.2	−147.13	3 392.5	0.022 8
氢	H$_2$	0.089 9	10.13	0.842	−252.75	454.2	−239.9	1 296.6	0.163
氦	He	0.178 5	3.18	1.88	−268.95	19.5	−267.96	228.94	0.144
氩	Ar	1.782 0	0.322	2.09	−185.87	163	−122.44	4 862.4	0.017 3
氯	Cl$_2$	3.217	0.355	1.29 (16 ℃)	−33.8	305	144.0	7 708.9	0.007 2
氨	NH$_3$	0.771	0.67	0.92	−33.4	137 3	132.4	1 129.5	0.021 5
一氧化碳	CO	1.25	0.754	1.66	−191.48	211	140.2	3 497.9	0.022 6
二氧化碳	CO$_2$	1.976	0.653	1.37	−78.2	574	31.1	7 384.8	0.013 7
二氧化硫	SO$_2$	2.927	0.502	1.17	−10.8	394	157.5	3 879.1	0.007 7
二氧化氮	NO$_2$	—	0.615	—	21.2	712	158.2	10 130	0.040 0
硫化氢	H$_2$S	1.539	0.804	1.17	−60.2	548	100.4	19 136	0.013 1
甲烷	CH$_4$	0.717	1.7	1.03	−161.58	511	−82.15	4 619.3	0.030 0
乙烷	C$_2$H$_6$	1.357	1.44	0.850	−88.50	486	32.1	4 948.5	0.018 0
丙烷	C$_3$H$_8$	2.02	1.65	0.795 (18 ℃)	−42.1	427	95.6	4 335.9	0.014 8
正丁烷	C$_4$H$_{10}$	2.673	1.73	0.810	−0.5	386	152	3 798.8	0.013 5
正戊烷	C$_5$H$_{12}$	—	1.57	0.874	−36.08	151	197.1	3 342.9	0.012 8
乙烯	C$_2$H$_4$	1.261	1.222	0.935	103.7	481	9.7	5 135.9	0.016 4
丙烯	C$_3$H$_6$	1.914	1.436	0.835 (20 ℃)	−47.7	440	91.4	4 559.0	—
乙炔	C$_2$H$_2$	1.171	1.352	0.935	−83.66	829	35.7	6 240.0	0.018 4
氯甲烷	CH$_3$Cl	2.303	0.582	0.989	−24.1	406	148	6 685.8	0.008 5
苯	C$_6$H$_6$	—	1.139	0.72	80.2	394	288.5	4 832.0	0.008 8

（续表）

名　称	分子式	密度 ρ/ (kg/m³) (20 ℃)	比热容 C_p/[kJ/ (kg·K)] (20 ℃)	黏度 μ/ (mPa·s) (20 ℃)	沸点 T_b/℃ (101.3 kPa)	汽化热 r/ (kJ/kg) (101.3 kPa)	体膨胀系数 β_g/(×10⁻⁴/ K^{-1}) (20 ℃)	表面张力/ [×10⁻³/ (N·m)] (20 ℃)	导热系数 σ/[W/ (m·K)] (20 ℃)
三氯甲烷	$CHCl_3$	1 489	0.992	0.58	61.2	253.7	12.6	28.5 (10 ℃)	0.133 (30 ℃)
四氯化碳	CCl_4	1 584	0.850	1.0	76.8	195		26.8	0.12
二氯乙烷-1,2	$C_2H_4Cl_2$	1 253	1.260	0.83	83.6	324		30.8	0.14 (50 ℃)
苯	C_6H_6	879	1.704	0.737	80.10	393.9	12.4	28.6	0.148
甲苯	C_7H_8	867	1.70	0.675	110.63	363	10.9	27.9	0.138
邻二甲苯	C_8H_{10}	880	1.74	0.811	144.42	347		30.2	0.142
间二甲苯	C_8H_{10}	864	1.70	0.611	139.10	343	0.1	29.0	0.167
对二甲苯	C_8H_{10}	861	1.704	0.643	138.35	340		28.0	0.129
苯乙烯	C_8H_9	911 (15.6 ℃)	1.733	0.72	145.2	(352)			
氯苯	C_6H_5Cl	1 106	1.298	0.85	131.8	325		32	0.14 (30 ℃)
硝基苯	$C_6H_5NO_2$	1 203	396	2.1	210.9	396		41	0.15
苯胺	$C_6H_5NH_2$	1 022	2.07	4.3	184.4	448	8.5	42.9	0.17
酚	C_6H_5OH	1 050 (50 ℃)		3.4 (50 ℃)	181.8 (融点 40.9 ℃)	511			
萘	$C_{10}H_8$	1 145 (固体)	1.8 (110 ℃)	0.59 (100 ℃)	271.9 (融点 80.2 ℃)	314			
甲醇	CH_3OH	791	2.48	2.48	64.7	1 101	12.2	22.6	0.212
乙醇	C_2H_5OH	789	2.39	2.39	78.3	846	11.6	22.8	0.172
乙醇 (95%)		804	1.4		78.2				
乙二醇	$C_2H_4(OH)_2$	1 113	2.35	23	197.6	780		47.7	
甘油	$C_3H_5(OH)_3$	1 261		1 499	290 (分解)	—	5.3	63	0.59
乙醚	$(C_2H_5)_2O$	714	2.34	0.24	34.6	360	16.3	18	0.140
乙醛	CH_3CHO	783 (18 ℃)	1.9	1.3 (18 ℃)	20.2	574		21.2	
糠醛	$C_5H_4O_2$	1 168	1.6	1.15 (50 ℃)	161.7	452		43.5	
丙酮	CH_3COCH_3	792	2.35	0.32	56.2	523		23.7	
甲酸	$HCOOH$	1 220	2.17	1.9	100.7	494		27.8	
醋酸	CH_3COOH	1 049	1.99	1.3	118.1	406	10.7	23.9	0.17
醋酸乙酯	$CH_3COOC_2H_5$	901	1.92	0.48	77.1	368			0.14 (10 ℃)
煤油		780~820		3			10.0		0.15
汽油		680~800		0.7~0.8			12.5		0.19 (30 ℃)

附录 4　干空气的物理性质(101.33 kPa)

温度 $T/℃$	密度 $\rho/(kg/m^3)$	比热容 $C_p/[kJ/(kg \cdot K)]$	导热系数 $\sigma/[\times 10^{-2}\ W/(m \cdot K)]$	黏度 $\mu/[\times 10^{-5}/(Pa \cdot s)]$
−50	1.584	1.013	2.035	1.46
−40	1.515	1.013	2.117	1.52
−30	1.453	1.013	2.198	1.57
−20	1.395	1.009	2.279	1.62
−10	1.342	1.009	2.360	1.67
0	1.293	1.009	2.442	1.72
10	1.247	1.009	2.512	1.76
20	1.205	1.013	2.593	1.81
30	1.165	1.013	2.675	1.86
40	1.128	1.013	2.756	1.91
50	1.093	1.017	2.826	1.96
60	1.060	1.017	2.896	2.01
70	1.029	1.017	2.966	2.06
80	1.000	1.022	3.047	2.11
90	0.972	1.022	3.128	2.15
100	0.946	1.022	3.210	2.19
120	0.898	1.026	3.338	2.28
140	0.854	1.026	3.489	2.37
160	0.815	1.026	3.640	2.45
180	0.779	1.034	3.780	2.53
200	0.746	1.034	3.931	2.60
250	0.674	1.043	4.268	2.74
300	0.615	1.047	4.605	2.97
350	0.566	1.055	4.908	3.14
400	0.524	1.068	5.210	3.30
500	0.456	1.072	5.745	3.62
600	0.404	1.089	6.222	3.91
700	0.362	1.102	6.711	4.18
800	0.329	1.114	7.176	4.43
900	0.301	1.127	7.630	4.67
1 000	0.277	1.139	8.071	4.90
1 100	0.257	1.152	8.502	5.12
1 200	0.239	1.164	9.153	5.35

附录 5　水的物理性质

温度 $T/℃$	饱和蒸气压 p_V/kPa	密度 $\rho/(kg/m^3)$	焓 $\mathcal{H}/(kJ/kg)$	比热容 $C_p/[kJ/(kg \cdot K)]$	导热系数 $\sigma/[\times 10^{-2}\ W/(m \cdot K)]$	黏度 $\mu/[\times 10^{-5}(Pa \cdot s)]$	体积膨胀系数 $\beta_g/(\times 10^{-4}\ K^{-1})$	表面张力 $/[\times 10^{-3}(N \cdot m)]$
0	0.608 2	999.9	0.00	4.212	55.13	179.21	0.63	75.6
10	1.226 2	999.7	42.04	4.191	57.45	130.77	0.70	74.1
20	2.334 6	998.2	83.90	4.183	59.89	100.50	1.82	72.6
30	4.247 4	995.7	125.69	4.174	61.76	80.07	3.21	71.2

（续表）

温度 $T/℃$	饱和蒸气压 $p_V/$ kPa	密度 $\rho/$ (kg/m^3)	焓 $\mathcal{H}/$ (kJ/kg)	比热容 $C_p/[kJ/$ $(kg\cdot K)]$	导热系数 $\sigma/[\times10^{-2}$ $W/(m\cdot K)]$	黏度 $\mu/[\times10^{-5}$ $(Pa\cdot s)]$	体积膨胀系数 $\beta_g/(\times10^{-4}$ $K^{-1})$	表面张力/ $[\times10^{-3}$ $(N\cdot m)]$
40	7.376 6	992.2	167.51	4.174	63.38	65.60	3.87	69.6
50	12.31	988.1	209.30	4.174	64.78	54.94	4.49	67.7
60	19.923	983.2	251.12	4.178	65.94	46.88	5.11	66.2
70	31.164	977.8	292.99	4.178	66.76	40.61	5.70	64.3
80	47.379	971.8	334.94	4.195	67.45	35.65	6.32	62.6
90	70.136	965.3	376.98	4.208	67.98	31.65	0.95	60.7
100	101.33	958.4	419.10	4.220	68.04	28.38	7.52	58.8
110	143.31	951.0	461.34	4.238	68.27	25.89	8.08	56.9
120	198.64	943.1	503.67	4.250	68.50	23.73	8.64	54.8
130	270.25	934.8	546.38	4.266	68.50	21.77	9.17	52.8
140	361.47	926.1	589.08	4.287	68.27	20.10	9.72	50.7
150	476.24	917.0	632.20	4.312	68.38	18.63	10.3	48.6
160	618.28	907.4	675.33	4.346	68.27	17.36	10.7	46.6
170	792.59	897.3	719.29	4.379	67.92	16.28	11.3	45.3
180	1 003.5	886.9	763.25	4.417	67.45	15.30	11.9	42.3
190	1 255.6	876.0	807.63	4.460	66.99	14.42	12.6	40.8
200	1 554.77	863.0	852.43	4.505	66.29	13.63	13.3	38.4
210	1 917.72	852.8	897.65	4.555	65.48	13.04	14.1	36.1
220	2 320.88	840.3	943.70	4.614	64.55	12.46	14.8	33.8
230	2 798.59	827.3	990.18	4.681	63.73	11.97	15.9	31.6
240	3 347.91	813.6	1 037.49	4.756	62.80	11.47	16.8	29.1
250	3 977.67	799.0	1 085.64	4.844	61.76	10.98	18.1	26.7
260	4 863.75	784.0	1 135.04	4.949	60.84	10.59	19.7	24.2
270	5 503.99	767.9	1 185.28	5.070	59.96	10.20	21.6	21.9
280	6 417.24	750.7	1 236.28	5.229	57.45	9.81	23.7	19.5
290	7 443.29	732.3	1 289.95	5.485	55.82	9.42	26.2	17.2
300	8 592.94	712.5	1 344.80	4.736	53.96	9.12	29.2	14.7
310	9 877.96	691.1	1 402.16	6.071	52.34	8.83	32.9	12.3
320	11 300.3	667.1	1 462.03	6.573	50.59	8.53	38.2	10.0
330	12 879.6	640.2	1 526.19	7.243	48.73	8.14	43.3	7.82
340	14 615.8	610.1	1 594.75	8.164	45.71	7.75	53.4	5.78
350	15 638.5	574.4	1 671.37	9.504	43.03	7.26	66.8	3.89
360	18 667.1	528.0	1 761.39	13.984	39.54	6.67	109.0	2.06
370	21 040.9	450.5	1 892.43	40.319	33.73	5.69	264.0	0.48

附录6 常用固体材料的密度和比热容

名 称	密度/(kg/m^3)	比热容/$[kJ/(kg\cdot K)]$
钢	7 850	0.460 5
不锈钢	7 900	0.502 4

(续表)

名　　称	密度/(kg/m³)	比热容/[kJ/(kg·K)]
铸铁	7 220	0.502 4
铜	8 800	0.406 2
青铜	8 009	0.381 0
黄铜	8 600	0.378
铝	2 670	0.921 1
镍	9 000	0.406 5
铅	11 400	0.129 8
酚醛	1 250～1 300	1.256 0～1.674 7
脲醛	1 400～1 500	1.256 0～1.674 7
聚氯乙烯	1 380～1 400	1.842 2
聚苯乙烯	1 050～1 070	1.339 8
低压聚氯乙烯	940	2.553 9
低压聚苯乙烯	320	2.219 0
干砂	1 500～1 700	0.795 5
黏土	1 600～1 800	0.753 6(−20 ℃～20 ℃)
黏土砖	1 600～1 900	0.922 1
耐火砖	1 840	0.879 2～1.004 8
混凝土	2 000～2 400	0.837 4
松木	500～600	2.721(0～100 ℃)
软木	100～300	0.963 0
石棉板	770	0.816 4
玻璃	2 500	0.669
耐酸砖和板	2 100～2 400	0.753 6～0.795 5
耐酸搪瓷	2 300～2 700	0.837 4～1.256 0
有机玻璃	1 180～1 190	
多孔绝热砖	600～1 400	

附录7　某些固体材料的导热系数

(1) 常用金属的导热系数　　　　　　　　　　　　　　　　　　　　[单位：W/(m·K)]

	0 ℃	100 ℃	200 ℃	300 ℃	400 ℃
铝	227.95	227.95	227.95	227.95	227.95
铜	383.79	379.14	372.16	367.51	362.86
铁	73.27	67.45	61.64	54.66	48.85
铅	35.12	33.38	31.40	29.77	—
镁	172.12	167.47	162.82	158.17	—
镍	93.04	82.57	73.27	63.97	59.31
银	414.03	409.38	373.32	361.69	359.37
锌	112.81	109.90	105.83	101.18	93.04
碳钢	52.34	48.85	44.19	41.87	34.89
不锈钢	16.28	17.45	17.45	18.49	

（2）常用非金属材料的导热系数

材　料	温度/℃	导热系数/[W/(m·K)]	材　料	温度/℃	导热系数/[W/(m·K)]
石棉绳	—	0.10～0.21	厚纸	20	0.139 6～0.348 9
石棉板	30	0.10～0.14	玻璃	30	1.093 2
软木	30	0.043 03		−20	0.756 0
玻璃棉	—	0.034 89～0.069 78	搪瓷	—	0.872 3～1.163
保温灰	—	0.069 78	云母	50	0.430 3
膨胀珍珠岩散料	25	0.021～0.062	泥土	20	0.697 8～0.930 4
锯屑	20	0.046 52～0.058 15	冰	0	2.326
棉花	100	0.069 78			

附录8　某些液体的导热系数

液　体	温度/℃	导热系数/[W/(m·K)]	液　体	温度/℃	导热系数/[W/(m·K)]
石油	20	0.180	四氯化碳	0	0.185
汽油	30	0.135		68	0.163
煤油	20	0.149	二硫化碳	30	0.161
	75	0.140		75	0.152
正戊烷	30	0.135	乙苯	30	0.149
	75	0.128		60	0.142
正己烷	30	0.138	氯苯	10	0.144
	60	0.137	硝基苯	30	0.164
正庚烷	30	0.140		100	0.152
	60	0.137	硝基甲苯	30	0.216
正辛烷	60	0.140		60	0.208
丁醇,100%	20	0.182	橄榄油	100	0.164
丁醇,80%	20	0.237	松节油	15	0.128
正丙醇	30	0.171	氯化钙盐水,30%	30	0.55
	75	0.164	氯化钙盐水,15%	30	0.59
正戊醇	30	0.163	氯化钠盐水,25%	30	0.57
	100	0.154	氯化钠盐水,12.5%	30	0.59
异戊醇	30	0.152	硫酸,90%	30	0.36
	75	0.151	硫酸,60%	30	0.43
正己醇	30	0.163	硫酸,30%	30	0.52
	75	0.156	盐酸,12.5%	32	0.52
正庚醛	30	0.163	盐酸,25%	32	0.48
	75	0.157	盐酸,38%	32	0.44
丙烯醇	25～30	0.180	氢氧化钾,21%	32	0.58
乙醚	30	0.138	氢氧化钾,42%	32	0.55
	75	0.135	氨	25～30	0.18
乙酸乙酯	20	0.175	氨水溶液	20	0.45
氯甲烷	−15	0.192		60	0.50
	30	0.154	水银	28	0.36
三氯甲烷	30	0.138			

附录 9　管内流体常用流速范围

流体的类别及情况	速度范围 /(m/s)	流体的类别及情况	速度范围 /(m/s)
液体:		气体:	
自来水(405 kPa)	1~1.5	烟道气(烟道内)	3~6
工业供水(801 kPa 以下)	1.5~3	(管道内)	3~4
锅炉供水(801 kPa 以下)	>3	一般气体(常压)	10~20
蛇管,螺旋管内冷却水	<1	环境工程设备上的排出管	10~25
黏度和水相仿的液体	和水相同	压缩空气(1~2 表压)	10~15
(常压)		(高压)	10
油和黏度较高的液体	0.5~2	空气压缩机(吸入管)	<10~15
过热水	2	(排出管)	20~25
往复泵(吸入管:水一类液体)	0.7~1	通风机(吸入管)	10~15
(排出管:水一类液体)	1~2	(排出管)	10~20
离心泵(吸入管:水一类液体)	1.5~2	车间通风换气(主管)	4~15
(排出管:水一类液体)	2.5~3	(支管)	2~8
齿轮泵(吸入管)	<1	真空管道	<10
(排出管)	1~2	蒸汽:	
		饱和水蒸气(405 kPa 以下)	20~40
		(912 kPa 以下)	40~60
		(3 140 kPa 以下)	80
		过热蒸气	35~50

附录 10　壁面污垢的热阻

1. 冷却水的热阻

(单位: $m^2 \cdot K/W$)

加热流体的温度/℃	<115		115~205	
水的温度/℃	<25		>25	
水的流速/(m/s)	<1	>1	<1	>1
海水	$0.859\ 8 \times 10^{-4}$	$0.859\ 8 \times 10^{-4}$	$1.719\ 7 \times 10^{-4}$	$1.719\ 7 \times 10^{-4}$
自来水、井水 软化锅炉水、湖水	$1.719\ 7 \times 10^{-4}$	$1.719\ 7 \times 10^{-4}$	$3.439\ 4 \times 10^{-4}$	$3.439\ 4 \times 10^{-4}$
蒸馏水	$0.859\ 8 \times 10^{-4}$	$0.859\ 8 \times 10^{-4}$	$0.859\ 8 \times 10^{-4}$	$0.859\ 8 \times 10^{-4}$
硬水	$5.159\ 0 \times 10^{-4}$	$5.159\ 0 \times 10^{-4}$	8.598×10^{-4}	8.598×10^{-4}
河水	$5.159\ 0 \times 10^{-4}$	$3.439\ 4 \times 10^{-4}$	6.878×10^{-4}	6.878×10^{-4}

2. 工业用气体的热阻

(单位: $m^2 \cdot K/W$)

气　体	热　阻	气　体	热　阻
有机化合物	$0.859\ 8 \times 10^{-4}$	溶剂蒸气	$1.719\ 7 \times 10^{-4}$
水蒸气	$0.859\ 8 \times 10^{-4}$	天然气	$1.719\ 7 \times 10^{-4}$
空气	$3.439\ 4 \times 10^{-4}$	焦炉气	$1.719\ 7 \times 10^{-4}$

3. 工业用液体的热阻

（单位：$m^2 \cdot K/W$）

液　体	热　阻	液　体	热　阻
有机化合物	$1.719\,7 \times 10^{-4}$	熔盐	$0.859\,8 \times 10^{-4}$
盐水	$1.719\,7 \times 10^{-4}$	植物油	$6.159\,0 \times 10^{-4}$

4. 石油分馏物的热阻

（单位：$m^2 \cdot K/W$）

馏出物	热　阻	馏出物	热　阻
重油	8.598×10^{-4}	原油	$3.439\,4 \times 10^{-4} \sim 12.098 \times 10^{-4}$
汽油	$1.719\,7 \times 10^{-4}$	柴油	$3.439\,4 \times 10^{-4} \sim 5.159\,0 \times 10^{-4}$
石脑油	$1.719\,7 \times 10^{-4}$	沥青油	17.197×10^{-4}
煤油	$1.719\,7 \times 10^{-4}$		

附录 11　管壁的绝对粗糙度

管子材料及使用情况	绝对粗糙度 ε/mm
干净的拉制铜、黄铜、铅管及玻璃管	$0.001\,5 \sim 0.01$
橡胶软管	$0.01 \sim 0.03$
水泥浆粉管	$0.45 \sim 3.0$
陶土排水管	$0.35 \sim 6$
新无缝钢管	$0.04 \sim 0.07$
煤气管路上用过一年的无缝钢管	~ 0.12
略受腐蚀的无缝钢管	$0.2 \sim 0.3$
旧的不锈钢管	$0.6 \sim 0.7$
镀锌管或新铸铁管	$0.25 \sim 0.4$
受腐蚀的旧铸铁管	> 0.85

注：一般计算中，对于干净的玻璃、铜、铅等拉制管，可视为光滑管（$\varepsilon = 0$）；新建无缝钢管，取 $\varepsilon = 0.1$ mm；稍受腐蚀的无缝钢管及新有缝钢管取 $\varepsilon = 0.35$ mm；旧铸铁管或受强烈腐蚀的管，取 $\varepsilon = 1$ mm。

附录 12　泰勒标准筛的规格

筛　孔		金属丝公称直径		泰勒标准名称	筛　孔		金属丝公称直径		泰勒标准名称
mm	in（近似值）	mm	in（近似值）		mm	in（近似值）	mm	in（近似值）	
26.9	1.06	3.90	0.153 5	1.050 in	9.51	0.375	2.27	0.089 4	0.371 in
25.4	1.00	3.80	0.149 6		8.00	0.312	2.07	0.081 5	2.5 目
22.6	0.875	3.50	0.137 8	0.883 in	6.73	0.265	1.87	0.073 6	3 目
19.0	0.750	3.30	0.129 9	0.742 in	6.35	0.250	1.82	0.071 7	
16.0	0.625	3.00	0.118 1	0.624 in	5.66	0.223	1.68	0.066 1	3.5 目
13.5	0.530	2.75	0.108 3	0.525 in	4.76	0.187	1.54	0.060 6	4 目
12.7	0.500	2.67	0.105 1		4.00	0.157	1.37	0.053 9	5 目
11.2	0.438	2.45	0.096 5	0.441 in	3.36	0.132	1.23	0.048 4	6 目

筛 孔		金属丝公称直径		泰勒标准名称	筛 孔		金属丝公称直径		泰勒标准名称
mm	in（近似值）	mm	in（近似值）		mm	in（近似值）	mm	in（近似值）	
2.83	0.111	1.10	0.043 0	7 目	0.297	0.011 7	0.215	0.008 5	48 目
2.38	0.093 7	1.00	0.039 4	8 目	0.250	0.009 8	0.180	0.007 1	60 目
2.00	0.078 7	0.900	0.035 4	9 目	0.210	0.008 3	0.152	0.006 0	65 目
1.68	0.066 1	0.810	0.031 9	10 目	0.177	0.007 0	0.131	0.005 2	80 目
1.41	0.055 5	0.725	0.028 5	12 目	0.149	0.005 9	0.110	0.004 3	100 目
1.19	0.046 9	0.650	0.025 6	14 目	0.125	0.004 9	0.091	0.003 6	115 目
1.00	0.039 4	0.580	0.022 8	16 目	0.105	0.004 1	0.076	0.003 0	150 目
0.841	0.033 1	0.510	0.020 1	20 目	0.088	0.003 5	0.064	0.002 5	170 目
0.707	0.027 8	0.450	0.017 7	24 目	0.074	0.002 9	0.053	0.002 1	200 目
0.595	0.023 4	0.390	0.015 4	28 目	0.063	0.002 5	0.044	0.001 7	250 目
0.500	0.019 7	0.340	0.013 4	32 目	0.053	0.002 1	0.037	0.001 5	270 目
0.420	0.016 5	0.290	0.011 4	35 目	0.044	0.001 7	0.030	0.001 2	325 目
0.354	0.013 9	0.247	0.009 7	42 目	0.037	0.001 5	0.025	0.001 0	400 目

基本概念和术语

主要符号及单位

符　号	中　文　名　称	单　位	相　关　公　式	页码
A	1. 面积； 2. 过流面积，通过流体的横截面积； 3. 气、液两相接触的有效面积（A 与塔的横截面积和塔高等因素有关）	m^2	$A = aA_TH'$	13 191
A_0	管束的总表面积	m^2	$A_0 = n\pi d_0 l$	144
A_1	器壁热流体一侧的传热面积	m^2		133
A_2	器壁冷流体一侧的传热面积	m^2		133
A_a	吸收因子，几何意义为操作线斜率 L/V 与平衡线斜率 m_e 之比。A_a 越大，越容易吸收	无量纲	$A_a = \dfrac{L}{m_eV}$	197
$\dfrac{1}{A_a}$	解吸因子，吸收因子的倒数，$\dfrac{1}{A_a} = \dfrac{m_eV}{L}$ 称为解吸因子。$\dfrac{1}{A_a}$ 越大，越容易解吸	无量纲	$\dfrac{1}{A_a} = \dfrac{m_eV}{L}$	196
A_d	扩散面积	m^2		156
A_h	导热面积，垂直于热流方向的截面积	m^2		106
A_j	两层液体间滑动的接触面积	m^2	$A_j = 2\pi rl$	14,24
A_m	圆筒壁的对数平均面积	m^2	$A_m = 2\pi r_m l$	113
A_p	投影面积，球形颗粒在流动方向上的投影面积	m^2	$A_p = \dfrac{\pi}{4}d_p^2$	73
A_T	填料塔的横截面积	m^2		192
A'	指前因子，与温度无关的常数	无量纲		242
a	单位体积填料内的气、液两相的有效接触面积	m^2/m^3		192
a_{BET}	填料比表面积	m^2/m^3		206
a_j a_{jx}； a_{jy}； a_{jz}	加速度，速度变化量与发生这一变化所用时间的比值	m/s^2	$a_{jx} = du_x/d\tau$； $a_{jy} = du_y/d\tau$； $a_{jz} = du_z/d\tau$；	6 9
a_t	温度系数，对大多数金属材料为负值，而对大多数非金属材料为正值	K^{-1}		107
B	水渠宽	m		70

312

（续表）

符　号	中文名称	单位	相关公式	页码
B_m	常数,拉西环的 B_m 为 0.022,弧鞍形填料的 B_m 为 0.26	无量纲		206
b_w	水渠底宽	m		57
C_c	谢才系数	$m^{1/2}/s$	$C_c = \dfrac{1}{n_r} R_h^{\frac{1}{6}}$	56,57
C_p	恒压热容,在一定温度和压力下,体系(物系)温度每升高 1 ℃所吸的热	J/(mol·K)		118
c_A	1. 扩散组分 A 的浓度	$kmol/m^3$ 或 kg/m^3		156
	2. 反应 τ 时刻浓度,零级反应 τ 时刻浓度	mol/dm^3 或 kg/m^3	$c_A = c_{A0} - k\tau$	231
	3. 反应 τ 时刻浓度,一级反应 τ 时刻浓度	mol/dm^3 或 kg/m^3	$c_A = c_{A0}\exp(-k\tau)$	232
	4. 反应 τ 时刻浓度,平行反应 τ 时刻浓度	mol/dm^3 或 kg/m^3	$c_A = c_{A0}e^{-(k_1+k_2)\tau}$	237
c_{AL}	液相主体中溶质气体 A 的浓度	$kmol/m^3$ 或 kg/m^3		216
c_{Ai}	气、液界面上溶质气体 A 的浓度	$kmol/m^3$ 或 kg/m^3		216
c_{Bm}	为组分 B 在界面与液相主体之间浓度的对数平均值	$kmol/m^3$ 或 kg/m^3	$c_{Bm} = \dfrac{c_{B2} - c_{B1}}{\ln \dfrac{c_{B2}}{c_{B1}}}$ $= \dfrac{c_T - c_{A2} - (c_T - c_{A1})}{\ln \dfrac{c_T - c_{A2}}{c_T - c_{A1}}}$	159
c_P	反应 τ 时刻物质 P 浓度;平行反应 τ 时刻物质 P 浓度	mol/dm^3 或 kg/m^3	$c_P = \dfrac{k_2 c_{A0}}{k_1 + k_2}\left[1 - e^{-(k_1+k_2)\tau}\right]$	237
c_G^*	与气相主体中吸收质分压 p_G 平衡的液相浓度	$kmol/m^3$ 或 kg/m^3		176
c_i	界面处吸收质的浓度	$kmol/m^3$ 或 kg/m^3		175
c_L	液相主体中吸收质的浓度	$kmol/m^3$ 或 kg/m^3		175
c_S	反应 τ 时刻物质 S 浓度;平行反应 τ 时刻物质 S 浓度	mol/dm^3 或 kg/m^3	$c_S = \dfrac{k_1 c_{A0}}{k_1 + k_2}\left[1 - e^{-(k_1+k_2)\tau}\right]$	237
D	1. 分子扩散系数; 2. 表示气体扩散组分 A 在气体中的扩散系数; 3. 溶质在液体中扩散系数	m^2/s 或 m^2/h	1. 表示分子扩散系数: $N_A = \dfrac{J_A}{A_d} = -D \dfrac{dc_A}{dZ}$ 2. 表示气体扩散组分 A 在气体中的扩散系数: $D = \dfrac{4.36\times10^{-6} T^{3/2}}{p\,(V_{mA}^{1/3} + V_{mB}^{1/3})^2}\sqrt{\dfrac{1}{M_A} + \dfrac{1}{M_B}}$ 3. 表示溶质在液体中的扩散系数: $D = 1.859\times10^{-18}\dfrac{(\alpha_a M)^{1/2} T}{\mu V_m^{0.6}}$	156 162 163

符　号	中 文 名 称	单 位	相 关 公 式	页码
D_a	轴向扩散系数	m^2/s		254
D_w	涡流扩散系数	m^2/s	$N_A = -D\dfrac{dc_A}{dZ} - D_w\dfrac{dc_A}{dZ}$ $= -(D + D_w)\dfrac{dc_A}{dZ}$	164，165
$D_{稀释}$	稀释率	h^{-1}	$D_{稀释} = q_V/V$	280
d	管内径，表示管道内部直径	m		16
d_i、d_0、d_m	分别为圆管的内径、外径、管壁的平均直径	m	$\dfrac{1}{K_0} = \dfrac{1}{\alpha_i}\dfrac{d_0}{d_i} + \dfrac{\delta_p}{\sigma}\dfrac{d_0}{d_m} + \dfrac{1}{\alpha_0}$	134
d_1'、d_2'	泵的叶轮直径	m		83
dA	微元传热面积	m^2		136
dc_A/dl	轴向的浓度梯度	kg/m^4		254
$\dfrac{dt}{d\delta}$	温度梯度	K/m		107
$\dfrac{du}{dy}$	法向速度梯度，即在流动方向垂直的 y 方向上流体速度的变化率	s^{-1}		14
$d\ddot{U}$	反应进度	mol 或 kg	$d\ddot{U} = \dfrac{dn_I}{i}$	229
d_{cr}	保温层的临界直径	m	$d_{cr} = \dfrac{2\sigma}{\alpha}$	128
d_e	当量直径，水力半径相等的圆管直径	m	$d_e = \dfrac{4 \times 流通截面积}{湿润周边长}$	17
d_t	塔径	m	$d_t = \sqrt{\dfrac{4q_g}{\pi u}}$	186，198
$[E]$	游离酶浓度	kg/m^3	$[E] = [E_0] - [ES]$	245，246
$[E_0]$	酶的总浓度	kg/m^3		246
E_a	阿仑尼乌斯活化能，与温度无关的常数	J/mol		242
E_n	内能，系统平衡状态的总内能	J		35
E_{n1}	初始内能，系统初始状态的总内能	J		3
E_{n2}	最终内能，系统最终状态的总内能	J		3
Eu	欧拉数，沿程损失引起的压降与惯性力之比	无量纲	$Eu = \dfrac{\Delta p_f}{\rho u^2}$	27
$[ES]$	酶-底物复合物浓度	kg/m^3	$[ES] = k_1[E][S]$	245
F	压力，垂直作用于任意流体微元表面的力	$kg \cdot m/s^2$，N		11
F_d	曳力，流体对颗粒的作用力（即阻力）	$kg \cdot m/s^2$，N		73

（续表）

符　号	中 文 名 称	单　位	相　关　公　式	页码
F_b	浮力,浸在流体里的物体受到流体竖直向上托的力叫作浮力	$kg \cdot m/s^2$,N		74
F_g	重力,地面附近的物体由于地球的吸引而受到的力	$kg \cdot m/s^2$,N		74
F_n	内摩擦力,运动着的流体内部相邻两流体层间的相互作用力	$kg \cdot m/s^2$,N		13,14
Gr	格拉晓夫数,表示自然对流影响的特征数	无量纲	$Gr = \dfrac{L^3 \rho^2 g \beta_g \Delta t}{\mu^2}$	120
G_τ	世代时间,细胞分裂一次所需时间	s 或 h	$G_\tau = \dfrac{1}{R_C} = \dfrac{\tau_2 - \tau_1}{3.3 \lg \dfrac{X'_{C2}}{X'_{C1}}}$	249
g	重力加速度,9.81 m/s²	m/s^2		39
$\mathcal{H}$	焓,物体的一个热力学能状态函数	kJ/mol		4
H	高度	m		77
H'	填料层高度	m	$H' = \dfrac{L}{K_X a A_T} \displaystyle\int_{X_2}^{X_1} \dfrac{dX}{X^* - X}$ $H' = \dfrac{V}{K_Y a A_T} \displaystyle\int_{Y_2}^{Y_1} \dfrac{dY}{Y - Y^*}$ $H' = \dfrac{L}{k_X a A_T} \displaystyle\int_{X_2}^{X_1} \dfrac{dX}{X_i - X}$ $H' = \dfrac{V}{k_Y a A_T} \displaystyle\int_{Y_2}^{Y_1} \dfrac{dY}{Y - Y_i}$	192 192 193 193
$HETP$	理论板当量高度	m	$HETP = \dfrac{H'}{N_T}$	202,204
H_a	泵安装处的大气压强	m 液柱		89
H_e	扬程,水泵的扬程是指水泵能够扬水的高度; 有效压头,单位质量液体从泵处获得的能量	m 液柱		39 79
H_{eg}	提升单位重量流体所需要的能量	m 液柱	$H_{eg} = \Delta Z + \dfrac{\Delta p}{\rho g} + \dfrac{\Delta u^2}{2g} + \sum H_{tf,1-2}$	84
H_f	阻力损失,流体流动克服阻力消耗的机械能	m 液柱		25,57
H_G	气相传质单元高度	m	$H_G = \dfrac{V}{k_Y a A_T}$	194
H_g	泵的允许安装高度	m		88
H_L	液相传质单元高度	m	$H_L = \dfrac{L}{k_X a A_T}$	194
H_{OG}	气相总传质单元高度	m	$H_{OG} = \dfrac{V}{K_Y a A_T}$	193

符 号	中 文 名 称	单 位	相 关 公 式	页码
H_{OL}	液相总传质单元高度	m	$H_{OL} = \dfrac{L}{K_X a A_T}$	194
H_{pc}	溶解度系数，H_{pc}值越大，气体溶解度越大，溶质越容易被溶剂吸收。溶解度系数 H_{pc} 随温度升高而减小	kmol/(m³·kPa)	$p_A^* = \dfrac{c_A}{H_{pc}}$	168
			$H_{pc} = \dfrac{1}{H_{pm}}\dfrac{\rho_0}{M_0}$	169
H_{pm}	亨利系数，根据实验结果获得的经验式，表示气体被吸收的难易程度	kPa	$p_A^* = H_{pm} x_A$	168
H_s	离心泵的允许吸上真空高度	mH₂O	$H_s = \dfrac{p_a - p_1}{\rho g}$	89
H_s'	操作条件下输送液体时的允许吸上真空高度	mH₂O	$H_s' = \left[H_s + (H_a - 10) - \left(\dfrac{p_V}{9.81 \times 10^3} - 0.24 \right) \right] \dfrac{1\,000}{\rho}$	89
H_w	堰上水头	m		69,70
H_{w1}	上游堰高	m		70
h	水深等	m		57
h_f	沿程阻力损失，流体流动克服沿程阻力消耗的机械能	J/kg	$h_f = \lambda \cdot \dfrac{l}{d} \cdot \dfrac{u^2}{2}$	23,25,28
h_f'	局部阻力损失，流体流动克服局部阻力消耗的机械能	J/kg	$h_f' = \zeta$ 或 $h_f' = \lambda \cdot \dfrac{l_e}{d} \cdot \dfrac{u^2}{2}$	23,30
h_R	指示液两边的高差	m	$q_V = K_V A_0 \sqrt{\dfrac{2 h_R g (\rho_A - \rho)}{\rho}}$	70,71
h_{tf}	总的阻力损失，流体流动时克服沿程和局部阻力消耗的机械能	J/kg	$h_{tf} = h_f + h_f'$ 或 $\sum h_{tf} = \sum h_f + \sum h_f'$	23
i	底坡坡度或底坡	无量纲	$i = \dfrac{\Delta Z_h}{l} = \sin\varphi_d$	57
J'	整个吸收塔吸收传质速率	kmol/h	$J' = N_A A = K_Y (Y - Y^*) A = K_X (X^* - X) A$	188
J_A	扩散组分 A 的扩散速率	kmol/s 或 kmol/h	$J_A = \dfrac{D A_d}{\delta_d}(c_{A1} - c_{A2})$	156
J_s	水力坡降，单位流程上的水头损失	无量纲	$J_s = H_f / l_f$	57
K	总传热系数，反映换热设备传热能力的重要参数，也是对换热设备进行传热计算的依据	W/(m²·K)	$\dfrac{1}{K} = \dfrac{1}{\alpha_1} + \dfrac{\delta_p A_1}{\sigma A_m} + \dfrac{A_1}{\alpha_2 A_2}$	134
K_0	按外表面计算的总传热系数	W/(m²·K)	$\dfrac{1}{K_0} = \dfrac{1}{\alpha_i}\dfrac{d_0}{d_i} + \dfrac{\delta_p d_0}{\sigma d_m} + \dfrac{1}{\alpha_0}$	134
K_1	基质抑制系数	kg/m³		250
K_C	常数，对一般混合物或溶液，$K_C = 1.0$，对有机物水溶液，$K_C = 0.9$	无量纲	$\sigma_m = K_C \sum\limits_{i=1}^{n} \sigma_i w_i$	108

（续表）

符　号	中　文　名　称	单　位	相　关　公　式	页码
K_G	以气相分压差表示推动力的总吸收传质系数	kmol/(m·s·kPa)	$N_A = \dfrac{p_G - p_L^*}{\dfrac{1}{k_G} + \dfrac{1}{H_{pc}k_L}}$ $= K_G(p_G - p_L^*)$	175, 176
K_i	流量模数，反映了明渠断面形状、尺寸和粗糙程度对渠道过流能力的影响	m^3/s	$q_V = Au = AC_c\sqrt{R_h i} = K_i\sqrt{i}$	57
K_L	以液相浓度差表示推动力的总吸收传质系数	m/s	$N_A = \dfrac{c_G^* - c_L}{\dfrac{H_{pc}}{k_G} + \dfrac{1}{k_L}}$	176
K_m	米氏常数，是酶的特征常数之一，其值大小与酶的结构、对应的底物和环境因子（如温度、pH、离子强度）有关，与酶本身的浓度无关	kg/m^3	$r = \dfrac{r_m[S]}{K_m + [S]}$	245
K_P	代谢产物抑制系数	kg/m^3	$\mu_B = \dfrac{\mu_{Bmax}}{\left(1 + \dfrac{K_S}{[S]}\right)\left(1 + \dfrac{[P_C]}{K_P}\right)}$ 或 $\mu_B = \dfrac{\mu_{Bmax}[S]}{K_S\left(1 + \dfrac{[P_C]}{K_P}\right) + [S]}$	251
K_S	饱和系数：K_S 与 $\mu_{比} = \mu_{比max}/2$ 时 $[S]$ 值相等	kg/m^3	$\mu_B = \dfrac{\mu_{Bmax}[S]}{K_S + [S]}$	250
K_V	文丘里流量计的流量系数	无量纲	$q_V = K_V A_0\sqrt{\dfrac{2\Delta p}{\rho}}$ $= K_V A_0\sqrt{\dfrac{2h_R g(\rho_A - \rho)}{\rho}}$	70,71
K_w	矩形薄壁堰自油式溢流的流量系数	无量纲	$q_V = K_w b_w\sqrt{2g}H_w^{\frac{3}{2}}$	69
K_w'	计入流速动能影响的流量系数	无量纲	$q_V = K_w' b_w\sqrt{2g}H_w^{\frac{3}{2}}$	69
K_w''	三角形薄壁堰的流量系数	m/s	$q_V = K_w'' H_w^{5/2}$	69
K_Y, K_X	分别为以摩尔比差（$Y - Y^*$）和（$X^* - X$）为推动力的总吸收传质系数	kmol/(m²·s)	$N_A = K_Y(Y - Y^*)$ $N_A = K_X(X^* - Y)$	177
$K_X a$	液相总体积传质系数	kmol/(m³·s)	$H' = \dfrac{L}{K_X a A_T}\displaystyle\int_{X_2}^{X_1}\dfrac{dX}{X^* - X}$	192, 193
$K_Y a$	气相总体积传质系数	kmol/(m³·s)	$H' = \dfrac{V}{K_Y a A_T}\displaystyle\int_{Y_2}^{Y_1}\dfrac{dY}{Y - Y^*}$	193
k	反应的速率常数	取决于反应级数	$k = A'\exp\left(-\dfrac{E_a}{RT}\right)$	229, 242
k_1	反应速率常数	取决于反应级数		231
k_2	反应速率常数	取决于反应级数		231
k_G	1. 以分压差表示推动力的气相传质分系数； 2. 以气相分压差表示推动力的总吸收传质系数	kmol/(s·m²·kPa)	$k_G = \dfrac{D}{RT\delta_G'}\dfrac{p_T}{p_{Bm}}$ $N_A = k_G(p_{A1} - p_{A2})$	165 166 176

(续表)

符 号	中 文 名 称	单 位	相 关 公 式	页码
k_L	以浓度差表示推动力的液相传质分系数	$kmol/(s \cdot m^2 \cdot kmol/m^3)$或 m/s	$k_L = \dfrac{Dc_T}{\delta'_L c_{Bm}}$ $N_A = k_L(c_{A1} - c_{A2})$	166
k_Y, k_X	分别为以气膜及液膜摩尔比差$(Y-Y_i)$和(X_i-X)为推动力的吸收传质分系数	$kmol/(m^2 \cdot s)$	$N_A = k_Y(Y - Y_i)$ $N_A = k_X(X_i - X)$	176, 177, 178
$k_X a$	液膜体积传质系数	$kmol/(m^3 \cdot s)$	$H' = \dfrac{L}{k_X a A_T} \displaystyle\int_{X_2}^{X_1} \dfrac{dX}{X_i - X}$	193
$k_Y a$	气膜体积传质系数	$kmol/(m^3 \cdot s)$	$H' = \dfrac{V}{k_Y a A_T} \displaystyle\int_{Y_2}^{Y_1} \dfrac{dY}{Y - Y_i}$	193
L	吸收剂物质的量流量	$kmol/h$		186
L/V	液体与气体的物质的量流量之比也叫液气比,或者吸收剂比用量	无量纲		188
$(L/V)_{min}$	最小液气比	无量纲	$(L/V)_{min} = \dfrac{Y_1 - Y_2}{X_{1max} - X_2}$ 当 $X_2 = 0$ 时,$(L/V)_{min} = m_e \eta_A$	188, 189
l	管长:流体流动经过的管道长度; 毛细管长度; 降尘室的长度; 圆管壁管长; 管束的有效长度	m		24 71 77 128 144
l_e	管件或阀件的当量长度,由实验测定	m		30
l_f	水流过的长度	m		57
M	摩尔质量	g/mol		15
M_A	A组分的摩尔质量	g/mol		162
M_i	摩尔质量,气体混合物中组分i的摩尔质量	g/mol		15, 109
m	质量,物体所含物质的量	kg	$m = \rho V$	5
m_e	相平衡常数	无量纲	$y_A^* = m_e x_A$ $m_e = \dfrac{H_{pm}}{p_T}$	169, 170
m_{ej}	溶质组分j的相平衡常数	无量纲	$y_j^* = m_{ej} x_j$,$Y_j^* = m_{ej} X_j$	214
m_k	维持系数	$kg(基质)/(kg(细胞) \cdot h)$	$-r_S = \dfrac{r_X}{Y_G} + m_k X_C$	252
m_s	边坡系数	无量纲	$m_s = \cot\alpha$	57
m_t	导温系数	m^2/s	$m_t = \dfrac{\sigma}{\rho C_p}$	118
N	多级串联反应器釜数	无量纲	$c_{AN} = \dfrac{c_{A0}}{(1 + k\tau)^N}$ $x'_{AN} = 1 - \dfrac{1}{(1 + k\tau)^N}$	264, 266

（续表）

符 号	中文名称	单 位	相关公式	页码
N_A	扩散通量，单位面积扩散组分 A 的扩散速率	kmol/($m^2 \cdot s$) 或 kmol/($m^2 \cdot h$)	$N_A = \dfrac{J_A}{A_d} = -D\dfrac{dc_A}{dZ}$	156
			在稳态条件下：$N_A = \dfrac{D}{\delta_d}(c_{A1} - c_{A2})$	157
			在等分子反向扩散时：$N_A = \dfrac{D}{RT\delta_d}(p_{A1} - p_{A2})$	158
			在单向扩散时：$N''_A = \dfrac{Dc_T}{\delta_d C_{Bm}}(c_{A1} - c_{A2})$ $= \dfrac{D}{RT\delta_d}\dfrac{p_T}{p_{Bm}}(p_{A1} - p_{A2})$	159
	或总吸收传质通量		$N_A = K_Y(Y - Y^*) = K_X(X^* - X)$	177
$N_{A,G}$	气膜吸收传质通量	kmol/($m^2 \cdot s$)	$N_{A,G} = k_G(p_G - p_i)$	175
$N_{A,L}$	液膜吸收传质通量	kmol/($m^2 \cdot s$)	$N_{A,L} = k_L(c_i - c_L)$	175
N_G	气相传质单元数	无量纲	$N_G = \displaystyle\int_{Y_2}^{Y_1}\dfrac{dY}{Y - Y_i}$	194
N_L	液相传质单元数	无量纲	$N_L = \displaystyle\int_{X_2}^{X_1}\dfrac{dX}{X_i - X}$	194
N_{OL}	液相总传质单元数	无量纲	$N_{OL} = \displaystyle\int_{X_2}^{X_1}\dfrac{dX}{X^* - X}$	194
N_{OG}	气相总传质单元数	无量纲	$N_{OG} = \displaystyle\int_{Y_2}^{Y_1}\dfrac{dY}{Y - Y^*}$	193
N_P	实际塔板数	无量纲	$N_P = N_T/\eta_T$	203
N_T	理论级数：理论板（也称理论塔板，理论级）是指气、液两相在塔板上相遇时，接触时间足够，传质充分，则气液两相的组成在离开塔板时达到平衡	无量纲	N_T $= \dfrac{1}{\ln A_a}\ln\left[\left(1 - \dfrac{1}{A_a}\right)\dfrac{Y_1 - m_e X_2}{Y_2 - m_e X_2} + \dfrac{1}{A_a}\right]$ $= \dfrac{A_a - 1}{A_a \ln A_a}N_{OG}$	202, 203
Nu	努塞尔特数，表示对流传热膜系数的特征数	无量纲	$Nu = \dfrac{\alpha L}{\sigma} = kRe^a Pr^f Gr^h$ 或 $Nu = f(Re, Pr, Gr)$	120
N'_A	化学吸收通量	kmol/($m^2 \cdot s$)	$N'_A = k'_L(c_{Ai} - c_{AL})$ $= \beta_a k_L(c_{Ai} - c_{AL})$	216
n'	反应级数，若化学实验结果表明产物 M 的反应速率可由下式 $r_M = \dfrac{d[M]}{d\tau} = \dfrac{dc_M}{d\tau} = kc_A^a c_B^b$ 表示，则对反应物 A 而言，该反应为 a 级反应；对反应物 B 而言，该反应为 b 级反应；总反应为 $(a+b)$ 级反应	无量纲	$n' = \dfrac{\lg r_1 - \lg r_2}{\lg c_1 - \lg c_2}$	229, 234
n_A	反应物 A 的量	mol 或 kg		228
n_{A0}	反应物 A 初始物质的量	mol 或 kg		229

（续表）

符　号	中 文 名 称	单　位	相 关 公 式	页码
n_g	世代数，细胞一次分裂过程划分为"一个世代"	无量纲	$n_g = 3.3\lg \dfrac{X'_{C2}}{X'_{C1}}$	248,249
n_r	粗糙系数，综合反映了河、渠壁面对水流阻力的大小	无量纲		57
$[P]$	反应产物浓度	kg/m^3		229
P'	参数	无量纲	$P' = \dfrac{\text{冷流体的温升}}{\text{两流体的最初温差}} = \dfrac{t_2 - t_1}{T_1 - t_1}$	138
$[\overline{P}]$	稳态时代谢产物浓度	kg/m^3	$[\overline{P}] = Y_{P/S}\left[[S]_{in} - \dfrac{K_S D_{稀释}}{\mu_{Bmax} - D_{稀释}}\right]$	280,281
p_0	液面上方的压强	Pa		90
P_a	轴功率，输送设备（如泵）的功率	W 或者 $kg \cdot m^2/s^3$	$P_a = P_e/\eta$	39,80
$[P_C]$	代谢产物浓度	kg/m^3		251
P_d	电机功率	W 或 $kg \cdot m^2/s^3$	$P_d = \dfrac{P_a}{\eta'}$	39,79,80
P_e	有效功率，输送设备（如泵）对流体所做功的有效功率	W 或者 $kg \cdot m^2/s^3$	$P_e = W_e q_m = W_e q_V \rho = H_e q_V \rho g$ $P_a = \dfrac{P_e}{\eta}$	39,79
$[P]_{max}$	最高代谢产物浓度	kg/m^3	$[P]_{max} = Y_{P/S}[[S]_{in} + K_S - \sqrt{K_S/(K_S + [S]_{in})}]$	281
Pr	普朗特数，分子动量传递能力和分子热量传递能力的比值	无量纲	$Pr = v/m_t = \mu C_p/\sigma$	121
p_A^*	溶质 A 在气相中的平衡分压	kPa	$p_A^* = H_{pm} x_A = \dfrac{c_A}{H_{pc}}$	168
p_a	大气压强	Pa		89
p_{Bm}	气相主体与界面之间惰性气体分压差的对数平均值	Pa	$p_{Bm} = \dfrac{p_{B2} - p_{B1}}{\ln \dfrac{p_{B2}}{p_{B1}}}$ $= \dfrac{p_T - p_{A2} - (p_T - p_{A1})}{\ln \dfrac{p_T - p_{A2}}{p_T - p_{A1}}}$	159
p_G	气相主体中吸收质的分压	kPa		175
p_L^*	与液相主体浓度 c_L 平衡的气相中吸收质的分压	kPa	$p_L^* = \dfrac{c_L}{H_{pc}}$	176
p_i	界面处吸收质的分压	kPa		175
p_V	操作温度下被输送液体的饱和蒸气压	Pa		89
Q	热量，系统从外界吸收的热量总和	J	$Q = E_{n2} - E_{n1} + W$	3,36
Q_e	单位质量通过热交换器获得的热量	J/kg		36
Q'_e	1 kg 流体在截面 1-1' 到 2-2' 之间获得的能量，包括热和功	J/kg		36

（续表）

符　号	中 文 名 称	单　位	相 关 公 式	页码
q_g	吸收气体体积流量	m^3/s		206
q_h	平均每一小时处理的物料量	m^3/h		258
q_m	质量流量，单位时间内通过任一过流断面的流体质量	kg/s	$q_m = \rho q_V$	12
q'_m	冷凝蒸汽的质量流量	kg/s		132
q_{mA}	单位时间内物料的输入质量流量	mol/s 或 kg/s		263
q_T	热流密度，单位面积的热流量或传热速率	W/m^2 或 $J/(m^2 \cdot s)$	$q_T = \dfrac{\varPhi}{A_h} = \dfrac{Q}{\tau A_h}$	107
q'_T	单位管长的热流量	W/m 或 $J/(m \cdot s)$	$q'_T = \dfrac{\varPhi}{l} = \dfrac{2\pi(t_1 - t_2)}{\dfrac{1}{\sigma}\ln(r_2/r_1)}$	113
q_V	体积流量，单位时间内通过任一过流断面的流体体积	m^3/s	$q_V = uA$	12
q_{Vg}	管路系统的输送量	m^3/h		84
R	摩尔气体常数，8.314	$J/(mol \cdot K)$		18，242
R'	参数	无量纲	$R' = \dfrac{\text{热流体的温降}}{\text{冷流体的温升}} = \dfrac{T_1 - T_2}{t_2 - t_1}$	138
R_C	生长速率，单位时间内的世代数	s^{-1}	$R_C = \dfrac{n_g}{\tau_2 - \tau_1} = \dfrac{3.3\lg \dfrac{X'_{C2}}{X'_{C1}}}{\tau_2 - \tau_1}$	248，249
Re	雷诺数，惯性力与黏性力之比，反映流体的流动状态和湍动程度，为无量纲数	无量纲	$Re = \dfrac{du\rho}{\mu}$	16
R_h	水力半径，某输水断面的过流面积与水体接触的输水管道边长（即湿周）之比	m	$R_h = \dfrac{A}{\chi}$	57，58
r	1. 圆管中心至管壁之间任一处的半径； 2. 圆筒壁半径； 3. 反应速率； 4. 酶催化反应的速率	m m $kg/(m^3 \cdot h)$ $kg/(m^3 \cdot h)$	$r = kC_A^a C_B^b$ $r = r_m \dfrac{[S]}{K_m + [S]}$	24 112 230 246
r_0	圆管中心至管壁半径	m		24
r_1, r_2	圆筒壁内、外两侧半径	m		113
r_A	反应物 A 的反应速率；化学反应中组分 A 的反应速率	$mol/(m^3 \cdot s)$ $kg/(m^3 \cdot s)$	$r_A = \dfrac{1}{V}\dfrac{dn_A}{d\tau}$	228
r_M	产物 M 的反应速率	$mol/(m^3 \cdot h)$ 或 $kg/(m^3 \cdot h)$	$r_M = \dfrac{dc_M}{d\tau} = kc_A^a c_B^b$	229
r_m	圆筒壁的对数平均半径	m	$r_m = \dfrac{r_2 - r_1}{\ln(r_2/r_1)}$	113
r_P	产物 P 的反应速率	$mol/(m^3 \cdot h)$ 或 $kg/(m^3 \cdot h)$	$r_P = \dfrac{d[P]}{d\tau} = \dfrac{dc_P}{d\tau} = k'c_A^{a'} c_B^{b'}$	229

符　号	中文名称	单　位	相关公式	页码
r_S	基质消耗速率	kg(基质)/ (m³·h)	$-r_S = \dfrac{d[S]}{d\tau} = \dfrac{r_X}{Y_{X/S}}$	251
r_T	温度为 T ℃时的反应速率	kg/(m³·h)		247
r_X	微生物生长速率	kg/(m³·h)	$r_X = \dfrac{dX_C}{d\tau} = \mu_B X_C$	249
Sc	施密特数,是一个无量纲的标量,定义为运动黏性系数和扩散系数的比值,用来描述同时有动量扩散及质量扩散的流体	无量纲	$S_C = \dfrac{\mu}{\rho D}$	166
Sh	施伍特数,是反映包含有待定传质系数的无因次数群,它表征的是对流传质与扩散传质的比值	无量纲	$Sh = 0.023 Re^{0.83} Sc^{0.33}$ $= \dfrac{k_L d}{D} \dfrac{c_{Bm}}{c_T} = \dfrac{k_G d RT}{D} \dfrac{p_{Bm}}{p_T}$	166
$[S]$	底物浓度	kg/m³		245
$[S]_{in}$	流入液中限制性底物浓度	kg/m³		279
T	温度,表示物体冷热程度的物理量	K		5
T 和 t	分别代表热、冷流体的温度	K		132
t、t_w	分别为流体和与流体相接触的传热壁面的温度	K		119
t_1	热流体的主体温度	K		133
t_2	冷流体的主体温度	K		133
t_1、t_2	平壁两侧温度	K		133
t_l	距离 l 处的温度	K		113
t_s	冷凝液的饱和温度	K		132
t_w	壁面温度	K		132
t_{w1}	热流体一侧的壁温	K		133
t_{w2}	冷流体一侧的壁温	K		133
U	单位质量的内能	J		35
u	流速,单位时间内流体在流动方向上经过的距离	m/s	$u = q_V/A$	12
u_0	空塔气速,塔内气体的空塔速度,以空塔横截面积为基准计算的气体流速	m/s		206
u_f	液泛气速	m/s	$\lg\left[\dfrac{a_{BET} u_f^2}{g \varepsilon_V^3} \dfrac{\rho_G}{\rho_L} \mu_L^{0.2}\right]$ $= B_m - 1.75 \left(\dfrac{L}{V}\right)^{1/4} \left(\dfrac{\rho_G}{\rho_L}\right)^{1/8}$	206
u'	免遭冲刷的最大允许流速简称不冲允许流速或最大设计流速	m/s		63
u''	免受淤积的最小允许流速简称不淤允许流速或最小设计流速	m/s		63

符　号	中 文 名 称	单　位	相 关 公 式	页码
V	1. 体积,指物质或物体所占空间的大小; 2. 惰性气体的物质的量流量	m^3 $kmol/h$	表示惰性气体质量流量时有: $$Y = \frac{L}{V}X + \left(Y_1 - \frac{L}{V}X_1\right)$$	35 186,187
V_{mA}	A组分在正常沸点下的摩尔体积	m^3/mol		162
V_R	反应器的有效体积	m^3	$V_R = V_T \varphi_{R/T}$ $V_R = \dfrac{日处理量}{24} \times (\tau+\tau')$ $= q_h(\tau+\tau')$	256 258
$V_{R,P}$	平推流反应器的有效体积	m^3		269
$V_{R,S}$	全混流反应器有效体积	m^3		269
W	功,系统对外做功	J 或者 $kg \cdot m^2/s^2$		3
W_e	单位质量流体在通过划定体系的过程中接受的功,以 J/kg 计	J/kg	$gz_{h_1} + \dfrac{u_1^2}{2} + \dfrac{p_1}{\rho} + W_e$ $= gz_{h_2} + \dfrac{u_2^2}{2} + \dfrac{p_2}{\rho} + \sum h_{tf}$	36,37, 38
W_{e-pa}	单位质量流体在通过划定体系的过程中接受的功,以 Pa 计	Pa	$\rho gz_{h_1} + \dfrac{\rho u_1^2}{2} + p_1 + W_{e-pa}$ $= \rho gz_{h_2} + \dfrac{\rho u_2^2}{2} + p_2 + \sum p_{tf}$	38
w_i	质量分数,液体混合物中组分 i 的质量分数	无量纲		108
X	摩尔比	无量纲	摩尔比 X $= \dfrac{溶质的质量/溶质的摩尔质量}{溶剂的质量/溶剂的摩尔质量}$ $= \dfrac{x}{1-x}$	168
X^*	吸收质与气相主体 Y 成平衡的液相中的摩尔比	无量纲		177
X_2	进塔液体组成,摩尔比表示	无量纲		203
X_A	溶质 A 在溶液中与溶剂的摩尔比	无量纲		170
X'_{C1}	τ_1 时刻的细胞数	无量纲		248
X'_{C2}	τ_2 时刻的细胞数	无量纲	$X'_{C2} = X'_{C1} \cdot 2^n g$	248
X_C	细胞浓度	kg/m^3		249
$\overline{X}_C$	稳态时微生物菌体浓度	kg/m^3	$\overline{X}_C = Y_{X/S}\left[[S]_{in} - \dfrac{K_S D_{稀释}}{\mu_{Bmax} - D_{稀释}}\right]$	280, 281
X_{Cmax}	最高产率时菌体浓度	kg/m^3	$\overline{X}_{Cmax} = Y_{X/S}[[S]_{in} + K_S$ $- \sqrt{K_S/(K_S + [S]_{in})}]$	281
X_i	吸收质在界面上的液相摩尔比	无量纲		177
X_j	液相中 j 组分的摩尔比	无量纲		214

符　号	中 文 名 称	单　位	相 关 公 式	页码
x	摩尔分数	无量纲	摩尔分数 x $$= \frac{\text{溶质的质量 / 溶质的摩尔质量}}{\dfrac{\text{溶质的质量}}{\text{溶质的摩尔质量}} + \dfrac{\text{溶剂的质量}}{\text{溶剂的摩尔质量}}}$$ $$= \frac{X}{1+X}$$	168
x_i	摩尔分数：混合液体中 i 组分的摩尔分数	无量纲		15
x_A	溶质 A 在溶液中的摩尔分数	无量纲		169,170
x_A'	反应组分 A 的转化率	无量纲	$x_A' = (n_{A0} - n_A) / n_{A0}$	256
x_A''	转化率	无量纲	$x_A''=$ 转化为目的产物和副产物的反应物量/进入反应器的反应物量 = 反应消耗的量/反应物起始量	271
x_{AN}'	最终转化率：多釜串联的最终转化率	无量纲	$x_{AN}' = 1 - \dfrac{1}{(1+k\tau)^N}$	267
Y^*	吸收质与液相主体 X 成平衡的气相中的摩尔比	无量纲	$Y^* = m_e X$	177
Y_A^*	溶质 A 在气相中与惰性组分的摩尔比，它与溶质 A 在液相主体中 X_A 成平衡关系	无量纲	$Y_A^* = m_e X_A$	170
Y_1	进塔气体组成，摩尔比表示	无量纲		203
Y_2	出塔气体组成，摩尔比表示	无量纲		203
Y_G	无维持代谢时的最大细胞产率系数	kg(细胞)/kg(基质)	$-r_S = \dfrac{r_X}{Y_G} + m_k X_C$	252
Y_i	为吸收质在界面上气相的摩尔比	无量纲		177
Y_j^*	与液相 X_j 成平衡的气相中 j 组分的摩尔比	无量纲	$Y_j^* = m_{ej} X_j$	214
$Y_j - Y_{j+1}$	气相组成变化	无量纲		193
$(Y - Y^*)_{\text{平均},j \to j+1}$	基于气相的一个总传质单元的传质平均推动力		$\dfrac{Y_j - Y_{j+1}}{(Y - Y^*)_{\text{平均}, j \to j+1}} = 1$	193
$Y_{P/S}$	产物产率系数	kg(-生成物的产量)/kg(-去除基质量)		280
$Y_{X/S}$	细胞表观产率系数	kg(细胞)/kg(基质)		257
y_i	混合气体 i 组分的摩尔分数	无量纲		15
y_A^*	溶质 A 在气相中与液相浓度 x_A 相对应的平衡浓度，用摩尔分数表示	无量纲	$y_A^* = m_e x_A = \dfrac{Y_A^*}{1+Y_A^*}$	169,170
Z	沿扩散方向上的距离	m		156

（续表）

符 号	中文名称	单 位	相关公式	页码
α	对流传热膜系数或对流给热系数、给热系数、传热膜系数	$W/(m^2 \cdot K)$		119
α_1	热流体的对流传热膜系数	$W/(m^2 \cdot K)$		133
α_2	冷流体的对流传热膜系数	$W/(m^2 \cdot K)$		133
α_a	溶剂的缔合参数	无量纲		164
α_f	充满度	无量纲	$\alpha_f = h/d$	59
β_a	化学反应使吸收通量增大的倍数,称为增强因数或反应因数	无量纲	$N'_A = k'_L(c_{Ai} - c_{AL})$ $= \beta_a k_L(c_{Ai} - c_{AL})$	216
β_g	气体膨胀系数,温度每升高一度,气体体积增大量与原来气体体积之比,温度 T 的倒数	$1/K$	$\beta_g = \dfrac{V_2 - V_1}{V_1 \Delta T} = \dfrac{1}{T_1}$	121
β_m	宽深比	无因次	$\beta_m = b_w/h$	62
β_s	选择性	无因次	$\beta = $ 转化为目的的产物的反应物量 $/$ 转化为目的产物和副产物的反应物量	271
γ	基质的比消耗速率,基质的消耗速率除以菌体量	kg(基质)/ [kg(细胞)·h]	$\gamma = r_S/X_C$	252
γ_{max}	基质最大比消耗速率	kg(基质)/ [kg(细胞)·h]		252
Δc	以液相物质的量浓度差表示的相际传质的总推动力	$kmol/m^3$	$\Delta c = c_G^* - c_L$	180,182
ΔH_C	汽蚀余量,离心泵入口处,液体的静压头与动压头之和减去液体在操作温度下的饱和蒸气压头的某一最小指定值	mH_2O	$\Delta H_C = \left(\dfrac{p_1}{\rho g} + \dfrac{u_1^2}{2g}\right) - \dfrac{p_V}{\rho g}$	90
Δp	1. 压强差,液体两端的压强差; 2. 以压强差表示的相际传质的总推动力	Pa Pa	$F_n = \Delta p \cdot A$ $\Delta p = p_G - p_L^*$	24 180
Δp_f	以 Pa 为单位计的沿程阻力损失,流体流动克服阻力消耗的机械能	Pa	$\Delta p_f = \lambda \cdot \dfrac{l}{d} \cdot \dfrac{u^2 \rho}{2}$	30
$\Delta p'_f$	以 Pa 为单位计的局部阻力损失	Pa	$\Delta p'_f = \zeta \cdot \dfrac{u^2 \rho}{2}$ $\Delta p'_f = \lambda \dfrac{l_e}{d} \cdot \dfrac{u^2 \rho}{2}$	30
$\sum \Delta p_{tf}$	以 Pa 为单位计的总阻力损失	Pa	$\rho g z_{h1} + \dfrac{\rho u_1^2}{2} + p_1 + W_{e-pa}$ $= \rho g z_{h2} + \dfrac{\rho u_2^2}{2} + p_2 + \sum \Delta p_{tf}$	38
Δt	温差,导热推动力	K		110
Δt_m	平均温差	K	$\Delta t_m = \dfrac{\Delta t_1 - \Delta t_2}{\ln \dfrac{\Delta t_1}{\Delta t_2}}$	136

（续表）

符 号	中 文 名 称	单 位	相 关 公 式	页码
ΔX_m	液相平均推动力	无量纲	$\Delta X_m = \dfrac{X_1^* - X_1 - (X_2^* - X_2)}{\ln \dfrac{X_1^* - X_1}{X_2^* - X_2}}$	195, 196
ΔY_m	气相平均推动力	无量纲	$\Delta Y_m = \dfrac{Y_1 - Y_1^* - (Y_2 - Y_2^*)}{\ln \dfrac{Y_1 - Y_1^*}{Y_2 - Y_2^*}}$	195
δ	厚度	m		157
δ_B	流动边界层厚度	m		118
δ_b	真实的传热层流底层厚度	m		116,117
δ_d	扩散方向的距离（厚度）	m		157
δ_f	层流底层以外,以流体质点作相对位移和混合为主的传热的热阻相当的导热虚拟层厚度	m		117
δ_p	平壁厚度	m		110,133
δ_t	传热边界层当量厚度,集中了全部传热温度差并以导热方式传热的虚拟膜的厚度	m	$\delta_t = \delta_b + \delta_f$	116,117
δ_b'	传热边界层厚度	m		118,119
δ_G'	气相内虚拟停滞膜的厚度	m		165
δ_L'	液相内虚拟停滞膜的厚度	m		165
ε	绝对粗糙度,代表壁表面凸出部分的平均高度	m		26
ε/d	相对粗糙度	无量纲		27
ε_V	填料空隙率	无量纲		206
ζ	局部阻力系数,由实验测定	无量纲		30
η	效率,输送设备(如泵)的效率	%	$\eta = P_e/P_a$	37,79
η_A	溶质的吸收(或回收率)	%	$\eta_A = \dfrac{\text{吸收的溶质的量}}{\text{混合气中溶质的量}} = \dfrac{Y_1 - Y_2}{Y_1}$	189
η_A	组分 A 的转化率	%	$\eta_A = \dfrac{n_{A0} - n_A}{n_{A0}} = \dfrac{a\ddot{U}}{n_{A0}}$	229
η_e	容积效率,平推流反应器的有效容积(反应体积)与全混流反应器的有效容积之比	无量纲	$\eta_e = \dfrac{V_{R,P}}{V_{R,S}} = \dfrac{\tau_P}{\tau_S}$	270
η'	电机传动效率	无量纲	$\eta' = \dfrac{p_a}{p_d}$	39,79, 80
η_T	总板效率,理论级数与实际塔板数之比	无量纲	$\eta_T = N_T/N_P$	202,203

（续表）

符　号	中文名称	单　位	相　关　公　式	页码
θ	三角形堰的夹角	弧度		69
θ_t	温度系数	无量纲	$\theta_t = 1.02 \sim 1.25$	247,248
Λ	比容,单位质量的体积称为流体的比容,是密度的倒数	m^3/kg	$\Lambda = V/m$	11,35,36
λ	摩擦系数,单位质量流体在管道中流经一段与管道直径相等的距离的沿程损失与其具有的动能之比	无量纲	$\lambda = \dfrac{H_f/(l/d)}{u^2/2g}$	25
μ	黏度,黏性系数或动力黏度	$kg/(m \cdot s)$, $Pa \cdot s, N \cdot s/m^2$		16
μ_B	比生长速率	h^{-1}	$\mu_B = \dfrac{1}{X_C}\dfrac{dX_C}{d\tau} = \dfrac{\mu_{Bmax}[S]}{K_S + [S]}$	250
μ_{Bmax}	最大比生长速率	h^{-1}		250
μ_i	黏度,混合液体中 i 组分的黏度	$Pa \cdot s$		15
μ_{mix}	混合黏度,混合液体或者混合气体的黏度	$Pa \cdot s$	$\log \mu_{mix} = \sum\limits_{i=1}^{n} x_i \log \mu_i$ $\mu_{mix} = \dfrac{\sum\limits_{i=1}^{n} y_i \mu_i M^{1/2}}{\sum\limits_{i=1}^{n} y_i M^{1/2}}$	15
μ_w	流体在内壁温度时的黏度	$Pa \cdot s$		122
ν	运动黏度,表示流体黏性的大小,用黏度 μ 和密度 ρ 的比值来表示	m^2/s	$\nu = \dfrac{\mu}{\rho}$	14
ξ	曳力系数,流体作用于颗粒上的曳力对颗粒在其运动方向上的投影面积与流体动压力乘积的比值。一般需由实验测定	无量纲	1. 层流区:$Re_P < 2$ $\xi = \dfrac{24}{Re_P}$ 2. 过渡区:$2 < Re_P < 1\,000$ $\xi = \dfrac{18.5}{Re_P^{0.6}}$ 3. 湍流区:$1\,000 < Re_P < 2 \times 10^5$ $\xi = 0.44$ 4. 湍流边界层区:$2 \times 10^5 < Re_P$ $\xi = 0.1$	73,74
ρ	流体的密度,某种物质单位体积流量所具有的质量	kg/m^3	$\rho = m/V$	10,12
$\dfrac{\rho_G}{\rho_L}$	气体和液体的密度之比	无量纲		206
$\rho g \beta_g \Delta t$	升浮力	N		120
$\sum h_f$	流体的全部沿程阻力之和	J/kg		23
$\sum h_f'$	流体的全部局部阻力之和	J/kg		23

(续表)

符　号	中 文 名 称	单 位	相 关 公 式	页码
$\sum H_{tf,\,0\text{-}1}$	液体从截面 $0-0'$ 到 $1-1'$ 的阻力损失	m 液柱		89
$\sum H_{tf}$	压头损失	m 液柱	$\sum H_{tf} = \sum h_{tf}/g$	38
$\sum h_{tf}$	总阻力或流体的流动阻力	J/kg	$\sum h_{tf} = \sum h_f + \sum h'_f$	23
$\sum q_{m出}$	输出物料总量，单位时间内输出系统的物料总量	kg/s		1
$\sum q_{m反应}$	反应物料总量，单位时间内系统反应的物料总量	kg/s		1
$\sum q_{m积累}$	积累物料总量，单位时间内系统中积累的物料总量	kg/s		1
$\sum q_{m进}$	输入物料总量，单位时间内输入系统的物料总量	kg/s	$\sum q_{m进} = \sum q_{m出} + \sum q_{m积累} + \sum q_{m反应}$	1
σ	导热系数，表示物质在单位面积、单位温度梯度下的导热率	W/(m·K)	$\sigma = -\dfrac{\Phi}{A_h}\dfrac{\mathrm{d}t}{\mathrm{d}\delta} = -\dfrac{q_T}{\dfrac{\mathrm{d}t}{\mathrm{d}\delta}}$	107
σ、σ_0	固体在温度 t 及 t_0 时的导热系数	W/(m·K)	$\sigma = \sigma_0[1 + a_t(t - t_0)]$	107
σ_m、σ_i	液体混合物和组分 i 的导热系数	W/(m·K)	$\sigma_m = K_C \sum\limits_{i=1}^{n} \sigma_i w_i$	108
σ_m，σ_i	导热系数，气体混合物和组分 i 的导热系数	W/(m·K)	$\sigma_m = \dfrac{\sum_{i=1}^{n} \sigma_i y_i M_i^{1/3}}{\sum_{i=1}^{n} y_i M_i^{1/3}}$	109
τ	1. 时间； 2. 反应时间，反应器中使反应物达到一定转化率所必需的反应时间	s s	表示反应时间时有： $\tau = n_{A0} \displaystyle\int_0^{x'_A} \dfrac{\mathrm{d}x'_A}{(-r_A)V}$ $\tau = \dfrac{V_R}{q_V} = -\displaystyle\int_{c_{A0}}^{c_A} \dfrac{\mathrm{d}c_A}{(-r_A)}$ $\tau = \dfrac{V_R}{q_V} = \dfrac{c_{A0} x'_A}{(-r_A)}$	5 257 260 263
$\tau_{1/2}$	半衰期，由初始浓度 c_{A0} 分解成 $1/2 c_{A0}$ 所需要的时间	s	$\tau_{1/2} = \check{G}\dfrac{1}{c_{A0}^n}$	232, 236
τ_p	颗粒沉降时间	s	$\tau_p = \dfrac{H}{u_\tau}$	77
τ_g	气体通过时间	s	$\tau_g = \dfrac{l}{u}$	77
τ'	剪应力，单位面积上的内摩擦力	Pa	$\tau' = \dfrac{F_n}{A_j} = \mu \dfrac{\mathrm{d}u}{\mathrm{d}y}$	14

（续表）

符　号	中　文　名　称	单　位	相　关　公　式	页码
Φ	热流量或传热速率，单位时间内传递的热量	W 或 J/s	1. 对于固体： $$\Phi = \frac{Q}{\tau} = -\sigma A_h \frac{\mathrm{d}t}{\mathrm{d}\delta}$$	106
			对于单层平壁 $$\Phi = \frac{Q}{\tau} = \frac{\sigma}{\delta_p} A_h (t_1 - t_2)$$ 或 $\Phi = \dfrac{t_1 - t_2}{\dfrac{\delta_p}{\sigma A_h}} = \dfrac{\Delta t}{\Omega}$	109
			对于 n 层平壁 $$\Phi = \frac{t_1 - t_{n+1}}{\sum_{i=1}^n \Omega_i} = \frac{t_1 - t_{n+1}}{\sum_{i=1}^n \dfrac{\delta_{pi}}{\sigma_i A_h}}$$	111
			对于圆筒壁 $$\Phi = 2\pi l \sigma \frac{t_1 - t_2}{\ln(r_2/r_1)}$$ $$= \frac{2\pi l (t_1 - t_2)}{\dfrac{1}{\sigma} \ln(r_2/r_1)}$$	113
			2. 对于液体： 牛顿冷却定律 $$\Phi = \alpha A \Delta t = \frac{\Delta t}{\dfrac{1}{\alpha A}} = \frac{\Delta t}{\Omega}$$	179
Φ_e	换热器的热负荷，单位时间的传热量或传热速率	W 或 J/s	$\Phi_e = q'_{m,h}[r_e + C_{p,h}(t_s - T_2)] = q_{m,c} C_{p,c}(t_2 - t_1)$	132
φ_c	中心角，用弧度表示	弧度		58,59
φ_d	明渠底与水平线的夹角	弧度		57
$\varphi_{R/T}$	装料系数，加入反应器的物料体积或反应器有效容积 V_R 占反应器总体积 V_T 的分数	无量纲	$\varphi_{R/T} = \dfrac{V_R}{V_T}$	257
φ_y	收率，代表原料的利用率	无量纲	$\varphi_y = \beta_s x''_A$	271
φ_s	球形度，与物体相同体积的球体的表面积和物体的表面积的比。	无量纲		75
χ	湿周，润湿周边长	m		17
Ω	导热热阻； 对流传热热阻	K/W K/W 或 (K·s/J)	$\Omega = \dfrac{\delta_p}{\sigma A_h}$ $\Omega = \dfrac{1}{\sigma A}$	110 119
$\ddot{U}$	反应进度	无量纲	$\ddot{U} = \dfrac{n_{A0} - n_A}{a}$	229

现代希腊语字母表

序号	Times New Roman		Arial		Garamond		Monotype Corsiva		PMingLiu		Lucida Sans Unicode		英文注音	音标注音	中文注音
1	A	α	A	α	A	α	$\mathcal{A}$	α	A	α	A	α	alpha	[ˈælfə]	阿尔法
2	B	β	B	β	B	β	$\mathcal{B}$	β	B	β	B	β	beta	[ˈbiːtə]	1. 贝塔 2. 比特
3	Γ	γ	Γ	γ	Γ	γ	$\mathcal{T}$	γ	Γ	γ	Γ	γ	gamma	[ˈgæmə]	伽马
4	Δ	δ	Δ	δ	Δ	δ	$\mathcal{A}$	δ	Δ	δ	Δ	δ	delta	[ˈdeltə]	德耳塔
5	E	ε	E	ε	E	ε	$\mathcal{E}$	ε	E	ε	E	ε	epsilon	[epˈsaɪlən]	艾普西龙
6	Z	ζ	Z	ζ	Z	ζ	$\mathcal{Z}$	ζ	Z	ζ	Z	ζ	zeta	[ˈziːtə]	截塔
7	H	η	H	η	H	η	$\mathcal{H}$	η	H	η	H	η	eta	[ˈiːtə]	艾塔
8	Θ	θ	Θ	θ	Θ	θ	Θ	θ	Θ	θ	Θ	θ	theta	[ˈθiːtə]	西塔
9	I	ι	I	ι	I	ι	I	ι	I	ι	I	ι	iota	[aiˈəutə]	1. 爱欧塔 2. 约塔
10	K	κ	K	κ	K	κ	$\mathcal{K}$	κ	K	κ	K	κ	kappa	[kæpə]	卡帕
11	Λ	λ	Λ	λ	Λ	λ	$\mathcal{A}$	λ	Λ	λ	Λ	λ	lambda	[ˈlæmdə]	兰布达
12	M	μ	M	μ	M	μ	$\mathcal{M}$	μ	M	μ	M	μ	mu	[mjuː]	1. 米尤 2. 木
13	N	ν	N	ν	N	ν	$\mathcal{N}$	ν	N	ν	N	ν	nu	[njuː]	1. 纽 2. 怒
14	Ξ	ξ	Ξ	ξ	Ξ	ξ	Ξ	ξ	Ξ	ξ	Ξ	ξ	xi	[ksai]	1. 克西 2. 可西
15	O	o	O	o	O	o	O	o	O	o	O	o	omicron	[oumaikˈrən]	1. 奥密克戎 2. 欧米克荣
16	Π	π	Π	π	Π	π	$\mathcal{J}$	π	Π	π	Π	π	pi	[pai]	派
17	P	ρ	P	ρ	P	ρ	$\mathcal{P}$	ρ	P	ρ	P	ρ	rho	[rou]	1. 肉 2. 洛
18	Σ	σ	Σ	σ	Σ	σ	Σ	σ	Σ	σ	Σ	σ	sigma	[ˈsigmə]	西格马
19	T	τ	T	τ	T	τ	$\mathcal{T}$	τ	T	τ	T	τ	tau	[tau]	1. 套 2. 拓
20	Y	υ	Y	υ	Y	υ	$\mathcal{Y}$	υ	Y	υ	Y	υ	upsilon	[juːpˈsilən]	1. 宇普西隆 2. 哦普斯龙
21	Φ	φ	Φ	φ	Φ	φ	Φ	φ	Φ	φ	Φ	φ	phi	[fai]	1. 佛爱 2. 斐
22	X	χ	X	χ	X	χ	$\mathcal{X}$	χ	X	χ	X	χ	chi	[kai]	1. 凯 2. 喜
23	Ψ	ψ	Ψ	ψ	Ψ	ψ	Ψ	ψ	Ψ	ψ	Ψ	ψ	psi	[psai]	1. 普西 2. 普赛
24	Ω	ω	Ω	ω	Ω	ω	Ω	ω	Ω	ω	Ω	ω	omega	[ˈoumigə]	1. 奥墨伽 2. 欧米伽